电子信息科学与工程类专业规划教材

# 射频识别(RFID)原理与应用

## (第 3 版)

单承赣 单玉峰 姚 磊 等编著

电子工业出版社

**Publishing House of Electronics Industry**

北京 · BEIJING

<h1 style="text-align:center">内 容 简 介</h1>

射频识别(RFID)技术近年来取得了飞速的发展，在各领域的应用日益广泛，和人们的生产与生活息息相关。本书主要介绍与 RFID 技术相关的原理及应用，共 10 章。第 1 章帮助读者初步了解 RFID 技术的基本概念；第 2～6 章介绍 RFID 技术的基础理论和标准；第 7～9 章通过对典型芯片的介绍，分析并讨论在 125kHz、13.56MHz 与微波应用下阅读器、应答器和天线的设计，同时提供软、硬件实现的方法；第 10 章在 EPC 编码的基础上介绍物联网的基本概念与应用。

本书将基础理论与工程实践相结合，难易适中，可作为电子信息类、电气类相关专业本科生与研究生教材，以及 RFID 技术研修班的培训教材，也可供工业、物流领域的相关工程技术人员参考。

未经许可，不得以任何方式复制或抄袭本书之部分或全部内容。

版权所有，侵权必究。

**图书在版编目(CIP)数据**

射频识别(RFID)原理与应用 / 单承赣等编著. —3 版. — 北京：电子工业出版社，2021.1
ISBN 978-7-121-39815-5

Ⅰ. ①射… Ⅱ. ①单… Ⅲ. ①无线射频识别－高等学校－教材 Ⅳ. ①TP391.45

中国版本图书馆 CIP 数据核字(2020)第 204202 号

责任编辑：凌　毅
印　　刷：天津嘉恒印务有限公司
装　　订：天津嘉恒印务有限公司
出版发行：电子工业出版社
　　　　　北京市海淀区万寿路 173 信箱　邮编 100036
开　　本：787×1 092　1/16　印张：18.75　字数：504 千字
版　　次：2008 年 7 月第 1 版
　　　　　2021 年 1 月第 3 版
印　　次：2024 年 12 月第 9 次印刷
定　　价：56.00 元

# 第3版前言

射频识别(Radio Frequency Identification,RFID)技术既与传统应用紧密相关,又充满着新意与活力。RFID技术的应用领域众多,如票务、身份证、门禁、电子钱包、物流、动物识别等,它已经渗透到我们日常生活和工作的各个方面,给我们的社会活动、生产活动、行为方法和思维观念带来了巨大的变革。

本书第1版问世时,RFID技术正处于起步阶段。随着物联网的迅速兴起和普及应用,人们对RFID技术有了更加深入的认识,RFID技术也更加成熟。为了适应新形势的需要,我们于2015年出版了第2版。目前,很多高等学校设置了物联网专业,开设RFID课程的专业也日渐增多,为适应技术发展、项目开发和教学科研的需求,我们组织出版了第3版。

第3版在保持前两版特色和风格的基础上,重点对RFID标准、防碰撞算法、EPC与物联网章节的内容做了修改和补充。本书共10章。第1章是入门部分,帮助读者初步了解RFID技术的基本概念;第2~6章是基础部分,具体介绍RFID的基础理论和标准;第7~9章是设计应用部分,通过对典型芯片的介绍,分析并讨论在125kHz、13.56MHz与微波应用下阅读器、应答器和天线的设计,同时提供软、硬件实现的方法;第10章在EPC编码的基础上介绍物联网的基本概念与应用。本书将基础理论与工程实践相结合,难易适中,可作为高等院校电子信息类、电气类相关专业本科生与研究生教材,以及RFID技术研修班的培训教材,也可供工业、物流领域的相关工程技术人员参考。本书适用于48~56学时教学,各章给出了建议学时,教师可根据情况适当调整。

本书由单承赣、姚磊、单玉峰、徐海卫、焦宗东、张勇、牛朝、彭克锦编写,单承赣负责统稿。借此对在本书编写过程中给予帮助的各位人员表示诚挚的谢意。此外,编写过程中参考了近年来出版的书籍和资料,在此对这些书籍和资料的作者、提供者一并表示感谢!

**本书提供配套的电子课件**,读者可登录华信教育资源网 www.hxedu.com.cn,注册后免费下载。为方便读者学习,本书采用的符号和单位、英文缩写请扫描以下二维码:

符号和单位二维码

英文缩写二维码

由于作者水平有限,书中难免有疏漏之处,敬请广大读者批评指正。

编著者

2020年9月

# 目　　录

# 第1章　RFID技术概论

**内容提要:**本章介绍射频识别(RFID)技术的基本概念和概况,包括射频识别技术的概念,射频识别应用系统的组成,应答器和阅读器之间能量、时序、数据交换的关系,应答器和阅读器之间的电感耦合方式及反向散射耦合方式的工作原理,应答器、阅读器、天线和高层的结构与性能,RFID与条形码、接触式IC卡、生物特征识别、光学字符识别(OCR)等自动识别技术的关联和差异,RFID的应用、示例和发展前景等。

**知识要点:**RFID的基本概念,应答器和阅读器的功能、组成及能量传递与信息交互的原理,RFID的工作性能参数,电感耦合方式和反向散射耦合方式,RFID的时序工作方式,RFID的应用系统,RFID系统高层的作用,RFID与条形码、接触式IC卡的关联和差异,RFID的典型应用和前景。

**教学建议:**本章对RFID的基本概念和概况进行较全面的介绍,通过本章的学习应达到入门的效果。对于不打算对RFID技术有深入研究的读者,读完此章可以对RFID技术有较全面和系统的了解。本章建议学时为4~6学时。

## 1.1　RFID技术及其特点

射频识别是无线电频率识别(Radio Frequency Identification,RFID)的简称,即通过无线电波进行识别。在RFID系统中,识别信息存放在电子数据载体中,电子数据载体称为应答器。应答器中存放的识别信息由阅读器读出。在一些应用中,阅读器不仅可以读出存放的信息,而且可以对应答器写入数据,读、写过程是通过双方之间的无线通信来实现的。

RFID具有下述特点:

● 它是通过电磁耦合方式实现的非接触自动识别技术;

● 它需要利用无线电频率资源,必须遵守无线电频率使用的众多规范;

● 它存放的识别信息是数字化的,因此通过编码技术可以方便地实现多种应用,如身份识别、商品货物识别、动物识别、工业过程监控和收费等;

● 它可以容易地对多应答器、多阅读器进行组合建网,以完成大范围的系统应用,并构成完善的信息系统;

● 它涉及计算机、无线数字通信、集成电路、电磁场等众多学科,是一个新兴的融合多种技术的领域。

## 1.2　RFID技术的基本原理

### 1.2.1　基本原理

#### 1. RFID系统的基本交互原理

RFID系统的基本原理框图如图1.1所示。

应答器为集成电路芯片,其工作需要由阅读器提供能量。阅读器产生的射频载波用于为应答器提供能量。

图 1.1　RFID 系统的基本原理框图

　　阅读器和应答器之间的信息交互通常采用询问－应答的方式进行,因此必须有严格的时序关系,时序由阅读器提供。

　　应答器和阅读器之间可以实现双向数据交换,应答器存储的数据信息采用对载波的负载调制方式向阅读器传送,阅读器给应答器的命令和数据通常采用载波间隙、脉冲位置调制、编码调制等方法实现传送。

**2. RFID 的耦合方式**

　　根据射频耦合方式的不同,RFID 可以分为电感耦合方式(磁耦合)和反向散射耦合方式(电磁场耦合)两大类。

**3. RFID 系统的工作频率**

　　RFID 系统的工作频率划分为下述频段。

　　① 低频(LF,频率范围为 30～300kHz):工作频率低于 135kHz,最常用的是 125kHz。

　　② 高频(HF,频率范围为 3～30MHz):工作频率为 13.56MHz±7kHz。

　　③ 特高频(UHF,频率范围为 300MHz～3GHz):工作频率分别为 433MHz,866～960MHz 和 2.45GHz。

　　④ 超高频(SHF,频率范围为 3～30GHz):工作频率分别为 5.8GHz 和 24GHz,但目前 24GHz 基本没有采用。

　　其中,后 3 个频段为 ISM(Industrial Scientific Medical)频段。ISM 频段是为工业、科学和医疗应用而保留的频率范围,不同的国家可能会有不同的规定。UHF 和 SHF 都在微波频率范围内,微波频率范围为 300MHz～300GHz。

　　在 RFID 技术的术语中,有时称无线电频率的 LF 和 HF 为 RFID 低频段,UHF 和 SHF 为 RFID 高频段。

　　RFID 技术涉及无线电的低频、高频、特高频和超高频频段。在无线电技术中,这些频段的技术实现差异很大,因此可以说,RFID 技术的空中接口覆盖了无线电技术的全频段。

## 1.2.2　电感耦合方式

　　电感耦合方式的电路结构如图 1.2 所示。电感耦合方式的射频载波频率 $f_c$(也称为工作频率)为 13.56MHz 和小于 135kHz 的频段。应答器与阅读器之间的距离在 1m 以下。

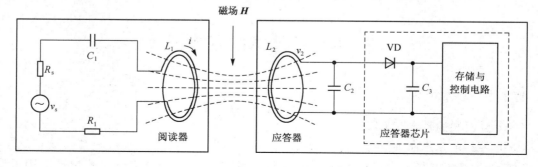

图 1.2　电感耦合方式的电路结构

## 1. 应答器的能量供给

电感耦合方式的应答器几乎都是无源的,能量(电源)从阅读器获得。由于阅读器产生的磁场强度受到电磁兼容有关标准的严格限制,因此系统的工作距离较近。

在图 1.2 所示的阅读器中,$v_s$ 是射频源,$L_1C_1$ 构成谐振回路(谐振于 $v_s$ 的频率),$R_s$ 是 $v_s$ 的内阻,$R_1$ 是电感线圈 $L_1$ 的损耗电阻。$v_s$ 在 $L_1$ 上产生高频电流 $i$,谐振时 $i$ 最大,$i$ 产生的磁场穿过线圈,并有部分磁力线穿过距阅读器电感线圈 $L_1$ 一定距离的应答器电感线圈 $L_2$。由于所用工作频率范围内的波长(13.56MHz 的波长 $\lambda$ 为 22.1m,135kHz 的波长 $\lambda$ 为 2400m)比阅读器与应答器线圈之间的距离大很多,所以两线圈间的电磁场可以当作简单的交变磁场。

穿过电感线圈 $L_2$ 的磁力线通过感应,在 $L_2$ 上产生电压 $v_2$,将其整流后,即可产生应答器工作所需的直流电压。电容 $C_2$ 的选择应使 $L_2C_2$ 构成对工作频率谐振的回路,以使电压 $v_2$ 达到最大值。

电感线圈 $L_1$ 和 $L_2$ 也可以看作一个变压器的初、次级线圈,只不过它们之间的耦合很弱。因为电感耦合系统的效率不高,所以这种方式主要适用于小电流电路,应答器的功耗大小对工作距离有很大影响。

## 2. 应答器向阅读器的数据传输

应答器向阅读器的数据传输采用负载调制的方法。负载调制的原理示意图如图 1.3 所示。

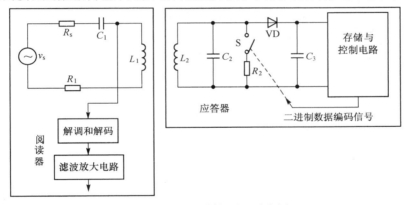

图 1.3 负载调制的原理示意图

如果在应答器中以二进制数据编码信号控制开关 S(芯片上的开关器件),则应答器电感线圈 $L_2$ 上的负载电阻(图中的 $R_2$)按二进制数据编码信号的高、低电平变化而接通和断开。负载的变化通过 $L_2$ 映射到 $L_1$,使 $L_1$ 上的电压也按此规律变化。该电压变化通过解调、滤波放大电路,恢复为应答器中控制开关的二进制数据编码信号,经解码后就可获得存储在应答器中的数据信息。这样,二进制数据信息就从应答器传到了阅读器。

图 1.3 中的调制方式称为负载调制,其实质上是一种振幅调制,也称为调幅(AM)。调节接入电阻 $R_2$ 的大小,可改变调制度的大小。

## 3. 阅读器向应答器的数据传输

阅读器向应答器的数据传输可以采用多种数字调制方式,通常为幅移键控(ASK)。有关调制和编码、解码的原理将在第 3 章介绍。

### 1.2.3 电感耦合方式的变形

#### 1. 电感耦合的时序方式

(1)时序方式

1.2.2 节所述的情况是,在阅读器与应答器的信息交互过程中,阅读器一直保持着向应答器传输能量。而时序方式则不一样,在这种方式中,阅读器向应答器的能量传输和数据传输占用一个连续的时隙,在此时间内,应答器获取能量而不传送数据。在两次能量供应的间隙,应答器完成向阅读器的数据传输。这种时间上的交错如图1.4所示。

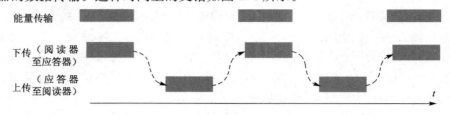

图1.4　时序方式中的能量与数据传输

（2）电感耦合的时序方式

电感耦合的时序方式仅适合在135kHz以下频率范围内工作。在时序方式下,阅读器的发送器仅在传输能量时工作,传输能量在应答器中给电容充电,以存储能量。在充电过程中,应答器处于低功耗省电模式,从而使接收到的能量几乎完全用于电容的充电。在固定的充电时间结束后,断开阅读器的发送器。

在充电过程中,应答器应能存储在向阅读器传输数据时间内需要消耗的能量。应答器可用的能量由充电电容器的电容量和充电时间决定。应答器中需要有一个容量较大的电容,这给实际使用也带来了一定的不便。

在充电结束后,应答器上的振荡器被激活,振荡频率由应答器射频前端的LC回路确定,振荡频率应和阅读器的发送频率相同。该振荡器被调制后,将调制的数字数据传送至阅读器。

**2. 扫频法**

（1）扫频的基本概念

所谓"扫频",就是利用某种方法,使正弦信号的频率随时间按一定规律,在一定范围内反复扫动。这种频率扫动的正弦信号,称为扫频信号。

设 $v(t)$ 为扫频信号,其瞬时频率 $f$ 在回路谐振频率 $f_0 = \omega_0/(2\pi)$ 附近做线性扫动,即

$$f = f_0 + \gamma t \tag{1.1}$$

式中,$\gamma = \mathrm{d}f/\mathrm{d}t$,$\gamma$ 称为扫频速度。

则扫频信号可表示为

$$v(t) = V_{\mathrm{m}}\cos\left(\int 2\pi f \mathrm{d}t\right) = V_{\mathrm{m}}\cos(\omega_0 t + \pi\gamma t^2) \tag{1.2}$$

扫频信号的波形如图1.5所示,频率变化从 $f_{\mathrm{L}}$ 到 $f_{\mathrm{H}}$,不断重复扫动。

（2）扫频信号的主要特性

扫频信号的主要特性包括有效扫频宽度、扫频线性和振幅平稳性。

有效扫频宽度是指在扫频线性和振幅平稳性符合要求的条件下最大的频率覆盖范围。频率覆盖范围一般用相对值表示,图1.5中扫频信号的频率覆盖范围为

$$\frac{\Delta f}{\bar{f}} = \frac{f_{\mathrm{H}} - f_{\mathrm{L}}}{\bar{f}} = 2\frac{f_{\mathrm{H}} - f_{\mathrm{L}}}{f_{\mathrm{H}} + f_{\mathrm{L}}} \tag{1.3}$$

式中,$\bar{f} = (f_{\mathrm{H}} + f_{\mathrm{L}})/2$ 为平均频率。

扫频线性可用线性系数来表征,它表示扫频信号频率的变化规律和预定的扫频规律之间的吻合程度。

振幅平稳性是指扫频信号的振幅应恒定不变,即寄生幅度要小。

（3）扫频法的工作原理

扫频法的工作原理如图1.6所示。阅读器采用扫频振荡器，$L_1$是扫频振荡器的电感线圈，$L_1$中的电流产生扫频的交变磁场，频率从变化$f_L$至$f_H$。应答器的谐振回路由$L_2$和$C_2$组成，其谐振频率为$f_2$，$f_2$在$f_L \sim f_H$之间。

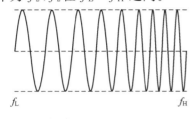

图1.5　扫频信号的波形

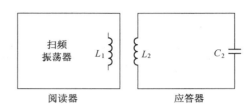

图1.6　扫频法的工作原理

当应答器接近阅读器，阅读器扫频信号的频率和应答器谐振回路的频率相等时，$L_1$中的电流产生一个明显的增量（其大小取决于扫频速度），该增量可用于识别。

识别的方法是将阅读器安装于通道口，线圈可绕成大面积的方框形状，扫频范围为8.2MHz±10%，当附有应答器的物品被携带时，阅读器可给出警示。该技术可用于商场的电子防盗。

这种由电感线圈和薄膜电容构成谐振回路的无源应答器，称为1比特应答器。

### 3. 分频信号检测法

分频信号检测法的工作原理如图1.7所示，这种方法的工作频率范围为$100 \sim 135kHz$（如128kHz）。

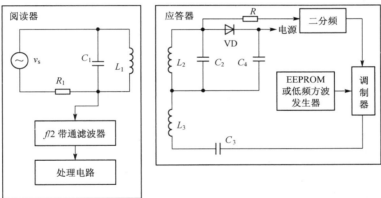

图1.7　分频信号检测法的工作原理

由图1.7可见，该方法的原理与电感耦合方式相同，应答器是无源的，载波信号经二分频后送至调制器，在调制器中被应答器数据（存储在EEPROM中）或低频方波信号（由低频方波发生器产生）调制，被调制的二分频载波信号经应答器电感线圈$L_3$送至阅读器，阅读器对二分频载波信号进行处理，便可获得应答器的有关信息。

## 1.2.4　反向散射耦合方式

### 1. 反向散射

雷达技术为RFID的反向散射耦合方式提供了理论和应用基础。当电磁波遇到空间目标（物体）时，其能量的一部分被目标吸收，另一部分以不同的强度被散射到各个方向。在散射的能量中，一小部分反射回了发射天线，并被该天线接收（因此发射天线也是接收天线），对接收信号进行放大和处理，即可获取目标的有关信息。

## 2. RFID 反向散射耦合方式

一个目标反射电磁波的效率由反射横截面来衡量。反射横截面的大小与一系列参数有关，如目标大小、形状和材料，电磁波的波长和极化方向等。由于目标的反射性能通常随频率的升高而增强，所以 RFID 反向散射耦合方式采用特高频（UHF）和超高频（SHF），应答器和阅读器的距离大于 1m。

RFID 反向散射耦合方式的原理框图如图 1.8 所示，阅读器、应答器和天线构成了一个收发通信系统。

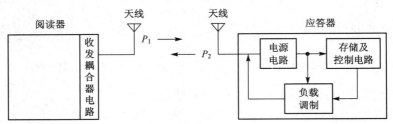

图 1.8　RFID 反向散射耦合方式的原理框图

（1）应答器的能量供给

应答器的能量由阅读器提供，阅读器天线发射的功率 $P_1$ 经自由空间衰减后到达应答器，设到达功率为 $P_1'$。$P_1'$ 中被吸收的功率经应答器中的整流电路后形成应答器的工作电压。

在 UHF 和 SHF 范围内，有关电磁兼容的国际标准对阅读器所能发射的最大功率有严格的限制，因此在有些应用中，应答器采用完全无源方式会有一定困难。为解决应答器的供电问题，可在应答器上安装附加电池。为防止电池不必要的消耗，应答器平时处于低功耗模式。当应答器进入阅读器的作用范围时，应答器由获得的射频功率激活，进入工作状态。

（2）应答器至阅读器的数据传输

到达功率 $P_1'$ 的一部分被天线反射，反射功率 $P_2$ 经自由空间后到达阅读器，被阅读器天线接收。接收信号经收发耦合器电路传输至阅读器的接收通道，被放大后经处理电路获得有用信息。

应答器天线的反射性能受连接到天线的负载变化的影响，因此，可采用相同的负载调制方法实现反射的调制。其表现为反射功率 $P_2$ 是振幅调制信号，它包含了存储在应答器中的识别数据信息。

（3）阅读器至应答器的数据传输

阅读器至应答器的命令及数据传输，应根据 RFID 的有关标准进行编码和调制，或者按所选用应答器的要求进行设计。

## 3. 声表面波应答器

（1）声表面波器件

声表面波（Surface Acoustic Wave，SAW）器件以压电效应和与表面弹性相关的低速传播的声波为依据。SAW 器件体积小、重量轻、工作频率高、相对带宽较宽，并且可以采用与集成电路工艺相同的平面加工工艺，制造简单，重获得性和设计灵活性强。

声表面波器件具有广泛的应用，如通信设备中的滤波器。在 RFID 应用中，声表面波应答器的工作频率目前主要为 2.45GHz。

（2）声表面波应答器

声表面波应答器的基本结构如图 1.9 所示，长长的一条压电基片的端部有指状电极结构。压电基片通常采用石英铌酸锂或钽酸锂等压电材料制作，指状电极结构是电声转换器（换能器）。

在压电基片的导电板上附有偶极子天线,其工作频率和阅读器的发送频率一致。在应答器的剩余长度安装了反射器,反射器的反射带通常由铝制成。

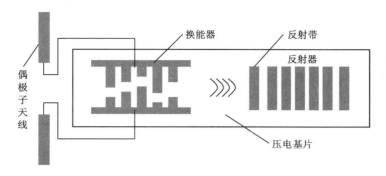

图 1.9  声表面波应答器的结构示意图

阅读器送出的射频脉冲序列电信号,从应答器的偶极子天线馈送至换能器,换能器将电信号转换为声波。转换的工作原理是利用压电基片在电场作用时的膨胀和收缩效应实现的。电场由指状电极上的电位差形成。一个时变输入电信号(射频信号)引起压电基片振动,并沿其表面产生声波。严格地说,传输的声波有表面波和体波,但主要是表面波,这种表面波纵向通过压电基片。一部分表面波被分布在压电基片上的反射带反射,而剩余部分到达压电基片的终端后被吸收。

一部分反射波返回换能器,被换能器转换成射频脉冲序列电信号(将声波变换为电信号),并被偶极子天线传送至阅读器。阅读器接收到的脉冲数量与压电基片上的反射带数量相符,单个脉冲之间的时间间隔与压电基片上反射带的空间间隔成比例,从而通过反射带的空间布局可以表示一个二进制数字序列。

由于压电基片上的表面波传播速度缓慢,在阅读器的射频脉冲序列电信号发送后,经过约 1.5ms 的滞后时间,从应答器返回的第一个应答脉冲才到达。这是声表面波应答器时序方式的重要优点。因为在阅读器周围的金属表面上的反射信号以光速返回阅读器天线(例如,与阅读器相距 100m 处的金属表面反射信号,在阅读器天线发射之后 0.6ms 就能返回阅读器),所以当应答器信号返回时,阅读器周围的所有金属表面反射都已消失,不会干扰返回的应答信号。

声表面波应答器的数据存储能力和数据传输速率取决于压电基片的尺寸与反射带之间所能实现的最短间隔。实际上,16～32 位的数据传输速率约为 500kbps。

声表面波 RFID 系统的作用距离主要取决于阅读器所能允许的发射功率,在 2.45GHz 下,作用距离可达 1～2m。

采用偶极子天线的好处是其辐射能力强,制造工艺简单,成本低,而且能够实现全向性的方向图。微带贴片天线的方向图是定向的,适用于通信方向变化不大的 RFID 系统,但工艺较为复杂,成本也相对较高。

从上面的介绍和分析可见,声表面波 RFID 系统是基于时序方式、采用反向散射耦合方式的 RFID 系统。

**4. 谐波检测法**

(1)非线性元件的频率变换作用

如果在一个线性电阻上加某一频率的正弦电压,那么在电阻中就会产生同一频率的正弦电流;反之,给线性电阻通入某一频率的正弦电流,则在电阻两端就会得到同一频率的正弦电压。

但对于非线性电阻来说,情况就大不相同了,如半导体二极管。图 1.10(a)所示为二极管的伏安特性曲线。当如图 1.10(b)所示的某一频率的正弦电压 $v(t) = V_m \sin(\omega t)$ 作用于该二极管时,根据 $v(t)$ 的波形和二极管的伏安特性曲线,即可用作图法求出通过二极管的电流 $i(t)$ 的波形,如图 1.10(c)所示。显然,它已不是正弦波形,但仍然是一个周期性函数。

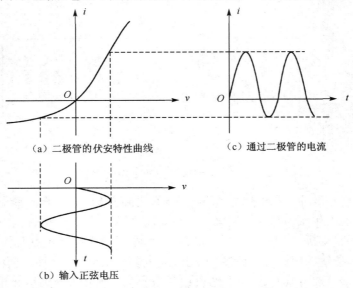

（a）二极管的伏安特性曲线　　　　　（c）通过二极管的电流

（b）输入正弦电压

图 1.10　二极管的非线性产生谐波频率

如果将电流 $i(t)$ 用傅里叶级数展开,可以发现,它的频谱中除包含电压 $v(t)$ 的频率成分 $\omega$(基波)外,还新产生了 $\omega$ 的各次谐波及直流成分。也就是说,二极管具有频率变换的能力。

（2）谐波检测法的原理

谐波检测法的原理示意图如图 1.11 所示。

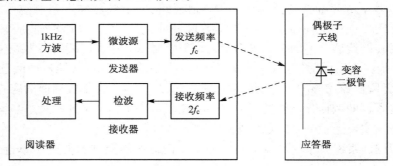

图 1.11　谐波检测法的原理示意图

发送器的微波源受 1kHz 方波信号调制,发送频率为 $f_c$(如 2.45GHz)的已调制(ASK)信号。应答器偶极子天线收到频率为 $f_c$ 的电压,该电压在变容二极管的作用下,产生较强的二次或三次谐波电流,该电流产生的微波信号(也是被 1kHz 信号调制的)从偶极子天线回射,载波频率为 $f_c$,$2f_c$,$3f_c$,…。接收器的接收频率可调节在 $2f_c$ 上,如果检测到频率为 $2f_c$ 的调制信号,则说明检测到了应答器。

谐波检测法的工作原理也是基于反向散射耦合方式的。该技术可用于电子防盗系统(EAS),应答器实际上是一个 1 比特应答器,如果控制好发射射频的定向区域范围,则通过对应答器的检测就可以防止装有应答器的商品被非法带出。

# 1.3 RFID 系统构架

## 1.3.1 RFID 系统的组成

RFID 系统的组成结构如图 1.12 所示,包含阅读器、应答器和高层等部分。最简单的应用系统只有单个阅读器,它一次对一个应答器进行操作,如公交汽车上的票务操作。较复杂的应用系统需要一个阅读器可同时对多个应答器进行操作,即要具有防碰撞(也称为防冲突)的能力。更复杂的应用系统要解决阅读器的高层处理问题,包括多阅读器的网络连接。

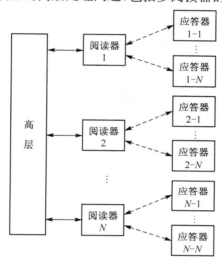

图 1.12 RFID 系统的组成结构

## 1.3.2 应答器

从技术角度来说,RFID 技术的核心在应答器,阅读器是根据应答器的性能而设计的。虽然在 RFID 系统中应答器的价格远比阅读器的低,但通常情况下,应用中应答器的数量是很大的,尤其在物流应用中,应答器用量不仅大而且可能是一次性使用的,而阅读器的数量相对要少很多。

**1. 射频卡和标签**

应答器的外形多种多样,如盘形、卡状形、条形、钥匙扣形、手表形等,不同的形状适应于不同的应用。

应答器在某种应用场合还有一些专有的名称,如射频卡(也称为非接触卡)、标签等,但都可统称为应答器。

(1) 射频卡(RF Card)

如果将应答器芯片和天线塑封成像银行卡那样,物理尺寸符合 ID—1 规范,那么这类应答器称为射频卡,如图 1.13 所示。

ID—1 是国际标准 ISO/IEC 7810 中规定的 3 种磁卡尺寸规格中的一种,其宽度×高度×厚度为 85.6mm×53.98mm×0.76mm±容许误差。

射频卡的工作频率为低于 135kHz 或 13.56MHz,采用电感耦合方式实现能量和信息的传输。射频卡通常用于身份识别和收费。

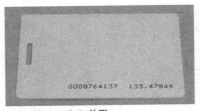

| (a) 外形 | (b) 内部结构 |

图 1.13　射频卡

（2）标签（Tag）

应答器可用于动物识别、商品货物识别、集装箱识别等，在这些应用领域应答器常被称为标签。

图 1.14 所示为几种典型标签的外形。应答器芯片安放在一张薄纸膜或塑料膜内，这种薄膜往往和一层纸胶合在一起，背面涂上黏胶剂，这样就很容易被粘贴到要识别的物体上。

| 智能标签 | UHF 电子标签卡 | UHF 电子标签锁 | UHF 金属电子标签 |

图 1.14　标签

**2. 应答器的主要性能参数**

应答器的主要性能参数有：工作频率、读/写能力、编码调制方式、数据传输速率、数据存储容量、工作距离、多应答器识读能力（也称为防碰撞或防冲突能力）、安全性能（密钥、认证）等。

**3. 应答器的分类**

根据应答器是否需要加装电池及电池供电的作用，可将应答器分为无源（被动式）、半无源（半被动式）和有源（主动式）3 种类型。

（1）无源应答器

无源应答器不附带电池。在阅读器的阅读范围之外，应答器处于无源状态；在阅读器的阅读范围之内，应答器从阅读器发出的射频能量中提取工作所需的电能。采用电感耦合方式的应答器多为无源应答器。

（2）半无源应答器

半无源应答器内装有电池，但电池仅起辅助作用，它对维持数据的电路供电或对应答器芯片工作所需的电压做辅助支持。应答器电路本身耗能很少，平时处于休眠状态。当应答器进入阅读器的阅读范围时，受阅读器发出的射频能量的激励而进入工作状态，它与无源应答器一样，用于传输通信的射频能量源自阅读器。

（3）有源应答器

有源应答器的工作电源完全由内部电池供给，同时内部电池能量也部分地转换为应答器与阅读器通信所需的射频能量。

**4. 应答器电路的基本结构和作用**

应答器电路的基本结构如图 1.15 所示，包括天线电路、编/解码器、电源电路、解调器、存储器、控制器和负载调制电路等。

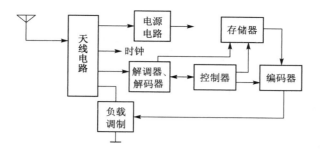

图 1.15　应答器电路的基本结构

应答器电路的复杂度和应答器所具有的功能相关。按照应答器的功能来分类,应答器可分为存储器应答器(又可分为只读应答器和可读/写应答器)、具有密码功能的应答器和智能应答器。

（1）能量获取

天线电路用于获取射频能量,由电源电路整流稳压后为应答器电路提供直流工作电压。对于可读/写应答器,如果存储器是 EEPROM,电源电路还需要产生写入数据时所需的直流高电压。

（2）时钟

天线电路获取的载波信号的频率经分频后,分频信号可作为应答器的控制器、存储器、编/解码器等电路工作时所需的时钟信号。

（3）数据的输入/输出

从阅读器送来的命令,通过解调器、解码器送至控制器,控制器实现命令所规定的操作;从阅读器送来的数据,经解调器、解码器后在控制器的管理下写入存储器。

应答器送至阅读器的数据,在控制器的管理下从存储器输出,经编码器、负载调制电路输出。

（4）存储器

RFID 系统应答器的数据存储容量通常在几字节到几千字节之间,但有一个例外,就是前面介绍的 1 比特应答器。

简单的 RFID 系统应答器存储数据量不大,通常多为序列号码(如唯一识别号 UID、电子商品码 EPC 等),它们在芯片生产时写入,以后就不能改变。

在可读/写应答器中,除固化数据外,还需支持数据的写入,为此有 3 种常用的存储器:EEPROM(电擦除可编程只读存储器)、SRAM(静态随机存储器)和 FRAM(铁电随机存储器)。

EEPROM 使用较广,但其写入过程中的功耗大,擦写寿命约为 10 万次,是电感耦合方式应答器主要采用的存储器。SRAM 写入数据很快,但为了保存数据需要用辅助电池进行不中断供电,因此 SRAM 用在一些微波频段自带电池的应答器中。

FRAM 采用非瞬态存储技术,存储的基本原理是铁电效应,即一种材料在电场消失的情况下保持其电极化的能力。FRAM 与 EEPROM 相比,其写入功耗低(约为 EEPROM 功耗的1/100)、写入时间短(约为 $0.1\mu s$,比 EEPROM 快约 1000 倍),因此 FRAM 在 RFID 系统中有很好的应用前景。FRAM 目前存在的问题是,把它与 CMOS 微处理器、射频前端模拟电路集成到单独一块芯片上仍存在困难,这妨碍了 FRAM 在 RFID 系统中的广泛应用。

在具有密码功能的应答器中,存储器中还保存有密码,以供加密信息和提供认证。有关 RFID 中的加密、认证技术,将在第 5 章详细讨论。

（5）控制器

控制器是应答器芯片有序工作的指挥器。只读应答器的控制器电路比较简单。对于可读/写和具有密码功能的应答器,必须有内部逻辑控制对存储器的读/写操作和对读/写授权请求的处理,该工作通常由一台状态机来完成。然而,状态机的缺点是缺乏灵活性,这意味着当应答器需要变化时,就要更改芯片上的电路,这在经济性和完成时间上都存在问题。

如果应答器上带有微控制器(MCU)或数字信号处理器(DSP),成为智能应答器,则对于更改的应对会更加灵活方便,而且还增加了很多运算和处理能力。随着 MCU 和 DSP 功耗的不断降低,智能应答器在身份识别、金融等领域的应用不断扩大。

### 1.3.3 阅读器

阅读器也有一些其他称呼,如读/写器、基站等。本书中没有对它们加以区别,即阅读器并不是仅具有读功能,而是泛指其具有读/写功能。基站一词借用于无线移动通信的术语,阅读器具有相当于基站的功能。实际上在 RFID 系统中,也可将应答器固定安装,而将阅读器应用于移动状态。

图 1.16 所示为几种典型阅读器的实物图。

RFS-2000T型UHF阅读器

2.4 GHz 远距离阅读器

13.56 MHz 远距离阅读器

125 kHz 工业级阅读器

图 1.16　阅读器

#### 1. 阅读器的功能

虽然因频率范围、通信协议和数据传输方法的不同,各种阅读器在一些方面会有很大的差异,但阅读器通常都应具有下述功能:

① 以射频方式向应答器传输能量;

② 从应答器中读出数据或向应答器写入数据;

③ 完成对读取数据的信息处理并实现应用操作;

④ 若有需要,应能和高层处理交互信息。

#### 2. 阅读器电路的组成

阅读器电路的组成框图如图 1.17 所示,各部分的作用简述如下。

（1）振荡器

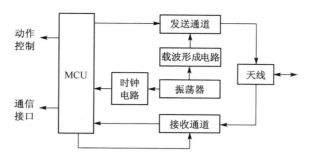

图 1.17　阅读器电路的组成框图

振荡器电路产生符合 RFID 系统要求的射频振荡信号,一路经时钟电路产生 MCU 所需的时钟信号,另一路经载波形成电路产生阅读器工作的载波信号。例如,振荡器的振荡频率为4MHz,经整形后提供 MCU 工作的 4MHz 时钟,经分频(32 分频)产生 125kHz 的载波。

(2)发送通道

发送通道包括编码、调制和功率放大电路,用于向应答器传送命令和写数据。

(3)接收通道

接收通道包括解调、解码电路,用于接收应答器返回的应答信息和数据。根据应答器的防碰撞能力的设置,还应考虑防碰撞电路的设计。

(4)微控制器(MCU)

MCU 是阅读器工作的核心,完成收/发控制、向应答器发送命令与写数据、应答器数据读取与处理、与应用系统的高层进行通信等。

MCU 的动作控制包括与声、光、显示部件的接口,通信接口可采用 RS-232、USB 或其他通信接口。

随着 DSP 应用的普及,阅读器也可采用 DSP 器件作为核心器件来实现更加完善的功能。

## 1.3.4　天线

阅读器和应答器都需要安装天线,天线的应用目标是取得最大的能量传输效果。选择天线时,需要考虑天线类型、天线的阻抗、应答器附着物的射频特性、阅读器与应答器周围的金属物体等因素。

RFID 系统所用的天线类型主要有偶极子天线、微带贴片天线、线圈天线等。偶极子天线辐射能力强,制造工艺简单,成本低,具有全向方向性,常用于远距离 RFID 系统。微带贴片天线的方向图是定向的,但工艺较复杂,成本较高。线圈天线用于电感耦合方式的 RFID 系统中(阅读器和应答器之间的耦合电感线圈在这里也称为天线),因此适用于近距离(1m 以下)的 RFID 系统,在 UHF、SHF 频段和工作距离、方向不定的场合难以得到广泛的应用。

在应答器中,天线和应答器芯片封装在一起。由于应答器尺寸的限制,天线的小型化、微型化成为决定 RFID 系统性能的重要因素。近年来研制的嵌入式线圈天线、分型开槽环天线和低剖面圆极化 EBG(电磁带隙)天线等为应答器天线小型化提供了技术保证。

## 1.3.5　高层

(1)高层的作用

对于独立的应用,阅读器可以完成应用的需求,例如,公交车上的阅读器可以实现对公交票卡的验读和收费。但是对于由多阅读器构成网络架构的系统,高层(或后端)是必不可少的。也就是说,针对 RFID 的具体应用,需要在高层将多阅读器获取的数据有效地整合起来,提供查询、历史档案等相关管理和服务。更进一步,通过对数据的加工、分析和挖掘,为正确决策提供依据。这就是所谓的信息管理系统和决策系统。

（2）中间件与网络应用

在 RFID 网络应用中,企业通常最想问的第一个问题是:"如何将现有的系统与 RFID 阅读器连接?"针对这个问题的解决方案就是 RFID 中间件（Middle Ware）。

RFID 中间件是介于 RFID 阅读器和后端应用程序之间的独立软件,能够与多个 RFID 阅读器和多个后端应用程序连接。应用程序使用 RFID 中间件所提供的一组通用应用程序接口（API）,就能连接 RFID 阅读器,读取 RFID 应答器的数据。即使当存储应答器信息的数据库软件改变、后端应用程序增加或改由其他软件取代、阅读器种类增加等情况发生时,应用程序不需要修改也能应对这些变化,从而减轻了多对多连接的设计与维护的复杂性。

图 1.18 所示为利用 RFID 中间件的网络应用的结构。

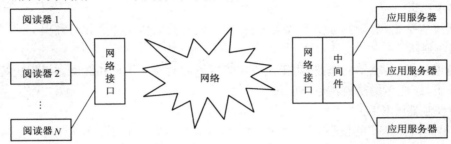

图 1.18　利用中间件的网络应用的结构

# 1.4　RFID 与相关的自动识别技术

## 1.4.1　自动识别技术

识别也称为辨识,是指对人、事、物的差异的区分能力。人类依靠感知和大脑,具有很强的识别能力。一个人可以在人群中识别出熟人、朋友和亲人,甚至可以不见其人而仅通过听其声(说话声或脚步声)来分辨。更高级的识别是对人的能力高低、感情真伪、内心活动、道德情操的识别。

自动识别通常是指采用机器进行识别的技术。自动识别的任务和目的是提供个人、动物、货物、商品和图文的信息。自动识别技术包括条形码、接触式 IC 卡、生物特征识别、光学字符识别（OCR）和射频识别（RFID）等。随着信息技术的发展,计算机处理能力的不断提高,网络覆盖面积的扩大,自动识别正逐步进入智能化和网络化。

## 1.4.2　RFID 与条形码

### 1. 条形码（Bar Code）技术

自动识别技术的形成过程与条形码的发明、使用和发展密不可分,条形码在自动识别技术中占有重要的地位。条形码技术最早产生于 20 世纪 20 年代。

（1）条形码的概念

条形码由一组规则排列的条、空和相应的数字组成,这种用条、空组成的数据编码可以供机器识读,而且很容易译成二进制数和十进制数。这些条和空可以有各种不同的组合方法,构成不同的图形符号,即各种符号体系,也称为码制,适用于不同的应用场合。

(2) 一维条形码

一维条形码中使用较多的码制是 EAN、UPC 和 EAN128 码。图 1.19 所示为 EAN 和 UPC 条形码,图 1.20 所示为 EAN128 条形码。

图 1.19　EAN 和 UPC 条形码

图 1.20　EAN128 条形码

欧洲商品编码(EAN)是一种定长、无含义的条形码,主要用于商品标识。EAN 码可分为标准版和缩短版,标准版为 13 位,缩短版为 8 位。在标准版和缩短版中又有原印码和店内码之分。EAN 码包含厂商识别代码、商品项目代码和检验码。

统一产品代码(UPC)主要用于北美地区,由美国统一代码委员会(UCC)开发。UPC 码的特点是只能表示数字,并有多个版本,其中版本 A 为 12 位数字,版本 E 为 8 位数字(第 1 位为固定码 0,编码位为 6 位,最后 1 位为检验位)。

EAN128 码是由国际物品编码协会和 UCC 联合开发、共同采用的一种条形码。它是一种连续性、非定长、有含义的高密度代码,可表示数字和字符串,字符串集合有 A,B,C 这 3 个不同版本,共有 128 个字符。EAN128 码可表示生产日期、批号、数量、规格、保质期、收货地等更多的商品信息。

(3) 二维条形码

由于条形码应用领域的不断拓展,对一定面积上的条形码信息密度和信息量提出了更高的要求,这就产生了二维条形码。

二维条形码分为两类。一类由矩阵代码和点代码组成,其数据以二维空间的形态编码。矩阵代码有 MaxiCode,Data Matrix,Code One 等,这种条形码可以做得很小,甚至可以用硅芯片实现,适用于小件物品。另一类二维条形码是包含重叠的或多行的条形码符号,代表性的条形码编码有 PDF417 和 Code 49 等。

PDF(Portable Data File)是便携式数据文件的缩写。组成条形码的每一个符号字符都由 4 个条和 4 个空构成,如果将组成条形码的最窄条或空称为一个模块,那么每一个条或空由 1~6 个模块组成,而上述的 4 个条和 4 个空的总模块数为 17,所以称为 417 码或 PDF417 码。

PDF417 码是一个多行、连续性、可变长、包含大量数据的符号标识。PDF417 码的符号由空白区包围的一横列层组成,每一层包括左空白区、起始符、左层指示符号字符、1~30 个数据字符、右层指示符号字符、终止符和右空白区,如图 1.21 所示。PDF417 码的字符集包括所有 128 个字符。

PDF417 码的另一个最大特点是具有错误纠正能力,当条形码受到一定破坏时,仍能正确读出。

左空白区　起始符　左层指示符号字符　数据区　右层指示符号字符　终止符　右空白区

空白区
横列 0
横列 1
横列 2
横列 3
横列 4
横列 5
空白区

图 1.21　PDF417 码的符号结构

（4）条形码的特点

条形码有下述特点，因而得到广泛应用。

① 条形码易于制作，对印刷设备和材料无特殊要求，成本低廉、价格便宜。

② 条形码用激光束读取信息，数据输入速度快，识别准确可靠。

③ 识别设备结构简单、操作容易，无须专门训练。

**2. RFID 与条形码**

用 RFID 技术识别商品，其思路来源于条形码。将应答器作为标签附在商品上，通过 RFID 技术对商品自动进行识别，从而显示出比条形码更大的优势。

RFID 的优点如下：

● RFID 可以识别单个非常具体的物体，而条形码仅能够识别物体的类别。例如，条形码可以识别这是某品牌的瓶装酱油，但不能区分出是哪一瓶。

● RFID 采用无线电射频，可以透过外部材料读取数据，而条形码是靠激光束来读取外部数据的。

● RFID 可以同时对多个物体进行识读（具有防碰撞能力），而条形码只能一个一个地顺序读取。

● RFID 的应答器（标签）可存储的数据量大，并可进行多次改写。

● 易于构成网络应用环境，对于商品货物而言，可构建所谓"物流网"。

不过，RFID 目前还存在着一些问题，主要表现在以下方面：

① RFID 标签的价格问题。RFID 标签与其要粘贴的商品价格相比，还是比较昂贵的。而条形码的价格要比 RFID 标签便宜得多。

② RFID 标签涉及的隐私问题。当采用 RFID 标签时，可能会涉及一些个人隐私问题，这主要表现在：第一，RFID 阅读器能在个人不知情的情况下于远处读取 RFID 标签；第二，如果购买者用银行卡或会员卡为一件加了 RFID 标签的物品付款，那么商店就可以将该物品的唯一识别号 ID 和购买者的身份联系起来。

③ RFID 标签的安全性问题。RFID 标签被攻击的问题应受到人们的关注。当攻击者具备了 RFID 阅读器附加卡和一台装有可以访问及改变标签内容的软件的计算机时，RFID 标签的防篡改等安全性能就受到极大的威胁。

④ 标准统一的问题。目前 RFID 的有关标准较多，难以统一，这在一定程度上影响了 RFID 技术的发展。有关标准问题见第 6 章。

RFID 标签和条形码的主要性能见表 1.1。

表 1.1　RFID 标签和条形码的主要性能

| 技　术 | 信息载体 | 信息量 | 读/写性 | 读取方式 | 保密性 | 智能化 | 寿命 | 成本 |
|---|---|---|---|---|---|---|---|---|
| 条形码 | 纸、塑料薄膜、金属表面 | 小 | 只读 | CCD(电荷耦合器件)或激光束 | 差 | 无 | 较短 | 低 |
| RFID 标签 | EEPROM 等 | 大 | 读/写 | 无线通信 | 好 | 有 | 长 | 较高 |

RFID 和条形码是两种既有关联又有不同的技术。条形码是"可视技术",识读设备只能接收视野范围内的条形码;而 RFID 不要求看见目标,RFID 标签只要在阅读器的作用范围内就可以被读取。RFID 和条形码将会在各自适用的范围内获得发展,并在较长时间内共存。

## 1.4.3　RFID 与接触式 IC 卡

RFID 在身份识别和收费领域的很多应用都源于接触式 IC 卡。

### 1. 接触式 IC 卡

(1) 简介

接触式 IC 卡也称为 IC 卡(Integrated Circuit Card,集成电路卡),它将集成电路芯片镶嵌于塑料基片中,封装成卡的形式。使用时,应将接触式 IC 卡插入阅读设备,阅读设备通过触点给接触式 IC 卡提供电源和定时脉冲,而它们之间的通信由双向串行接口通过另一个触点连接实现。

接触式 IC 卡的概念是 20 世纪 70 年代初提出来的,法国布尔(BULL)公司于 1976 年首先制造出接触式 IC 卡产品,目前这项技术已应用到金融、交通、医疗、通信、身份证和工业控制等多个领域。

(2) 分类

接触式 IC 卡的芯片具有写入数据和存储数据的能力,而且还可以防止内部存储的数据被恶意存取和处理。接触式 IC 卡根据卡中所用芯片的不同,可以分为存储器卡、逻辑加密卡和CPU 卡。

① 存储器卡:存储器卡中的集成电路为 EEPROM。

② 逻辑加密卡:逻辑加密卡中的集成电路具有加密逻辑和 EEPROM。

③ CPU 卡:CPU 卡又称为智能卡(Smart Card),CPU 卡中的集成电路包括中央处理器(CPU)、EEPROM、随机存储器(RAM)及固化在只读存储器中的片内操作系统(Chip Operating System,COS)。CPU 卡的基本结构如图 1.22 所示。

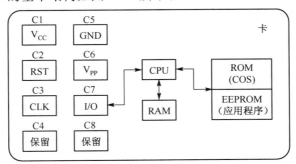

图 1.22　CPU 卡的基本结构

图 1.22 中,左侧是 CPU 卡插入阅读设备的触点,共 8 个。CLK 为时钟,$V_{CC}$ 为电源正端,$V_{PP}$ 为 EEPROM 写数据用的电压(也称为编程电压),GND 为地,I/O 为串行接口,RST 为复位,另两个触点 C4 和 C8 保留于将来使用。由图可见,CPU 卡基本上是一个小的片上系统。

（3）接触式 IC 卡的国际标准（ISO/IEC 7816）

接触式 IC 卡的国际标准为 ISO/IEC 7816，包括以下部分：

ISO/IEC 7816－1，物理特性；

ISO/IEC 7816－2，触点尺寸和位置；

ISO/IEC 7816－3，电信号和传输协议；

ISO/IEC 7816－4，行业间交换用命令；

ISO/IEC 7816－5，应用标识符的编号系统和注册过程；

ISO/IEC 7816－6，行业间数据元；

ISO/IEC 7816－7，关于结构化卡询问语言的行业间命令；

ISO/IEC 7816－8，与安全有关的行业间命令；

ISO/IEC 7816－9，附加的行业间命令和复位应答；

ISO/IEC 7816－10，用于同步卡的电信号和复位应答。

（4）接触式 IC 卡的应用

接触式 IC 卡也可以按其应用领域来划分，通常可分为金融卡和非金融卡两种。

金融卡又可分为信用卡（Credit Card）和借记卡（Debit Card）等。信用卡主要由银行发行和管理，持卡人用它作为消费时的工具，可以使用预先设定的透支限额资金。借记卡又称为储蓄卡，可用作电子存折和电子钱包，不允许透支。

非金融卡往往出现在各种事务管理、安全管理场所，如手机中的智能卡（SIM 卡）、机顶盒（STB）中的智能卡。在这些付费和安全敏感的应用中，采用智能卡可实现机卡分离，即可以使机器制造商和运营管理商分离。分离既给制造商、运营商提供了公平竞争的环境，也给用户提供了更多的选择余地。

**2. RFID 与接触式 IC 卡**

RFID 与接触式 IC 卡关系密切。接触式 IC 卡技术结合了 CPU 和存储器芯片的设计，而 RFID 技术则结合了射频技术和接触式 IC 卡技术，因此在一些场合也将 RFID 应答器称为非接触式 IC 卡或射频卡。

接触式 IC 卡的缺点是：触点由于频繁的机械接触引起的磨损可能会导致接触不良，对腐蚀和污染缺乏抵抗能力，来自触点的静电可能会破坏数据，开放外置的阅读器（如 IC 卡电话机）无法防止被破坏。RFID 的射频读取方式从根本上消除了这些弊端。此外，接触式 IC 卡在使用时需要插拔，不便于人多场合的应用，如公交车票卡，而采用 RFID 就十分方便，因此 RFID 将在众多领域取代接触式 IC 卡。

目前，RFID 存在的问题是能量损耗问题，当芯片中集成电路功能复杂、集成度提高、时钟频率提高时，伴随的是芯片的能耗也增加，而阅读器所能提供的能量是受到无线电管理部门严格限制的，即应符合电磁兼容标准的规定。

## 1.4.4 RFID 与生物特征识别

### 1. 生物特征识别

生物特征识别是通过对不会混淆的某种人体生物特征进行比较来识别不同个人的方法，如语音识别、指纹识别、人脸特征识别和眼底视网膜识别等。

（1）语音识别

语音识别作为一项跨学科的技术，是在人们几个世纪以来对语言学、声学、生理学和自动机理论研究的基础上发展而来的。

语音识别的原理是：将说话人的声音转变为数字信号，将其声音特征与已存储的某说话人的参考声音进行比较，以确定这段声音是否为已存储声音信息的某个人的声音，借此证实说话人的身份。

**(2) 人脸特征识别**

人类语言分为自然语言和人体语言两类，语音识别主要针对自然语言。人体语言包括面部表情、头部运动、身体动作、会话过程中的肯定与否定的动作表现、手势等多个方面。表情的识别对于实现人体语言与自然语言识别的融合具有重要意义。

人脸特征识别主要包括基于物理特征的人脸分类、面部表情的分析和识别、人脸的面部特征等内容。人脸特征识别主要基于计算机图像处理和视频处理系统，将已存储的人脸有关图像和提供的人脸图像进行面部特征及表情的分析、比较，从而达到自动识别的目的。人脸特征识别如果再和语音识别相结合，那么就可以进一步提高识别的可靠性。

**(3) 指纹识别**

指纹特征的差异很早就被人们所知，随着计算机和信息技术的发展，指纹识别技术取得了很大的进展。指纹可以由相应传感器获取。指纹传感器的技术大致分为两类：基于手指皮肤表面特征的技术和基于手指表皮下特征的技术。

基于手指皮肤表面特征的技术又可分为 3 类：光学传感方式、直流电容传感方式和热电条式传感方式。在光学传感技术中，手指按在电荷耦合器件（Charge Couple Device，CCD）的上方，CCD 将指纹转换为图像。但是，由于其复杂的机械装置，光学传感器比较昂贵。

直流电容传感技术采用与手指大小差不多的一块传感器芯片，当手指放在芯片上时，通过测量手指皮肤与芯片上像素构成的电容器的电容量来获得图像。当手指皮肤与像素间的距离变化时，由皮肤和芯片上像素所构成的电容器的电容量也发生变化。该技术也比较昂贵，因为需要一块较大的硅芯片。静电放电（ESD）是直流电容传感技术的一大严重弱点。

热电条式传感方式采用的传感器芯片由 280 点×8 列的像素阵列组成，像素上面镀有热电层和较硬的保护层。在这种结构中，当手指滑过传感器时，热电层被加热或冷却而产生电荷，然后芯片将手指的热特性转换为电流。芯片内集成有内部模数转换器（ADC），将图像转换为 8 位数字输出。采用滑扫方式可以克服传感器的尺寸限制，获得其他技术难以得到的大图像。采用滑扫，还能实现自我清洁，可以防止在表面沉积灰尘或油污，同时还避免了从传感器上复制指纹潜影并重新利用的可能。

对于基于手指表皮下特征的传感器技术，则不需要担心在传感器上留下潜影。基于手指表皮下特征的技术并不真正扫描手指的表面。它实际上生成的是手指表面下活组织层的图像，所以读取非常脏或有磨损的手指图像时不会存在困难。而且，因为它扫描的是手指皮肤下的活组织层，所以传感器可以检测到是真正的（活的）手指还是假的（或死的）手指。

用提取的指纹建立起指纹数据库作为比较基准，就可以用于身份识别。现代的指纹识别系统不到半秒钟就能识别和验证出指纹的真伪。

目前，基于 Windows 操作系统的指纹识别软件和通过 USB 接口与 PC 相连的指纹采集器已较普遍。另外，基于嵌入式系统，特别是 DSP 系统的指纹识别技术正在兴起并迅速发展。

**2. RFID 与生物特征识别**

将提取的生物特征数据（如指纹）存放于 RFID 的射频卡里，作为识别时的基准，由持卡人保存。在安检或其他需要确认身份的场合，现场提取某人的生物特征（如指纹）并用阅读器读取存放在射频卡中的生物特征数据，两者进行比较，便可以快速地确定其身份。RFID 技术和生物特征识别技术相结合，使得生物特征识别进一步走向实用和普及，也使 RFID 技术在安全性上获得更好的保证。

目前在 RFID 中采用生物特征识别较大的障碍是表征生物特征所需的数据量比较大。解决这个问题的途径有两条：一是加强信源压缩技术的研究，二是提高 RFID 的存储容量。

### 1.4.5 RFID 与光学字符识别

光学字符识别（Optical Character Recognition，OCR）是指利用扫描等光学输入方式，将各种票据、报刊、书籍、文稿和其他印刷品或手写体的文字、符号转化为图形信息的形式输入计算机，再由相应的软件进行识别处理，将原稿上的每个字符转变成正确的标准代码（计算机内码），让计算机自动完成字符的录入工作。OCR 是自动识别技术中的一个重要领域。

OCR 的处理过程可以分为 3 个步骤：扫描输入、自动识别、整理输出。从扫描仪输入的原稿只是一页图形信息，识别时先将各个字符相互分离开，再逐字进行特征向量分析。在识别过程中，相似的字符可能不止一个，需要根据字词关系、语句关系、词意关系进行比较，最终找出字符的正确代码，存储于计算机内。OCR 在办公自动化和机器翻译等领域应用广泛，是图书馆、银行、税务、邮政、出版等行业必不可缺的技术手段。

OCR 的识别对象是字符和文字，它将载体上的模拟信息进行提取并转换为电子数据，然后进行分析处理，以达到识别的目的。在这一点上，OCR 技术与条形码、生物特征识别是相同的。

RFID 是通过对电子数据载体上存储的信息进行非接触读取来达到识别的目的的，在某些场合还具有重写数据的能力。这是 RFID 与条形码、生物特征识别、OCR 的不同之处，也是 RFID 的最大特点。

## 1.5 RFID 技术的应用和发展前景

### 1.5.1 RFID 技术的应用

RFID 应用领域广泛，而且每种应用的实现都会形成一个庞大的市场。RFID 的应用按作用距离可分为近距离应用和远距离应用。按识别的类别可分为身份、动物和物品的识别，在识别的基础上可以完成收费、显示、控制、信息传输、数据整合、存储和挖掘等功能。

目前，RFID 在票务系统（城市公交车、高速公路收费、门票等）、收费、城市交通管理、安检门禁、物流、食品安全追溯、药品、矿井生产安全、防盗、防伪、证件、集装箱识别、动物追踪、运动计时、生产自动化、商业供应链等众多领域获得广泛重视和应用。

#### 1. 典型应用——第二代身份证

第二代身份证实际上是符合 ISO/IEC 14443 TYPE B 协议的射频卡，按照《居民身份证法》的规定，其中存储了居民的 9 个身份信息，包括姓名、性别、民族、出生日期、常住户口所在地住址、公民身份号码、本人相片、证件的有效期和签发机关。与只能进行视读的第一代身份证相比，第二代身份证因为采用了 RFID 技术，除保留视读功能外，还可以进行非接触的机器自动读取，提高了识别效率。此外，公安部门还可以通过阅读器对卡内信息进行更新而不必重新制卡。第二代身份证的另一个重要优势在于防伪性好，身份证和阅读器之间的通信是经过加密的，破解的技术和资金门槛都相当高，可以在相当大的程度上防止对证件的伪造和篡改。图 1.23[1] 所示为第二代身份证和阅读器。

---

① 本图片来自中华人民共和国公安部网站 http://www.mps.gov.cn。

图 1.23　第二代身份证和阅读器

**2. 典型应用——供应链应用**

商业供应链是 RFID 技术应用最广泛的舞台。它可以实现对商品设计、原材料采购、半成品和成品的生产、运输、仓储与配送,一直到销售,甚至退货处理和售后服务等所有供应链上的环节进行实时监控,随时准确地获得各种产品相关信息,如种类、生产商、生产时间、地点、颜色、尺寸、数量、到达地和接收者等。

（1）生产制造环节

应用 RFID 技术,生产制造环节可以完成自动化生产线运作,准确找到规格复杂的零部件,及时将其运送到生产线上,实现在整个生产线上对原材料、零部件、半成品和成品的识别与跟踪,降低人工识别成本和出错率,提高效率和效益。RFID 技术还能帮助管理人员及时根据生产进度发出补货信息,实现存货管理的自动化和流水线的均衡、稳步生产,同时也加强了对质量的控制与追踪。

（2）存储环节

RFID 技术在仓库里最广泛的应用是存取货物和库存盘点。RFID 技术可以解决产品在仓库中装卸、处理和跟踪问题,提高了效率,并保证有关信息的准确可靠,同时可降低由于商品误置、送错、偷窃、损害和出货错误等造成的损耗。

（3）配送、分销环节

产品贴上 RFID 标签,在进入中央配送分销中心时,托盘通过一个门阅读器,门阅读器读取托盘、货箱上的标签内容。系统将这些信息与发货记录进行核对,以检测出可能的错误,然后将 RFID 标签更新为最新的产品存放地点和状态。

（4）运输环节

便携式数据终端和射频通信能够及时掌握在途物资并实时跟踪运输工具。

（5）零售环节

由于 RFID 标签的体积很小,所以很容易植入产品或者外包装中,很难被小偷发现或者剪除,可以有效地防止商品被盗。RFID 技术还能在付款台实现自动扫描和计费,取代人工收款方式。

（6）售后服务环节

厂商在大型产品(如汽车等)上植入永久性标签,不仅记录制造过程中的数据,而且记录顾客和车辆保修的有关信息。每次顾客驾车去服务门店接受服务或者进行车辆保养时,门店系统就会自动读取标签中的数据,顾客本人和车辆的服务记录一目了然,而顾客不需要携带任何证明和维护记录等资料。

**3. 典型应用——防盗**

用 RFID 技术可以保护和跟踪财产。例如,将应答器贴在物品(如计算机、文件、复印机和其他实验室用品)上面,该应答器使得公司可以自动跟踪、管理这些有价值的财产,可以跟踪一个物品从某一建筑里离开,或者用报警的方式限制物品离开某地。结合 GPS 系统,利用射频应答器还可以对货柜车、货舱等进行有效跟踪。在商场中广泛应用的 1 比特应答器可防止商品被盗。

汽车防盗是射频识别技术的较新应用。目前已经开发出足够小的应答器,能够封装到汽车钥匙里。该钥匙中含有特定的应答器,在汽车上装有阅读器。当钥匙插入点火器时,阅读器能够辨识钥匙的身份。如果阅读器接收不到射频卡发送来的特定信号,汽车的引擎将不会发动。用这种电子验证的方法,汽车的中央计算机也就能容易地防止短路点火。目前,很多品牌的汽车已经应用了 RFID 汽车防盗系统。

在另一种汽车防盗系统中,司机自己携带一个应答器,其作用范围是在司机座椅 44～45cm以内,阅读器安装在座椅的背部。当阅读器读取到有效 ID 号时,系统发出信号,然后汽车引擎才能启动。该防盗系统还有另一个强大功能,如果司机离开汽车,并且车门敞开、引擎也没有关闭,那么这时阅读器就需要读取另一个有效 ID 号,假如司机将该应答器带离汽车,这样阅读器不能读到有效 ID 号,则引擎会自动关闭同时会触发报警装置。这种应答器也可用于家庭和办公室。

RFID 可应用于寻找丢失的汽车。在城市的各主要街道装置 RFID 系统,只要车辆带有应答器,当其路过时,该汽车的 ID 号和当前时间都将会被自动记录,并被送至城市交通管理中心的计算机。除此而外,警察还可驾驶若干带有阅读器的流动巡逻车,更加方便监测车辆的行踪。

### 1.5.2 RFID 技术的发展前景

RFID 技术的发展得益于多项技术的综合发展,所涉及的关键技术大致包括芯片技术、天线技术、无线通信技术、数据变换与编码技术、信息处理技术和计算机技术等。

随着技术的不断进步,RFID 产品的种类将越来越丰富,应用也越来越广泛。可以预计,在未来 RFID 技术将持续保持高速发展的势头。RFID 技术的发展将会在应答器(电子标签)、阅读器和系统应用等方面取得新进展。

在应答器方面,应答器芯片所需的功率更低,无源、半无源应答器技术更趋成熟,作用距离将更远,无线可读/写性能也将更加完善,并且能够适合高速移动物品识别,识别速度也将更快,具有快速多应答器读/写功能。与此同时,在强磁场下的自保护功能也会更加完善,智能性更强,成本更低。

在阅读器方面,多功能阅读器,包括与条形码识别集成、无线数据传输、脱机工作等功能将被更多地应用。同时,多种数据接口(包括 RS-232、RS-422/485、USB、红外、以太网口等)也将得到应用。阅读器将实现多制式多频段兼容,能够兼容读/写多种类型和多个频段的应答器。阅读器会朝着小型化、便携化、嵌入式和模块化方向发展,成本将更加低廉,应用范围更加广泛。

在系统方面,近距离 RFID 系统将具有更高的智能和安全特性;远距离 RFID 系统性能将更加完善,成本更低,2.45GHz 和 5.8GHz 系统将获得更快发展。

总之,RFID 技术在未来的发展中,利用其他高新技术,如全球定位系统(GPS)和生物识别等技术,在由单一识别向多功能识别方向发展的同时,将结合现代通信技术和计算机技术,从独立系统应用走向网络化应用,实现跨地区、跨行业的综合应用。

RFID 技术的发展一方面受到应用需求的驱动,另一方面,其成功应用反过来又将极大地促进应用需求的扩展。从技术角度来说,RFID 技术的发展体现为若干关键技术的突破;从应用角度来说,RFID 技术的发展目的在于不断满足日益增长的应用需求。

# 本 章 小 结

射频识别（RFID）技术是无线电频率识别的简称。RFID 系统由应答器、阅读器和高层组成。应答器存储的数字识别信息，通过无线通信技术以负载调制方式，并在通信协议的支持下传送至阅读器；阅读器除可读取信息外，还可对应答器传送命令并进行写操作。应答器具有无源、半无源和有源 3 种类型，前两者需要从阅读器获取能量。

阅读器和应答器之间的耦合方式有电感耦合和反向散射耦合两种。电感耦合方式基于交变磁场，是近距离 RFID 系统采用的方式。反向散射耦合方式基于电磁波的散射特性，是远距离 RFID 系统采用的方式。

RFID 与条形码、接触式 IC 卡、生物特征识别、OCR 等都是自动识别技术家族中的重要成员，但 RFID 以非接触方式（射频）获取电子数据载体（应答器）中的数字信息，应用更加灵活方便，可适用于身份、动物和物品识别，应用领域更加广泛。

RFID 系统的高层是 RFID 系统信息化、智能化和网络化的核心，高层与应用的关系紧密。RFID 在票务系统、收费、安检门禁、证件、防盗、防伪、食品安全追溯、商业供应链、物流等众多领域获得了广泛的应用，其每种应用的实现，都会形成一个庞大的市场，具有很好的发展前景。

# 习　题　1

1.1　什么是 RFID？

1.2　简述 RFID 的基本原理。

1.3　RFID 系统有哪些工作频段？

1.4　简述 RFID 系统的电感耦合方式和反向散射耦合方式的原理及特点。

1.5　应答器的能量获取有哪些方法？

1.6　什么是 1 比特应答器？它有什么应用？有哪些实现方法？

1.7　给出 RFID 系统的组成框图，简述高层的作用。

1.8　RFID 系统中阅读器应具有哪些功能？

1.9　天线有何重要作用？RFID 的天线主要有哪几种？天线小型化有何意义？

1.10　RFID 标签和条形码各有什么特点？它们有何不同？

1.11　比较接触式 IC 卡和射频卡。

1.12　参阅有关资料，对 RFID 防伪或食品安全追溯应用进行阐述。

# 第2章　电感耦合方式的射频前端

**内容提要:**RFID 的射频前端实现能量和信息的传输。本章以电磁场的基本理论为基础,对 RFID 系统射频前端电路进行分析。对于电感耦合方式,在介绍串、并联谐振回路和耦合回路的基础上,阐述应答器和阅读器射频前端电路的结构、原理及它们之间的耦合关系。重点分析负载调制过程,B、D 和 E 类功率放大器的原理和设计方法,负载匹配与传输线变压器的原理,并给出相关的应用电路。对于反向散射耦合方式,将在第 9 章中讨论。此外,本章还介绍 RFID 系统的 EMC 问题。

**知识要点:**基于电感耦合方式的 RFID 系统的天线电路,电感耦合回路,负载调制,D 类与 E 类功率放大器,负载匹配电路,传输线变压器,电磁兼容。

**教学建议:**本章建议学时为 6～10 学时。对于已学过"高频电子线路"课程的专业:6～8 学时;对于其他专业:10 学时。

从能量和信息传输的基本原理来说,RFID 技术在工作频率为 13.56 MHz 和小于 135kHz 时,基于电感耦合方式(能量与信息传输以电感耦合方式实现),在更高频段时,基于雷达探测目标的反向散射耦合方式(雷达发射电磁波信号,碰到目标后携带目标信息返回雷达接收机)。电感耦合方式的基础是 LC 谐振回路和电感线圈产生的交变磁场,它是射频卡工作的基本原理。反向散射耦合方式的理论基础是电磁波传播和反射的形成,它用于微波电子标签。这两种耦合方式的差异在于所使用的无线电射频的频率不同和作用距离的远近,但相同的都是采用无线电射频技术。实现射频能量和信息传输的电路称为射频前端电路,简称为射频前端。下面介绍基于电感耦合方式的射频前端电路的构造和原理。

## 2.1　阅读器天线电路

### 2.1.1　阅读器天线电路的选择

图 2.1 所示为 3 种典型的天线电路。在阅读器中,由于串联谐振回路具有电路简单、成本低,激励可采用低内阻的恒压源,谐振时可获得最大的回路电流等特点,因而被广泛采用。

### 2.1.2　串联谐振回路

#### 1. 电路组成

由电感 $L$ 和电容 $C$ 组成的单个谐振回路,称为单谐振回路。信号源与电容和电感串接,就构成串联谐振回路,如图 2.2 所示。图中,$R_1$ 是电感 $L$ 损耗的等效电阻,$R_s$ 是信号源 $\dot{V}_s$ 的内阻,$R_L$ 是负载电阻,回路总电阻 $R = R_1 + R_s + R_L$。

#### 2. 谐振及谐振条件

若外加电压为 $\dot{V}_s$,应用复数计算法得回路电流 $\dot{I}$ 为

$$\dot{I} = \frac{\dot{V}_s}{Z} = \frac{\dot{V}_s}{R+jX} = \frac{\dot{V}_s}{R+j\left(\omega L - \frac{1}{\omega C}\right)} \tag{2.1}$$

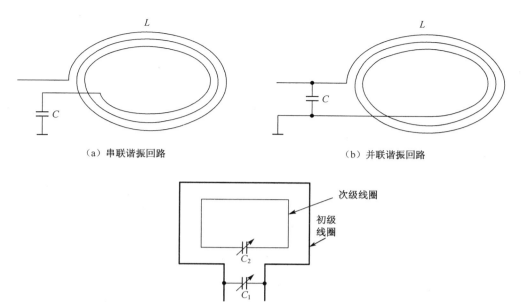

（a）串联谐振回路　　　　　　　　　　　　　　（b）并联谐振回路

（c）具有初级和次级线圈的耦合电路

图 2.1　3 种典型的天线电路

式中，阻抗 $Z = |Z| \mathrm{e}^{\mathrm{j}\varphi}$，$X$ 为电抗。

阻抗的模为

$$|Z| = \sqrt{R^2 + X^2} = \sqrt{R^2 + \left(\omega L - \dfrac{1}{\omega C}\right)^2} \qquad (2.2)$$

相角为　　　　$\varphi = \arctan\left(\dfrac{X}{R}\right) = \arctan\left[\dfrac{\omega L - \dfrac{1}{\omega C}}{R}\right] \qquad (2.3)$

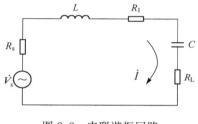

图 2.2　串联谐振回路

在某一特定角频率 $\omega_0$ 时，若回路电抗 $X$ 满足

$$X = \omega L - \frac{1}{\omega C} = 0 \qquad\qquad (2.4)$$

则电流 $\dot{I}$ 为最大值，回路发生谐振。因此，式（2.4）称为串联谐振回路的谐振条件。

由此可以导出回路产生串联谐振的角频率 $\omega_0$ 和频率 $f_0$ 分别为

$$\omega_0 = \frac{1}{\sqrt{LC}}, \qquad f_0 = \frac{1}{2\pi\sqrt{LC}} \qquad\qquad (2.5)$$

$f_0$ 称为谐振频率。由式（2.4）和式（2.5）可推得

$$\omega_0 L = \frac{1}{\omega_0 C} = \sqrt{\frac{L}{C}} = \rho \qquad\qquad (2.6)$$

式中，$\rho$ 为串联谐振回路的特性阻抗。

### 3. 谐振特性

串联谐振回路具有如下特性：

① 谐振时，回路电抗 $X = 0$，阻抗 $Z = R$ 为最小值，且为纯阻性；

② 谐振时，回路电流最大，即 $\dot{I} = \dot{V}_s / R$，且 $\dot{I}$ 与 $\dot{V}_s$ 同相；

③ 电感与电容两端电压的模值相等，且等于外加电压的 $Q$ 倍。

谐振时电感 $L$ 两端的电压为

$$\dot{V}_{L0}=\dot{I}j\omega_0 L=\frac{\dot{V}_s}{R}j\omega_0 L=j\frac{\omega_0 L}{R}\dot{V}_s=jQ\dot{V}_s \tag{2.7}$$

电容 $C$ 两端的电压为

$$\dot{V}_{C0}=\dot{I}\frac{1}{j\omega_0 C}=-j\frac{\dot{V}_s}{R}\frac{1}{\omega_0 C}=-j\frac{1}{\omega_0 CR}\dot{V}_s=-jQ\dot{V}_s \tag{2.8}$$

式(2.7)和式(2.8)中的 $Q$ 称为回路的品质因数,是谐振时的回路感抗值(或容抗值)与回路电阻值 $R$ 的比值,即

$$Q=\frac{\omega_0 L}{R}=\frac{1}{\omega_0 CR}=\frac{1}{R}\sqrt{\frac{L}{C}}=\frac{1}{R}\rho \tag{2.9}$$

式中,$\rho$ 为串联谐振回路的特性阻抗。

通常,回路的 $Q$ 值可达数十到近百,谐振时电感和电容两端的电压可比信号源电压大数十到上百倍,这是串联谐振时所特有的现象,所以串联谐振又称为电压谐振。对于串联谐振回路,在选择电路器件时,必须考虑器件的耐压问题。但这种高电压对人并不存在伤害,因为人触及后,谐振条件会被破坏,电流很快就会下降。

**4. 能量关系**

设谐振时瞬时电流的幅值为 $I_{0m}$,则瞬时电流 $i$ 为

$$i=I_{0m}\sin(\omega t)$$

电感 $L$ 上存储的瞬时能量(磁能)为

$$w_L=\frac{1}{2}Li^2=\frac{1}{2}LI_{0m}^2\sin^2(\omega t) \tag{2.10}$$

电容 $C$ 上存储的瞬时能量(电能)为

$$w_C=\frac{1}{2}Cv_C^2=\frac{1}{2}CQ^2V_{sm}^2\cos^2(\omega t)=\frac{1}{2}C\frac{L}{CR^2}I_{0m}^2R^2\cos^2(\omega t)=\frac{1}{2}LI_{0m}^2\cos^2(\omega t) \tag{2.11}$$

式中,$V_{sm}$ 为源电压的幅值。电感 $L$ 和电容 $C$ 上存储的能量和为

$$w=w_L+w_C=\frac{1}{2}LI_{0m}^2 \tag{2.12}$$

由式(2.12)可见,$w$ 是一个不随时间变化的常数。这说明回路中存储的能量保持不变,只在电感和电容之间相互转换。

下面再考虑谐振时电阻所消耗的能量,电阻 $R$ 上消耗的平均功率为

$$P=\frac{1}{2}RI_{0m}^2 \tag{2.13}$$

在每个周期 $T(T=1/f_0,f_0$ 为谐振频率)的时间内,电阻 $R$ 上消耗的能量为

$$w_R=PT=\frac{1}{2}RI_{0m}^2\frac{1}{f_0} \tag{2.14}$$

回路中存储的能量 $w_L+w_C$ 与每个周期消耗的能量 $w_R$ 之比为

$$\frac{w_L+w_C}{w_R}=\frac{\frac{1}{2}LI_{0m}^2}{\frac{1}{2}R\frac{I_{0m}^2}{f_0}}=\frac{f_0 L}{R}=\frac{1}{2\pi}\frac{\omega_0 L}{R}=\frac{Q}{2\pi} \tag{2.15}$$

所以,从能量的角度看,品质因数 $Q$ 可表示为

$$Q=2\pi\times\frac{回路储能}{每个周期耗能} \tag{2.16}$$

**5. 谐振曲线和通频带**

**(1) 谐振曲线**

串联谐振回路中电流幅值与外加电压频率之间的关系曲线,称为谐振曲线。任意频率下的回路电流 $\dot{I}$ 与谐振时的回路电流 $\dot{I}_0$ 之比为

$$\frac{\dot{I}}{\dot{I}_0}=\frac{R}{R+\mathrm{j}\left(\omega L-\frac{1}{\omega C}\right)}=\frac{1}{1+\mathrm{j}\frac{\omega_0 L}{R}\left(\frac{\omega}{\omega_0}-\frac{\omega_0}{\omega}\right)}=\frac{1}{1+\mathrm{j}Q\left(\frac{\omega}{\omega_0}-\frac{\omega_0}{\omega}\right)} \tag{2.17}$$

取其模值,得

$$\frac{I_\mathrm{m}}{I_\mathrm{0m}}=\frac{1}{\sqrt{1+Q^2\left(\frac{\omega}{\omega_0}-\frac{\omega_0}{\omega}\right)^2}}\approx\frac{1}{\sqrt{1+\left(Q\frac{2\Delta\omega}{\omega_0}\right)^2}}=\frac{1}{\sqrt{1+\xi^2}} \tag{2.18}$$

式中,$\Delta\omega=\omega-\omega_0$ 表示偏离谐振的程度,称为失谐量。$\omega/\omega_0-\omega_0/\omega\approx 2\Delta\omega/\omega_0$ 仅当 $\omega$ 在 $\omega_0$ 附近(为小失谐量的情况)时成立,而 $\xi=Q(2\Delta\omega/\omega_0)$ 具有失谐量的定义,称为广义失谐。

根据式(2.18)可画出谐振曲线,如图 2.3 所示。由图可见,回路 $Q$ 值越高,谐振曲线越尖锐,回路的选择性越好。

**(2) 通频带**

串联谐振回路的通频带通常用半功率点的两个边界频率之间的间隔表示,半功率点的电流比 $I_\mathrm{m}/I_\mathrm{0m}$ 为 0.707,如图 2.4 所示。

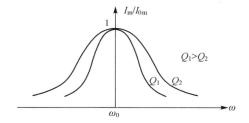

图 2.3　串联谐振回路的谐振曲线　　　　图 2.4　串联谐振回路的通频带

由于 $\omega_2$ 和 $\omega_1$ 处 $\xi=\pm 1$,且它们在 $\omega_0$ 附近时,可推得通频带 BW 为

$$\mathrm{BW}=\frac{\omega_2-\omega_1}{2\pi}=\frac{2(\omega_2-\omega_0)}{2\pi}=\frac{2\Delta\omega_{0.7}}{2\pi}=\frac{\omega_0}{2\pi Q}=\frac{f_0}{Q} \tag{2.19}$$

由此可见,$Q$ 值越高,通频带越窄(选择性越强)。在 RFID 技术中,为保证通信带宽,在电路设计时应综合考虑 $Q$ 值的大小。

**6. 对 $Q$ 值的理解**

**(1) 电感的品质因数**

在绕制或选用电感时,需要测试电感的品质因数 $Q_\mathrm{L}$,以满足电路设计要求。通常可以用测试仪器 $Q$ 表来测量,测量时所用频率应尽量接近该电感在实际电路中的工作频率。在修正了测试仪器源的内阻影响后,可得到所用电感的品质因数 $Q_\mathrm{L}$ 和电感量。设电感 $L$ 的损耗电阻值为 $R_1$,则

$$Q_\mathrm{L}=\frac{\omega L}{R_1} \tag{2.20}$$

在测量电感量 $L$ 和品质因数 $Q_\mathrm{L}$ 时,阻抗分析仪是一种频段更宽、精度更高的测量仪器,但其价格较贵。

（2）回路的 $Q$ 值

在回路 $Q$ 值的计算中，需要考虑信号源内阻 $R_s$ 和负载电阻 $R_L$ 的作用。串联谐振回路要工作，必须由信号源来激励，考虑信号源内阻 $R_s$ 和负载电阻 $R_L$ 后，整个回路的阻值 $R$ 为（由于电容 $C$ 的损耗很低，可以忽略其影响）

$$R = R_1 + R_s + R_L \tag{2.21}$$

因此，此时整个回路的有载品质因数为

$$Q = \frac{\omega L}{R} = \frac{\omega L}{R_1 + R_s + R_L} \tag{2.22}$$

在前面的讨论中，已将 $R_s$ 和 $R_L$ 包含在回路总电阻 $R$ 中。

### 2.1.3 电感线圈的交变磁场

#### 1. 磁场强度 $H$ 和磁感应强度 $B$

安培定理指出，当电流流过一个导体时，在此导体的周围会产生磁场，如图 2.5 所示。对于直线载流体，在半径为 $a$ 的环行磁力线上，磁场强度 $H$ 是恒定的，磁场强度的大小为

$$H = \frac{i}{2\pi a} \tag{2.23}$$

式中，$i$ 为电流（A），$a$ 为半径（m）。

磁感应强度 $B$ 和磁场强度 $H$ 的关系式为

$$B = \mu_0 \mu_r H \tag{2.24}$$

式中，$\mu_0$ 为真空磁导率，$\mu_0 = 4\pi \times 10^{-7}$ H/m；$\mu_r$ 为相对磁导率，用来说明材料的磁导率是 $\mu_0$ 的多少倍。

#### 2. 环形短圆柱形线圈的磁感应强度

在电感耦合方式的 RFID 系统中，阅读器天线电路的电感常采用短圆柱形线圈结构，如图 2.6 所示。离线圈中心距离为 $r$ 处的 $P$ 点的磁感应强度 $B_z$ 的大小为

$$B_z = \frac{\mu_0 i_1 N_1 a^2}{2(a^2 + r^2)^{3/2}} = \mu_0 H_z \tag{2.25}$$

式中，$i_1$ 为电流，$N_1$ 为线圈匝数，$a$ 为线圈半径，$r$ 为离线圈中心的距离，$\mu_0$ 为真空磁导率。

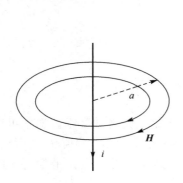

图 2.5　载流导体周围的磁场

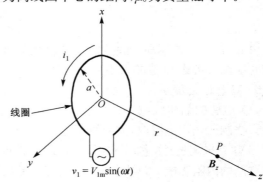

图 2.6　环形线圈的磁场

（1）磁感应强度 $B$ 和距离 $r$ 的关系

① 当 $r \ll a$ 时，由式（2.25）可知，在 $r \ll a$ 范围内磁感应强度几乎不变。当 $r = 0$ 时，式（2.25）简化为

$$B_z = \mu_0 \frac{i_1 N_1}{2a} \tag{2.26}$$

② 当 $r \gg a$ 时,式(2.25)可改写为

$$B_z = \mu_0 \frac{i_1 N_1 a^2}{2r^3} = \mu_0 H_z \qquad (2.27)$$

式(2.27)表明,当 $r \gg a$ 时,磁感应强度大小的衰减和距离 $r$ 的 3 次方成正比,如图 2.7 所示。

上面的关系可以表述为:从线圈中心到一定距离,磁感应强度几乎是不变的,而后急剧下降,其衰减大约为 60dB/10 倍距离。

当然,上述结论适用于近场,近场是指从线圈中心处距离小于 $r_\lambda$ 的范围

$$r_\lambda = \frac{\lambda}{2\pi} \qquad (2.28)$$

式中,$\lambda$ 为波长。表 2.1 所示分别给出频率小于 135kHz 和频率为 13.56MHz 时 $\lambda$ 与 $r_\lambda$ 的值。

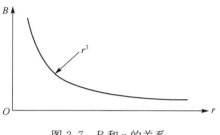

图 2.7　$B$ 和 $r$ 的关系

表 2.1　频率、波长和 $r_\lambda$

| 频　率 | 波长 $\lambda/m$ | $r_\lambda/m$ |
|---|---|---|
| $<135kHz$ | $>2222$ | $>353$ |
| 13.56MHz | 22.1 | 3.5 |

（2）最佳线圈半径 $a$

设 $r$ 为常数,并简单地假定线圈中电流不变,下面讨论 $a$ 和 $B_z$ 的关系。

将式(2.25)改写为

$$B_z = \frac{\mu_0 i_1 N_1}{2} \frac{a^2}{(a^2 + r^2)^{3/2}} = k \sqrt{\frac{a^4}{(a^2 + r^2)^3}} \qquad (2.29)$$

式中,$k = \mu_0 i_1 N_1 / 2$ 为常数。对式(2.29)求 $dB_z/da = 0$ 的解(推导从略),便可解得 $B_z$ 具有极大值的条件为

$$a = \sqrt{2}\, r \qquad (2.30)$$

式(2.30)表明,在一定距离 $r$ 处,当线圈半径 $a = \sqrt{2}\, r$ 时,可获得最大磁感应强度。也就是说,当线圈半径 $a$ 一定时,在 $r = a/\sqrt{2} = 0.707a$ 处可获得最大磁感应强度(假定线圈中的电流大小不变)。

虽然增加线圈半径 $a$,会在较远距离 $r$ 处获得最大磁感应强度,但由式(2.25)会发现,由于距离 $r$ 的增大,会使磁感应强度相对变小,以致影响应答器的能量供给。

**3. 矩形线圈的磁感应强度**

矩形线圈在阅读器和应答器的天线电路中经常被采用,在距离线圈为 $r$ 处的磁感应强度 ***B*** 的大小为

$$B = \frac{\mu_0 N i_1 ab}{4\pi \sqrt{(a/2)^2 + (b/2)^2 + r^2}} \left[ \frac{1}{(a/2)^2 + r^2} + \frac{1}{(b/2)^2 + r^2} \right] \qquad (2.31)$$

式中,$i_1$ 为电流,$a$ 和 $b$ 为矩形的边长,$N$ 为匝数。

# 2.2　应答器天线电路

## 2.2.1　应答器天线电路的连接

（1）MCRF355 和 MCRF360 芯片的天线电路

Microchip 公司的 13.56MHz 应答器(无源射频卡)芯片 MCRF355 和 MCRF360 的天线电

路接线示意图如图 2.8 所示。图中有 3 个连接端：Ant. A、Ant. B 和地（$V_{SS}$）。

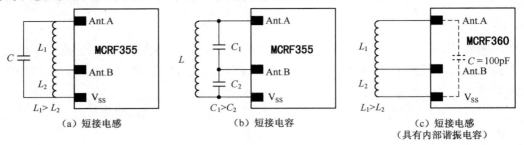

（a）短接电感　　　　　（b）短接电容　　　　　（c）短接电感
（具有内部谐振电容）

图 2.8　MCRF355 和 MCRF360 的天线电路接线示意图

当 Ant. B 端通过控制开关与 $V_{SS}$ 端短接时，谐振回路与工作频率失谐，此时应答器芯片虽然已处于阅读器的射频能量场之内，但因失谐无法获得正常工作所需能量，处于休眠状态。

当 Ant. B 端开路时，谐振回路谐振在工作频率（13.56MHz）上，应答器可获得能量，进入工作状态。

在图 2.8(a)和(b)中，电感和电容都外接于应答器芯片，整个电路被封装在射频卡中。在图 2.8(c)中，电容被集成在芯片内部，仅需要外接电感。

（2）e5550 芯片的天线电路

e5550 是工作频率为 125kHz 的无源射频卡芯片，其天线电路的连接比较简单，如图 2.9 所示，电感和电容为外接。除此之外，e5550 芯片还提供电源（$V_{dd}$ 和 $V_{SS}$）和测试（Test1，Test2，Test3）引脚，供测试时快速编程和校验，在射频工作时不用。

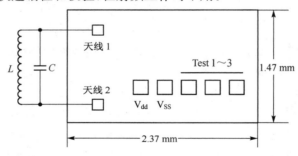

图 2.9　e5550 芯片的天线电路

从上面两例可以看到，无源应答器的天线电路多采用并联谐振回路。从后面并联谐振回路的性能分析中可以知道，并联谐振称为电流谐振，在谐振时，电感和电容支路中电流最大，即谐振回路两端可获得最大电压，这对无源应答器的能量获取是必要的。

## 2.2.2　并联谐振回路

### 1. 电路组成与谐振条件

串联谐振回路适用于恒压源，即信号源内阻很小的情况。如果信号源的内阻大，应采用并联谐振回路。

并联谐振回路如图 2.10(a)所示，电感、电容和外加信号源并联构成振荡回路。在研究并联谐振回路时，采用恒流源（信号源内阻很大）分析比较方便。

在实际应用中，通常都满足 $\omega L \gg R_1$ 的条件，因此图 2.10(a)中并联谐振回路两端间的阻抗为

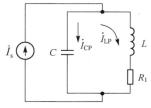

（a）损耗电阻和电感串联

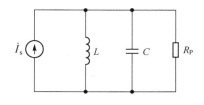
（b）损耗电阻和回路并联

图 2.10　并联谐振回路

$$Z=\frac{(R_1+\mathrm{j}\omega L)\dfrac{1}{\mathrm{j}\omega C}}{(R_1+\mathrm{j}\omega L)+\dfrac{1}{\mathrm{j}\omega C}}\approx\frac{\dfrac{L}{C}}{R_1+\mathrm{j}\left(\omega L-\dfrac{1}{\omega C}\right)}=\frac{1}{\dfrac{CR_1}{L}+\mathrm{j}\left(\omega C-\dfrac{1}{\omega L}\right)} \tag{2.32}$$

由式(2.32)可得另一种形式的并联谐振回路,如图 2.10(b)所示。因为导纳 $Y$ 可表示为

$$Y=g+\mathrm{j}b=\frac{1}{Z}$$

所以有
$$Y=g+\mathrm{j}b=\frac{CR_1}{L}+\mathrm{j}\left(\omega C-\frac{1}{\omega L}\right) \tag{2.33}$$

式中, $g=CR_1/L=1/R_\mathrm{P}$ 为电导, $R_\mathrm{P}$ 为对应于 $g$ 的并联电阻值, $b=\omega C-1/(\omega L)$ 为电纳。

当并联谐振回路的电纳 $b=0$ 时,回路端电压 $\dot{V}_\mathrm{P}=\dot{I}_\mathrm{s}L/(CR_1)$ ,并且 $\dot{V}_\mathrm{P}$ 和 $\dot{I}_\mathrm{s}$ 同相,此时称并联谐振回路对外加信号源发生并联谐振。

由 $b=0$ ,可以推得并联谐振条件为

$$\omega_\mathrm{P}=\frac{1}{\sqrt{LC}}\quad \text{和}\quad f_\mathrm{P}=\frac{1}{2\pi\sqrt{LC}} \tag{2.34}$$

式中, $\omega_\mathrm{P}$ 为并联谐振回路的谐振角频率, $f_\mathrm{P}$ 为并联谐振回路的谐振频率。

**2. 谐振特性**

(1) 并联谐振回路谐振时的谐振电阻 $R_\mathrm{P}$ 为纯阻性

并联谐振回路谐振时的谐振电阻 $R_\mathrm{P}$ 为

$$R_\mathrm{P}=\frac{L}{CR_1}=\frac{\omega_\mathrm{P}^2L^2}{R_1} \tag{2.35}$$

同样,在并联谐振时,把回路的感抗值(或容抗值)与电阻的比值称为并联谐振回路的品质因数 $Q_\mathrm{P}$ ,则

$$Q_\mathrm{P}=\frac{\omega_\mathrm{P}L}{R_1}=\frac{1}{\omega_\mathrm{P}R_1C}=\frac{1}{R_1}\sqrt{\frac{L}{C}}=\frac{1}{R_1}\rho \tag{2.36}$$

式中, $\rho=\sqrt{L/C}$ 称为特性阻抗。将 $Q_\mathrm{P}$ 代入式(2.35),可得

$$R_\mathrm{P}=Q_\mathrm{P}\omega_\mathrm{P}L=Q_\mathrm{P}\frac{1}{\omega_\mathrm{P}C} \tag{2.37}$$

在谐振时,并联谐振回路的谐振电阻等于感抗值(或容抗值)的 $Q_\mathrm{P}$ 倍,且具有纯阻性。

(2) 谐振时电感和电容中电流的幅值为外加电流源 $\dot{I}_\mathrm{s}$ 的 $Q_\mathrm{P}$ 倍

当并联谐振时,电容支路、电感支路的电流 $\dot{I}_\mathrm{CP}$ 和 $\dot{I}_\mathrm{LP}$ 分别为

$$\dot{I}_\mathrm{CP}=\frac{\dot{V}_\mathrm{P}}{1/(\mathrm{j}\omega_\mathrm{P}C)}=\mathrm{j}\omega_\mathrm{P}C\dot{V}_\mathrm{P}=\mathrm{j}\omega_\mathrm{P}CR_\mathrm{P}\dot{I}_\mathrm{s}$$

$$=\mathrm{j}\omega_\mathrm{P}CQ_\mathrm{P}\frac{1}{\omega_\mathrm{P}C}\dot{I}_\mathrm{s}=\mathrm{j}Q_\mathrm{P}\dot{I}_\mathrm{s} \tag{2.38}$$

式中,$\dot{V}_\text{P}$ 为并联谐振回路端电压,同样可求得 $\dot{I}_\text{LP}$ 为

$$\dot{I}_\text{LP} = -\text{j}Q_\text{P}\dot{I}_\text{s} \tag{2.39}$$

从式(2.38)和式(2.39)可见,当并联谐振时,电感、电容支路的电流为信号源电流 $\dot{I}_\text{s}$ 的 $Q_\text{P}$ 倍,所以并联谐振又称为电流谐振。

### 3. 谐振曲线和通频带

类似于串联谐振回路的分析方法,并由式(2.33)、式(2.35)和式(2.37)可以求出并联谐振回路的电压为

$$\dot{V} = \dot{I}_\text{s}Z = \frac{\dot{I}_\text{s}}{\dfrac{1}{R_\text{P}} + \text{j}\left(\omega C - \dfrac{1}{\omega L}\right)} = \frac{\dot{I}_\text{s}R_\text{P}}{1 + \text{j}Q_\text{P}\left(\dfrac{\omega}{\omega_\text{P}} - \dfrac{\omega_\text{P}}{\omega}\right)} \tag{2.40}$$

并联谐振回路谐振时的回路端电压 $\dot{V}_\text{P} = \dot{I}_\text{s}R_\text{P}$,所以

$$\frac{\dot{V}}{\dot{V}_\text{P}} = \frac{1}{1 + \text{j}Q_\text{P}\left(\dfrac{\omega}{\omega_\text{P}} - \dfrac{\omega_\text{P}}{\omega}\right)} \tag{2.41}$$

由式(2.41)可导出并联谐振回路的谐振曲线(幅频特性曲线)和相频特性曲线的表达式为

$$\frac{V_\text{m}}{V_\text{Pm}} = \frac{1}{\sqrt{1 + \left[Q_\text{P}\left(\dfrac{\omega}{\omega_\text{P}} - \dfrac{\omega_\text{P}}{\omega}\right)\right]^2}} \tag{2.42}$$

$$\varphi = -\arctan\left[Q_\text{P}\left(\frac{\omega}{\omega_\text{P}} - \frac{\omega_\text{P}}{\omega}\right)\right] \tag{2.43}$$

并联谐振回路和串联谐振回路的谐振曲线的形状是相同的,但其纵坐标是 $V_\text{m}/V_\text{Pm}$,读者可自行画出其谐振曲线。

和串联谐振回路相同,并联谐振回路的通频带 BW 为

$$\text{BW} = 2\frac{\Delta\omega_{0.7}}{2\pi} = 2\Delta f_{0.7} = \frac{f_\text{P}}{Q_\text{P}} \tag{2.44}$$

式中,$f_\text{P}$ 为并联谐振频率,$2\Delta f_{0.7}$ 为谐振曲线两半功率点的频差,$Q_\text{P}$ 为并联谐振回路的品质因数。

### 4. 加入负载后的并联谐振回路

考虑信号源内阻 $R_\text{s}$ 和负载电阻 $R_\text{L}$ 后,并联谐振回路的等效电路如图 2.11 所示。

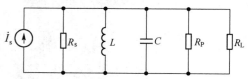

图 2.11 考虑 $R_\text{s}$ 和 $R_\text{L}$ 后的并联谐振回路

此时,可推得整个回路的有载品质因数 $Q$ 为

$$Q = \frac{Q_\text{P}}{1 + \dfrac{R_\text{P}}{R_\text{s}} + \dfrac{R_\text{P}}{R_\text{L}}} \tag{2.45}$$

和串联谐振回路一样,负载电阻 $R_\text{L}$ 与信号源内阻 $R_\text{s}$ 的接入,也会使并联谐振回路的品质因数 $Q_\text{P}$ 下降。

## 2.2.3 串、并联阻抗等效互换

为了分析电路的方便,经常需要用到串、并联阻抗等效互换。图 2.12(a)所示为一个串联电路,图 2.12(b)所示为一个并联电路,下面考察这两个电路的参数等效互换。

所谓"等效"就是指在电路的工作频率为 $f$ 时,从图 2.12(a)、(b)的 AB 端看进去的阻抗相等。图 2.12(a)中,$X_1$ 是电抗(电感或电容),$R_x$ 为 $X_1$ 的串联损耗(内阻),$R_1$ 是外电阻。下面求与之等效的图 2.12(b)中的电抗 $X_2$ 和电阻 $R_2$。

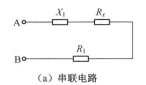

（a）串联电路

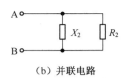

（b）并联电路

图 2.12　串、并联阻抗的等效互换

从阻抗相等的关系可得

$$Z=(R_1+R_x)+\mathrm{j}X_1=\frac{R_2(\mathrm{j}X_2)}{R_2+\mathrm{j}X_2}=\frac{R_2X_2^2}{R_2^2+X_2^2}+\mathrm{j}\,\frac{R_2^2X_2}{R_2^2+X_2^2}$$

所以

$$R_1+R_x=\frac{R_2X_2^2}{R_2^2+X_2^2}=\frac{R_2}{1+(R_2/X_2)^2} \tag{2.46}$$

$$X_1=\frac{R_2^2X_2}{R_2^2+X_2^2}=\frac{X_2}{1+(X_2/R_2)^2} \tag{2.47}$$

串联回路的品质因数 $Q_1$ 为

$$Q_1=\frac{X_1}{R_1+R_x}=\frac{R_2}{X_2} \tag{2.48}$$

用 $Q_1$ 表示式（2.46）和式（2.47）后，可得

$$R_1+R_x=\frac{R_2}{1+Q_1^2} \tag{2.49}$$

$$X_1=\frac{X_2}{1+\dfrac{1}{Q_1^2}} \tag{2.50}$$

在高 $Q_1$ 时，有

$$R_1+R_x\approx\frac{R_2}{Q_1^2}=\frac{X_2^2}{R_2} \tag{2.51}$$

$$X_1\approx X_2 \tag{2.52}$$

## 2.3　阅读器和应答器之间的电感耦合

阅读器和应答器之间的电感耦合关系如图 2.13 所示。法拉第定理指出，当时变磁场通过一个闭合导体回路时，在导体上会产生感应电压，并在回路中产生电流。

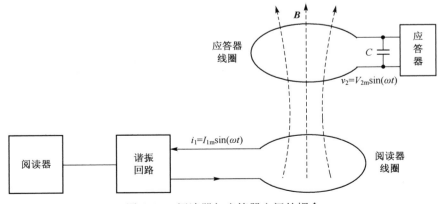

图 2.13　阅读器与应答器之间的耦合

在图 2.13 所示的情况下,当应答器进入阅读器产生的交变磁场时,应答器线圈上就会产生感应电压。当距离足够近,应答器天线电路所截获的能量可以供应答器芯片正常工作时,阅读器和应答器才能进入信息交互阶段。

### 2.3.1 应答器线圈感应电压的计算

应答器线圈上感应电压的大小与穿过导体所围面积的总磁通量 $\Psi$ 的变化率成正比。感应电压 $v_2$ 可表示为

$$v_2 = -\frac{\mathrm{d}\Psi}{\mathrm{d}t} = -N_2\frac{\mathrm{d}\Phi}{\mathrm{d}t} \tag{2.53}$$

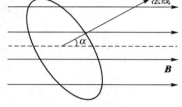

式中,$N_2$ 为应答器线圈的匝数,$\Phi$ 为每匝线圈的磁通量,并且

$$\Psi = N_2\Phi \tag{2.54}$$

磁通量 $\Phi$ 和磁感应强度 $\boldsymbol{B}$ 之间的关系为

$$\Phi = \int \boldsymbol{B} \cdot \mathrm{d}S \tag{2.55}$$

图 2.14 线圈位置和磁感应强度 $\boldsymbol{B}$ 的关系

这里,磁感应强度 $\boldsymbol{B}$ 是由阅读器线圈产生的,其大小由式(2.25)给出;$S$ 是应答器线圈所围面积;· 表示内积运算,为磁感应强度 $\boldsymbol{B}$ 和面积 $S$ 表面法线之间夹角的余弦函数值,如图 2.14 所示,当应答器线圈和阅读器线圈平行时,夹角 $\alpha$ 为 $0°$,$\cos\alpha = 1$。

将式(2.25)和式(2.55)代入式(2.53),可得

$$v_2 = -N_2\frac{\mathrm{d}\Phi}{\mathrm{d}t} = -N_2\frac{\mathrm{d}}{\mathrm{d}t}\left(\int \boldsymbol{B} \cdot \mathrm{d}S\right) = -N_2\frac{\mathrm{d}}{\mathrm{d}t}\left[\int \frac{\mu_0 i_1 a^2 N_1}{2(a^2+r^2)^{3/2}}\cos\alpha\mathrm{d}S\right] \tag{2.56}$$

设 $\boldsymbol{B}$ 和 $S$ 之间的夹角 $\alpha = 0°$,即 $\cos\alpha = 1$,则

$$v_2 = -\left[\frac{\mu_0 N_1 N_2 a^2 S}{2(a^2+r^2)^{3/2}}\right]\frac{\mathrm{d}i_1}{\mathrm{d}t} = -M\frac{\mathrm{d}i_1}{\mathrm{d}t} \tag{2.57}$$

$$M = \frac{\mu_0 N_1 N_2 a^2 S}{2(a^2+r^2)^{3/2}} \tag{2.58}$$

式中,$i_1$ 为阅读器线圈电流,$N_1$ 为阅读器线圈匝数,$a$ 为阅读器线圈半径,$r$ 为两线圈距离,$M$ 为阅读器与应答器线圈间的互感。

式(2.57)表明,阅读器线圈和应答器线圈之间的耦合像变压器耦合一样,初级线圈(阅读器线圈)的电流产生磁通,该磁通在次级线圈(应答器线圈)产生感应电压。因此,也有人称电感耦合方式为变压器耦合方式。但这种耦合的初、次级是独立可分离的,耦合通过空间电磁场实现。

同时从式(2.57)还可知,应答器线圈上感应电压的大小和互感 $M$ 大小成正比,互感 $M$ 是两个线圈参数的函数,并且和距离的 3 次方成反比。因此,应答器要能从阅读器获得正常工作的能量,必须要靠近阅读器,其贴近程度是电感耦合方式 RFID 系统的一项重要性能指标,也称为工作距离或读/写距离(读距离和写距离可能会不一样,通常读距离大于写距离)。

### 2.3.2 应答器谐振回路端电压的计算

应答器天线电路可表示为图 2.15 所示电路。$v_2$ 是电感 $L_2$ 中的感应电压,$R_2$ 是 $L_2$ 的损耗电阻,$C_2$ 是谐振电容,$R_L$ 是负载,$v_2'$ 是应答器谐振回路两端的电压。应答器在 $v_2'$ 达到一定电压值后,通过整流电路,产生应答器芯片正常工作所需的直流电压。

在此回路中，$L_2$、$C_2$ 和 $R_L$ 并联，$v_2$ 在 $L_2$ 支路。2.2.3 节介绍了串、并联阻抗等效互换的方法，因此，可以把 $R_L$ 和 $C_2$ 的并联变换为等效的 $C_2$ 和 $R'_L$ 的串联。这样，图 2.15 的电路可等效为图 2.16 所示电路。

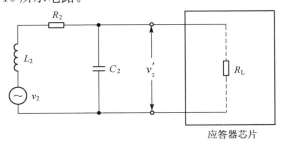

应答器芯片

图 2.15　应答器天线电路

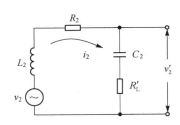

图 2.16　图 2.15 的等效电路

由于 $L_2$ 与 $C_2$ 回路的谐振频率和阅读器电压 $v_1$ 的频率相同，也就是和 $v_2$ 的频率相同，因此电路处于谐振状态，所以有

$$v'_2 = v_2 Q \tag{2.59}$$

式中，$Q$ 为图 2.16 所示回路的品质因数。

将式（2.57）代入式（2.59），可得

$$v'_2 = -Q \frac{\mu_0 N_1 N_2 a^2 S}{2(a^2+r^2)^{3/2}} \frac{\mathrm{d}i_1}{\mathrm{d}t} \tag{2.60}$$

因为 $i_1 = I_{1m}\sin(\omega t)$，$\mathrm{d}i_1/\mathrm{d}t = I_{1m}\omega\cos(\omega t)$，$\omega$ 为角频率，$f$ 为频率，所以有

$$v'_2 = -Q\omega N_2 S \frac{\mu_0 N_1 a^2}{2(a^2+r^2)^{3/2}} I_{1m}\cos(\omega t) = -2\pi f N_2 S Q B_z \tag{2.61}$$

式中

$$B_z = \frac{\mu_0 N_1 a^2}{2(a^2+r^2)^{3/2}} I_{1m}\cos(\omega t) \tag{2.62}$$

$B_z$ 是距离阅读器线圈为 $r$ 处的磁感应强度。式（2.61）和式（2.62）可用于应答器和阅读器之间耦合回路参数的设计计算。

【例 2.1】　MCRF355 芯片工作于 13.56MHz，其天线电路封装在 ID－1 型卡（符合 ISO/IEC 7810 标准）中，卡尺寸为 85.6mm×54mm×0.76mm，当 MCRF355 芯片的天线电路上具有 4V（峰值）电压时，器件可达到正常工作所需的 2.4V 直流电压。设其天线电路的 $Q=40$，线圈圈数 $N_2 = 4$，试求阅读器线圈的电流值。

解：(1) 根据式（2.61）计算 $B_z$。

忽略式中表示方向的负号，$B_z$ 为

$$B_z = \frac{v'_2}{2\pi f N_2 S Q}$$

代入下列数值，$f = 13.56\mathrm{MHz}$，$N_2 = 4$，$S = 85.6 \times 54\mathrm{mm}^2 = 46 \times 10^{-4}\mathrm{m}^2$，$Q = 40$，$v'_2 = 4\mathrm{V}$（峰值），故 $B_z$ 的有效值为

$$B_z = \frac{4/\sqrt{2}}{2\pi \times 13.56 \times 10^6 \times 4 \times 46 \times 10^{-4} \times 40} = 45 \times 10^{-9}\ (\mathrm{Wb/m}^2)$$

(2) 按式（2.61）计算阅读器线圈的电流。

$N_1 i_1$ 有效值为

$$N_1 i_1 = \frac{2(a^2+r^2)^{3/2}}{\mu_0 a^2} B_z$$

设阅读器应能具有的作用距离为 38cm,阅读器线圈的半径为 0.1m,则

$$N_1 i_1 = \frac{2(0.1^2 + 0.38^2)^{3/2}}{4\pi \times 10^{-7} \times 0.1^2} \times (45 \times 10^{-9}) = 0.43 (\text{安} \cdot \text{匝})$$

即线圈圈数 $N_1 = 1$ 时电流为 430mA, $N_1 = 2$ 时电流为 215mA。

### 2.3.3 应答器直流电源电压的产生

对于无源应答器,其供电电压必须从耦合电压 $v_2$ 获得。从耦合电压 $v_2$ 到应答器工作所需直流电源电压 $V_{CC}$ 的电压变换过程如图 2.17 所示。

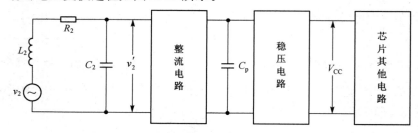

图 2.17 应答器直流电源电压的变换过程

(1) 整流与滤波

天线电路获得的耦合电压经整流电路后变换为单极性的交流信号,再经滤波电容 $C_p$ 滤去高频成分,获得直流电压。滤波电容 $C_p$ 同时又作为储能器件,以获得较强的负载能力。

图 2.18 所示为一个采用 MOS 管的全波整流电路,滤波电容 $C_p$ 集成在芯片内。$C_p$ 容量选得较大,则电路储能及电压平滑作用较好,但集成电路制作代价大。因此,$C_p$ 容量不能选得过大,通常为百 pF 数量级。

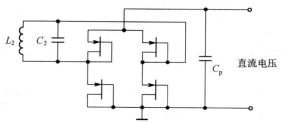

图 2.18 采用 MOS 管的全波整流电路

(2) 稳压电路

滤波电容 $C_p$ 两端输出的直流电压是不稳定的,当应答器与阅读器的距离变化时,它随应答器线圈 $L_2$ 上耦合电压的变化而变化,而应答器内的电路需要有较高稳定性的直流电源电压,因此必须采用稳压电路。

稳压电路在众多书籍中都有介绍,本书不再赘述。图 2.17 中 $V_{CC}$ 为稳压后输出的直流电源电压,相当于前例中的 MCRF355 芯片的 2.4V 直流电压。

### 2.3.4 负载调制

在 RFID 系统中,应答器向阅读器的信息传输采用负载调制技术,下面介绍基于电感耦合方式的负载调制原理。

**1. 耦合电路模型**

将图 2.13 改画为耦合电路形式,如图 2.19(a)所示。图中,$\dot{V}_1$ 为角频率为 $\omega$ 的正弦电压,$R_s$

为其内阻，$R_1$ 是电感 $L_1$ 的损耗电阻，$M$ 为互感，$R_2$ 为电感 $L_2$ 的损耗电阻，$R_L$ 为等效负载电阻。图中还标明了线圈的同名端关系。很明显，初级回路代表阅读器天线电路，次级回路代表应答器天线电路，它们通过互感 $M$ 实现耦合。

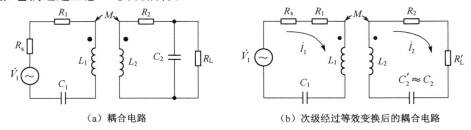

（a）耦合电路　　　　　　　　　　　　（b）次级经过等效变换后的耦合电路

图 2.19　耦合电路模型

耦合系数 $k$ 是反映耦合回路耦合程度的重要参数。电感耦合回路的耦合系数 $k$ 为

$$k = \frac{M}{\sqrt{L_1 L_2}} \tag{2.63}$$

式中，$M$ 为 $L_1$ 和 $L_2$ 的互感；$k$ 为小于 1 的正数，且为无量纲的值。

为分析电路方便起见，将图 2.19(a) 的 $C_2$ 与 $R_L$ 的并联电路转换为 $R'_L$ 和 $C'_2$ 的串联电路，这样便可得到图 2.19(b) 所示电路，这是一个互感耦合回路。在次级（应答器）回路中，品质因数 $Q$ 都大于 10，满足 $Q \gg 1$ 的条件，因此 $C'_2 \approx C_2$。

**2. 耦合回路的等效阻抗关系**

图 2.19(b) 中初级和次级回路的电压方程可写为

$$Z_{11} \dot{I}_1 - \mathrm{j}\omega M \dot{I}_2 = \dot{V}_1 \tag{2.64}$$

$$-\mathrm{j}\omega M \dot{I}_1 + Z_{22} \dot{I}_2 = 0 \tag{2.65}$$

式中，$Z_{11}$ 为初级回路自阻抗，$Z_{11} = R_{11} + \mathrm{j}X_{11} = (R_s + R_1) + \mathrm{j}X_{11}$；$Z_{22}$ 为次级回路自阻抗，$Z_{22} = R_{22} + \mathrm{j}X_{22} = (R_2 + R'_L) + \mathrm{j}X_{22}$。

从式 (2.64) 和式 (2.65) 可分别求得初、次级回路电流为

$$\dot{I}_1 = \frac{\dot{V}_1}{Z_{11} + \frac{(\omega M)^2}{Z_{22}}} \tag{2.66}$$

$$\dot{I}_2 = \frac{-\mathrm{j}\omega M \dot{V}_1 / Z_{11}}{Z_{22} + \frac{(\omega M)^2}{Z_{11}}} \tag{2.67}$$

若令

$$Z_{f1} = \frac{(\omega M)^2}{Z_{22}} \tag{2.68}$$

$$Z_{f2} = \frac{(\omega M)^2}{Z_{11}} \tag{2.69}$$

则式 (2.66) 和式 (2.67) 可分别表示为

$$\dot{I}_1 = \frac{\dot{V}_1}{Z_{11} + Z_{f1}} \tag{2.70}$$

$$\dot{I}_2 = \frac{-\mathrm{j}\omega M \dot{V}_1 / Z_{11}}{Z_{22} + Z_{f2}} = \frac{\dot{V}_2}{Z_{22} + Z_{f2}} \tag{2.71}$$

式中，$\dot{V}_2 = -\mathrm{j}\omega M \dot{V}_1 / Z_{11}$。

由式 (2.70) 和式 (2.71)，根据电路关系，可以分别画出图 2.20(a)、(b) 所示的初级和次级回路的等效电路。

由于 $Z_{f1}$ 是互感 $M$ 和次级回路阻抗 $Z_{22}$ 的函数,并出现在初级回路等效电路中,故 $Z_{f1}$ 称为次级回路对初级回路的反射阻抗,由反射电阻 $R_{f1}$ 和反射电抗 $X_{f1}$ 两部分组成,即 $Z_{f1} = R_{f1} + jX_{f1}$。

类似地,$Z_{f2}$ 称为初级回路对次级回路的反射阻抗,由反射电阻 $R_{f2}$ 和反射电抗 $X_{f2}$ 组成,即 $Z_{f2} = R_{f2} + jX_{f2}$。

这样,初、次级回路之间的影响可以通过反射阻抗的变化来进行分析。

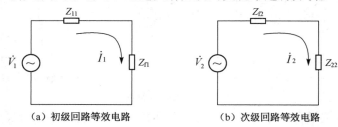

(a) 初级回路等效电路　　　　(b) 次级回路等效电路

图 2.20　耦合回路的等效电路

### 3. 电阻负载调制

负载调制是应答器向阅读器传输数据所使用的方法。在电感耦合方式的 RFID 系统中,负载调制有电阻负载调制和电容负载调制两种方法。

电阻负载调制的原理电路如图 2.21 所示,开关 S 用于控制负载调制电阻 $R_{mod}$ 的接入与否,开关 S 的通断由二进制数据编码信号控制。

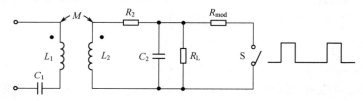

图 2.21　电阻负载调制的原理电路图

二进制数据编码信号用于控制开关 S。当二进制数据编码信号为 1 时,设开关 S 闭合,则此时应答器负载电阻为 $R_L$ 和 $R_{mod}$ 并联;当二进制数据编码信号为 0 时,开关 S 断开,应答器负载电阻为 $R_L$。所以在电阻负载调制时,应答器的负载电阻值有两个对应值,即 $R_L$(S 断开时)和 $R_L$ 与 $R_{mod}$ 的并联值 $R_L // R_{mod}$(S 闭合时)。显然,$R_L // R_{mod}$ 小于 $R_L$。

图 2.21 的等效电路如图 2.22 所示。在初级回路等效电路中,$R_s$ 是源电压 $\dot{V}_1$ 的内阻,$R_1$ 是电感 $L_1$ 的损耗电阻,$R_{f1}$ 是次级回路的反射电阻,$X_{f1}$ 是次级回路的反射电抗,$R_{11} = R_s + R_1$,$X_{11} = j[\omega L_1 - 1/(\omega C_1)]$。在次级回路等效电路中,$\dot{V}_2 = -j\omega M \dot{V}_1 / Z_{11}$,$R_2$ 是电感 $L_2$ 的损耗电阻,$R_{f2}$ 是初级回路的反射电阻,$X_{f2}$ 是初级回路的反射电抗,$R_L$ 是负载电阻,$R_{mod}$ 是负载调制电阻。

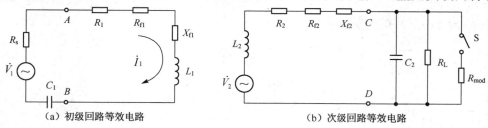

(a) 初级回路等效电路　　　　　　　(b) 次级回路等效电路

图 2.22　电阻负载调制时初、次级回路的等效电路

（1）次级回路等效电路中的端电压 $\dot{V}_{CD}$

设初级回路处于谐振状态，则其反射电抗 $X_{f2}=0$，故

$$\dot{V}_{CD}=\cfrac{\dot{V}_2}{(R_2+R_{f2})+\mathrm{j}\omega L_2+\cfrac{\frac{1}{\mathrm{j}\omega C_2}\cdot R_{Lm}}{\frac{1}{\mathrm{j}\omega C_2}+R_{Lm}}}\cdot\cfrac{\frac{R_{Lm}}{\mathrm{j}\omega C_2}}{\frac{1}{\mathrm{j}\omega C_2}+R_{Lm}}$$

$$=\cfrac{\dot{V}_2}{1+[(R_2+R_{f2})+\mathrm{j}\omega L_2]\left(\mathrm{j}\omega C_2+\cfrac{1}{R_{Lm}}\right)} \tag{2.72}$$

式中，$R_{Lm}$ 为负载电阻 $R_L$ 和负载调制电阻 $R_{mod}$ 的并联值。由式（2.72）可知，当进行负载调制时，$R_{Lm}<R_L$，因此 $\dot{V}_{CD}$ 电压下降。在实际电路中，电压的变化反映为电感 $L_2$ 两端可测的电压变化。

该结果也可从物理概念上获得，即次级回路由于 $R_{mod}$ 的接入，负载加重，$Q$ 值降低，谐振回路两端电压下降。

（2）初级回路等效电路中的端电压 $\dot{V}_{AB}$

由次级回路的阻抗表达式

$$Z_{22}=R_2+\mathrm{j}\omega L_2+\cfrac{1}{1/R_{Lm}+\mathrm{j}\omega C_2} \tag{2.73}$$

得知，在负载调制时 $Z_{22}$ 下降，因此根据式（2.68）可得反射阻抗 $Z_{f1}$ 上升（在互感 $M$ 不变的条件下）。若次级回路调整于谐振状态，其反射电抗 $X_{f1}=0$，则表现为反射电阻 $R_{f1}$ 的增大。

$R_{f1}$ 不是一个电阻实体，它的变化体现为电感 $L_1$ 两端的电压变化，即图 2.22(a) 中端电压 $\dot{V}_{AB}$ 的变化。在负载调制时，由于 $R_{f1}$ 增大，所以 $\dot{V}_{AB}$ 增大，即电感 $L_1$ 两端的电压增大。由于 $X_{f1}=0$，所以电感两端电压的变化表现为幅度调制。

（3）电阻负载调制数据信息传输的原理

通过前面的分析，电阻负载调制数据信息传输的过程如图 2.23 所示。图（a）是应答器上控制开关 S 的二进制数据编码信号，图（d）是对阅读器线圈上两端电压解调后的波形。由图 2.23 可见，应答器的二进制数据编码信号通过电阻负载调制方法传送到了阅读器，电阻负载调制过程是一个调幅过程。

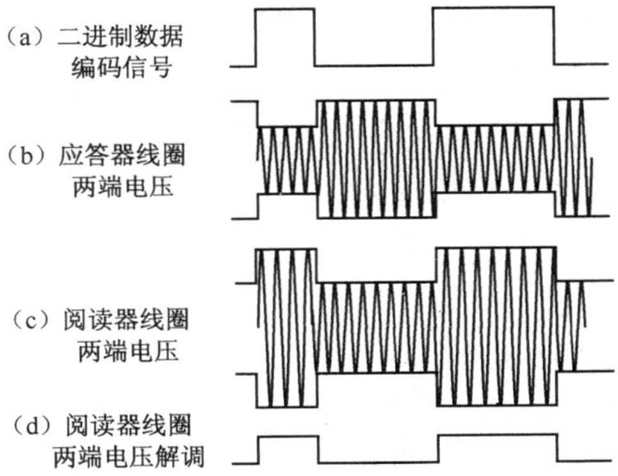

（a）二进制数据编码信号

（b）应答器线圈两端电压

（c）阅读器线圈两端电压

（d）阅读器线圈两端电压解调

#### 4. 电容负载调制

电容负载调制是指用附加的电容 $C_{mod}$ 代替调制电阻 $R_{mod}$，如图 2.24 所示，图中 $R_2$ 是电感 $L_2$ 的损耗电阻。

图 2.23 电阻负载调制数据信息传输的过程

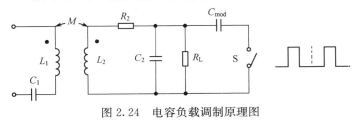

图 2.24 电容负载调制原理图

设互感 $M$ 不变,下面分析 $C_{mod}$ 接入的影响。电容负载调制和电阻负载调制的不同之处在于:$R_{mod}$ 的接入不改变应答器回路的谐振频率,因此阅读器和应答器回路在工作频率下都处于谐振状态;而 $C_{mod}$ 接入后,应答器(次级)回路失谐,其反射电抗也会引起阅读器回路的失谐,因此情况比较复杂。和分析电阻负载调制类似,电容负载调制时初、次级回路的等效电路如图 2.25 所示。

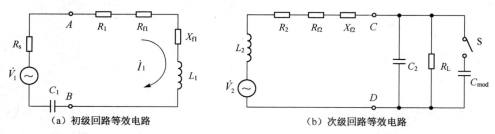

图 2.25    电容负载调制时初、次级回路的等效电路

(1) 次级回路等效电路的端电压 $\dot{V}_{CD}$

设初级回路处于谐振状态,其反射电抗 $X_{f2}=0$,故可得

$$\dot{V}_{CD}=\frac{\dot{V}_2}{1+(R_2+R_{f2}+\mathrm{j}\omega L_2)[\mathrm{j}\omega(C_2+C_{mod})+1/R_L]} \tag{2.74}$$

由式(2.74)可见,$C_{mod}$ 的加入使电压 $\dot{V}_{CD}$ 下降,即电感 $L_2$ 两端可测得的电压下降。

从物理概念上定性分析:电容 $C_{mod}$ 的接入使应答器的谐振回路失谐,因而电感 $L_2$ 两端的电压下降。

(2) 初级回路等效电路中的端电压 $\dot{V}_{AB}$

由次级回路的阻抗表达式

$$Z_{22}=R_2+\mathrm{j}\omega L_2+\frac{1}{1/R_L+\mathrm{j}\omega(C_2+C_{mod})} \tag{2.75}$$

可知,$C_{mod}$ 的接入使 $Z_{22}$ 下降,并由式(2.68)可得反射阻抗 $Z_{f1}$ 上升。但此时由于次级回路失谐,因此 $Z_{f1}$ 中包含 $X_{f1}$ 部分。

由于 $Z_{f1}$ 上升,所以电感 $L_1$ 两端的电压增大,但此时电压不仅是幅度的变化,也存在着相位的变化。

(3) 电容负载调制时数据信息的传输

电容负载调制时,数据信息的传输过程基本同图 2.23,只是阅读器线圈两端电压会产生相位调制的影响,但该相位调制只要能保持在很小的情况下,就不会对数据信息的正确传输产生影响。

(4) 次级回路失谐的影响

前面讨论的基础是初、次级回路(阅读器天线电路和应答器天线电路)都调谐的情况。若次级回路失谐,则在电容负载调制时会产生如下影响。

① 次级回路谐振频率高于初级回路谐振频率。此时,由于负载调制电容 $C_{mod}$ 的接入,两谐振回路的谐振频率更接近。

② 次级回路谐振频率低于初级回路谐振频率。由于 $C_{mod}$ 的接入,两谐振回路的谐振频率偏差加大。因此在采用电容负载调制方式时,应答器天线电路的谐振频率不应低于阅读器天线电路的谐振频率。

# 2.4 功率放大电路

功率放大电路位于 RFID 系统的阅读器中,用于向应答器提供能量,它是阅读器的重要组成部分。阅读器中的功率放大电路采用谐振功率放大器,凡是用谐振回路作为匹配网络的功率放大器统称为谐振功率放大器。

功率放大器按照电流的流通角不同,分为 A 类(或称甲类)、B 类(或称乙类)、C 类(或称丙类)。A 类功率放大器电流的流通角约为 360°,适用于小信号功率放大;B 类功率放大器电流的流通角约为 180°;C 类功率放大器电流的流通角小于 180°。除以上按电流流通角来分类外,还有使电子器件工作于开关状态的 D 类(或称丁类)和 E 类(或称戊类)功率放大器,它们最大的优点是效率高。

在电感耦合方式 RFID 系统的阅读器中,常采用 B、D 和 E 类功率放大器。本节重点介绍它们的应用电路,分析从简。

## 2.4.1 B 类功率放大器

### 1. 基本工作原理

B 类功率放大器采用两个特性相同的功率管接成推挽电路,其中一管在正半周导通,另一管在负半周导通,而后在负载上将它们的集电极电流波形合成,就可获得完整的正弦波。因此,B 类推挽电路必须具有两管交替工作和输出波形合成两个功能。

### 2. 典型应用电路

(1) 电路结构与工作原理

图 2.26 所示为用于 125kHz 阅读器的 B 类功率放大器电路的典型一例。

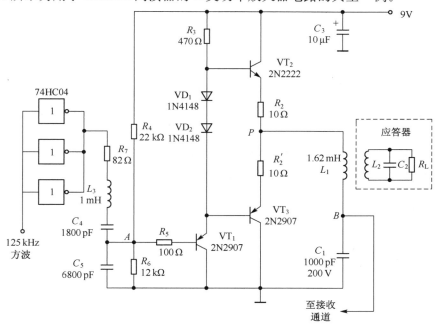

图 2.26　用于 125kHz 阅读器的 B 类功率放大器电路

在 125kHz 阅读器中通常采用 4MHz 晶体振荡器,它产生的时钟基准信号经分频后输出 125kHz 方波,作为功率放大器的输入。

$L_3$、$C_4$和$C_5$组成滤波网络,该带通滤波器的中心频率$f_0$为

$$f_0 = \frac{1}{2\pi\sqrt{L_3\dfrac{C_4C_5}{C_4+C_5}}} = \frac{1}{2\pi\sqrt{1\times10^{-3}\times\dfrac{1800\times6800}{1800+6800}\times10^{-12}}} = 125(\text{kHz})$$

125kHz方波经过 3 个非门(74HC04)输出,以提高信号源的带负载能力,经$L_3$、$C_4$和$C_5$滤波网络后滤波为 125kHz 正弦信号。电阻$R_4$和$R_6$分压提供约 3 V 的直流电压($A$点),为正弦电压提供一个适当的直流电平。

晶体管$VT_1$组成射极跟随器电路,其输出的正弦信号的正半周使晶体管$VT_2$导通,负半周使晶体管$VT_3$导通,以实现两晶体管交替导通和输出波形合成。二极管$VD_1$、$VD_2$的正向压降为两晶体管$VT_2$和$VT_3$提供合适的偏置电压,使两晶体管集电极电流合成波形在交替处相互平滑衔接,减少非线性失真。

$L_1C_1$串联谐振回路的谐振频率为 125kHz,125kHz 的交变电流通过电感$L_1$,产生的磁场作用于应答器。由于谐振时电容$C_1$两端的电压为信号源电压的$Q$倍,故$C_1$选择具有 200V 耐压的器件。$R_2$和$R_2'$为限流电阻,可以调整,以使$L_1C_1$串联谐振回路的电流值合适,并使晶体管$VT_2$和$VT_3$的电流值处在安全范围内。与此同时,$R_2$和$R_2'$的阻值可降低串联谐振回路的$Q$值,以保证通信带宽。

当应答器通过负载调制方式传送二进制数据编码时,电感$L_1$两端电压产生调制,将图中$B$点电压送至接收通道,通过解调即可读取传送的二进制数据编码。

(2) 功率传输

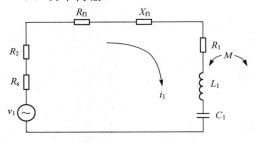

图 2.27　等效电路

对于图 2.26 所示电路,从能量输送的角度来看,它应能保证提供应答器工作所需的能量。因此,对于高频功率放大器,应答器是其负载。图 2.27 是图 2.26 的等效电路。

图 2.27 中,$v_1$是图 2.26 中 $P$ 点的 125kHz 正弦电压,$R_s$是晶体管$VT_2$和$VT_3$的导通电阻,$R_2$是两晶体管发射极所接电阻(10Ω),$R_1$是电感$L_1$的损耗电阻,$R_{f1}$是次级反射电阻,$X_{f1}$是次级反射电抗。

应答器天线电路对 125kHz 谐振,因此$X_{f1} = 0$,$L_1$和$C_1$也谐振于 125kHz,故此时回路自电抗$X_{11} = 0$。

如果仅从阻抗匹配的条件下负载可获得最大功率考虑,则应满足

$$R_{f1} = \frac{(\omega M)^2}{R_{22}} = (R_2 + R_s) - R_1 \tag{2.76}$$

式中,互感$M$的大小与应答器、阅读器之间的距离有关,因此可以考虑下述情况。

① 应答器不在阅读器的能量场之内($M = 0$)

此时为空载情况,因为$M = 0$,所以$R_{f1} = 0$,故回路的空载品质因数$Q_0$为

$$Q_0 = \frac{\omega L_1}{R_s + R_2 + R_1} \tag{2.77}$$

电流为
$$i_1 = \frac{v_1}{R_s + R_2 + R_1} \tag{2.78}$$

当电感$L_1$的匝数及结构形状、几何尺寸确定时,$i_1$的大小必须满足式(2.62),以获得在一定距离$r$下的磁感应强度$\boldsymbol{B}$的大小,即保证阅读器的作用距离。

$i_1$增大可以增加作用距离,但也受到下述因素的限制。第一,$i_1$增大,对晶体管最大允许工作

电流和允许最大功耗的要求提高,因此所用晶体管的价格可能也会提高;第二,为保证较大的电流 $i_1$,直流电源电压在设计中也可能要考虑予以提高,这样阅读器的功率损耗增加,对于采用电池供电的阅读器就更为不利;第三,对于电子设备,必须满足严格的电磁兼容标准,其交变磁场强度不能超出规定值。因此,电流 $i_1$ 的大小必须合理设计。

② 应答器进入阅读器的能量场内($M \neq 0$)

随着应答器靠近阅读器,$M$ 增大,应答器的进入对功率放大器的影响体现为图 2.27 中 $R_{fl}$ 的增大(设 $X_{fl} = 0$)。对功率放大器而言,此时进入有载状态。

在 $M \neq 0$ 的有载状态下,回路的有载品质因数 $Q$ 为

$$Q = \frac{\omega L_1}{(R_s + R_2 + R_1) + R_{fl}} \tag{2.79}$$

电流为

$$i_1' = \frac{v_1}{(R_s + R_2 + R_1) + R_{fl}} \tag{2.80}$$

很显然,$Q < Q_0$,$i_1' < i_1$。随着 $M$ 的增大,反射电阻 $R_{fl}$ 增大,$Q$ 和 $i_1'$ 会下降,因此功率放大电路在空载设计好后,不会因应答器的进入造成电子器件的损坏。

当 $M$ 增大到 $R_{fl} + R_1 = R_s + R_2$ 时,满足功率匹配条件,此时对功率放大器来说传输到应答器的功率最大。可是该 $M$ 的大小很难控制,用它来评估功率放大器和应答器之间的功率传输能力是极其困难的。特别是,工作于开关状态的 D 类、E 类功率放大器,其电子器件导通时内阻很小而截止时内阻近于无穷大,因此负载阻抗与电源内阻相等的阻抗匹配概念无法适用。

为了使功率放大器的输出功率绝大部分输出到负载上,希望反射电阻 $R_{fl}$ 远大于作为能量传输中介回路电感、电容自身的损耗电阻(电感线圈 $L_1$ 的损耗电阻 $R_1$)。因此,定义中介回路的传输效率 $\eta$ 为

$$\eta = \frac{\text{送至负载的功率}}{\text{送至中介回路的总功率}} \tag{2.81}$$

令中介回路的品质因数为 $Q_L = \omega L_1 / R_1$,引入反射电阻 $R_{fl}$ 后的品质因数为 $Q_L' = \omega L_1 / (R_1 + R_{fl})$,则

$$\eta = \frac{R_{fl}}{R_1 + R_{fl}} = 1 - \frac{R_1}{R_1 + R_{fl}} = 1 - \frac{Q_L'}{Q_L} \tag{2.82}$$

式(2.82)说明,要使 $\eta$ 高,则 $Q_L$ 值越大越好,$Q_L'$ 值越小越好。但 $Q_L'$ 值越小,则选频的作用变差。

从上面的介绍可见,阅读器中功率放大器的中介回路在完成能量传输时,其品质因数 $Q_L$ 应比较大。

## 2.4.2 D 类功率放大器

D 类功率放大器有电压开关型、电流开关型等电路形式,下面分别介绍。

### 1. 准互补电压开关型 D 类功率放大器

(1)电路结构与工作原理

图 2.28(a)所示为准互补电压开关型 D 类功率放大器及其等效电路,晶体管 $VT_1$ 和 $VT_2$ 构成准互补电路。晶体管 $VT_1$ 和 $VT_2$ 处于开关状态,假设晶体管开关转换的损耗可以忽略,晶体管截止时无漏电流(内阻为无穷大),则可获得图 2.28(b)所示的等效电路。

$v_s$ 为激励源,其波形如图 2.29(a)所示,是一个方波。变压器 $T_1$ 实现倒相,使当 $VT_1$ 导通时 $VT_2$ 关断或者当 $VT_1$ 截止时 $VT_2$ 导通,因此图中 $P$ 点的电压也是一个方波,如图 2.29(b)所示。设晶体管导通时的饱和压降为 $V_{CES}$,则 $VT_1$ 导通时($VT_2$ 截止)$P$ 点电压为电源电压 $V_{CC}$ 减去 $V_{CES}$,而 $VT_2$ 导通($VT_1$ 截止)时,$P$ 点的电压为 $V_{CES}$。由于图中 $P$ 点的电压为方波,即两管的集电极与发射极之间的电压为方波,所以称为电压开关型。

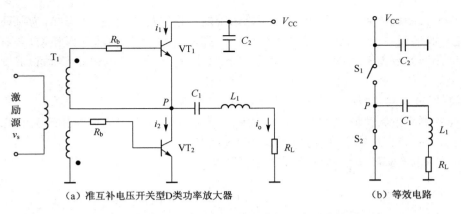

（a）准互补电压开关型D类功率放大器　　　　（b）等效电路

图 2.28　准互补电压开关型 D 类功率放大器及其等效电路

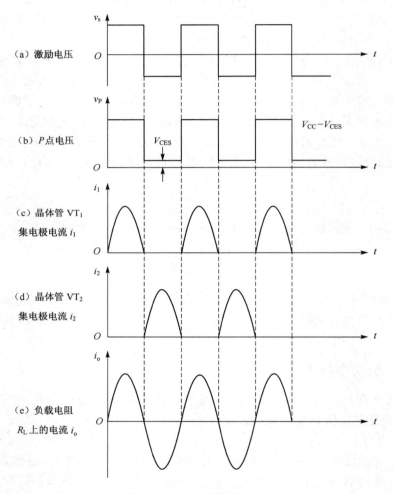

（a）激励电压

（b）$P$ 点电压

（c）晶体管 VT$_1$
集电极电流 $i_1$

（d）晶体管 VT$_2$
集电极电流 $i_2$

（e）负载电阻
$R_L$ 上的电流 $i_o$

图 2.29　电压、电流波形图

　　谐振回路 $L_1$ 和 $C_1$ 的谐振频率调谐于激励源的基波频率，由于其选频作用，电流波形是正弦的，如图 2.29（c）和（d）所示。从图 2.28 可见，流过晶体管 VT$_1$ 集电极的电流 $i_1$ 和流过晶体管 VT$_2$ 集电极的电流 $i_2$ 在负载电阻 $R_L$ 上流向相反，因此它们组合构成的流过负载电阻 $R_L$ 的电流 $i_o$ 是正弦波。由于两管高频电流在 $R_L$ 上流向相反，偶次谐波相互抵消，输出最低谐波为 3 次，所以波形较好。

（2）功率放大器效率

① 输出功率 $P_o$。

从上面的分析可以得到 $R_L$ 上的电流基波幅值为

$$I_{om} = \frac{2}{\pi} \times \frac{(V_{CC} - V_{CES}) - V_{CES}}{R_L} \tag{2.83}$$

所以负载电阻 $R_L$ 上的输出功率 $P_o$ 为

$$P_o = \frac{1}{2} I_{om}^2 R_L = \frac{2}{\pi^2} \frac{(V_{CC} - 2V_{CES})^2}{R_L} \tag{2.84}$$

② 直流电源供给的输入功率 $P_i$

直流电源供给的电流为半波的正弦波，其相应的有效值为峰值 $I_{om}$ 的 $1/\pi$，所以有

$$P_i = V_{CC}(i_{C1})_{\text{有效值}} = V_{CC} \frac{1}{\pi} I_{om} = \frac{2}{\pi^2} \frac{(V_{CC} - 2V_{CES})}{R_L} V_{CC} \tag{2.85}$$

③ 效率

功率放大器的效率 $\eta$ 定义为

$$\eta = \frac{P_o}{P_i} = \frac{V_{CC} - 2V_{CES}}{V_{CC}} \tag{2.86}$$

由式（2.84）可见，若忽略 $V_{CES}$，则输出功率 $P_o$ 和电源电压 $V_{CC}$ 的平方成正比，因此提高 $V_{CC}$ 可以较大地增加输出功率。此外，从式（2.86）可见，$V_{CC}$ 的提高也有利于提高效率。而晶体管的饱和压降 $V_{CES}$ 则是越低越好，$V_{CES}$ 低则表明晶体管集电结功率损耗低。

（3）$L_1C_1$ 谐振回路

在 $L_1C_1$ 谐振回路的设计上应注意下述问题。

① $L_1C_1$ 谐振回路应准确调谐于激励源的基波频率上，若失谐严重，则负载 $R_L$ 上的电流波形会产生较大失真，对输出功率和效率均产生不良影响。与此同时，谐波功率的增加会对满足电磁兼容的要求带来不利因素。

② 如果失谐呈现大的电感性负载，那么失谐会引起晶体管集电极和发射极间出现高峰电压。为保护功率放大器，可在晶体管的集电极和发射极间并接一个保护二极管。

③ 谐振回路中的负载 $R_L$ 在电感耦合方式的 RFID 系统中很容易理解为应答器反射电阻 $R_{fl}$ 和电感的损耗电阻 $R_1$ 之和，即 $R_L = R_1 + R_{fl}$。

从前述中介回路的传输效率的概念考虑，电感 $L_1$ 的损耗电阻 $R_1$ 应小，即中介回路的空载品质因数要高。

当中介回路空载时，电流 $i_o$ 较大，其功率损耗为晶体管集电结损耗和电感 $L_1$ 的损耗电阻 $R_1$ 上的功率损耗。为防止中介回路空载时电流 $i_o$ 过大，可如图 2.26 所示那样加接电阻 $R_2$ 和 $R_2'$，但功率放大器损耗增加。为减小无负载的功率开销，可采用功率放大电路平时休眠及定时唤醒或事件唤醒的策略以节约能耗。

（4）输入回路

输入回路变压器 $T_1$ 用于将激励源耦合至两晶体管的基极，两输出电压反相，使 $VT_1$ 导通时 $VT_2$ 截止，$VT_1$ 截止时 $VT_2$ 导通。

基极电阻 $R_b$ 用于提高晶体管的输入阻抗，保证发射结不被过高的激励电压击穿（一般发射结耐压为 2～5V），$R_b$ 为几至几十欧姆，它可以调节激励电流的大小，功率放大器输出功率越大，$R_b$ 应越小。

## 2. 电流开关型 D 类功率放大器

（1）电路结构与工作原理

电流开关型 D 类功率放大器的原理如图 2.30 所示，电感 $L_1$ 和电容 $C_1$ 构成并联谐振回路。$L_4$ 为大电感，使电源电压 $V_{CC}$ 供给两个晶体管恒定的电流，也称为恒流电感。因此，当两管轮流导通时，每个管的电流波形是方波，故称为电流开关型。

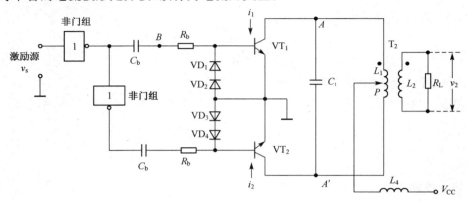

图 2.30　电流开关型 D 类功率放大器

两管集电极电压为正弦半波，负载电阻 $R_L$ 上的电压为正弦波，如图 2.31 所示，图中还给出了电压 $v_{AA'}$ 的波形。图 2.31 中，$V_{CES}$ 是晶体管导通时的饱和压降。

晶体管基极电流的幅值 $I_{bm}$ 可表示为

$$I_{bm} = S\frac{I_{cm}}{\beta} \tag{2.87}$$

式中，$I_{cm}$ 为集电极电流幅值；$S$ 为饱和深度，可在 2～4 的范围内选取；$\beta$ 为晶体管共发射极短路电流放大系数。一般可选基极电流为集电极电流的 1/10，以保证饱和。

激励电压采用 TTL 电平的方波电压，非门（或非门组）用于提供激励电压和电流。设晶体管导通时基极与发射极间的电压为 $V_{BE}$，则 $R_b$ 为

$$R_b = \frac{V_B - V_{BE}}{I_{bm}} \tag{2.88}$$

式中，$V_B$ 为图 2.30 中 $B$ 点的电压峰值。非门组是否采用及其所用的数量取决于基极电流 $I_{bm}$ 的大小。电容 $C_b$ 用于使加至基极的电压变化为正、负极性，以加速晶体管的工作状态转换过程，$VD_1$，$VD_2$，$VD_3$，$VD_4$ 为保护二极管。

（2）电压开关型和电流开关型 D 类功率放大器的比较

电压开关型 D 类功率放大器和电流开关型 D 类功率放大器有以下不同。

① 在电压开关型功率放大器中，两管与电源电压 $V_{CC}$ 串联。在电流开关型功率放大器中，两管与电源电压 $V_{CC}$ 并联。

② 在电压开关型功率放大器中，两管集电极电流是正弦半波，集电极与发射极间电压为方波，流过负载的电流是正弦波。在电流开关型功率放大器中，两管集电极电流是方波，集电极和发射极间电压是正弦半波，负载两端电压是正弦波。

③ 在电流开关型功率放大器中，电流是方波，两管轮流导通，从截止立即转入饱和，或从饱和立即转入截止。实际上，电流的这种转换是需要时间的。当频率低时，转换时间可以忽略不计。但当工作频率高时，这一开关转换时间便不容忽视，因而工作频率上限受到限制。从这一点看，电压开关型功率放大器要好一些，因为两管集电极电流是正弦半波，不是突变的。

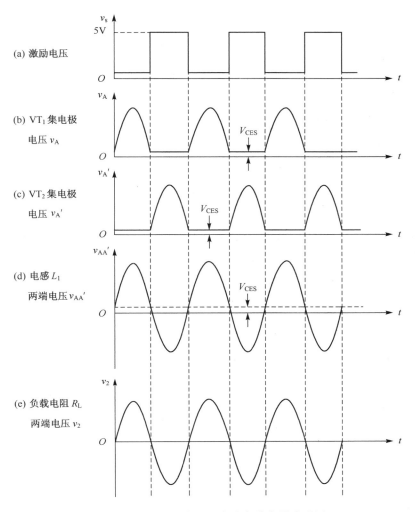

(a) 激励电压

(b) VT$_1$ 集电极
电压 $v_A$

(c) VT$_2$ 集电极
电压 $v_A'$

(d) 电感 $L_1$
两端电压 $v_{AA'}$

(e) 负载电阻 $R_L$
两端电压 $v_2$

图 2.31　电流开关型 D 类功率放大器波形图

### 2.4.3　传输线变压器和功率合成器

采用传输线变压器的功率合成器易于解决宽频带、大功率与高效率等一系列问题,因而获得了广泛的应用。虽然并联与推挽电路也可认为是功率合成电路,但是各单元放大电路不能实现彼此隔离、相互无关,因此,功率合成器通常都采用传输线变压器实现。

**1. 传输线变压器构成的反相功率合成器电路**

用传输线变压器构成的混合网络,可以实现功率合成的功能。一种采用传输线变压器构成的反相功率合成器电路如图 2.32 所示。该电路接有两个传输线变压器 T$_2$ 和 T$_3$,T$_2$ 提供 1∶4 阻抗匹配,T$_3$ 用于平衡—不平衡转换(其变比为 1∶1)。图中两个放大器的激励电路略去。

**2. 传输线变压器的工作原理**

传输线变压器的工作原理是传输线原理与变压器原理的结合。它有两种工作方式:一种是按传输线方式工作,另一种是按变压器方式工作。传输线变压器的结构如图 2.33 所示,它是用传输线(如两根紧靠的平行线、扭绞线、带状传输线等)绕在高磁导率的铁心磁环上构成的。这种传输线变压器的结构简单、轻便、价廉,并且频带很宽(可从几百千赫兹到几百兆赫兹)。

在传输线方式中,在两个线圈中通过大小相等、方向相反的电流,磁心(磁环)中的磁场正好

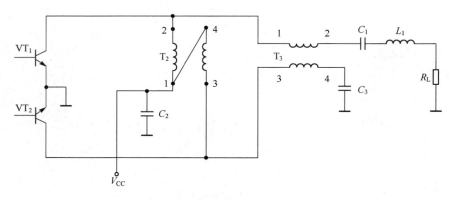

图 2.32　传输线变压器构成的反相功率合成器

相互抵消,因此,磁心没有功率损耗,磁心对传输线工作没有影响。既然这样,为什么还要采用磁心呢?这是因为磁心使绕在其上面的导线具有较大的感抗,这样在高频时传输线等效电路如图 2.34 所示,则能量的传输依靠线圈间分布电容的耦合作用实现。

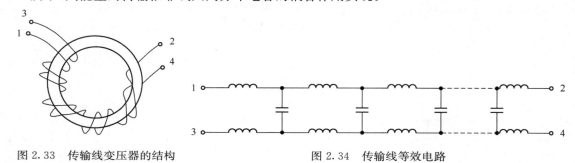

图 2.33　传输线变压器的结构　　　　　图 2.34　传输线等效电路

在变压器方式中,线圈中有激磁电流,并在磁心中产生公共磁场,有磁心功率损耗,此时初、次级间的能量传输主要依靠线圈的磁耦合作用实现。

### 3. 1∶1 传输线变压器

根据传输线理论,如果传输线是理想无损耗的,其特征阻抗 $Z_C$ 为纯电阻,且其呈现在始端(如图 2.34 中的 1 和 3 端)间的输入阻抗 $Z_i$ 和 $Z_C$ 相等。因此,对于无损耗和终端匹配的传输线,不论加在其输入端的信号是什么频率,只要输入信号源的电压和内阻不变,信号源向传输线始端供给的功率就不变,它通过传输线全部被负载电阻 $R_L$ 吸收。因此,可以认为无损耗和终端匹配的传输线具有无限宽的工作频带。

但是,要做到负载和传输线的特性阻抗完全匹配,在很多应用场合是困难的。如果 $R_L \neq Z_C$,则在其始端呈现的输入阻抗 $Z_i$ 就不再是纯电阻,而是与频率有关的复阻抗。因而,信号源向传输线始端供给的功率及在 $R_L$ 上得到的功率均与频率有关。可见,在这种情况下,传输线的工作频率是有限的,即上限频率有限制,但下限频率仍为零。

最简单的传输线变压器是 1∶1 的阻抗变换器,它可在宽频带内实现 1∶1 倒相、平衡—不平衡转换和不平衡—平衡转换,如图 2.35 所示。

### 4. 1∶4 传输线变压器

1∶4 传输线变压器的电路如图 2.36 所示,其中端点 1 和 4 短接。这时,如果通过 $R_L$ 的电流为 $i$,信号源的电压为 $v$,则在 $R_L$ 上产生的电压为 $2v$,信号源提供的电流为 $2i$,因此信号源端呈现的输入阻抗为

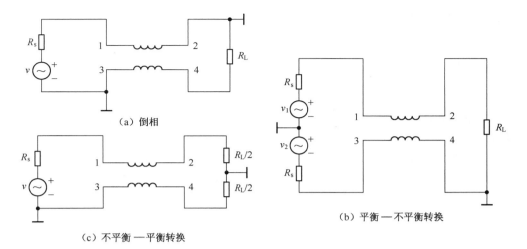

（a）倒相

（c）不平衡 — 平衡转换

（b）平衡 — 不平衡转换

图 2.35　1：1 传输线变压器的应用

$$R_i = \frac{v}{2i} = \frac{1}{4} \times \frac{2v}{i} = \frac{1}{4} R_L \qquad (2.89)$$

要求传输线的特性阻抗为

$$Z_C = \frac{v}{i} = \frac{1}{2} \times \frac{2v}{i} = \frac{1}{2} R_L \qquad (2.90)$$

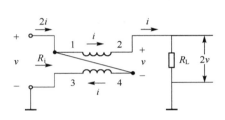

图 2.36　1：4 传输线变压器

因此，当信号源的内阻为 $R_L/4$ 时，便可得到很好的功率匹配，故该传输线变压器称为 1：4 传输线变压器。

根据类似的工作原理，可以组成 4：1 或 1：9 或 9：1 的传输线变压器。

### 5. 反相功率合成器电路分析

下面再来分析图 2.32 所示电路的工作原理，为此将其以等效电路的形式改画为图 2.37。图中，$v_1$ 和 $v_2$ 为晶体管 $VT_1$ 和 $VT_2$ 的集电极电压，很显然，如果在输入信号激励下，两管集电极电压反相（见图中标示），则各电流的方向如箭头所指，该电路因此称为反相功率合成器。

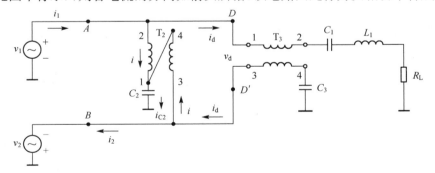

图 2.37　反相功率合成器功率合成原理

从图 2.37 可知，通过 $T_2$ 两绕组的电流为

$$i = i_1 - i_d = i_d - i_2 \qquad (2.91)$$

即

$$i_d = \frac{1}{2}(i_1 + i_2) \qquad (2.92)$$

$$i = \frac{1}{2}(i_1 - i_2) \qquad (2.93)$$

相应地,流过电容 $C_2$ 的电流 $i_{C2}$ 为

$$i_{C2} = 2i = i_1 - i_2 \qquad\qquad (2.94)$$

如果两管电流相等,则 $i_{C2} = 0$,因此 1 端无功率输出。由于 $T_2$ 两绕组上的电压相等,因而 $v_1 = v_2 = v_d/2$。

$L_1 C_1$ 为串联谐振回路,谐振于激励信号的基波频率,因而在基波频率下,电抗值为零。$T_3$ 为 $1:1$ 平衡—不平衡转换器,因而呈现在 $DD'$ 端的阻抗值为 $R_L$,因此两管输出的等值功率在负载 $R_L$ 上相加($v_d i_d = v_1 i_1 + v_2 i_2$),实现了功率合成。

在图 2.37 中,$C_2$ 和 $C_3$ 是高频旁路电容,故 $T_3$ 的 4 端和 $T_2$ 的 1 端相当于交流接地。

从上面分析可知,采用传输线变压器 $T_2$ 和 $T_3$ 组成的功率放大器是一种性能甚佳的功率合成电路,具有宽频带应用、效率高的特点。

**6. 在 RFID 系统中的应用**

如果将图 2.37 中的 $R_L$ 看成由 RFID 系统中应答器的反射电阻等组成,则电路的其他部分就是阅读器中的功率输出电路。由于图 2.37 所示电路具有宽频带、效率高的特点,所以它是阅读器功率输出电路,特别是多频段阅读器功率输出电路的优选电路之一。

### 2.4.4　E 类功率放大器

E 类功率放大器是单管工作于开关状态,谐波成分主要为二次谐波。它的特点是选取适当的负载网络参数,以使瞬态响应最佳。也就是说,当开关导通(或断开)的瞬间,只有当器件的电压(或电流)降为零后,才能导通(或断开)。这样,即使开关转换时间与工作周期相比已经相当长,也能避免在开关器件内同时产生大的电压或电流,这就避免了在开关瞬间内的器件功耗。

**1. 基本电路**

(1) 基本电路组成

E 类功率放大器的基本电路如图 2.38 所示,$L_2$ 为恒流电感,$L_1 C_1$ 为串联谐振回路,$R_L$ 为负载电阻,$C_2$ 为外加电容。

谐振回路(考虑了 $R_L$ 的影响)的品质因数越高,放大器的谐波输出越小,输出电流 $i_o$ 为正弦波形。如果负载阻抗不能满足输出功率的要求,则应插入阻抗变换网络。

(2) 等效电路

等效电路如图 2.39 所示,图中 $C_2' = C_2 + C_G$,$C_G$ 为晶体管结电容和分布电容之和。虚线部分为 $L_1 C_1$ 的等效电路,$L_1'$、$C_1'$ 为在某工作频率下的理想谐振回路参数,剩余电感或电容是在谐振回路品质因数较低时,为保证有较好的集电极电压波形而引入的电感或电容修正量。

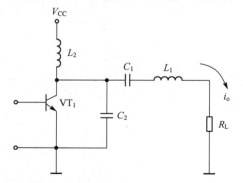

图 2.38　E 类功率放大器基本电路

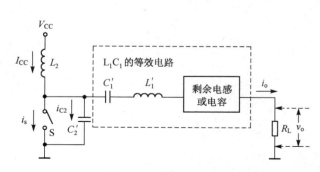

图 2.39　等效电路图

$L_2$ 为恒流电感,流过的电流为 $I_{CC}$。当开关 S 闭合时,集电极电压 $v_C = 0$,因此 $i_{C2} = 0$,集电极电流 $i_s = I_{CC} - i_o$($i_o$ 为负载电流);当开关 S 断开时,$i_s = 0$,$i_{C2} = I_{CC} - i_o$。为了使放大器的效率高,理想的集电极电压 $v_C$、电流 $i_s$ 及输出电压 $v_o$ 的波形如图 2.40 所示。开关 S 从导通到断开的瞬间,集电极电压与电流均等于零;从断开到导通的瞬间,集电极电压波形的斜率应等于零,集电极电流也应为零。这样,转换瞬间的功耗可以获得很大的降低,效率因此提高。

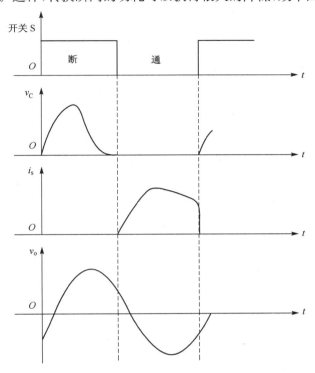

图 2.40 E 类功率放大器的电压、电流波形

(3) 电路设计

在 E 类功率放大器设计中,可采用经验公式计算剩余电感或电容,以及电容 $C_2'$,计算公式为

$$C_1 = C_1' + C_{剩余电容} = \frac{1}{2\pi f Q R_L'} \left[ 1 + \frac{1.110}{Q - 1.788} \right] \tag{2.95}$$

$$C_2' = \frac{0.1836}{2\pi f R_L'} \left[ 1 + \frac{0.81Q}{Q^2 + 4} \right] \tag{2.96}$$

式中,$f$ 为工作频率;$Q$ 为有载品质因数;$R_L'$ 为串联谐振回路的有载损耗电阻,$R_L' = R_L + R_1$,$R_1$ 为电感 $L_1$ 的损耗电阻。

其他的主要计算公式有:

集电极峰值电压为

$$V_{Cm} = 3.56 V_{CC} \tag{2.97}$$

输出功率为

$$P_o = 0.5768 \frac{(V_{CC} - V_{CES})^2}{(R_L')^2} R_L \tag{2.98}$$

输入电流为

$$I_{CC} = \frac{V_{CC}}{1.73 R_L'} \tag{2.99}$$

式中,$V_{CC}$ 为电源电压,$V_{CES}$ 为晶体管饱和压降。

【例 2.2】 设计一个 E 类功率放大器,工作频率为 1MHz,输出到负载 $R_L = 50\Omega$ 上的功率 $P_o = 5W$,电源电压 $V_{CC} = 24V$。

**解:**(1) 设电感 $L_1$ 的品质因数 $Q_L = 250$,谐振回路的有载品质因数 $Q = 10$,则可以计算电感的损耗电阻 $R_1$ 和 $R'_L$ 为

$$R_1 = \frac{QR_L}{Q_L - Q} = \frac{10 \times 50}{250 - 10} \approx 2.08(\Omega)$$

$$R'_L = R_1 + R_L = 2.08 + 50 = 52.08(\Omega)$$

(2) 计算输出功率,并考虑 $V_{CES}$ 的值,且设为 1V,则

$$P_o = 0.5768 \frac{(V_{CC} - V_{CES})^2}{(R'_L)^2} R_L = 0.5768 \times \frac{(24 - 1)^2}{(52.08)^2} \times 50 = 5.63(\text{W})$$

该功率大于要求的输出功率 5W,故不选用阻抗变换网络。该项计算也可考虑采用 $P_o$ 来求电源电压值,以检查电源电压是否符合功率要求或以此为依据选取电源。

(3) 计算 $I_{CC}$ 和 $V_{Cm}$,由式(2.99)和式(2.97)可得

$$I_{CC} = \frac{V_{CC}}{1.73R'_L} = \frac{24}{1.73 \times 52.08} \approx 266.4(\text{mA})$$

$$V_{Cm} = 3.56V_{CC} = 3.56 \times 24 \approx 85.44(\text{V})$$

由 $I_{CC}$ 估算晶体管的集电极电流峰值为 $2.83I_{CC} \approx 754(\text{mA})$,结合计算出的 $V_{Cm}$ 及开关速度可以选用晶体管。

(4) 计算效率 $\eta$

输入功率为
$$P_i = V_{CC}I_{CC} = 24 \times 0.2664 \approx 6.39(\text{W})$$

所以效率为
$$\eta = P_o/P_i = 5.63/6.39 \approx 88.1\%$$

(5) 计算负载网络参数 $L_1$ 和 $C_1$

$$L_1 = \frac{QR'_L}{2\pi f} = \frac{10 \times 52.08}{2\pi \times 10^6} \approx 82.9(\mu\text{H})$$

$$C_1 = \frac{1}{2\pi f Q R'_L}\left(1 + \frac{1.11}{Q - 1.7879}\right) \approx 346.9(\text{pF})$$

选用 330 pF 的电容与 2.2~34pF 的微调电容并联使用。$C_1$ 的计算考虑了剩余电容,由式(2.95)可见,若 $Q$ 值较大,则剩余电容值可忽略。

(6) 谐波抑制比

表 2.2 所示为谐波抑制比的大小。由 $Q = 10$,按表 2.2 可得 $i_2/i_1 = 0.51/Q = 5.1\%$,$i_3/i_1 = 0.8\%$。

表 2.2 谐波抑制比

| 谐波次数 $n$ | $i_n/i_1$ | | 谐波次数 $n$ | $i_n/i_1$ | |
| --- | --- | --- | --- | --- | --- |
| | $Q = 2$ | $Q \geq 3$ | | $Q = 2$ | $Q \geq 3$ |
| 1 | 1.000 | 1.000 | 6 | $6.53 \times 10^{-3}$ | $0.01/Q$ |
| 2 | $2.7 \times 10^{-1}$ | $0.51/Q$ | 7 | $3.76 \times 10^{-3}$ | $0.0059/Q$ |
| 3 | $4.76 \times 10^{-2}$ | $0.08/Q$ | 8 | $2.61 \times 10^{-3}$ | $0.0041/Q$ |
| 4 | $2.31 \times 10^{-2}$ | $0.037/Q$ | 9 | $1.77 \times 10^{-3}$ | $0.0028/Q$ |
| 5 | $1.03 \times 10^{-2}$ | $0.016/Q$ | 10 | $1.32 \times 10^{-3}$ | $0.0021/Q$ |

(7) 计算电容 $C'_2$,确定电容 $C_2$ 和电感 $L_2$

$$C'_2 = \frac{0.1836}{2\pi f R'_L}\left(1 + \frac{0.81Q}{Q^2 + 4}\right) \approx 605(\text{pF})$$

若考虑晶体管结电容、布线电容、保护二极管电容等,可选取 $C_2$ 为 510pF 和 2.2~34pF 的电容并联,并在调整电路时最终确定。恒流电感 $L_2$ 为

$$L_2 \geqslant \frac{10}{(2\pi f)^2 C_2'} \approx 420(\mu\text{H})$$

（8）设计电路图

设计的电路如图 2.41 所示,图中串接的二极管 $VD_1$ 和 $VD_2$ 用于保护晶体管发射结的安全,$VD_3$ 用于防止反向电压过高引起的电压击穿,$VD_4$ 和稳压管 $VD_Z$ 用于限制 $V_{Cm}$。

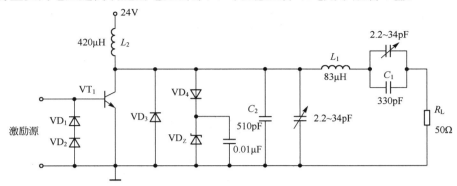

图 2.41　设计的电路图

## 2. 阻抗变换网络

在 E 类功率放大器中,有时需要插入阻抗变换网络。一种常见的具有阻抗变换网络的 E 类功率放大器如图 2.42 所示,阻抗变换网络等效电路如图 2.42(b)所示。

图 2.42 中,$R_{L1}$ 是实际所需接入的负载电阻,$R_L$ 为满足基本电路设计要求所希望的负载电阻,$R_{L1} = nR_L(n>1)$。为此可采用图 2.42(a)中的阻抗变换网络,以满足负载回路的品质因数要求。

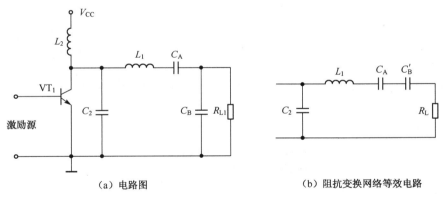

（a）电路图　　　　　　　　　　　　（b）阻抗变换网络等效电路

图 2.42　具有阻抗变换网络的 E 类功率放大器

从前面已介绍过的串、并联谐振回路转换关系,很容易得到图 2.42(b)所示的等效关系,并可得

$$R_L = \frac{\left(\frac{1}{\omega C_B}\right)^2}{R_{L1}^2 + \left(\frac{1}{\omega C_B}\right)^2} R_{L1} \tag{2.100}$$

因为 $R_{L1} = nR_L$,所以从式(2.100)可解出

$$C_B = \frac{\sqrt{n-1}}{\omega R_{L1}} \tag{2.101}$$

再从串、并联变换的等效公式(参见式(2.47)),可得

$$\frac{1}{\omega C_B'} = \frac{R_{L1}^2}{R_{L1}^2 + \left(\frac{1}{\omega C_B}\right)^2} \frac{1}{\omega C_B} \tag{2.102}$$

可求解出

$$C_B' = \frac{n}{\omega R_{L1}} \frac{1}{\sqrt{n-1}} = \frac{n}{n-1} C_B \tag{2.103}$$

因而可以从变换比 $n$ 与 $C_B$(或 $R_{L1}$)计算出 $C_B'$,而 $C_B'$ 和 $C_A$ 串联值应为基本电路(见图 2.38)中的 $C_1$ 值,故从

$$C_1 = \frac{C_A C_B'}{C_A + C_B'} \tag{2.104}$$

可求出 $C_A$。

### 2.4.5　电磁兼容

在功率放大器设计中必须考虑电磁兼容问题,必须符合有关国际标准和国家标准的要求。

#### 1. 电磁兼容

电子产品的电磁兼容(Electromagnetic Compatibility,EMC)包含两个方面:电磁干扰(Electromagnetic Interference,EMI)和抗电磁干扰的能力(Electromagnetic Susceptibility,EMS)。EMI 是指电子产品产生的任何可能降低其他装置、设备、系统的性能,或可能对生物、物质产生不良影响的电磁效应。EMS 是指电子产品在某种电磁环境下,其性能不会发生恶化的抵御能力。一个电子产品自身可能会产生一些电磁干扰,而与此同时它也在某种电磁环境下工作,这两者共同构成了该电子产品的电磁兼容性能。

对于电子产品 EMI 的严格限制,体现在很多国际标准和相关国家标准中。制定这些标准的代表性机构和组织有:国际无线电干扰特别委员会(CISPR)、国际标准化组织(ISO)、国际电工委员会(IEC)、美国联邦通信委员会(FCC)、欧洲电信标准研究所(EISI)等。

一个电子产品必须符合相关的 EMI 标准,否则它将不能在该地区、国家的市场销售和使用。

#### 2. RFID 系统的 EMI 问题

电感耦合方式的 RFID 系统的能量传递基于电感耦合的原理,为保证一定的作用距离,在电感线圈周围需要有一定的磁场强度,但是该磁场强度不能超过相关标准中给出的磁场强度的最大值。

#### 3. 美国联邦通信委员会(FCC)关于 RFID 系统的规范

各国对电子产品的允许辐射强度都有明确的规定,美国联邦通信委员会(FCC)对 RFID 系统的有关规范如下。

(1) 13.56MHz 频率

在 13.56MHz 频率,FCC 的 15.225 节的规定为:

① 载波频率范围　　　　13.56MHz±7kHz

② 基波频率的电场强度　10mV/m,测量距离为 30m

③ 谐波功率　　　　　　基波功率的 -50.45dB

(2) 125kHz 频率

在 125kHz 频率,根据 FCC 的 15.209 节的规定,允许的最大电场强度 $E$ 为 $2400/f(kHz) = 2400/125 = 19.2\mu V/m$($20\lg 19.2 \approx 25.66 dB\mu V/m$),测量距离为 300m。在实际工作中,为方便起见,可采用测量距离为 30m,此时允许的最大电场强度可近似表示为

$$E \approx 25.66 + 40 = 65.66(dB\mu V/m) \tag{2.105}$$

（3）902～928MHz,2.45GHz 和 5.8GHz 频段

根据 FCC 的 15.249 节规定,902～928MHz,2.45GHz 和 5.8GHz 频段,允许最大电场强度为 50mV/m,测量距离为 3m。在 FCC 的规范中应注意的是,阅读器的最大允许场强是用电场强度规定的,测量是在所产生的场的远场中进行的。

#### 4. EMI 的抑制

在设计阅读器射频前端时,应考虑器件选择,印制电路板(PCB)层数、大小与布线,接地屏蔽和滤波等问题,以保证 EMC 性能。

图 2.43 所示为一个具有 EMC 滤波电路,工作频率为 13.56MHz 的 E 类功率放大器电路。由于 E 类功率放大器中二次谐波是主要的谐波分量,所以为满足谐波抑制要求,电路设计中采用了一个由 $L_3$、$C_3$ 组成的低通滤波器,进行 EMC 滤波以保证 EMC 性能。图 2.43 中,$L_3 = 0.47\mu H,C_3 = 150pF$。在串联谐振回路中,$C_1 = 22 + 470 + 120 = 612pF$(由 3 个电容并联构成),$L_1 = 0.225\mu H$。

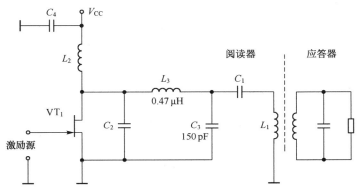

图 2.43　具有 EMC 滤波电路的、工作频率为 13.56MHz 的 E 类功率放大器电路

## 2.4.6　电感线圈的设计

### 1. 线圈的电感量

众所周知,电流流过线圈就建立磁场,产生磁通,磁通穿过线圈,与线圈相交链。设线圈绕有 $N$ 匝,当它通过电流 $i$ 时,产生磁通 $\Phi$。由于磁通是分散的,所以并不是线圈的每一匝都与全部磁通 $\Phi$ 相交链。设与线圈的第 $k$ 匝相交链的磁通为 $\Phi_k$,则与线圈各匝相交链的磁通总和为

$$\Psi = \sum_{k=1}^{N} \Phi_k \tag{2.106}$$

在非铁磁介质中,$\Psi$ 与产生磁通的电流 $i$ 成正比,其比例系数称为线圈的电感量 $L$,即

$$L = \Psi/i \tag{2.107}$$

如果线圈绕得很密,可以认为线圈的每一匝都与全部磁通相交链,则式(2.106)可简化为

$$\Psi = N\Phi \tag{2.108}$$

因此,式(2.107)可表示为

$$L = \frac{N\Phi}{i} \tag{2.109}$$

现在进一步考察线圈的电感量与其匝数 $N$ 之间的关系。设线圈只绕一匝,当通过电流 $i$ 时产生磁通 $\Phi_0$。由于线圈只有一匝,所以这一单匝线圈的电感量为 $L_0 = \Phi_0/i$。

如果线圈不是只绕一匝,而是密绕 $N$ 匝,当通过同样的电流 $i$ 时,则因为线圈的每一匝都产生磁通 $\Phi_0$,所以 $N$ 匝线圈产生的磁通 $\Phi = N\Phi_0$,而它又与 $N$ 匝线圈相交链,故总磁通量 $\Psi$ 为

$$\Psi = N^2\Phi_0 \tag{2.110}$$

因此,这一绕有 $N$ 匝的电感线圈的电感量 $L$ 为

$$L = \frac{\Psi}{i} = N^2\frac{\Phi_0}{i} = N^2L_0 \tag{2.111}$$

从式(2.111)可知,线圈的电感量与其匝数的平方成正比。但是该结论是在线圈的 $N$ 匝紧密绕在一起,每一匝所产生的磁通都与所有 $N$ 匝线圈相交链的条件下得出的。在实际应用中,情况会有一些不同,这一平方关系只是近似的,但是有很多根据线圈的形状所给出的经验公式,它们在 RFID 系统的阅读器和应答器的天线电路设计中非常实用,下面将介绍一些常用形状和结构的电感线圈电感量的计算方法。

**2. 电感线圈电感量的经验计算公式**

(1) 一个薄长方导体的电感量

如图 2.44(a)所示,一个薄长方导体的电感量为

$$L = 0.002l\left[\ln\left(\frac{2l}{a+b}\right) + 0.50049 + \frac{a+b}{3l}\right](\mu H) \tag{2.112}$$

式中,$a$ 为宽度(cm),$b$ 为厚度(cm),$l$ 为长度(cm)。

(2) 单层螺管形线圈

如图 2.44(b)所示,单层螺管形线圈的电感量为

$$L = \frac{(aN)^2}{22.9l + 25.4a}(\mu H) \tag{2.113}$$

式中,$l$ 为线圈长度(cm),$a$ 为线圈半径(cm),$N$ 为匝数。

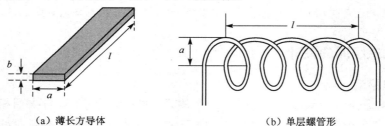

(a) 薄长方导体　　　　　　　(b) 单层螺管形

图 2.44　薄长方导体和单层螺管形线圈

(3) $N$ 匝环形空心线圈和方形线圈

为了在有限空间内绕制一个具有较大电感量的线圈,采用多层结构是有效的。在射频识别中采用平面多匝结构,如图 2.45 所示。

图 2.45(a)所示的环形线圈的电感量为

$$L = \frac{0.31(aN)^2}{6a + 9h + 10b}(\mu H) \tag{2.114}$$

式中,$a$ 为线圈半径平均值(cm),$b$ 为线圈宽度(cm),$h$ 为线圈高度(cm),$N$ 为匝数。

图 2.45(b)所示的方形线圈的电感量为

$$L = 0.008aN^2\left[2.303\log\left(\frac{a}{b+c}\right) + 0.2235\left(\frac{b+c}{a}\right) + 0.726\right](\mu H) \tag{2.115}$$

式中,$N$ 为匝数;$a$,$b$ 和 $c$ 如图 2.45(b)所示,单位为 cm。

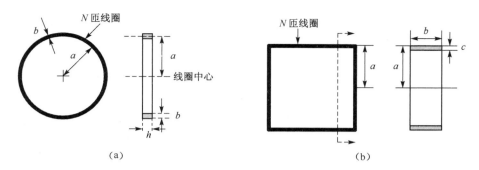

图 2.45　环形线圈和方形线圈

### 3. 电感线圈的损耗电阻和 $Q$ 值

电感线圈通常由铜线绕成,导线具有电阻值,该电阻值是电感线圈的损耗电阻。

（1）直流损耗电阻

导体的直流电阻和其长度 $l$、横截面积 $S$ 与电导率 $\sigma$ 有关,表示为

$$R_{DC}=\frac{l}{\sigma S}(\Omega) \tag{2.116}$$

通常所用的导线可分为裸线和漆包线,上述有关参数可以查阅线号的标准规范来获得。

（2）交流损耗电阻

随着工作频率的增加,电流的分布会倾向于导体表面,这就是趋肤效应。趋肤深度定义为当电流密度为表面处电流密度的 $1/e(37\%)$ 时的深度。趋肤深度 $\delta$ 可表示为

$$\delta=\frac{1}{\sqrt{\pi f\mu\sigma}}(m) \tag{2.117}$$

式中,$f$ 为工作频率（Hz）,$\mu$ 为磁导率,$\sigma$ 为电导率。

当采用铜导线时,$\sigma=5.8\times10^7(\Omega\cdot m)^{-1}$,$\mu=\mu_0=4\pi\times10^{-7}$ H/m,则可得到

$$\delta=\frac{0.066}{\sqrt{f}} \tag{2.118}$$

若 $f=13.56MHz$,则 $\delta=17.9\ \mu m$。

得到趋肤深度 $\delta$ 后,便可计算交流损耗电阻 $R_{AC}$,即

$$R_{AC}=\frac{l}{\sigma[\pi a^2-\pi(a-\delta)^2]}=\frac{l}{\sigma\pi\delta(2a-\delta)} \tag{2.119}$$

通常可考虑趋肤深度 $\delta\ll2a$（$a$ 为导线截面半径）,则

$$R_{AC}\approx\frac{l}{\sigma\pi a^2}\frac{a}{2\delta}=R_{DC}\frac{a}{2\delta} \tag{2.120}$$

式中,$R_{DC}$ 为导线的直流损耗电阻。

（3）电感线圈的 $Q$ 值

在工作频率下,由于电感线圈的损耗电阻和各匝线圈间分布电容的影响,电感线圈设计后,需要实测其电感量和品质因数,并进行调整与修正,以获得较佳的效果。

### 4. 应答器与阅读器的电感线圈

（1）应答器的电感线圈

为保证通信所需的带宽,应答器谐振回路的 $Q$ 值不能太高,一般 $Q$ 值在 40 左右（通信所需带宽还与编码、调制所采用的方法有关）。此外,$Q$ 值也还受应答器功率消耗制约,它由工作电压和工作电流确定,功率损耗大,其相应的 $Q$ 值也就较低。

应答器谐振回路的 Q 值高,可获得较高的工作电压,或者说在一定的工作电压下,所需的磁感应强度较低。也就是说,在阅读器激励条件不变的情况下有较远的作用距离 r。

综上所述,应答器电感线圈的电感值应由工作所必需的 Q 值,以及由功耗决定的负载电阻值与电感线圈的损耗电阻值等确定。工作频率在 125kHz 时,存储式应答器的电感值约为数毫享(mH);工作频率在 13.56MHz 时,存储式应答器线圈的电感典型值约为 1.4μH。

应答器电感线圈的面积也应较大为好,但面积受到应答器尺寸的限制。例如,在例 2.1 中已提到,常用的 ID-1 型卡的尺寸为 86.5mm×54mm×0.76mm,对于 ID-1 型卡,线圈必须放置于这样大小的封套中。应答器电感线圈的匝数较多也是有利的,但在电感线圈的电感量、形状和尺寸确定后,其匝数也就确定了。对于 ID-1 型卡,工作频率为 125kHz 时,其匝数的典型值为100 圈左右;工作频率为 13.56MHz 时,其匝数为 3~5 圈。

图 2.46 所示为常用应答器(射频卡)电感线圈的结构和外形。图中,C 是谐振电容,在有的应答器中该电容被集成在芯片中。

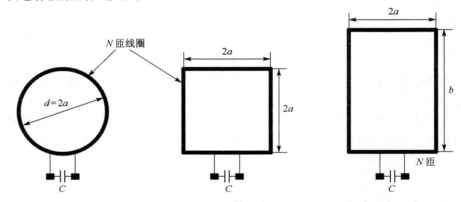

图 2.46　常用应答器(射频卡)电感线圈

(2) 阅读器的电感线圈

在确定阅读器的功率放大器的选频串联谐振回路的电感值时,应综合考虑下面的一些问题。

首先根据阅读器设计的需要选择常用的电源电压值,并根据应用情况,按功率放大器效率的要求选择功率放大器的类型,如 B 类、D 类或 E 类。输出功率值应根据有关国际标准的限制值来确定,然后根据所选的功率放大器类型确定效率 $\eta$。从输出功率和 $\eta$ 计算输入功率,并根据电压值计算晶体管电流的大小。再根据例 2.1 计算出 NI 值,便可得到线圈的匝数。

Q 值一般应在 35~60 之间(由带宽决定),负载阻值要考虑线圈的损耗电阻、晶体管导通电阻等。若设计成 50Ω 的匹配负载传输,则可另行设计匹配电路。由线圈的面积、形状、尺寸和匝数,可计算出电感 L 的粗略值,并需要通过测试,实测电感 L 的大小和 Q 值。若 Q 值高,为保证通信带宽,可用外接电阻的方法降低 Q 值,使 Q 值满足要求。

# 本 章 小 结

射频前端电路实现能量和信息的传递。RFID 系统在频率为低于 135kHz 和为 13.56MHz时,采用电感耦合方式;在频率为 UHF 和 SHF 频段时,采用反向散射耦合方式。前者作用距离较近,后者可有较远的作用距离。

在电感耦合方式中,阅读器和应答器的天线电路采用谐振回路,它们的组合以耦合电路的形式完成能量和信息的传递。谐振回路中 Q 值的选择需要从选择性和带宽两方面综合考虑。

负载调制是应答器向阅读器传递数据的方法。负载调制可分为电阻负载调制和电容负载调制两种。

阅读器的功率放大器用来为应答器提供射频能量,RFID 中常用的功率放大器主要有 B 类、D 类和 E 类功率放大器。为取得更好的功率传输效果,在很多情况下,在天线电路和功率放大器之间考虑采用匹配电路和传输线变压器。

EMC 性能是 RFID 系统中的重要问题,必须符合有关国际标准和所在国家的国家标准。在 RFID 的相关标准中也对此做了明确的规定。

# 习 题 2

2.1　什么是负载调制?什么是电阻负载调制?什么是电容负载调制?它们之间有何不同?

2.2　画出图 2.26 中 $P$ 点处的电压波形,并进一步比较图 2.26 所示电路与图 2.28(a)所示电路的不同点。

2.3　将图 2.28(a)改画为阅读器功率放大电路,并具有功率管保护和休眠唤醒功能。

2.4　画出图 2.30 中心点 $P$ 处的电压波形图、晶体管 $VT_1$ 电流 $i_1$ 和晶体管 $VT_2$ 电流 $i_2$ 的波形图。

2.5　简述传输线变压器的工作原理,给出 4∶1 传输线变压器电路,并分析阻抗变换关系。

2.6　给出 E 类功率放大器的电路图,并简述各电路元件的作用。

2.7　EMC,EMI,EMS 表示什么含义?它们对 RFID 系统有何意义?

2.8　在电感耦合方式中,工作距离和哪些因素有关?

2.9　在电感耦合方式的 RFID 系统中,阅读器的射频前端谐振回路的 $Q$ 值应如何选择?

2.10　设计并调试一个满足 ISO/IEC 14443 标准要求的 E 类功率放大器。

# 第 3 章　编码和调制

**内容提要**：本章首先介绍数据、信号、编码和信道的有关基本概念，然后讨论 RFID 技术中常用的曼彻斯特码、密勒码、修正密勒码的编/解码技术，最后介绍数字脉冲调制解调和数字正弦调制解调的原理及在 RFID 技术中的应用。

**知识要点**：无线信道、带宽、频谱，曼彻斯特码、密勒码、修正密勒码，ASK、PSK、副载波调制、负载调制，相干解调、非相干解调，包络检波。

**教学建议**：本章的教学重点是 RFID 技术中的编码和调制、解调技术，在掌握有关基本概念的基础上，应重点掌握曼彻斯特码、密勒码、修正密勒码的编/解码方法及其在传输中采用的调制与解调技术。对于先学过"高频电子线路"课程的专业，本章建议学时为 **4～8 学时**，其他专业为 6～10 学时。

## 3.1　信号和编码

### 3.1.1　数据和信号

**1. 数据**

数据可定义为表意的实体。数据可分为模拟数据和数字数据。模拟数据在某些时间间隔上取连续的值，如语音、温度、压力等。数字数据取离散值，如文本或字符串等。在 RFID 应答器中存放的数据是数字数据，如身份标识、商品标识。

**2. 信号**

（1）模拟信号和数字信号

在通信系统中，数据以电气信号的形式从一点传向另一点。信号是数据的电气或者电磁形式的编码。信号可以分为模拟信号和数字信号。

模拟信号是连续变化的电磁波，可以通过不同的介质传输，如有线信道和无线信道。模拟信号在时域表现为连续的变化，在频域中其频谱是离散的。模拟信号用来表示模拟数据。

数字信号是一种电压脉冲序列，它可以通过有线介质传输。数字信号用于表示数字数据。例如，二进制数字数据用数字信号表示，通常可用信号的两个稳态电平来表示，一个表示二进制数的 0，另一个表示二进制数的 1。

（2）信号的频谱和带宽

信号的分析可以从时域和频域两个角度来进行。在时域中，通常对信号的波形进行观测，研究电压 $v$ 和时间 $t$ 之间的关系。在频域中，通常研究电压 $v$ 在频率轴上的分布，即频谱分布的情况。在数据传输技术中，对信号频域的研究比对时域的理解要重要得多。

信号的带宽是指信号频谱的宽度。很多信号具有无限的带宽，但是信号的大部分能量往往集中在较窄的一段频带中，这个频带称为该信号的有效带宽或带宽。

### 3.1.2　信道

与信号可分为模拟信号和数字信号相似，信道也可以分为传送模拟信号的模拟信道和传送数字信号的数字信道两大类。但应注意的是,数字信号经数模变换后就可以在模拟信道上传送,而模拟信号在经过模数变换后也可以在数字信道上传送。

### 1. 传输介质

（1）传输介质的分类

传输介质是数据传输系统中发送器和接收器之间的物理通路。传输介质可以分为两大类,即导向传输介质和非导向传输介质。在导向传输介质中,电磁波沿着固态介质传送,如双绞线、同轴电缆和光纤。而非导向传输介质是指自由空间,在非导向传输介质中电磁波的传输常称为无线传输。导向传输介质构成的信道也称为有线信道,非导向传输介质构成的信道称为无线信道。

（2）无线传输

无线传输所用的频段很广,包括无线电、微波、红外线和可见光等。按照国际电信联盟(ITU)对波段的划分,可分为低频(LF)、中频(MF)、高频(HF)、甚高频(VHF)、特高频(UHF)、超高频(SHF)和极高频(EHF)。射频识别所用的频率为低于135kHz的低频(LF)以及ISM频段的13.56MHz(HF),433MHz(UHF),869MHz(UHF),915MHz(UHF),2.45GHz(UHF)和5.8GHz(SHF)。电磁波的频谱如图3.1所示。

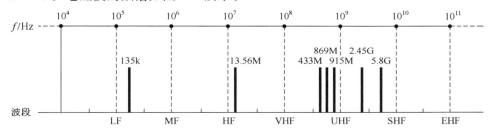

图3.1　电磁波的频谱

微波的频率范围为300MHz～300GHz,射频识别应用的UHF和SHF波段内的频率都在此范围内。微波在遇到建筑物或其他障碍物时,将出现明显的衰减和反射。

对于无线传输,发送和接收是通过天线完成的。在无线传输时,天线向介质辐射出电磁能量,而接收天线从周围介质中检出电磁波。在无线传输中,发送天线产生的信号带宽比介质特性更为重要。天线产生信号的关键属性是方向性。一般来说,在较低频率上的信号是全向性的,能量向四面八方辐射。在高频上的信号才有可能聚焦成有方向性的波束。高频天线的设计是射频识别的关键技术之一。

### 2. 传输损耗与失真

由于各种传输损耗与失真,任何通信系统接收到的信号和传送的信号都会有所不同。对模拟信号而言,这些损耗与失真导致了各种随机的改变而降低了信号的质量。对数字信号而言,它们可能会引起位串错误,如二进制数1变成了二进制数0或相反。

（1）衰减

在任何传输介质上,信号强度会因传输损耗而衰减,这种衰减会随距离的增加而变大。对于导向传输介质,衰减具有对数函数性;对于非导向传输介质,衰减和距离、空气成分及电波频率有关。

对于信号强度的衰减,在一些通信系统中可以通过放大器或中继器来解决。然而在射频识别中,应答器和阅读器之间是直接进行通信的,信号衰减限制了阅读器的最大作用距离。

（2）延迟变形

① 传播速度不同引起的失真

信号通过传输介质时除受到损耗外，还会产生失真。由于信号中不同频率的成分在传输介质中传播速度不同而使信号变形的现象称为延迟变形。

在有线信道中，延迟变形的影响表现为：在一个有限的信号频带中，中心频率附近的信号速度最高，而频带两边的信号速度较低，因而信号的各种频率成分将在不同的时间到达接收器。对于以位串序列传送的数字信号，由于延迟变形，一个位元的信号成分可能溢出到其他位元，从而引起串扰。

对于无线信道，载有信息的无线电信号（已调信号）总是有一定带宽的，各频率成分的传播速度不同会使到达接收器的相位关系发生变化从而引起失真，这种失真通常称为色散效应。对于RFID系统，色散效应的影响通常可以忽略。

② 多径效应

在无线信道中，由于无线电波可以从空中任何不连续点反射和绕射，这些反射和绕射在收、发间产生不同的传输路径，即多径传播。多径传播给无线传播带来多径效应的难题。

多径效应的一个重要影响是接收信号的时延扩展。由于各个路径的时延不同，所以信号沿若干路径的传播造成信号到达接收器的时间不同，接收信号发生时延扩展，时延扩展会引起位间干扰。除时延扩展外，由于各个路径的时延和衰减不同，接收器处从各路径到达的载波会具有不同的振幅和相移，造成合成的信号强度剧烈变化。当应答器周围有其他反射体时，会产生上述影响，因此在射频识别应用中应尽可能减弱这些不利因素。

（3）噪声

① 白噪声和热噪声

在信号传输过程中，经常遇到的干扰是噪声。理想的白噪声是由大量宽度为无限窄的脉冲随机叠加而成的，其概率分布服从高斯分布，所以一般称为高斯白噪声。从频域角度分析，高斯白噪声占有无限的带宽，而且其能量均匀分布在整个频率域。

热噪声是由导体中电子的热振动引起的。它出现在所有电子器件和导体中，并且是温度的函数。它的功率谱均匀分布的频谱范围为 $0 \sim 10^{13}\,\text{Hz}$，是典型的白噪声。

热噪声的量值在任何电子器件或导体的 1Hz 带宽中表示为

$$N_0 = kT \tag{3.1}$$

式中，$N_0$ 为噪声功率谱密度（W/Hz）；$k$ 为玻耳兹曼常数，$k = 1.38 \times 10^{-23}\,\text{J/K}$；$T$ 为热力学温度（K）。

因此，BW 赫兹带宽中的热噪声功率（W）可表示为

$$N = kT\text{BW} \tag{3.2}$$

② 脉冲噪声

脉冲噪声是非连续的，具有突发性。在短时间内它具有不规则的脉冲或噪声峰值，并且幅值较大。脉冲噪声的产生原因包括各种意外的电磁干扰（如闪电），以及系统中的故障和缺陷。

脉冲噪声会造成数字信号传输中的串位错误，也称为突发错误。

**3. 信道的最大容量**

（1）信道容量

对在给定条件、给定通信路径或信道上的数据传输速率称为信道容量。数据传输速率是指每秒钟传送数据的位数，用比特率（bps 或 b/s）度量。

信道容量和传输带宽成正比。实际所用的带宽都有一定的限制，这往往是考虑到不要对其他信号源产生干扰，从而有意对带宽进行了限制。因此，必须尽可能高效率地使用带宽，使其

能在有限的带宽中获得最大的数据传输速率。制约带宽使用效率的主要因素是噪声。

（2）信道的最大容量

任何实际的信道都不是理想的,在传输信号时会产生各种失真并会受多种干扰的影响,这使得信道上的数据传输速率有一定的上限。早在 1924 年,奈奎斯特(Nyquist)就推导出一个有限带宽无噪声信道的最大容量公式。1948 年,香农(Shannon)进一步把计算公式扩展到有随机噪声影响的信道。下面简要介绍相关结论。

① 具有理想低通矩形特性的信道

对于具有理想低通矩形特性的信道,最高码元传输速率为

$$V = 2BW \tag{3.3}$$

式中,BW 为理想低通信道的带宽(Hz);波特是码元传输速率的单位,1 波特为每秒传送 1 个码元。

码元传输速率用波特表示,它说明每秒传送多少个码元。码元传输速率也称为调制速率、波形速率、符号速率或波特率。码元传输速率和数据传输速率(比特率)的关系为

$$数据传输速率 = 码元传输速率 \times \log_2 M \tag{3.4}$$

式中,$M$ 表示离散信号或电平的个数,即一个码元所包含的状态数;$\log_2 M$ 为 1 个码元携带的信息量的位数。

因此,根据信道容量的定义,信道的最大容量为

$$C = 2BW \log_2 M \tag{3.5}$$

② 具有理想带通矩形特性的信道

对于具有理想带通矩形特性的信道,信道的最大容量为

$$C = BW \log_2 M \tag{3.6}$$

③ 带宽受限且有高斯白噪声干扰的信道

香农公式给出了带宽受限且有高斯白噪声干扰的信道最大容量,表示为

$$C = BW \log_2 (1 + S/N) \tag{3.7}$$

式中,$C$ 是以 bps 为单位的信道最大容量,BW 是带宽(Hz),$S/N$ 是信噪比。

式(3.7)中,$S/N$ 是比值的大小。信噪比通常用分贝(dB)表示,它们的关系为

$$(S/N)dB = 10\log_2 (噪声能量/信号能量) \tag{3.8}$$

或

$$(S/N)dB = 20\log_2 (噪声电压/信号电压) \tag{3.9}$$

从香农公式可以看出,若信道带宽 BW 或信噪比 $S/N$ 没有上限(实际信道总是不可能如此的),则信道的最大容量 $C$(数据传输速率)也就没有上限。香农公式的意义在于,它指出了信道的最大容量,使我们可以采取各种技术措施去尽可能地逼近它。

## 3.1.3  编码

数据编码是实现数据通信的一项最基本的重要工作。数据编码可以分为信源编码和信道编码。信源编码是对信源信息进行加工处理,模拟数据要经过采样、量化和编码变换为数字数据。为降低需要传输的数据量,在信源编码中还采用了数据压缩技术。信道编码是将数字数据编码成适合于在数字信道上传输的数字信号,并具有所需的抗差错的能力,即通过相应的编码方法使接收端具有检错或纠错能力。数字数据在模拟信道上传送时除需要编码外,还需要调制。

### 1. 基带信号和宽带信号

对于传输数字信号,最普遍而且最容易的方法是用两个电压电平来表示二进制数 1 和 0。这样形成的数字信号的频率成分从零开始一直扩展到很高,这个频带是数字信号本身所具有的,

这种信号称为基带信号。直接将基带信号送入信道传输的方式称为基带传输方式。

当在模拟信道上传输数字信号时,要将数字信号调制成模拟信号才能传送,而宽带信号则是将基带信号进行调制后形成的可以实现频分复用的模拟信号。基带信号进行调制后,其频谱搬移到较高的频率处,因而可以将不同的基带信号搬移到不同的频率处,实现多路基带信号的同时传输,以实现对同一传输介质的共享,这就是频分多路复用技术。

表示模拟数据的模拟信号在模拟信道上传输时,根据传输介质的不同,可以使用基带信号,也可以采用调制技术。例如,语音可以在电话线上直接传输,而无线广播中的声音是通过调制后在无线信道中传输的。

### 2. 数字基带信号的波形

最常用的数字信号波形为矩形脉冲,矩形脉冲易于产生和变换。以下用矩形脉冲为例来介绍几种常用的脉冲波形和传输码型。图 3.2 所示为 4 种数字矩形码的脉冲波形。

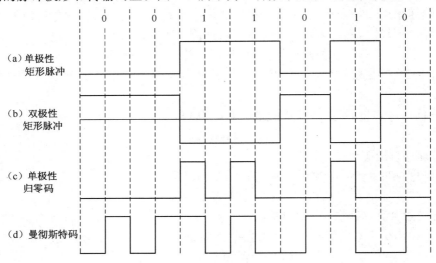

图 3.2　数字矩形码的脉冲波形

（1）单极性矩形脉冲（NRZ 码）

这是一种最简单的基带数字信号波形,此波形中的零电平和正(或负)电平分别代表 0 码和 1 码,如图 3.2(a)所示。这就是用脉冲的有和无来表示 1 码和 0 码,这种脉冲极性单一,具有直流分量,仅适合于近距离传输信息。这种波形在码元脉冲之间无空隙间隔,在全部码元时间内传送码脉冲,称为不归零码（NRZ 码）。

（2）双极性矩形脉冲

这种信号用脉冲电平的正和负来表示 0 码和 1 码,如图 3.2(b)所示。从信号的一般统计特性来看,由于 1 码和 0 码出现的概率相等,所以波形无直流分量,可以传输较远的距离。

（3）单极性归零码

这种信号的波形如图 3.2(c)所示,码脉冲出现的持续时间小于码元的宽度,即代表数码的脉冲在小于码元的间隔内电平回到零值,所以又称为归零码。它的特点是码元间隔明显,有利于码元定时信号的提取,但码元的能量较小。

（4）曼彻斯特码

曼彻斯特码的波形如图 3.2(d)所示,在每一位的中间有一个跳变。位中间的跳变既作为时钟,又作为数据:从高电平到低电平的跳变表示 1,从低电平到高电平的跳变表示 0。曼彻斯特码也是一种归零码。

### 3. 数字基带信号的频谱

为了分析各种数字码型在传输过程中可能受到的干扰及其对接收端正确识别数字基带信号的影响,需要了解数字基带信号的频谱特性。

(1) 单个脉冲的频谱

设有脉冲 $g(t)$,其持续时间为 $\tau$,幅度为 $A$,如图 3.3(a)所示。该脉冲可表示为

$$g(t)=\begin{cases} A & |t|\leqslant\dfrac{\tau}{2} \\ 0 & 其他 \end{cases} \tag{3.10}$$

由傅里叶变换得 $g(t)$ 的频谱为

$$G(\omega)=\int_{-\infty}^{+\infty}g(t)\mathrm{e}^{-\mathrm{j}\omega t}\,\mathrm{d}t=A\tau\,\frac{\sin(\omega\tau/2)}{\omega\tau/2}=A\tau\mathrm{Sa}\left(\frac{\omega\tau}{2}\right) \tag{3.11}$$

式中,$\mathrm{Sa}(\cdot)$ 为取样函数。$G(\omega)$ 的波形如图 3.3(b)所示。各过零点的频率为

$$\frac{\omega\tau}{2}=\pm n\pi \qquad (n=1,2,3,\cdots)$$

即

$$\omega=\pm\frac{2n\pi}{\tau} \tag{3.12}$$

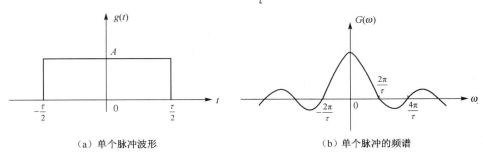

(a) 单个脉冲波形    (b) 单个脉冲的频谱

图 3.3  单个脉冲的时域和频域波形

(2) 脉冲序列的频谱

数字基带信号的码元 1 和 0 的出现是随机的,随机数字序列的功率谱由 3 部分组成。第一部分为随机数字序列的交流分量,属连续型频谱;第二部分为随机数字序列的直流分量,频谱为冲激型函数;第三部分为随机数字序列的谐波分量,属离散型频谱。

连续型频谱说明了随机数字序列的功率分布情况,并且由此项的分布可以找出随机数字序列的有效带宽,通常可以第一个过零点的频率作为估算值。直流分量说明随机数字序列中 1,0 取值的大小及概率分布情况。离散型频谱则反映了随机数字序列中含有的谐波分量,在 0 和 1 出现的概率各为 0.5 时,这两项的值为 0。因此,脉冲序列的频谱为连续谱,其有效带宽为 $1/\tau$,$\tau$ 为码的位宽。对于归零码,$\tau$ 为脉冲出现的持续时间。

## 3.2  RFID 中常用的编码方式与编/解码器

在 RFID 中,为使阅读器在读取数据时能很好地解决同步的问题,往往不直接使用数据的 NRZ 码对射频进行调制,而是将数据的 NRZ 码进行编码变换后再对射频进行调制。所采用的变换编码主要有曼彻斯特码、密勒码和修正密勒码等,本节介绍它们的编码方式与编/解码器电路。

### 3.2.1 曼彻斯特码与密勒码

#### 1. 曼彻斯特(Manchester)码

(1) 编码方式

在曼彻斯特码中,1 码是前半(50%)位为高电平,后半(50%)位为低电平;0 码是前半(50%)位为低电平,后半(50%)位为高电平。

NRZ 码和数据时钟进行异或便可得到曼彻斯特码,如图 3.4 所示。同样,曼彻斯特码与数据时钟异或后,便可得到 NRZ 码。

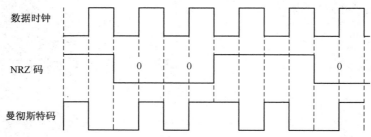

图 3.4　NRZ 码与曼彻斯特码

(2) 编码器

虽然可以简单地采用 NRZ 码与数据时钟异或(模 2 加)的方法来获得曼彻斯特码,但是简单的异或方法具有缺陷。如图 3.5 所示,由于上升沿和下降沿的不理想,在输出中会产生尖峰脉冲 P,因此需要改进。

改进后的编码器电路如图 3.6 所示,该电路的特点是采用了一个 D 触发器 74HC74,从而消除了尖峰脉冲的影响。在图 3.6 中,需要一个数据时钟的 2 倍频信号 2CLK。在 RFID 中,2CLK 信号可以从载波分频获得。

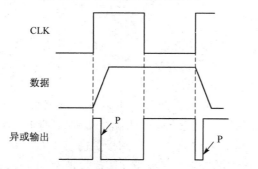

图 3.5　简单异或方法的缺陷

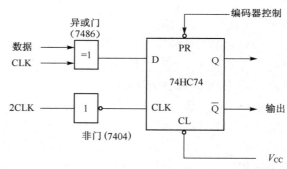

图 3.6　改进后的编码器电路

74HC74 的 PR 端接编码器控制信号,为高电平时编码器工作,为低电平时编码器输出为低电平(相当于无信息传输)。通常,曼彻斯特码编码器用于应答器芯片,若应答器上有微控制器(MCU),则 PR 端电平可由 MCU 控制;若应答器芯片为存储卡,则 PR 端电平可由存储器的数据输出状态信号控制。

起始位为 1,数据为 00 的曼彻斯特码编码器时序波形示例如图 3.7 所示。D 触发器采用上升沿触发,74HC74 的功能表见表 3.1。由图可见,由于 2CLK 被倒相,是其下降沿对 D 端(异或输出)采样,避开了可能会遇到的尖峰 P,所以消除了尖峰 P 的影响。

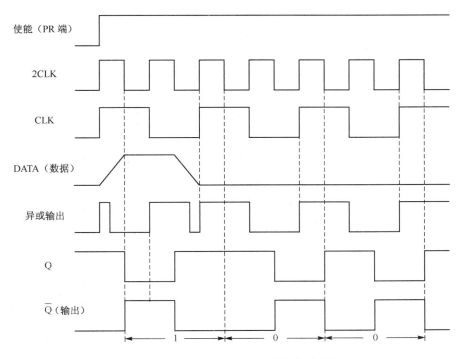

图 3.7 曼彻斯特码编码器时序波形示例

（3）解码器

曼彻斯特码与数据时钟异或便可恢复出 NRZ 码数据信号，对此不再介绍。曼彻斯特码解码工作是阅读器的任务，阅读器中都有 MCU，其解码工作可由 MCU 的软件程序实现。

（4）软件实现方法

① 编码

通常，采用曼彻斯特码传输数据信息时，信息块格式如图 3.8 所示，起始位采用 1 码，结束位采用无跳变低电平。因此，当 MCU 的时钟频率较高时，可将曼彻斯特码和 2 倍数据时钟频率的 NRZ 码相对应，其对应关系见表 3.2。当输出数据 1 的曼彻斯特码时，可输出对应的 NRZ 码 10；当输出数据 0 的曼彻斯特码时，可输出对应的 NRZ 码 01；结束位的对应 NRZ 码为 00。

表 3.1  74HC74 功能表

| 输 | 入 | | | 输 | 出 |
|---|---|---|---|---|---|
| PR | CL | CLK | D | Q | $\overline{Q}$ |
| L | H | × | × | H | L |
| H | L | × | × | L | H |
| H | H | ↑ | H | H | L |
| H | H | ↑ | L | L | H |

注：表中 H 和 L 分别表示高、低电平，↑表示上升沿触发

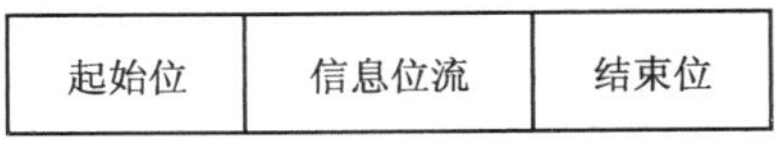

| 起始位 | 信息位流 | 结束位 |
|---|---|---|

图 3.8  数据传输的信息块格式

表 3.2  曼彻斯特码与 2 倍数据时钟频率的 NRZ 码

| 曼彻斯特码 | 1 | 0 | 结束位 |
|---|---|---|---|
| NRZ 码 | 10 | 01 | 00 |

从上述描述可见，在使用曼彻斯特码时，只要编好 1，0 和结束位的子程序，就可方便地由软件实现曼彻斯特码的编码。

② 解码

在解码时，MCU 可以采用 2 倍数据时钟频率对输入数据的曼彻斯特码进行读入。首先判

断起始位,其码序为10;然后将读入的10,01组合转换成NRZ码的1和0;若读到00组合,则表示收到了结束位。从表3.2可知,11组合是非法码,出现的原因可能是传输错误或产生了碰撞冲突,因此曼彻斯特码可以用于碰撞冲突的检测,而NRZ码不具有此特性。

**【例3.1】** 曼彻斯特码的读入数据为10 1001 0110 0100,求NRZ码值。

**解:**将该读入数据按图3.9所示方法划分,则NRZ码值为10010。

### 2. 密勒(Miller)码

（1）编码方式

密勒码的编码规则见表3.3。密勒码的逻辑0的电平和前位有关,逻辑1虽然在位中间有跳变,但是上跳还是下跳取决于前位结束时的电平。

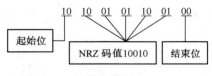

图3.9 曼彻斯特码解码方法示意图

表3.3 密勒码的编码规则

| bit($i-1$) | bit $i$ | 编码规则 |
| --- | --- | --- |
| × | 1 | bit $i$ 的起始位置不变化,中间位置跳变 |
| 0 | 0 | bit $i$ 的起始位置跳变,中间位置不跳变 |
| 1 | 0 | bit $i$ 的起始位置不跳变,中间位置不跳变 |

密勒码的波形如图3.10所示,图中同时还给出了它与NRZ码、曼彻斯特码的波形关系。

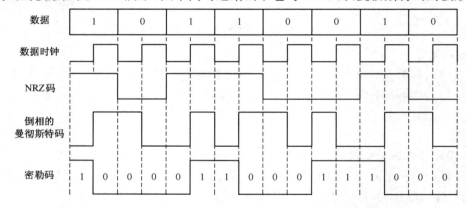

图3.10 密勒码波形及其与NRZ码、曼彻斯特码的波形关系

（2）编码器

密勒码的传输格式如图3.11所示,起始位为1,结束（停止）位为0,数据位流包括传送的数据及其检验码。

用曼彻斯特码产生密勒码的电路如图3.12所示,该电路的设计基于图3.10中的波形关系。从图3.10中发现,倒相的曼彻斯特码的上升沿正好是密勒码波形中的跳变沿,因此由曼彻斯特码来产生密勒码,编码器电路就十分简单。在图3.12中,倒相的曼彻斯特码作为D触发器74HC74的CLK信号,用上升沿触发,触发器的Q输出端输出的是密勒码。

（3）软件编码

从密勒码的编码规则可以看出,NRZ码可以转换为用两位NRZ码表示的密勒码值,其转换关系见表3.4。

密勒码的软件编码流程图如图3.13所示,图3.10中的数据1011 0010转换后为1000 0110 0011 1000。在存储式应答器中,可将数据的NRZ码转换为用两位NRZ码表示的密勒码,存放于存储器中,但存储器的容量需要增加一倍,数据时钟频率也需要提高一倍。

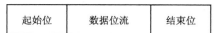

| 起始位 | 数据位流 | 结束位 |
|--------|----------|--------|

图 3.11　密勒码传输格式

表 3.4　密勒码的两位表示法

| 密勒码 | 两位表示法的二进制数 |
|--------|---------------------|
| 1 | 10 或 01 |
| 0 | 11 或 00 |

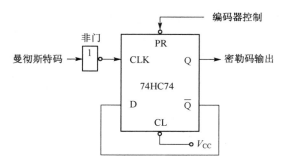

图 3.12　用曼彻斯特码产生密勒码的电路

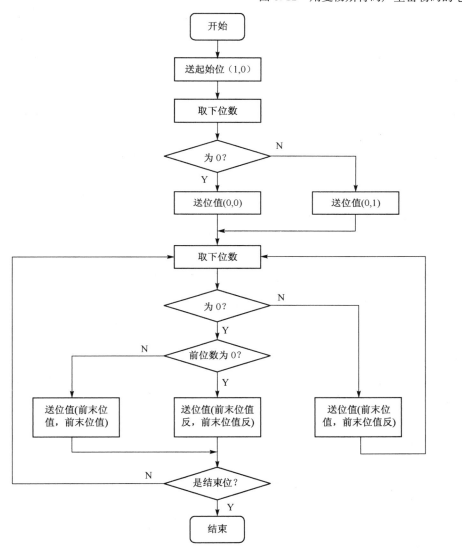

图 3.13　密勒码软件编码流程图

（4）解码

解码功能由阅读器完成，阅读器中都有 MCU，因此采用软件解码方法最为方便。

软件解码时，首先应判断起始位，在读出电平由高到低的跳变沿时，便获取了起始位。然后对以 2 倍数据时钟频率读入的位值进行每两位一次转换:01 和 10 都转换为 1,00 和 11 都转换为 0。这样便获得了数据的 NRZ 码。

**【例 3.2】** 设读入的密勒码为 1000 0110 0011 1000,求其 NRZ 码值。

**解:**将该密勒码按图 3.14 所示方法划分,则其 NRZ 码值为 1011 0010,去掉起始位和结束位,数据位流为 01 1001。

需要说明的是,密勒码结束位的取值是随其前位的不同而不同的,既可能为 00,也可能为 11。在判别时为保证正确,应预知传输的位数或传输以字节为单位。此外,为保证起始位的一致,结束位后应有规定位数的间歇。

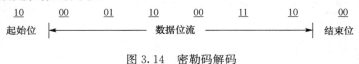

图 3.14　密勒码解码

### 3.2.2　修正密勒码

在 RFID 的 ISO/IEC 14443 标准中规定:载波频率为 13.56MHz;数据传输速率为 106kbps;在从阅读器(Proximity Coupling Device,PCD)向应答器(Proximity IC Card,PICC)的数据传输中,ISO/IEC 14443 标准的 TYPE A 中采用修正密勒码方式对载波进行调制。

**1. 编码规则**

TYPE A 中定义如下 3 种时序。

① 时序 X:在 $64/f_c$ 处,产生一个 Pause(凹槽)。

② 时序 Y:在整个位期间($128/f_c$)不发生调制。

③ 时序 Z:在位期间的开始产生一个凹槽。

在上述时序说明中,$f_c$ 为载波频率 13.56MHz,凹槽的底宽为 $0.5\sim3.0\mu s$,90%幅度宽度不大于 $4.5\mu s$。这 3 种时序用于对帧编码,即修正的密勒码。

修正密勒码的编码规则如下。

① 逻辑 1 为时序 X。

② 逻辑 0 为时序 Y。

但下述两种情况下除外:

● 若相邻有两个或更多 0,则从第二个 0 开始采用时序 Z;

● 直接与起始位相连的所有 0,用时序 Z 表示。

③ 通信开始用时序 Z 表示。

④ 通信结束用逻辑 0 加时序 Y 表示。

⑤ 无信息用至少两个时序 Y 表示。

**2. 编码器**

修正密勒码编码器的原理框图如图 3.15(a)所示,假设输入数据为 01 1010,则图 3.15(a)中有关部分的波形如图 3.15(b)所示,其相互关系如下。

使能信号 e 激活编码电路,使其开始工作,修正密勒码编码器位于阅读器中,因此使能信号 e 可由 MCU 产生,并保证在其有效后的一定时间内数据 NRZ 码开始输入。图 3.15(b)中的波形 a 为数据时钟,由 13.56MHz 经 128 分频后产生,数据传输速率为 $13.56\times10^6/128 = 106$kbps。波形 b 为示例数据的 NRZ 码,第 1 位为起始位 0,第 2~7 位为数据信息(01 1010),其后是结束位(以 NRZ 码 0 给出)。编码电路要将 NRZ 码 0011 0100 编码为修正密勒码。

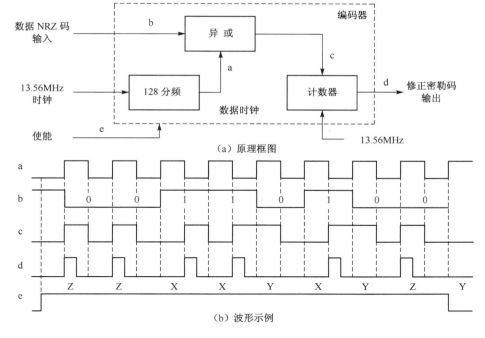

（a）原理框图

（b）波形示例

图 3.15　修正密勒码编码器

在图 3.15(b)所示的波形中，a 和 b 异或（模 2 加）后形成的波形 c 有一个特点，即其上升沿正好对应于 X，Z 时序所需的起始位置。用波形 c 控制计数器开始对 13.56MHz 时钟计数，若按模 8 计数，则波形 d 中脉宽为 $8/13.56 \approx 0.59 \mu s$，满足 TYPE A 中凹槽底宽的要求。波形 d 中注出相应的时序为 ZZXXYXYZY，完成了修正密勒码的编码。当送完数据后，拉低使能信号电平，编码器停止工作。以上介绍的就是最基本的原理。

细心一点就会发现，波形 c 实际上就是曼彻斯特码的反相波形。用它的上升沿使输出波形跳变便产生了密勒码，而用其上升沿产生一个凹槽就是修正密勒码。

### 3. 解码器

修正密勒码的解码电路比较复杂，它位于应答器中，即解码电路被集成在应答器芯片内，因此它的设计是由芯片制造厂商完成的。对于芯片应用者，虽然在阅读器应用设计时可以不考虑修正密勒码是如何被解码的，但了解其解码器的实现原理也是有益处的。下面介绍一种解码电路的基本原理。

（1）解码器的原理框图

修正密勒码解码器的原理框图如图 3.16 所示，由解码器得到的修正密勒码是应答器模拟电路解调以后得到的载波包络。由于载波受数据信号的调制，凹槽出现时没有 13.56MHz 载波，因此对应答器中的 13.56MHz 载波要做相应的处理，以得到正常的 128 分频的数据时钟，这是问题的关键所在。

（2）解码器的工作原理

如图 3.17 所示，以 001 1010（含起始位和通信结束逻辑 0 加时序 Y）为例，解码时序波形图可以清楚地解释解码器的解码过程。

解码开始电路检测修正密勒码流中的第一个凹槽，判断它是阅读器向应答器通信的开始标志，因而产生一个上升脉冲，即使能信号输出变为高电平，表示解码开始。

在传输修正密勒码时，应答器中的载波波形如 CLK 波形，此时在凹槽中没有载波时钟。

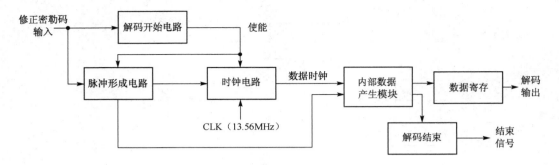

图 3.16　修正密勒码解码器的原理框图

时钟电路用于产生 128 分频的数据时钟信号。具体的做法是:每当凹槽出现时,对计数器的低 4 位复位,余下 3 位中的低两位置位,最高位不变,使凹槽不会处于数据时钟的跳变沿上。时钟电路的输出平时为高电平,仅在使能信号有效(为高电平时)时才发生变化。

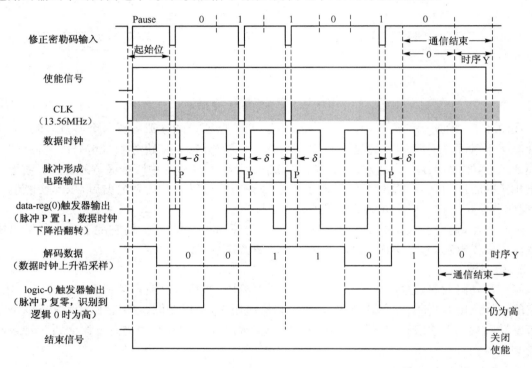

图 3.17　解码时序波形图示例

脉冲形成电路用于识别凹槽并产生相应的脉冲。从第二个凹槽起对每个凹槽产生一个正脉冲,脉冲宽度为 8 个时钟周期。图 3.16 中的时钟电路由 7 位二进制计数器构成,计数器在遇到凹槽时会停止计数,但在脉冲 P 的作用下,其低 4 位置 0,第 5,6 位置 1,因此会在其后 16 个载波时钟时翻转。因为 128 分频的数据时钟在使能信号有效后开始跳变,所以其跳变沿不会出现在凹槽处,而是滞后了一个 $\delta$(见图 3.17 中数据时钟波形)。从图 3.17 可见,脉冲 P 对于数据 0 出现在数据时钟下降沿前 16 个时钟周期,而对于数据 1 则出现在数据时钟上升沿前 16 个时钟周期。

内部数据产生模块主要记录当前解码所得的数据,并对通信结束时的逻辑 0 状态进行跟踪。其中使用了两个触发器:data-reg(0)触发器反映数据的状态,logic-0 触发器反映通信结束时的逻辑 0 加时序 Y 状态。

data-reg(0)触发器总在数据时钟下降沿发生一次翻转,而在每个脉冲 P 时置 1。数据采样在数据时钟上升沿时进行,数据时钟对 data-reg(0)触发器的输出进行采样,获得解码的数据(NRZ 码)。

按照通信协议,通信的第一位总是 0(起始位),因此在数据时钟的第一个下降沿位置,data-reg(0)输出为 0,在数据时钟上升沿采样,得到数据位为 0,此即起始位。

对于逻辑 1,脉冲 P 总位于数据时钟上升沿前,因此在数据时钟上升沿对 data-reg(0)触发器的输出进行采样时,数据位为 1。

对于在逻辑 1 后无凹槽的数据 0 的情况,在相应的数据采样的两个上升沿之间,有一个数据时钟下降沿将 data-reg(0)触发器从逻辑 1 变为逻辑 0,因此当数据时钟上升沿采样时,数据位为 0。

对于前一位为 0 的数据 0,因为脉冲 P 总在数据时钟下降沿前将 data-reg(0)触发器置 1,在数据时钟下降沿到达时该触发器翻转为 0,所以在数据时钟上升沿采样时得到的数据位值为 0。

根据编码规则,通信结束时采用逻辑 0 后跟一个时序 Y 表示。在此处用 logic-0 触发器输出为高电平来表示已经识别到一个逻辑 0,但仍需对紧跟位进行判别,才能确定其是否为通信结束。为此采用脉冲 P 对 logic-0 触发器复位(置 0)。若后跟位为 1,则脉冲 P 在数据时钟上升沿前将 logic-0 触发器复位;若后跟位为 0,则后一个 0 位为时序 Z(在位开始处有一个凹槽),脉冲 P 将在数据时钟下降沿前将 logic-0 触发器输出变为 0,采样时仍为低电平。若后跟的是时序 Y,则在时序 Y 开始时,logic-0 触发器输出变为高电平,在时序 Y 对应的半周期内由于没有脉冲 P,所以在下一个数据时钟上升沿到来时,logic-0 触发器的输出仍维持为高电平,从而可以判断此后跟位为时序 Y,即通信结束。此时,输出表示解码结束,即图 3.17 中的结束信号为高电平,用此跳变将使能信号变为低电平,结束解码。

# 3.3 脉冲调制

脉冲调制是指将数据 NRZ 码变换为更高频率的脉冲串,该脉冲串的脉冲波形参数受 NRZ 码的值 0 和 1 调制。主要的调制方式为频移键控(FSK)和相移键控(PSK)。

## 3.3.1 FSK 方式

### 1. FSK 波形

FSK 是指对已调脉冲波形的频率进行控制,FSK 方式用于频率低于 135kHz(射频载波频率为 125kHz)的情况。图 3.18 所示为 FSK 方式示例,数据传输速率为 $f_c/40$,$f_c$ 为射频载波频率。FSK 调制时,数据 1 的对应脉冲频率 $f_1 = f_c/5$,数据 0 的对应脉冲频率 $f_0 = f_c/8$。

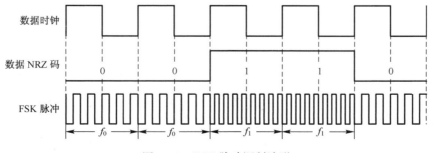

图 3.18 FSK 脉冲调制波形

## 2. FSK 调制

FSK 方式的实现很容易,如图 3.19 所示。图中,频率为 $f_c/8$ 和 $f_c/5$ 的脉冲可由射频载波分频获得,数据 NRZ 码对两个门电路进行控制,便可获得 FSK 波形输出。

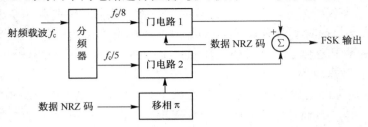

图 3.19 FSK 方式实现的原理框图

## 3. FSK 解调

FSK 解调电路原理图如图 3.20 所示,它用于阅读器中,其工作原理如下。

触发器 $D_1$ 将输入 FSK 信号变为窄脉冲。触发器 $D_1$ 采用 74HC74,其功能表参见表 3.1。当 $\overline{Q}$ 端为高电平时,FSK 上升沿将 Q 端置高电平,但由于此时 $\overline{Q}$ 变为低电平,故 CL 端为低电平,又使 Q 端回到低电平。Q 端的脉冲使十进制计数器 4017 清零并可重新计数。

为更好地说明计数器 4017、触发器 $D_2$ 和单稳 74121 的作用,现设输入射频载波频率 $f_c = 125\text{kHz}$,且数据 0 的对应脉冲频率 $f_0 = f_c/8$,数据 1 的对应脉冲频率 $f_1 = f_c/5$。

4017 是十进制计数器,其引脚如图 3.21 所示。引脚 $\overline{\text{CLKen}}$ 是计数使能端,低电平有效;引脚 Reset 是复位端,计数器复零;引脚 CLK 是时钟端,即计数输入;引脚 $V_{DD}$ 是电源正端,引脚 $V_{SS}$ 是电源负端(地);其余引脚 $Q_0 \sim Q_9$ 为计数 0~9 的输出端。

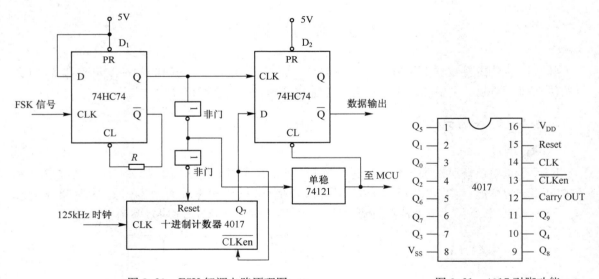

图 3.20 FSK 解调电路原理图　　　　　　图 3.21 4017 引脚功能

4017 对 125kHz 时钟计数,由于数据宽为 $40/f_c = 40T_c$($T_c$ 为载波周期),所以对于数据 0,FSK 波形周期 $T_0 = 8T_c$。当计至第 7 个时钟时,$Q_7$ 输出为高电平,使 $\overline{\text{CLKen}}$ 为高电平,计数器不再计第 8 个时钟,此时 $Q_7$ 为高电平,当触发器 $D_1$ 的 Q 端在下一个 FSK 波形上升时,触发器 $D_2$ 的 $\overline{Q}$ 端输出为低电平。FSK 波形上升同时也将计数器复零并重新计数。因此,在数据 0 的对应 FSK 波形频率下,触发器 $D_2$ 的 $\overline{Q}$ 端为低电平,即数据 0 的 NRZ 码电平。

对于数据 1,由于 FSK 波形周期 $T_1 = 5T_c$,故计数器 4017 的 $Q_7$ 端始终为低电平,在这期间触发器 $D_2$ 的 $\overline{Q}$ 端保持为高电平,即数据 1 的 NRZ 码电平。

数据 0 的解调波形图如图 3.22 所示。从图中可见,若 0 的紧跟位为 0,则其位宽为 $40T_c$;若紧跟位为 1,则其位宽为 $37T_c$,少了 3 个时钟周期。位 1 的紧跟位为 1,其位宽保持 $40T_c$;若其紧跟位为 0,则其位宽为 $43T_c$。因此,0 和 1 的交错不会造成位宽误差的传播,而是进行了补偿。$\pm 3$ 个时钟周期误差不会影响 MCU 对位判断的正确性。

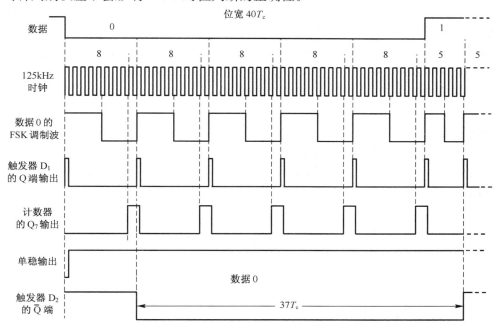

图 3.22　数位 0(后跟位 1)的解调波形图

单稳 74121 产生的上升变化为触发器 $D_2$ 提供了正常工作的 CL 端电平,同时也通知 MCU 此后触发器 $D_2$ 的输出数据有效。单稳 74121 用于启动和关闭该解调器。

RFID 芯片中通常有多种 FSK 模式,如 e5551 芯片中有 4 种模式(见表 3.5)。前面对该电路的分析描述对应于 FSK1a。对于 FSK1,只需要将输出端改为触发器 $D_2$ 的 Q 端;对于 FSK2,则计数器的输出端改用 $Q_9$ 即可。

表 3.5　e5551 芯片的 4 种 FSK 模式

| 模　式 | 数据 1 | 数据 0 |
|---|---|---|
| FSK1 | $f_c/8$ | $f_c/5$ |
| FSK2 | $f_c/8$ | $f_c/10$ |
| FSK1a | $f_c/5$ | $f_c/8$ |
| FSK2a | $f_c/10$ | $f_c/8$ |

对于不同的数据传输速率,只是位宽不同,不影响解调的结果。

## 3.3.2　PSK 方式

### 1. PSK 波形

PSK 方式通常有两种:PSK1 和 PSK2。当采用 PSK1 调制时,若在数据位的起始处出现上升沿或下降沿(出现 1,0 或 0,1 交替),则相位将在起始处跳变 180°。当采用 PSK2 调制时,在数据位为 1 时相位从起始处跳变 180°,在数据位为 0 时相位不变。PSK1 是一种绝对码方式,PSK2 是一种相对码方式。PSK1 和 PSK2 调制的波形如图 3.23 所示,图中假设 PSK 信号的速率为数据 NRZ 码速率的 8 倍。

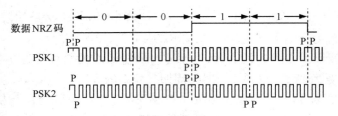

图 3.23　PSK 调制波形图

对于二进制,PSK1 记为 2PSK,PSK2 记为 2DPSK。在 PSK 中,是以一个固定的参考相位脉冲波为基准的,解调时要有一个参考相位的脉冲波。若参考相位出现"倒相",则恢复的 NRZ 码就会发生 0 码和 1 码反向。而在 DPSK(差分相移键控)中,编码只与相对相位有关,而与绝对相位无关,故在解调时不存在 0 码和 1 码反向的问题。也就是说,DPSK 方式可以消除相位"模糊"。

### 2. PSK 调制

二进制绝对相移信号的产生有两种方式:直接相位法和选择相位法。在采用选择相位法时,需要准备好两种不同相位(反相)的脉冲波,由数据 NRZ 码去选择相应相位的脉冲波输出。如图 3.24 所示为选择相位法电路框图。

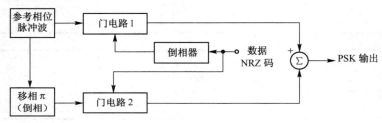

图 3.24　选择相位法电路框图

如果数据 NRZ 码是由绝对码转换来的相对码,则输出为相对调相的脉冲波。

设 $\{a_n\}$ 为绝对码序列,$\{b_n\}$ 为相对码序列,$a_n$,$b_n$ 分别是 $\{a_n\}$ 与 $\{b_n\}$ 中的第 $n$ 位码元,$b_{n-1}$ 为 $b_n$ 的前一位码元,则有

$$b_n = a_n \oplus b_{n-1} \tag{3.13}$$

$$a_n = b_n \oplus b_{n-1} \tag{3.14}$$

式中,$\oplus$ 表示异或。

如图 3.25 所示,可由模 2 加法器和延迟一个码元时间 $T$ 的延时元件实现绝对码和相对码之间的互相转换。由式(3.13)和式(3.14)可以看出:当绝对码 $a_n=1$ 时,相对码 $b_n$ 与 $b_{n-1}$ 极性相反;当绝对码 $a_n=0$ 时,相对码 $b_n$ 与 $b_{n-1}$ 极性相同。相反地,若 $b_n$ 与 $b_{n-1}$ 极性不同,则表示 $a_n=1$;若 $b_n$ 与 $b_{n-1}$ 极性相同,则表示 $a_n=0$。

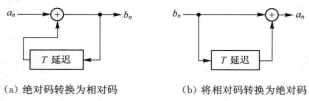

（a）绝对码转换为相对码　　　　　（b）将相对码转换为绝对码

图 3.25　绝对码与相对码转换原理图

### 3. PSK 解调

PSK 解调电路是阅读器正确将 PSK 调制信号变换为数据 NRZ 码的关键电路。PSK 信号携带变化信息的部位是相位，可以用极性比较的方法解调。下面以 125kHz 的 RFID 系统中阅读器的 PSK 解调电路为例说明，如图 3.26 所示。

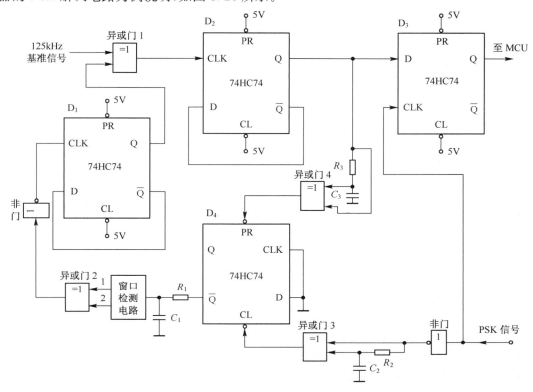

图 3.26　PSK 解调电路

设 PSK 信号的速率为 $f_c/2$（$f_c$ 为射频载波频率，即 125kHz），则加至解调器的 PSK 信号是 $125/2 = 62.5$kHz 的方波信号。该 PSK 信号进入解调器后分为两路：一路加至触发器 $D_3$ 的时钟输入端（CLK），触发器 $D_3$ 是位值判决电路；另一路用于形成相位差为 90°的基准信号。触发器 $D_3$ 的输入端 D 加入的是由 125kHz 载波基准形成的 62.5kHz 方波信号，这样，若触发器 $D_3$ 的 CLK 端与 D 输入端两信号相位差为 90°（或相位差不偏至 0°或 180°附近），则触发器 $D_3$ 的 Q 端输出信号即为 NRZ 码，可供 MCU 读入。判别电路的波形关系如图 3.27(a)所示。

125kHz 基准信号经触发器 $D_2$ 变换为 62.5kHz 的方波信号，而异或门 1 利用触发器 $D_1$ 输出的高、低电平变化使加至触发器 $D_2$ 的 125kHz 基准信号相位改变 180°，该 180°的相位变化在触发器 $D_2$ 的 Q 输出端产生 90°相移。图 3.27(b)所示为相应的波形图。

异或门 4 的输入为 62.5kHz 方波信号和其经 $R_3$、$C_3$ 延迟后的信号，异或后产生 125kHz 脉冲信号。同样，62.5kHz 的 PSK 信号在经 $R_2$、$C_2$ 和异或门 3 后也形成 125kHz 脉冲信号。这两个信号在触发器 $D_4$ 中进行相位比较，触发器 $D_4$ 的 $\overline{Q}$ 端输出的 125kHz 信号的占空比正比于两个信号的相位差。当相位差为 90°时，其占空比为 50%，这对于 PSK 解调（触发器 $D_3$ 判决电路）是理想的；若相位差偏离 90°而向 0°或 180°偏移，则占空比也将同时减小或增大。

由 $R_1$、$C_1$ 构成的滤波电路输出的直流电平大小正比于相位差，该直流电压加至窗口检测电路。若直流电平靠近中间，则窗口检测电路输出 1 为高电平，输出 2 为低电平，经过异或非 2 后

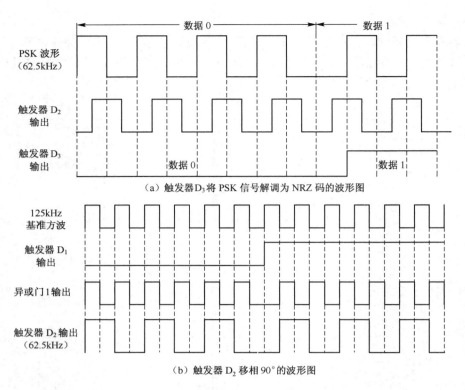

（a）触发器$D_3$将 PSK 信号解调为 NRZ 码的波形图

（b）触发器$D_2$移相$90°$的波形图

图 3.27　PSK 解调电路的相关波形

为低电平,因而不改变触发器$D_1$的 Q 端的输出状态。若直流电平过高,则窗口检测电路输出 1 和 2 都为高电平;若直流电平较低,则窗口检测电路输出 1 和 2 都为低电平。也就是说,当触发器$D_4$输出的占空比过大或过小时,窗口检测电路的输出会使触发器$D_1$的 CLK 端产生上升变化,从而引起触发器$D_1$的 Q 端的电平发生变化且使触发器$D_2$的输出发生$90°$相移,最终使触发器$D_3$达到最佳的 PSK 解调状态。

### 3.3.3　副载波与副载波调制／解调

#### 1. 副载波

在无线电技术中,副载波得到了广泛的应用,如彩色模拟电视中的色副载波。在 RFID 系统中,副载波主要应用在频率为 13.56MHz 的 RFID 系统中,而且仅被用在从应答器向阅读器的数据传输过程中。

副载波频率是通过对载波的二进制分频产生的,对载波频率为 13.56MHz 的 RFID 系统,使用的副载波频率大多为 847kHz,424kHz 或 212kHz(对应于 13.56MHz 的 16,32,64 分频)。

#### 2. 副载波调制

在 13.56MHz 的 RFID 系统中,应答器将需要传送的信息首先组成相应的帧,然后将帧的基带编码调制到副载波频率上,最后再进行载波调制,实现向阅读器的信息传输。

下面以 ISO/IEC 14443 标准为例介绍副载波调制的有关问题。

（1）TYPE A 中的副载波调制

ISO/IEC 14443 标准中的 TYPE A 规定:应答器(PICC)与阅读器(PCD)通信采用的编码是曼彻斯特码,数据传输速率为 106kbps,副载波频率$f_s = 847$kHz。在数据传输时,位的表示和编码方法如下:

时序 D:载波被副载波在位宽度的前半部(50%)调制。

时序 E:载波被副载波在位宽度的后半部调制。

时序 F:在整位宽度内载波不被副载波调制。

逻辑 1:时序 D。

逻辑 0:时序 E。

通信结束:时序 F。

无信息:无副载波。

TYPE A 中有 3 种帧结构:短帧、标准帧和防碰撞帧。标准帧的结构如图 3.28 所示,它以起始位 S 开头(S 为时序 D),以停止位 E(时序 F)结束,中间为数据,P 为 1 字节(8 位)的奇检验位,CRC 检验码为 16 位,CRC 检验的部分不包括 P,S,E 位及自身。另外,两种帧(短帧和防碰撞帧)虽然结构不同,但都以 S 位开始,E 位结束。

图 3.28　标准帧的结构

从上面内容可知,在 TYPE A 中 PICC 向 PCD 传送信息时,仅需要将所传送的帧结构的 NRZ 码转换为曼彻斯特码,并用曼彻斯特码调制副载波,即可实现副载波调制。

将副载波信号(频率为 $f_s$)与曼彻斯特码相乘,即可实现副载波调制,其波形关系如图 3.29 所示,副载波是周期方波脉冲。

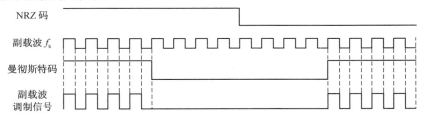

图 3.29　副载波调制波形

(2) TYPE B 中的副载波调制

ISO/IEC 14443 标准中的 TYPE B 规定:位编码采用 NRZ 码编码,副载波调制采用 BPSK (二进制相移键控)方式,逻辑状态的转换用副载波相移 180°来表示,$\theta_0$ 表示逻辑 1,$\theta_0+180°$ 表示逻辑 0,副载波频率 $f_s=$ 847kHz,数据传输速率为 106kbps。

图 3.30 所示为副载波调制后再进行负载调制的波形,载波的包络是 NRZ 码对副载波进行调制后的副载波调制信号的波形。

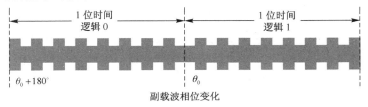

图 3.30　副载波调制后再进行负载调制的波形

BPSK 的实现,可参阅前述的 PSK 调制的有关内容。

（3）副载波调制的好处

与直接用数据基带信号进行负载调制相比，采用副载波调制信号的好处是：①PICC 是无源的，其能量靠 PCD 的载波提供，采用副载波调制信号进行负载调制时，调制管每次导通时间较短，对 PICC 电源影响较小；②调制管的总导通时间减少，总功率损耗下降；③有用信息的频谱分布在副载波附近而不是在载波附近，便于阅读器对传送数据信息的提取，但射频耦合回路应有较宽的频带。

## 3. 副载波解调

副载波解调是指在阅读器中将载波解调后获得的副载波调制信号恢复为数据基带信号的过程。下面仍以 ISO/IEC 14443 标准的 TYPE A 和 TYPE B 为例介绍副载波解调的原理和方法。

（1）TYPE A 中的副载波解调

在 TYPE A 中，副载波解调应实现从已调副载波信号中恢复出曼彻斯特码。TYPE A 中的副载波调制是采用 ASK 方式的调制，因此其解调可以用相干解调或非相干解调方式实现。

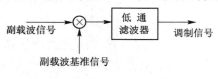

图 3.31　相干解调的原理框图

① 相干解调

相干解调的原理框图如图 3.31 所示。采用这种解调方式时，在阅读器中必须有一个副载波基准信号，它应与应答器中的副载波信号同频率、同相位，因此相干解调也称为同步解调。

在阅读器中，通过对载波（13.56MHz）分频可以方便地获得副载波频率的信号，但要同相则必须进行相位比较和调节，比较复杂。

② 非相干解调

由于 ASK 调制时，其包络线与基带信号成正比，因此采用包络检波就可以复现基带信号。这种方法无须同频率、同相位的副载波基准信号，所以称为非相干解调。这种方法简单方便，在射频识别技术中获得了较多应用。

非相干解调通常可以用检波器电路实现。由于这里副载波信号是脉冲方波，调制信号是曼彻斯特码基带信号，所以下面介绍一种使用可重复触发单稳态触发器实现副载波解调的方法。

可重复触发单稳态触发器是指，在暂稳态时间 $t_w$ 内，若有新的触发脉冲输入，触发器可被新的输入脉冲重新触发，如图 3.32 所示。在输入脉冲 A 触发后，电路进入暂稳态，在暂稳态时间 $t_w$ 经 $t_\Delta$ 时间后（$t_\Delta < t_w$），又受到输入脉冲 B 的触发，电路的暂稳态时间又将从受脉冲 B 触发开始算起。因此，输出信号的脉冲宽度将从受脉冲 B 触发开始，输出信号的脉冲宽度将为 $t_\Delta + t_w$。采用可重复触发单稳态触发器，只要在受触发后输出的暂稳态时间 $t_w$ 结束前，再输入触发脉冲，就可以方便地产生持续时间很长的输出脉冲。

利用上述原理，就可利用可重复触发单稳态触发器实现副载波调制信号的解调。图 3.33 所示为解调原理及相关波形。但应注意的是，可重复触发单稳态触发器的暂稳态时间 $t_w$ 应取比副载波周期 $T_s$ 略长一点，不能小于副载波周期，但也不能长得太多。

（2）TYPE B 中的副载波解调

TYPE B 的副载波调制方式为 BPSK。对于 PSK 方式的解调只能用相干解调方式进行解调。关于 PSK 方式的解调方法请参阅 3.3.2 节中的介绍。

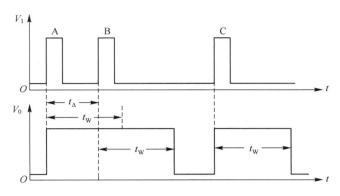

图 3.32　可重复触发单稳态触发器波形

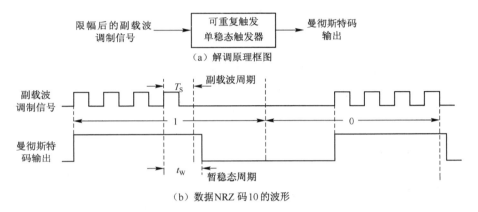

（a）解调原理框图

（b）数据 NRZ 码 10 的波形

图 3.33　解调原理及相关波形

# 3.4　正弦波调制

　　在正弦波调制中,载波采用高频正弦振荡信号,而不是前述的脉冲调制中的脉冲信号。类似地,经过调制后的高频振荡信号称为已调波信号。例如,如果受控参数是高频振荡的振幅,则这种调制称为振幅调制（AM）,简称为调幅,而已调波信号就是调幅波信号;如果受控参数是高频振荡的频率或相位,则这种调制称为频率调制或相位调制,简称为调频（FM）或调相（PM）,并统称为调角,而已调波信号就是调频波信号或调相波信号,并统称为调角波信号。通常正弦波调制又分为模拟（连续）调制和数字调制两种。

　　解调是调制的逆过程,其作用是将已调波信号变换为携有信息的调制信号。

## 3.4.1　载波

　　载波通常是一个高频正弦振荡信号,它是信息的载体。在无线通信中,携有信息的电信号的频率较低。例如,声音信号的频率范围为 20Hz～20kHz,如果直接发送,则需要非常大的天线。这是因为天线的几何尺寸和无线电波的波长相关,只有馈送到天线上的信号波长和天线的尺寸可以比拟时,天线才能有效地辐射和接收电磁波。波长 $\lambda$ 和频率 $f$ 的关系为

$$\lambda = \frac{c}{f}$$ (3.15)

式中,$c$ 为光速,$c = 3 \times 10^8 \text{m/s}$。

因此,无线广播中需要将声音信号"搭乘"到更高频率上去传输,如 $f_c = 700\text{kHz}$,频率为 $f_c$ 的高频信号称为载波。不同的载波频率可以使多个无线通信系统同时工作,避免了相互干扰。

对于正弦振荡的载波信号,可以表示为

$$v(t) = A\cos(\omega_c t + \varphi) = A\cos(2\pi f_c t + \varphi) \tag{3.16}$$

式中,$\omega_c$ 为载波 $v(t)$ 的角频率,$f_c$ 为 $v(t)$ 的频率,$A$ 为 $v(t)$ 的振幅,$\varphi$ 为载波的相位角。

在 RFID 系统中,和通常无线通信的情况不同的是,载波除了是信息的载体,在无源应答器中还具有提供能量的作用。

### 3.4.2　调幅

调幅是指载波的频率与相位角不变,载波的振幅按照调制信号的变化规律而变化。调幅可以通过调制信号和载波信号相乘实现。

#### 1. 模拟调制

(1) 调幅波的数学表示与调制模型

设调制信号为正弦波 $f(t)$,其直流分量为 $A_0$,则调制信号为

$$A_0 + f(t) = A_0 + A_m\cos(\Omega t)$$

式中,$\Omega$ 为调制信号的角频率,$A_m$ 为调制信号的幅度。则产生的调幅波 $v_{AM}$ 表示为

$$v_{AM} = [A_0 + f(t)]v(t) \tag{3.17}$$

为简化推导起见,设式(3.16)中 $v(t)$ 的相位角 $\varphi = 0$(这不影响最终结果),则

$$v_{AM} = [A_0 + A_m\cos(\Omega t)]A\cos(\omega_c t) \tag{3.18}$$

利用三角函数积化和差公式,可得

$$v_{AM} = A_0 A\cos(\omega_c t) + A_m A[\cos(\omega_c + \Omega)t + \cos(\omega_c - \Omega)t] \tag{3.19}$$

令 $m_A = A_m / A_0$,则式(3.19)可改写为

$$v_{AM} = A_0 A\cos(\omega_c t) + m_A A_0 A[\cos(\omega_c + \Omega)t + \cos(\omega_c - \Omega)t] \tag{3.20}$$

式中,$m_A$ 称为调幅指数或调幅度,它通常以百分数表示。

根据前面的描述,标准的振幅调制模型如图 3.34 所示。

(2) 调幅波的频域表示

式(3.20)描述了调幅波的频域性能。由正弦波调制的调幅波由 3 个不同频率的正弦波组成:第一项为未调幅的载波;第二项的频率等于载波频率与调制频率之和,称为上边频;第三项的频率等于载波频率与调制频率之差,称为下边频。这 3 个正弦波的相对振幅与频率的关系如图 3.35所示,这就是正弦波调制的调幅波频谱图。

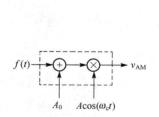

图 3.34　标准的振幅调制模型

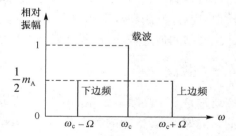

图 3.35　正弦波调制的调幅波频谱

由于 $m_A$ 的最大值只能等于 1,因此边频振幅的最大值不能超过载波振幅的 1/2。由图 3.35 还可以知道,调幅波的带宽为调制频率 $\Omega$ 的 2 倍。

将调幅波送入频谱仪,可以得到图 3.35 所示的频谱分布,从频谱仪上可读出边频幅度和载

波幅度,则

$$\frac{边频幅度}{载波幅度}=\frac{1}{2}m_A \qquad (3.21)$$

由此可以测量出调幅度 $m_A$。不过应注意的是,频谱仪上的幅度值往往是以分贝(dB)值给出的。

（3）调幅波的时域表示

将调幅波输入示波器,在示波器的荧光屏上可以观测到如图 3.36 所示的波形。图 3.36 中的包络即为调制信号 $f(t)$,包络内是载波。测出该波形两波峰间的最大值 $A$ 和两波谷间的最小值 $B$,则调幅度 $m_A$ 为

$$m_A=\frac{A-B}{A+B}\times100\% \qquad (3.22)$$

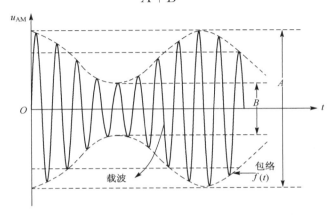

图 3.36 调幅波的时域波形

（4）调幅波中的功率关系

如果将调幅波输出至电阻 $R$ 上,则载波和两个边频的功率如下:

载波功率

$$P_C=\frac{1}{2}\frac{(A_0A)^2}{R} \qquad (3.23)$$

下边频功率

$$P_下=\frac{1}{2}\frac{\left(\dfrac{m_AA_0A}{2}\right)^2}{R}=\frac{1}{4}m_A^2P_C \qquad (3.24)$$

上边频功率

$$P_上=\frac{1}{4}m_A^2P_C \qquad (3.25)$$

于是,调幅波的平均输出总功率(在调制信号一个周期内)为

$$P=P_C+P_上+P_下=P_C\left(1+\frac{1}{2}m_A^2\right) \qquad (3.26)$$

因此,在未调幅时,$m_A=0$,$P=P_C$;在 100% 调幅时,$m_A=1$,$P=1.5P_C$。由此可知,调幅波的输出功率随 $m_A$ 的增大而增大,所增加的部分就是两个边频产生的功率 $m_A^2P_C/2$。由于调制信号包含在边频带内,因此在调幅中应尽可能地提高 $m_A$,以增强边频带功率,提高传输含有信息的信号的能力。

（5）脉冲调幅波

脉冲调幅波的波形和频谱如图 3.37 所示。

已调波的调制度(也称为键控度)计算方法同式(3.22),即

$$m_A=\frac{A-B}{A+B}\times100\% \qquad (3.27)$$

式中,$A$ 和 $B$ 的值如图 3.37(a) 所示;$m_A$ 表示了调制深度,$m_A = 100\%$ 时载波信号出现断缺。

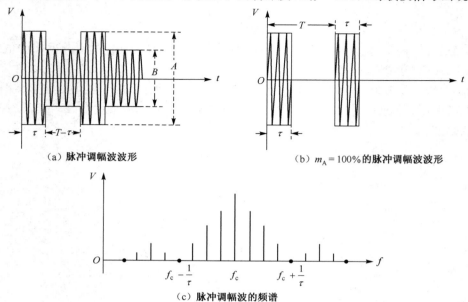

(a) 脉冲调幅波波形　　　　　　　　　(b) $m_A = 100\%$ 的脉冲调幅波波形

(c) 脉冲调幅波的频谱

图 3.37　脉冲调幅波的波形和频谱

从图 3.37(c) 所示的频谱可知,在理论上,脉冲调幅波的带宽为无限大,频谱分量是离散的。但实际上,因高次边频分量迅速下降,一般只考虑第一零点(图中 $f_c \pm 1/\tau$ 处,$\tau$ 为调制信号的脉宽,$T$ 为调制信号的周期)之间的各分量就够了。在 $f_c - 1/\tau$ 和 $f_c + 1/\tau$ 之间,各频谱分量的振幅分布为 $\sin x/x$ 的形式,谱线间的间隔为 $1/T$,谱线数 $n = T/\tau$,带宽为 $2/\tau$,脉宽 $\tau$ 越小,则所占的频带越宽。

### 2. 数字调制 ASK 方式的波形和频谱

RFID 系统通常采用数字调制方式传送信息,调制信号(包括数字基带信号和已调脉冲)对正弦载波进行调制。已调脉冲包括前面已介绍过的 NRZ 码的 FSK,PSK 调制波和副载波调制信号,数字基带信号包括曼彻斯特码、密勒码、修正密勒码信号等,这些信号包含了要传送的信息。

数字调制的方法有幅移键控(ASK)、频移键控(FSK)和相移键控(PSK)。而 ASK 是 RFID 系统中采用较多的方式。

数字调制 ASK 的时域波形可以参见图 3.37(a)、(b),但不同的是,图 3.37(a)、(b) 中的包络是周期脉冲波,而数字调制 ASK 的包络波形是数字基带信号或已调脉冲。

在数字调制 ASK 方式中,信号频谱分布在载频的两侧,和图 3.37(c) 所示的情况相似,但其频谱分布是连续的。

### 3. 数字调制 ASK 方式的实现

在 RFID 系统中,数字调制 ASK 方式在应答器和阅读器之间的信息交互中被广泛采用。实现调幅的方法很多,如平方律调幅、模拟乘法器调幅、高电平调幅、斩波调幅、负载调制等,下面仅介绍在 RFID 系统中常用的方法。

(1) 负载调制

① 应答器向阅读器的信息传输

当应答器向阅读器传输信息时,负载调制是主要采用的方法。负载调制又可分为电阻负载调制和电容负载调制,它们的原理已在第 2 章介绍过。图 3.38 所示为 ISO/IEC 14443 标准中负载调制测试用的应答器电路。应答器谐振回路由电感 $L$ 和电容 $C_{V1}$ 组成,其谐振电压经桥式整流器 $VD_1 \sim VD_4$ 整流,并用齐纳二极管 $VD_5$ 稳压在 3V 左右。副载波信号(874kHz)可通过跳线选择 $C_{mod1}$ 或 $R_{mod1}$ 进行负载调制。由曼彻斯特码或 NRZ 码进行 ASK 或 BPSK 副载波调制。可调整元件的功能和数值见表 3.6。

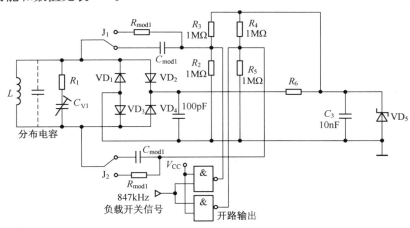

图 3.38　测试用的应答器电路

② 在阅读器中的应用

在阅读器向应答器传输信息时,常需一定调幅度的 ASK 调制。例如,在 ISO/IEC 14443 标准中,TYPE B 的阅读器向应答器传输信息时,采用 10% 调幅度的 ASK 调制,其调制波形如图 3.39 所示。

用图 3.40 所示的负载调制方法可以实现图 3.39 所示的调制波形。在图 3.40 中,$L_1 C_1$ 为谐振回路,电阻 $R_1$ 的接入与否由 NRZ 码控制。当 $R_1$ 和 $L_1$ 并联时,谐振回路的 $Q$ 值降低,输出载波幅度降低。$R_1$ 的大小可以调节调幅度,调幅度的值可根据图 3.39 所得波形由式(3.27)计算得出。图 3.40 中,$C_2$ 用于隔直流。

表 3.6　可调整元件的功能与数值

| 元　件 | 功　能 | 数　值 |
| --- | --- | --- |
| $R_1$ | 调整 $Q$ 值 | $0 \sim 10$ |
| $C_{V1}$ | 调整谐振 | $6 \sim 60 \text{pF}$ |
| $C_{mod1}$ | 电容调制 | $3.3 \sim 10 \text{pF}$ |
| $R_{mod1}$ | 电阻调制 | $400\Omega \sim 12\text{k}\Omega$ |

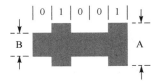

图 3.39　TYPE B 的调制波形
(10% ASK,NRZ 码)

(2) 100% 调幅度的实现

在 RFID 系统中,常需要 100% 调幅度的调幅波,如在 ISO/IEC 14443 标准的 TYPE A 中阅读器向应答器的信息传输。图 3.41 所示为 100% ASK 调幅度的采用修正密勒码调制的波形。

为实现图 3.41 所示的波形,可先用修正密勒码对载波脉冲串进行 100% ASK 调制,然后将已调波送至谐振式功率放大器放大,便可得到正弦载波的修正密勒码 100% 调幅度的 ASK 调制波形。

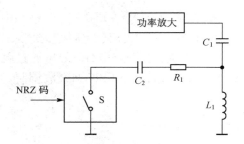

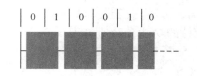

图 3.40　NRZ 码 10％ASK 调制的实现

图 3.41　100％调幅度的 ASK 采用修正密勒码调制的波形

**4. 数字调制 ASK 方式的解调**

这里仅介绍在阅读器中非相干解调的包络检波方法。包络检波器的原理电路和波形如图 3.42 所示。$R$ 为负载电阻，$C$ 为负载电容。在高频信号正半周，二极管 VD 导通并对 $C$ 充电。由于二极管 VD 的导通电阻 $R_D$ 很小，所以充电电流很大，电容 $C$ 两端的电压 $V_C$ 在很短时间内就接近高频电压的最大值。当高频电压下降到小于 $V_C$ 时，二极管 VD 截止，电容 $C$ 通过电阻 $R$ 放电，由于时间常数 $RC$ 大于高频电压周期，故放电很慢。因此，$V_C$ 很逼近高频调幅波的包络，所以称为包络检波。

包络检波器的电压传输系数（检波效率）接近于 1，输入电阻 $R_i \approx R/2$。虽然包络检波器的输入电阻与相连接的谐振回路电感线圈并联，但因二极管导通时间短，$R_i$ 较大，所以通常可以忽略 $R_i$ 的影响。

图 3.43 所示为三极管射极检波电路，它的输入电阻是二极管检波器的输入电阻的 $1+\beta$ 倍，$\beta$ 是晶体管共发射极短路电流放大系数，并且该电路很容易集成。

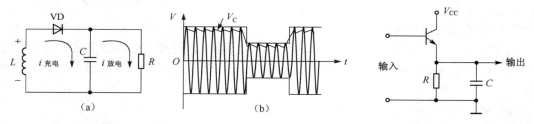

图 3.42　包络检波器的原理电路和波形

图 3.43　三极管射极检波电路

### 3.4.3　数字调频和调相

二进制调频（FSK）和调相（PSK）的波形如图 3.44 所示，图中同时给出了二进制码和数字调幅波的波形。

FSK 是用不同频率的载波来传递数字信息的。对二进制 FSK，是用两个不同的载波代替数字信号中的两种电平，而 $M$ 进制 FSK 则是用 $M$ 个不同的载波代替数字信号中 $M$ 个不同的电平。

PSK 是用数字脉冲信号控制载波的相位的，而载波的幅度和频率不变。在二进制 PSK 中，若用初相 $\varphi_1 = 0$ 代表 1 码，$\varphi_0 = \pi$ 代表 0 码，则受控载波在 $0,\pi$ 两个相位上变化。而多进制调相（MPSK）（如 4PSK，8PSK）中载波具有对应的多个相位值。

PSK 方式的性能优于 ASK 和 FSK，具有较高的频带利用率，在误码率、信号平均功率等方面都具有比 ASK 更好的性能。但是，PSK 的解调只能采用比较复杂的相干解调技术，而不能采用简单的包络检波方法。因此，对于电感耦合方式的 RFID 系统，目前在低于 135kHz、ISO/IEC 14443 及 ISO/IEC 15693 的标准中都采用 ASK 方式。

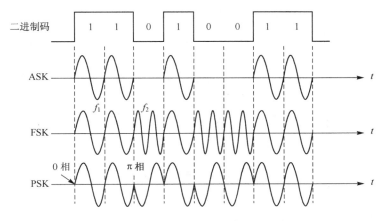

图 3.44　二进制数字调制波的波形图

但是,在 ISO/IEC 18000-3 标准中的 MODE 2 对 13.56MHz 的 RFID 系统提出了相位抖动调制(Phase Jitter Modulation,PJM)方法,规定阅读器向应答器的通信用修正频率编码(MFM)对载波进行 PJM 调制。通常,BPSK 的两个相角是 0°和 180°,在编码变化时会出现载波相位的跳变。相位的较大跳变使频谱展宽,使功率谱的旁瓣较大,衰减较慢。PJM 方式的两个相位角定义在 2°的范围,如图 3.45 所示。因此,相位的变化(抖动)减小使信号谱旁瓣较小,且衰减较快。此外,PJM 的另一个好处是,在

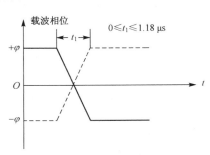

图 3.45　相位抖动调制(PJM)

阅读器向应答器的通信中,不会像 100%ASK 调制那样,因为有凹槽而使能量场出现间隙。再者,PJM 可以支持全双工通信。

# 本 章 小 结

编码和调制是 RFID 系统信息交互的关键技术。

编码是指将信息变换为合适的数字信号。编码可分为信源编码、信道编码和信源、信道联合编码。信源编码的主要目的是压缩信源的数据量;信道编码的目的是选择适合于所用信道的编码,以达到最好的传输效果;信源、信道联合编码是结合信源与信道两者的特征,发挥出编码的最佳效果。

曼彻斯特码、密勒码和修正密勒码是 RFID 系统中最常用的信道编码,可以方便地从编码中提取出同步信息,从而实现解码。本章详细阐述了它们的编码与解码原理和实现的软、硬件方法,这是应掌握的基本知识。

通信的目的在于传递信息。信息蕴藏于消息或数据之中,而消息或数据总是通过信号的形式在系统中传输的。从消息或数据变换过来的原始信号通常均具有较低的频谱分量,因此,为了适应于在无线信道中传输,在 RFID 系统的信息发送端需要有调制过程,而在接收端则需要有解调过程。调制与解调的作用在于通过某种方式将原始信号的频谱进行搬移,在接收端把已搬移的高频频谱再搬移至原始信号的频谱,以实现信息的传输。

调制就是按调制信号的变化规律去改变载波某些参数的过程。调制可以分为两大类:一是用脉冲串或一组数字信号作为载波的脉冲调制,二是用高频正弦信号作为载波的正弦波调制。

本章先介绍了 NRZ 码的 FSK,PSK 脉冲调制和曼彻斯特码的副载波调制(ASK 方式)、NRZ 码的副载波调制(BPSK 方式),然后介绍了数字调制(调制信号为数字型的正弦波调制)。

解调就是从已调信号中恢复出调制信号的过程。本章介绍了相干解调与非相干解调的基本原理,分析了脉冲调制的解调方法,讨论了包络检波器的解调过程。

本章最后还介绍了相位抖动调制(PJM)的基本概念。编码和调制的文献十分丰富,本章仅阐述了与 RFID 紧密相关的技术和方法。关于更详细的原理与实现方法,读者可参阅其他相关资料。

# 习 题 3

3.1 波特率和比特率有什么不同?

3.2 信道带宽为 3kHz,波特率可以达到 8kbps 吗? 若能,请给出实现方法。

3.3 画出 1 0011 0111 的曼彻斯特码波形。若曼彻斯特码的数据传输速率为 106kbps,则它的波特率是多少?

3.4 画出 01 1001 0110 的密勒码波形。

3.5 设计并调试一个 NRZ 码转换为曼彻斯特码、密勒码的电路。

3.6 设计并调试一个 NRZ 码和曼彻斯特码的副载波调制电路。

3.7 简述修正密勒码的编码规则。

3.8 什么是调制和解调? 有哪些调制和解调技术? 它们各有什么特点?

3.9 什么是副载波调制? 副载波调制有什么优点?

3.10 简述载波在 RFID 中的作用。

# 第4章　数据校验和防碰撞算法

**内容提要**:本章主要介绍差错和检纠错码的概念、奇偶检验和循环冗余检验的原理、防碰撞的概念、常用的防碰撞算法、ISO/IEC 14443 中的 TYPE A 和 TYPE B 防碰撞协议,最后介绍基于 MCRF250 芯片的 125kHz 防碰撞 RFID 系统的设计实例。

**知识要点**:差错、检纠错码、奇偶检验、循环冗余检验,防碰撞、ALOHA 算法、时隙 ALOHA 算法、二进制树形搜索算法,ISO/IEC 14443 中的 TYPE A 和 TYPE B 防碰撞协议,基于 MCRF250 芯片的防碰撞 RFID 系统。

**教学建议**:本章教学的重点是数据校验、防碰撞算法和协议,在掌握有关基本概念的基础上,应重点掌握奇偶检验和循环冗余检验的原理、常用的防碰撞算法,并熟悉 ISO/IEC14443 中的 TYPE A 和 TYPE B 防碰撞协议。本章建议学时为 4~6 学时。

在 RFID 系统中,数据传输的完整性存在两个方面的问题:一是外界的各种干扰可能使数据传输产生错误,二是多个应答器同时占用信道使发送数据产生碰撞。运用数据检验(差错检测)和防碰撞算法可以分别解决这两个问题。

# 4.1　差错检测

当数字信号在 RFID 系统中传输时,由于系统特性不理想和信道中有噪声干扰,信号的波形会产生失真,在接收判断时可能误判而造成误码,最终导致传输错误。因此,RFID 系统中必须具有差错检测功能。

## 4.1.1　差错的性质和表示方法

### 1. 差错的性质

根据信道噪声干扰的性质,差错可以分为随机错误、突发错误和混合错误 3 类。

(1)随机错误

随机错误由信道中的随机噪声干扰引起。在出现这种错误时,前、后位之间的错误彼此无关。产生随机错误的信道称为无记忆信道或随机信道。

(2)突发错误

突发错误由突发干扰引起。这种错误的特点是:当前面出现错误时,后面往往也会出现错误,它们之间有相关性。产生突发错误的信道称为有记忆信道或突发信道。

突发错误的误码影响可用突发长度来表征。突发长度 $b$ 定义为当产生某突发错误时,错误图样中最前面的 1 和最后出现 1 的间隔长度。例如,传输比特流为 0011 1000,接收到的比特流为 0110 0100,则错误图样为

| | |
|---|---|
| 正确比特流 | 00111000 |
| 接收比特流 | 01100100 ⊕异或 |
| 错误图样 | 01011100 |

所以,该例中突发长度 $b = 5$。

（3）混合错误

混合错误既包括随机错误又包括突发错误，因而既会出现单个错误，也会出现成片错误。

### 2. 差错的表示方法

差错的大小通常用误比特率 $P_b$ 或误码元率 $P_s$ 来表示，即

$$P_b = \frac{\text{出现错误的比特数 } N_1}{\text{传送总比特数 } N} \quad (N \to \infty) \tag{4.1}$$

$$P_s = \frac{\text{出现错误的码元数 } N_1}{\text{传送总码元数 } C} \quad (C \to \infty) \tag{4.2}$$

在有些应用场合，也可以采用误字率 $P_w$ 来表示，即

$$P_w = \frac{\text{出现错误的字数 } W_1}{\text{传送总字数 } W} \quad (W \to \infty) \tag{4.3}$$

$P_b$, $P_s$ 和 $P_w$ 都反映了出现差错的概率。

## 4.1.2 差错控制

差错控制实现两部分功能：差错控制编码和差错控制解码。其基本思想是在传输信息数据（信息码元）中增加一些冗余编码（又称为监督码元），使监督码元和信息码元之间建立一种确定的关系，在接收端可根据已知的特定关系来实现错误的检测与纠正。

在数字通信中，利用检纠错码进行差错控制的方法有 3 种：反馈重发（ARQ）、前向纠错（FEC）和混合纠错（HEC）。

（1）反馈重发（ARQ）

在 ARQ 方法中，发送端需要在得到接收端正确收到所发信息码元（通常以帧的形式发送）的确认信息后，才能认为发送成功，因此该方法需要反馈信道。

ARQ 有两种方式：停－等方式和连续工作方式。在停－等方式中，必须从反馈信道获得 ACK（确认）帧或 NAK（检测到错误需要重发）帧后才能发送下一组信息。也就是说，收到 ACK 帧则可发送下一帧，收到 NAK 帧则需要重发出现错误的该帧。在连续工作方式中，可发送多帧，仅重发出现错误的有关帧，或重发出现错误的帧及其以后（按帧序号的顺序）发送的帧，通常采用滑动窗口协议以确定重发策略。连续工作方式比停－等方式的传输效率高。

ARQ 方法对编码的纠错能力要求不高，仅需要有较高的检错能力。

（2）前向纠错（FEC）

在 FEC 方法中，接收端通过纠错解码自动纠正传输中出现的差错，所以该方法不需要重传。这种方法需要采用具有很强纠错能力的编码技术，其典型应用是数字电视的地面广播。

（3）混合纠错（HEC）

HEC 方法是 ARQ 和 FEC 的结合，其设计思想是对出现的错误尽量纠正，纠正不了则需要通过重发来消除差错。

## 4.1.3 检纠错码

从前面的分析可知，要实现差错控制，编码技术十分关键，下面介绍检纠错码的有关问题。

### 1. 检纠错码的基本知识

（1）信息码元与监督码元

信息码元是发送的信息数据比特。当以 $k$ 个码元为信息码元时，在二元码的情况下，共有

$2^k$ 种不同的信息码组。监督码元又称为检验码元,是为了检纠错而增加的冗余码元。通常对 $k$ 个信息码元附加 $r$ 个监督码元,因此总码元数为 $n = k + r$,如图 4.1 所示。

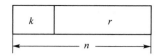

图 4.1　信息码元与监督码元

（2）许用码组与禁用码组

若信息码组中的码元数为 $n$（码长）,则在二元码情况下,总码组数为 $2^n$ 个,其中信息码组为 $2^k$ 个,称为许用码组,其余的 $2^n - 2^k$ 个码组不予传送,称为禁用码组。检纠错的任务就是从 $2^n$ 个码组中,按某种算法选择出 $2^k$ 个许用码组。

（3）汉明距离

汉明距离（码距）是指每两个码组间的距离,即两码组对应位取值不同的个数（异或后 1 的个数）。例如,000 与 111 之间的汉明距离为 3。

2. **检纠错码的分类**

根据检纠错码对随机错误和突发错误的检错能力,可以对其分类,如图 4.2 所示。

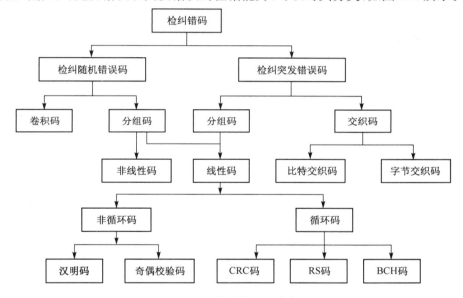

图 4.2　检纠错码的分类

（1）分组码

若一个码组的监督码元仅与本码组的信息码元有关,而与其他码组的信息码元无关,则这类码称为分组码。若信息码元与监督码元之间的检验关系可用线性方程组表示,则称为线性码;反之,若不存在线性关系,则称为非线性码。符合循环性的线性码称为循环码,循环码易于用简单的反馈移位寄存器实现。常用的循环码有循环冗余检验（CRC）码、RS 码及 BCH 码。非循环码不满足循环性,常用的如奇偶检验码、汉明码等。

（2）卷积码

若码组的监督码元不仅与本码组的信息码元相关,而且与本码组相邻的前 $m$ 个时刻输入的码组的信息码元也具有约束关系,则称为卷积码。卷积码的纠错能力随 $m$ 的增加而提高。在编码效率与设备复杂性相同的前提下,卷积码的性能优于分组码。

（3）交织码

如果采用交织技术,把突发错误分散成随机的、独立的错误,那么用纠正随机错误的码来纠正突发错误就会获得较好的效果。利用交织技术构造出来的编码称为交织码。例如,将发送的

比特序列构造成 $8\times8$ 的矩阵,发送时改以按列的顺序发送($a_1$,$a_9$,$a_{17}$,$a_{25}$,$\cdots$),这样就构成了最简单的比特交织,其原理如图 4.3 所示。

$$a_1,a_2,a_3,a_4,\cdots,a_{64}\ \text{(输入比特序列)}\Rightarrow\begin{bmatrix} a_1 & a_2 & a_3 & a_4 & a_5 & a_6 & a_7 & a_8 \\ a_9 & a_{10} & a_{11} & a_{12} & a_{13} & a_{14} & a_{15} & a_{16} \\ a_{17} & a_{18} & a_{19} & a_{20} & a_{21} & a_{22} & a_{23} & a_{24} \\ a_{25} & a_{26} & a_{27} & a_{28} & a_{29} & a_{30} & a_{31} & a_{32} \\ a_{33} & a_{34} & a_{35} & a_{36} & a_{37} & a_{38} & a_{39} & a_{40} \\ a_{41} & a_{42} & a_{43} & a_{44} & a_{45} & a_{46} & a_{47} & a_{48} \\ a_{49} & a_{50} & a_{51} & a_{52} & a_{53} & a_{54} & a_{55} & a_{56} \\ a_{57} & a_{58} & a_{59} & a_{60} & a_{61} & a_{62} & a_{63} & a_{64} \end{bmatrix}\Rightarrow a_1,a_9,a_{17},a_{25},\cdots,a_{64}\ \text{(输出比特序列)}$$

构造成 8×8 的矩阵

图 4.3 简单的比特交织的原理示意图

**3. 编码效率**

编码效率为信息码元数 $k$ 与总码元数 $n$ 之比,表示为

$$\eta=\frac{k}{n} \tag{4.4}$$

编码效率反映了该码的信道利用率。

## 4.1.4 数字通信系统的性能

(1) 频谱效率和可靠性

为判定一个数字通信系统的优劣,必须从频谱效率和可靠性两个方面进行比较。频谱效率(bps/Hz)是指经过数字调制后,每赫兹带宽所能传送的数据速率。一般说来,频谱效率高的数字通信系统,其传输信息的能力较强,但传输可靠性较差;频谱效率低的数字通信系统,其传输信息的能力较弱,但传输可靠性较高。通常,采用 $E_b/N_o$ 与误比特率(BER)的关系曲线就可以较全面地反映数字通信系统的有效性和可靠性。

(2) $E_b/N_o$

$E_b/N_o$ 是信号和噪声之间强弱关系的一种度量方法。$E_b$ 代表平均到每个比特上的信号能量,$N_o$ 表示噪声的功率谱密度。实用的数字通信系统在一定的误比特率下即可正常工作,因此用 $E_b/N_o$ 与 BER 之间的关系曲线就可以比较不同数字通信系统的性能。$E_b/N_o$ 表示方法的缺陷是,$E_b$ 和 $N_o$ 不是系统中可以直接测得的参数,必须通过运算得出。

(3) 载噪比($C/N$)和信噪比($S/N$)

当需要直接了解数字通信系统的可靠性时,可使用载噪比($C/N$)与 BER 的关系曲线,或信噪比($S/N$)与 BER 的关系曲线,因为 $C/N$ 和 $S/N$ 可以通过测量直接得到。$C/N$ 和 $S/N$ 的区别在于:$C/N$ 是指已调制信号的平均功率(包括传输信号的功率和调制载波的功率)与加性噪声的平均功率之比,而 $S/N$ 仅指传输信号的平均功率与加性噪声的平均功率之比,$C/N$ 比 $S/N$ 大。

## 4.1.5 RFID 中的差错检测

目前,RFID 中的差错检测主要采用奇偶检验码和 CRC 码,它们都属于线性分组码。

**1. 线性分组码**

(1) 构成

线性分组码由 $k$ 个信息码元和 $r$ 个监督码元构成,总码元个数为 $n$(见图 4.1)。监督码元仅与所在码组中的信息码元有关,且通过预定的线性关系联系起来。这种线性分组码可记为$(n,k)$码。

(2) 封闭性和码的最小距离

通过一定的算法,$(n,k)$码可以构成$2^k$个许用码组,这些码组的集合构成代数中的群,因此又称为群码或块码。它具有下列性质:

① 任意两个码组模 2 和仍为一个码组,即具有封闭性;

② 码的最小距离 $d$ 等于非零码的重量,码的重量(简称码重)为码组中非零码元的数目。

例如,一个$(7,3)$码为

000 0000　　100 1110

001 1101　　101 0011

010 0111　　110 1001

011 1010　　111 0100

其非零码的码重为 4,故最小距离 $d=4$,同时可以验证它具有封闭性。

(3) 循环码

顾名思义,循环码具有循环性。所谓循环性,是指通过一个码组的循环移位即可构成另一个码组。在前例中,001 1101 左移成为 011 1010,右移成为100 1110,其他码组的情况也类似,因此该$(7,3)$码是一个循环码。

(4) 检纠错能力

在线性分组码中,检纠错能力和码的最小距离 $d$ 有关,即:

① 若要检测码组中 $e$ 位误码,则需要 $d \geqslant e+1$;

② 若要纠正码组中 $t$ 位误码,则需要 $d \geqslant 2t+1$;

③ 若要纠正码组中 $t$ 位误码,且同时检测 $e$ 位误码($e \geqslant t$),则需要 $d \geqslant t+e+1$。

### 2. 奇偶检验码

检验码中最简单的是奇偶检验码,它是在数据后面加上一个奇偶检验位的编码。奇偶检验位的值是这样设定的:奇检验时,若字节的数据位中 1 的个数为奇数,则奇偶检验位的值为 0,反之为 1;偶检验时,若字节的数据位中 1 的个数为奇数,则奇偶检验位的值为 1,反之为 0。例如,当 1011 0101 通过在末尾加一位,以偶检验方式传送时,就变成了 1 0110 1011;以奇检验方式传送时,就变成了 1 0110 1010。奇偶检验码的汉明距离为 2,它只能检测单比特差错,检测错误的能力低。

### 3. CRC 码

CRC 码具有较强的检错能力,且硬件实现简单,因而在 RFID 中获得了广泛的应用。

(1) 算法步骤

CRC 码是基于多项式的编码技术。在多项式编码中,将信息位串看成阶次从 $X^{k-1}$ 到 $X^0$ 的多项式 $M(X)$ 的系数序列,多项式 $M(X)$ 的阶次为 $k-1$。在计算 CRC 码时,发送方和接收方必须采用一个共同的生成多项式 $G(X)$,$G(X)$ 的阶次应低于 $M(X)$,且最高阶和最低阶的系数为 1。

在此基础上,CRC 码的算法步骤为:

① 将 $k$ 位信息写成 $k-1$ 阶多项式 $M(X)$;

② 设生成多项式 $G(X)$ 的阶为 $r$;

③ 用模 2 除法计算 $X^r M(X)/G(X)$,获得余数多项式 $R(X)$;

④ 用模 2 减法求得传送多项式 $T(X)$, $T(X) = X^r M(X) - R(X)$, 则 $T(X)$ 多项式系数序列的前 $k$ 位为信息位, 后 $r$ 位为检验位, 总位数 $n = k + r$。

CRC 码的计算示例如图 4.4 所示。信息位串为 1111 0111, 生成多项式 $G(X)$ 的系数序列为 1 0011, 阶 $r$ 为 4, 进行模 2 除法后, 得到余数多项式 $R(X)$ 的系数序列为 1111, 所以传送多项式 $T(X)$ 的系数序列为 1111 0111 1111, 前 8 位为信息位, 后 4 位为监督检验位。

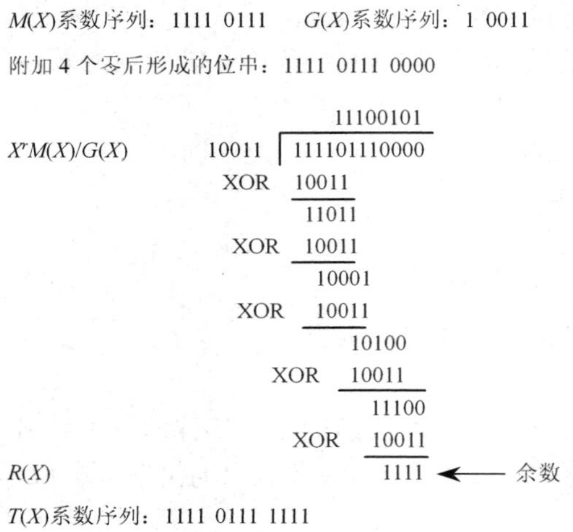

$M(X)$ 系数序列: 1111 0111　　$G(X)$ 系数序列: 1 0011

附加 4 个零后形成的位串: 1111 0111 0000

```
                                11100101
X^r M(X)/G(X)   10011 | 111101110000
                 XOR    10011
                        ─────
                        11011
                 XOR    10011
                        ─────
                        10001
                 XOR    10011
                        ─────
                        10100
                 XOR     10011
                         ─────
                         11100
                 XOR      10011
                          ─────
R(X)                      1111  ←── 余数
```

$T(X)$ 系数序列: 1111 0111 1111

图 4.4　CRC 码的计算示例

以下 3 个生成多项式已成为国际标准:

CRC-12　　　　$G(X) = X^{12} + X^{11} + X^3 + X^2 + X + 1$
CRC-16　　　　$G(X) = X^{16} + X^{15} + X^2 + 1$
CRC-CCITT　　$G(X) = X^{16} + X^{12} + X^5 + 1$

（2）检验原理

因为 $T(X)$ 一定能被 $G(X)$ 模 2 整除, 所以判断接收到的 $T(X)$ 能否被 $G(X)$ 整除, 就可以知道在传输过程中是否出现错码。当采用循环移位寄存器实现 CRC 码计算时, 应注意收、发双方的循环移位寄存器的初始值应相同。

（3）编码标准

CRC 码的优点是识别错误的可靠性较好, 且只需要少量的操作就可以实现。16 位的 CRC 码可适用于检验 4KB 数据帧的数据完整性, 而在 RFID 系统中, 传输的数据帧明显比 4KB 短, 因此除 16 位的 CRC 码外, 还可以使用 12 位（甚至 5 位）的 CRC 码。

在 ISO/IEC 14443 标准中, 采用 CRC-CCITT 的生成多项式。但应注意的是, 该标准中 TYPE A 采用 CRC-A, 计算时循环移位寄存器的初始值为 6363H; TYPE B 采用 CRC-B, 循环移位寄存器的初始值为 FFFFH。

# 4.2　防碰撞算法

RFID 系统在工作时, 可能会有一个以上的应答器同时处在阅读器的作用范围内。这样, 如果有两个或两个以上的应答器同时发送数据, 那么就会出现通信冲突, 产生数据之间的干扰, 即碰撞（冲突）。此外, 有时也可能出现多个应答器处在多个阅读器的作用范围之内, 它们之间的数据通信也会引起数据干扰, 不过一般很少考虑这种情况。为了防止碰撞的产生, RFID 系统中需要采取相应的措施来解决碰撞问题, 这些措施称为防碰撞（冲突）协议。防碰撞协议由防碰撞算法（Anti-collision Algorithms）和有关命令来实现。

RFID 系统中存在的通信方式一般有 3 种: ①无线广播, 即在一个阅读器的作用范围内存在多个应答器, 阅读器发出的数据同时被多个应答器接收; ②多路存取, 即在阅读器的作用范围内有多个应答器同时传输数据给阅读器; ③多个阅读器同时给多个应答器发送数据。在 RFID 系统中经常遇到的是"多路存取"这种通信方式。

在无线通信技术中, 多路存取的解决方法有 4 种: 空分多址（Space Division Multiple Access, SDMA）、频分多址（Frequency Division Multiple Access, FDMA）、码分多址（Code Division Multiple Access, CDMA）和时分多址（Time Division Multiple Access, TDMA）。在 RFID

系统中,一般采用 TDMA 来解决碰撞。TDMA 是一种把整个可供使用的通路容量按时间分配给多个用户的技术。

在 RFID 系统中,多路存取方式有以下特征。

① 阅读器和应答器之间数据总的传输时间由数据的大小和比特率决定,传播延时可忽略不计。

② RFID 系统可能会出现多个应答器,并且它们的数量是动态变化的,因为应答器有可能随时超出或进入阅读器的作用范围。

③ 应答器在没有被阅读器激活的情况下,不能和阅读器进行通信。对于 RFID 系统,这种主从关系是唯一的,一旦应答器被识别,就可以和阅读器以点对点的模式进行通信。

④ 相对于稳定方式的多路存取系统,RFID 系统的仲裁通信过程是短暂的过程。

防碰撞算法利用多路存取技术,使 RFID 系统中阅读器与应答器之间的数据能够完整地传输。在很多应用中,系统的性能很大程度上取决于防碰撞算法。下面介绍一些常用的防碰撞算法。

### 4.2.1 ALOHA 算法

ALOHA 是一种时分多址存取方式,它采用随机多址方式。相关研究始于 1968 年,最初由美国夏威夷大学应用于地面网络,1973 年应用于卫星通信系统。

#### 1. 纯 ALOHA 算法

纯 ALOHA 算法的基本思想很简单,即只要有数据待发,就可以发送。

在 RFID 系统中,纯 ALOHA 算法仅用于只读系统。当应答器进入射频能量场被激活以后(此时称为工作应答器),它就发送存储在应答器中的数据,且这些数据在一个周期性的循环中不断发送,直至应答器离开射频能量场。为减小出现碰撞的概率,数据传输时间只是重复周期的较少部分。

纯 ALOHA 算法的信道效率不高。数学分析指出,纯 ALOHA 算法的信道吞吐率 $S$ 与帧产生率 $G$ 之间的关系为

$$S = Ge^{-2G} \tag{4.5}$$

对上式求导,可以得出当 $G = 0.5$ 时,最大吞吐率 $S = 1/(2e) \approx 18.4\%$。

如果用"帧时"来表示发送一个标准长度的帧所需的时间,也就是帧长度除以数据传输速率(bps),那么帧产生率 $G$ 为每帧时内新、旧帧传送数的平均值,即信道的载荷。显然,发送帧不会产生碰撞(发送成功)的概率 $P$ 为

$$P = \frac{S}{G} = e^{-2G} \tag{4.6}$$

式(4.6)表明,$G$ 越大,则发送成功的概率越小。显然,帧时越长,应答器数量越多,则 $G$ 越大,发送成功的概率就越低。

#### 2. 时隙 ALOHA 算法

1972 年,Roberts 发表了一种能把 ALOHA 算法的信道效率提高一倍的方法,即时隙 ALO-HA(Slotted ALOHA)算法。

时隙 ALOHA 算法的思想是:把时间分为离散的时间段(时隙),每个时隙对应一帧,这种方法必须有全局的时间同步。在 RFID 系统中,所有应答器的同步由阅读器控制,应答器只在规定的同步时隙开始才传送数据帧,并在该时隙内完成传送。

时隙 ALOHA 算法的信道吞吐率 $S$ 和帧产生率 $G$ 的关系为

$$S = Ge^{-G} \qquad\qquad (4.7)$$

当 $G=1$ 时，吞吐率 $S$ 为最大值 $1/e$，约为 0.368，是纯 ALOHA 算法的 2 倍。

在时隙 ALOHA 算法中，所需的时隙数 $N$ 对信道的传输性能有很大影响。如果有较多应答器处于阅读器的作用范围内，而时隙数有限，再加上还有另外进入的应答器，则系统的吞吐率会很快下降。在最不利时，没有一个应答器能单独处于一个时隙中而发送成功，这时就需要进行调整以便有更多的时隙可以使用。如果准备了较多的时隙，但工作的应答器较少，则会造成传输效率降低。因此，在时隙 ALOHA 算法的基础上，人们还发展了动态时隙 ALOHA 算法，该算法可动态地调整时隙的数量。

动态时隙 ALOHA 算法的基本原理是：阅读器在等待状态中的循环时隙内发送请求命令，该命令使工作应答器同步，然后提供 1 或 2 个时隙给工作应答器使用，工作应答器将选择自己的传送时隙，如果在这 1 或 2 个时隙内有较多应答器发生了数据碰撞，则阅读器就用下一个请求命令增加可使用的时隙数（如 4，8，…），直至不出现碰撞为止。最优的帧长应与应答器的数量相关，然而当前时序需识别的应答器数量通常是无法预知的，只能进行估算。大多数方法都是根据上一帧的帧长、应答器个数、碰撞情况来估计当前帧的应答器个数，典型的方法有 Vogt 方法、TEM1、TEM2 等。

在固定帧长的 ALOHA 算法中，当应答器数量太多时，碰撞时隙较多；而当应答器数量太少时，又会有大量的空闲时隙。基于这一点，改进算法有分群时隙 ALOHA 算法、自适应的动态帧时隙 ALOHA 算法等。

### 3. $Q$ 值算法[①]

动态时隙 ALOHA 算法对待识别的应答器数量进行预测，然后动态调整最优帧长，与时隙 ALOHA 算法相比，系统效率明显改善。但是当应答器数量较多（特别是应答器数量大于 500 个）时，采用由预测应答器数量设置最优帧长的方案会使系统效率急剧下降。因此，在应答器数量较多的情况下，采用 $Q$ 值算法可实时自适应地调整帧长，从而提高效率。

在 $Q$ 值算法中，阅读器首先发送 Query 命令，该命令中含有一个参数 $Q$（取值范围 0～15），接收到命令的应答器可在 $[0, 2Q-1]$ 范围内（称为帧长）随机选择时隙，并将选择的值存入应答器的计数器中，只有计数器为 0 的应答器才能响应，其余应答器保持沉默状态。当应答器接收到阅读器发送的 QueryRep 命令时，将计数器减 1，若减为 0，则给阅读器发送一个应答信号。阅读器在其中一个通话中传输 Query 命令，则为开始一个盘存周期，一个或一个以上的应答器可以应答。阅读器检查到某个应答器应答，请求该应答器发出 PC、EPC 和 CRC-16。同时只在一个通话中进行一个盘存周期。

应答器被成功识别后，退出这轮盘存。当有两个以上应答器的计数器都为 0 时，它们会同时对阅读器进行应答，造成碰撞。阅读器检测到碰撞后，发出指令将产生碰撞的应答器的计数器设为最大值 $(2Q-1)$，继续留在这一个盘存周期中，系统继续盘存直到所有应答器都被查询过，然后阅读器发送重置命令，使碰撞过的应答器生成新的随机数。

根据上一轮识别的情况，阅读器发送 QueryAdjust 命令来调整 $Q$ 值，当应答器接收到 QueryAdjust 命令时，先更新 $Q$ 值，然后在 $[0, 2Q-1]$ 范围内选择随机值。EPC Class1 Gen2 标准中提供了一种参考算法来确定 $Q$ 值的范围，如图 4.5 所示。其中，$Q_{fp}$ 为浮点数，其初值一般设为 4.0，对 $Q_{fp}$ 四舍五入取整后得到的值即为 $Q$；$C$ 为调整步长，其典型取值范围为 $0.1 < C < 0.5$。通常当 $Q$ 值较大时，$C$ 取较小的值；而当 $Q$ 值较小时，$C$ 取较大的值。

---

　① $Q$ 表示的是阅读器发送 Query 命令时所含的一个参数，用来调整帧长。

当阅读器发送 Query 命令进行查询时,若应答标签数等于 1,则 $Q$ 值不变;若应答标签数等于 0(空闲时隙),则减小 $Q$ 值;若应答标签数大于 1(碰撞时隙),则增大 $Q$ 值。

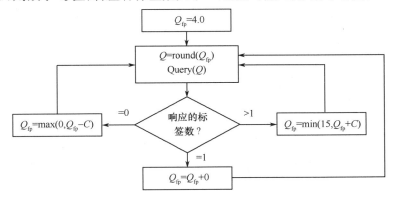

图 4.5　$Q$ 值调整算法

该算法在参数 $C$ 的辅助下对 $Q$ 值进行动态调整,但是 $C$ 太大会造成 $Q$ 值变化过于频繁,导致帧长调整过于频繁,$C$ 太小又不能快速实现最优帧长的选择。因此,研究者们对 $Q$ 值的调整进行了各种优化,提出了基于最大吞吐量调整 $Q$ 值算法和基于分组的位隙 ALOHA 算法等,这里不予介绍。

### 4.2.2　基于树的算法

基于树的算法是时分多址法,按照其工作方式可分为下面 3 种。

#### 1. 基于序列号的方法

在这种方法中,每个应答器拥有一个唯一的序列号(唯一标识符,UID),阅读器和多个应答器之间按规定的相互握手(命令和应答)顺序进行通信,以实现在较大的应答器组中选出所需的应答器。该算法要求阅读器能准确辨别碰撞的位置(位检测),算法的原理和具体实现(协议)见 4.3 节。

#### 2. 基于随机数和时隙的方法

该方法采用递归的工作方式,遇到碰撞就进行分支,成为两个子集。这些分支越来越小,直到最后分支下面只有一个信息包或者为空。分支的方法如同抛一枚硬币一样,将这些信息包随机地分为两个分支,在第一个分支里,是“抛正面”(取值为 0)的信息包。在接下来的时隙内,主要解决这些信息包所发生的碰撞。如果再次发生碰撞,则继续再随机地分为两个分支。该过程不断重复,直到某个时隙为空或者成功地完成一次数据传输,然后返回上一个分支。这个过程遵循“先入后出”(First-in Last-out)的原则,等到所有第一个分支的信息包都成功传输后,再来传输第二个分支,也就是“抛反面”(取值为 1)的信息包。

这种算法称为二进制树形算法,每次分割使搜索树增加一层分支。图 4.6 所示为 4 层($m=4$)二进制树形算法的原理示意图。每个顶点表示一个时隙,每个顶点为后面接着的过程产生子集。如果该顶点包含的信息包个数大于或等于 2,那么就产生碰撞,于是就产生两个新的分支。算法从树的根部开始,在解决这些碰撞的过程中,假设没有新的信息包到达。第一次碰撞在时隙 1 发生,开始并不知道一共有多少个信息包产生碰撞,每个信息包好像抛硬币一样,抛 0 的在时隙 2 内传输。第二次发生碰撞是在时隙 2 内,在本例中,两个信息包都是抛 1,以致时隙 3 为空。在时隙 4 内,时隙 2 中抛 1 的两个信息包又一次发生碰撞和分支,抛 0 的信息包在时隙 5 内成功传输,抛 1 的信息包在时隙 6 内成功传输,这样所有在时隙 1 内抛 0 的信息包之间的碰撞得以解决。在树根时抛 1 的信息包在时隙 7 内开始发送信息,新的碰撞发生。这里假设在树根时抛 1 的信息包有两个,而且由于两个都是抛 0,所以在时隙 8 内再次发生碰撞并再一次进行分割,抛 0 的在时隙 9 内传输,抛 1 的在时隙 10 内传输。在时隙 7 内抛 1 的实际上没有信息包,所以时隙 11 为空闲。

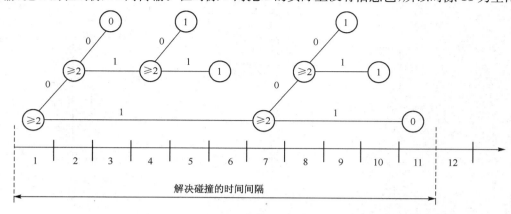

图 4.6　4 层二进制树形算法的原理示意图

只有当所有发生碰撞的信息包都被成功地识别和传输后,碰撞问题才得以解决。从开始碰撞产生,到所有碰撞问题得以解决的这段时间称为解决碰撞的时间间隔(Collision Resolution Interval,CRI)。在本例中,CRI 的长度为 11 个时隙。

二进制树形算法是在碰撞发生后如何解决碰撞问题的一种算法。需要指出的是,当碰撞正在进行时,新加入这个系统的信息包禁止传输信息,直到该系统的碰撞问题得以解决,并且所有信息包成功发送完后,才能进行新信息包的传输。例如,在上例中,在时隙 1 到时隙 11 之间,新加入这个系统的信息包,只有在时隙 12 才开始传输。

二进制树形算法也可以按照堆栈的理论进行描述。在每个时隙,信息包堆栈不断地弹出与压入,在栈顶的信息包最先传输。当发生碰撞时,先把抛 1 的信息包压入栈,再把抛 0 的信息包压入栈,这样抛 0 的信息包处在栈顶,在下一个时隙弹出并进行传输。当完成一次成功传输或者出现一次空闲时隙时,栈顶的信息包被继续弹出,依次进行发送。显然,当堆栈为空时,即碰撞问题得以解决,所有信息包成功传输。接下来,把新到达这个系统的信息包压入栈,操作过程同前。

基本的二进制树形算法被提出来后,由后人慢慢优化,有自适应二进制分裂算法、增强型防碰撞算法、新增强型防碰撞算法、二进制矩阵搜索算法、自适应分裂树算法、自适应多叉树防碰撞算法等。相比基本的二进制树形算法,这些算法均有各自的优点,总的来说,降低了碰撞和空闲时隙数,提升了效率,也有利于减少时隙长度,提高吞吐率。

### 3. 查询树算法

在二进制树形算法及其改进算法中,要求应答器具备随机数生成器和计数器,增加了应答器的设计复杂度,从而提高了设计成本。为此,人们研究出了查询树(Query Tree,QT)算法,该算法仅要求应答器具有前缀匹配电路,大大降低了应答器的设计复杂度。

在基本的 QT 算法中,阅读器首先向所有应答器广播一个前缀,应答器将接收到的前缀与自己的 ID 进行比较,若匹配,则进行响应,将自己 ID 的未匹配部分发送给阅读器。如果有多个应答器响应,就会出现碰撞,此时阅读器在前缀后面增加一位(0 或 1),生成新的前缀,再用新前缀进行查询。如此重复,直到只有一个应答器响应为止。基本的 QT 算法每次只对前缀扩展一位,碰撞时隙较多,算法运行时间较长;而每次产生碰撞时,应答器都要将其 ID 传送给阅读器,但实际上此时传输的信息并没有意义,导致传输的信息量大。为此,人们对 QT 算法进行了各种改进,主要集中在两个方面:①如何一次使前缀扩展的位数尽量多,从而减少识别应答器所需的总时隙数;②如何使应答器和阅读器间传输的信息量尽量少。

改进的算法有很多,如跳跃式动态树形防碰撞算法、自适应查询分裂算法、基于 16 位随机数的查询树算法、基于变长 ID 的防碰撞算法等,这些改进算法提高了效率,降低了应答器识别过程中总的信息量。

### 4.2.3 混合算法

基于 ALOHA 算法和基于树的算法各有优缺点。基于 ALOHA 算法原理简单、容易实现,对新到达的应答器具有较好的适应性,尤其对于应答器持续到达的情况有较好的解决方案,但该类算法存在明显的缺点:①响应时间不确定,即同一批应答器在不同时刻进行识别所需要消耗的时间相差很大;②个别应答器可能永远无法被识别;③ALOHA 算法达到最佳吞吐率的条件是其帧长等于应答器数量,当需要识别的应答器较多或选择的帧长与实际待识别应答器数量不符时,系统性能将明显下降。

基于树的算法虽然可以 100%地识别应答器,不会发生应答器"饥饿"现象(特定的标签可能会在很长的一段时间内都无法被正确识别),但阅读器与应答器之间交互次数多、通信信息量大。因此,可以将这两类算法的优点相结合,由此产生了混合算法。

混合算法主要有基于鲁棒估计和二叉选择的 FSA 算法、基于引导帧和二叉选择的 FSA 算法、交织二进制树形算法、动态时隙冲突跟踪算法。下面具体介绍前两种算法。

**1. 基于鲁棒估计和二叉选择的 FSA 算法(EB-FSA)**

该算法由两个阶段构成。

(1)估算阶段

阅读器准确地估计应答器数量,从而确定最佳帧长。首先使用固定帧长 $L_{est}$,如果发生碰撞的概率大于阈值 $P_{coll\_th}$,则阅读器按照因子 $f_d$ 减少响应的应答器数量。重复这一过程,直至碰撞的概率 $P_{coll} \leqslant P_{coll\_th}$,然后根据 $P_{coll}$ 和 $L_c = L_{est}$ 及式(4.8)估算出应答器数量 $n$。

$$P_{coll} = 1 - P_{idle} - P_{succ} = 1 - \left(1 - \frac{1}{L_c}\right)^n - n \cdot \frac{1}{L_c}\left(1 - \frac{1}{L_c}\right)^{n-1} \tag{4.8}$$

(2)识别阶段

阅读器根据估算的应答器数量 $n$ 确定最优帧长 $L$。每个应答器都有一个计数器,其初值为一个随机值,每个时隙应答器都递减自己的计数器,当计数器为 0 时,应答器发送其 ID。当有碰撞发生时,进行二叉选择,碰撞的应答器随机选择 0 或 1 作为其计数器值,其余应答器的计数器值加 1。

EB-FSA 算法在第一阶段通过对应答器数量的准确估算来确定最佳帧长,从而降低了应答器碰撞的可能性。当有碰撞发生时,在当前帧中通过二叉选择(而不是通过增加额外的帧)来解决碰撞,从而快速识别应答器。因此,EB-FSA 算法在性能上有了较大的提高,但其缺点是仍然需要额外的帧,以便对应答器数量进行估计。

**2. 基于引导帧和二叉选择的 FSA 算法(FSAPB)**

FSAPB 算法通过使用位掩码将响应的应答器分成 $M$ 个分组,用一个引导帧(长度为 $L_p$)估计第一个分组内的应答器所需的帧长。将应答器分成更小的分组可以有效降低 $L_p$ 的值,从而节约应答器所需时隙。

第一个分组中的应答器在 $L_p$ 内随机选择时隙发送其 ID,同时阅读器记录碰撞时隙的个数 $c$,估算碰撞的概率 $P_{coll} = L_p^{-1} \max(0, c - 1/2)$,并与碰撞概率的阈值 $P_{coll\_th}$ 比较。

若 $P_{coll} > P_{coll\_th}$，则只需要一个单一的识别帧。根据 $P_{coll}$ 和 $L_p$ 估算出应答器的个数 $n_1$，其方法可参考式(4.8)。当 $P_{coll}$ 较大时，用"$n_1 - L_p$ 中识别出的应答器个数"来估计识别帧 $L_1$ 的长度。在帧 $L_1$ 中，阅读器采用二叉选择的方法对 $L_p$ 中碰撞的应答器进行识别。若 $P_{coll} \leqslant P_{coll\_th}$，则表明只有少量的碰撞，不需要增加额外的帧，可以在引导帧结束后增加额外的时隙 $L_{add}$，并直接应用二叉选择，此时在 $L_p$ 中碰撞的应答器重新选择新的随机计数器值（根据在 $L_p$ 中碰撞的顺序和 $L_p$ 中的剩余时隙数进行选择）。假设应答器为均匀分布，则用位掩码分组后的每个分组也为均匀分布，因此对于第 2~M 个分组，不再需要引导帧来估算应答器个数。第 $k$ 个分组的帧长 $L_k = \gamma \cdot n_{k-1}$，其中，$\gamma$ 为常数，通常确定的 $\gamma$ 为 0.87，$n_{k-1}$ 为第 $k-1$ 个分组的应答器个数。在 $L_k$ 中，当产生碰撞时，采用二叉选择解决碰撞。

# 4.3　ISO/IEC 14443 标准中的防碰撞协议

在 ISO/IEC 14443 标准中，阅读器称为 PCD（Proximity Coupling Device），应答器称为 PICC（Proximity IC Card）。当两个或两个以上的 PICC 同时进入射频区域时，它们都接收到 PCD 发出的查询命令，根据 PICC 上的控制逻辑，会同时发送响应，这样就造成了 PICC 之间的信号冲突，PCD 无法检测到正确的信号，即发生了碰撞。因此，必须在 PICC 和 PCD 之间建立防碰撞协议，以使 PCD 能从多个 PICC 中检测出一个 PICC。

ISO/IEC 14443−3 标准中提供了 TYPE A 和 TYPE B 两种不同的防碰撞协议。TYPE A 采用位检测防碰撞协议，TYPE B 通过一组命令来管理防碰撞过程，防碰撞方案以时隙为基础。下面分别介绍这两种防碰撞协议。

### 4.3.1　TYPE A 防碰撞协议

#### 1. 帧结构

TYPE A 的帧有 3 种类型：短帧、标准帧和面向比特的防碰撞帧。

（1）短帧

短帧的结构如图 4.7 所示，由起始位 S、7 位数据位和结束位 E 构成。

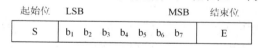

图 4.7　短帧结构

（2）标准帧

标准帧的结构如图 4.8 所示，帧中每个数据字节后有一个奇检验位 P。

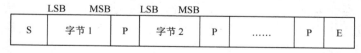

图 4.8　标准帧

（3）比特防碰撞帧

该帧仅用于防碰撞循环，它是 7 个数据字节组成的标准帧。在防碰撞过程中，它被分裂为两部分，第 1 部分从 PCD 发送到 PICC，第 2 部分从 PICC 发送到 PCD。第 1 部分数据的最大长度为 55 位，最小长度为 16 位，第 1 部分和第 2 部分的总长度为 56 位。这两部分的分裂有两种情况，如图 4.9 所示。情况 1 是在完整的字节之后分开，在完整字节后加检验位。情况 2 是在字节当中分开,在第 1 部分分开的位后不加检验位,并且对于分裂的字节,PCD 对第 2 部分的第 1 个检验位不予检查。

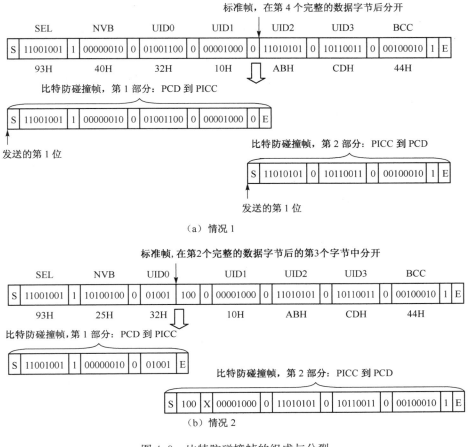

图 4.9　比特防碰撞帧的组成与分裂

## 2. 命令集

### (1) REQA/WUPA 命令

这两个命令为短帧。REQA 命令的编码为 26H(高半字节取 3 位),WUPA 命令的编码为 52H(高半字节取 3 位)。

### (2) ATQA 应答

PCD 发出 REQA 命令后,处于休闲(Idle)状态的 PICC 都应同步地以 ATQA 应答 PCD,PCD 检测是否有碰撞。ATQA 的编码结构见表 4.1。

表 4.1　ATQA 的编码结构

| 位 | $b_{16} \sim b_{13}$ | $b_{12} \sim b_9$ | $b_8$ | $b_7$ | $b_6$ | $b_5 \sim b_1$ |
|---|---|---|---|---|---|---|
| 说明 | RFU | 经营者编码 | UID 大小 | | RFU | 比特防碰撞帧方式 |

① RFU(Reserved for Future Use,备用)位都设置为 0。

② $b_8 b_7$ 编码:00 时 UID 大小为 1($CL_1$),01 时为 2($CL_2$),10 时为 3($CL_3$),11 为备用。

③ $b_5 \sim b_1$ 中仅有 1 位设置为 1,表示采用的是比特防碰撞帧方式。

### (3) ANTICOLLISION 和 SELECT 命令

PCD 接收 ATQA 应答,PCD 和 PICC 进入防碰撞循环。ANTICOLLISION 和 SELECT 命

令的格式见表 4.2。

**表 4.2　ANTICOLLISION 和 SELECT 命令的格式**

| 组成域 | SEL | NVB | UID CL$_n$ | BCC |
|---|---|---|---|---|
| 说　明 | 1 字节 | 1 字节 | 0～4 字节 | 1 字节 |

① SEL 域的编码:93H 为选择 UID CL$_1$,95H 为选择 UID CL$_2$,97H 为选择 UID CL$_3$。

② NVB(有效位数)域的编码:高 4 位为字节数编码,是 PCD 发送的字节数,包括 SEL 和 NVB,因此字节数最小为 2,最大为 7,编码范围为 0010～0111。低 4 位表示命令的非完整字节的位数,编码 0000～0111 对应的位数为 0～7 位,位数为 0 表示没有非完整字节。

SEL 和 NVB 的值指定了在防碰撞循环中分裂的位。若 NVB 指示其后有 40 个有效位(NVB ＝ 70H),则应添加 CRC-A(2 字节),该命令为 SELECT 命令。SELECT 命令是标准帧。若 NVB 指定其后有效位小于 40 位,则为 ANTICOLLISION 命令。ANTICOLLISION 命令是比特防碰撞帧。

③ UID CL$_n$:UID CL$_n$ 为 UID 的一部分,$n$ 为 1,2,3。UID CL$_n$ 域为 4 字节,其结构见表 4.3,表中的 CT 为级联标志,编码为 88H。

UID 可以是一个固定的唯一序列号,也可以是由 PICC 动态产生的随机数。当 UID CL$_n$ 为 UID CL$_1$ 时,编码见表 4.4;为 UID CL$_2$ 或 UID CL$_3$ 时,编码见表 4.5。

④ BCC:BCC 是 UID CL$_n$ 的检验字节,是 UID CL$_n$ 的 4 字节的异或。

(4) SAK 应答

PCD 发送 SELECT 命令后,与 40 位 UID CL$_n$ 匹配的 PICC 以 SAK 作为应答。SAK 为 1 字节,其结构和编码见表 4.6。$b_3$ 为 Cascade 位。$b_3$ ＝ 1 表示 UID 不完整,还有未被确认部分;$b_3$ ＝0 表示 UID 已完整。当 $b_3$ ＝ 0 时,$b_6$ ＝ 1 表示 PICC 依照 ISO/IEC 14443－4 标准的传输协议,$b_6$ ＝ 0 表示传输协议不遵守 ISO/IEC 14443－4 标准。SAK 的其他位为 RFU(备用),置 0。

**表 4.3　UID 的结构定义**

| UID 大小: 1 | UID 大小: 2 | UID 大小: 3 | UID CL$_n$ |
|---|---|---|---|
| UID0 | CT | CT | |
| UID1 | UID0 | UID0 | |
| UID2 | UID1 | UID1 | UID CL$_1$ |
| UID3 | UID2 | UID2 | |
| BCC | BCC | BCC | |
| | UID3 | CT | |
| | UID4 | UID3 | |
| | UID5 | UID4 | UID CL$_2$ |
| | UID6 | UID5 | |
| | BCC | BCC | |
| | | UID6 | |
| | | UID7 | |
| | | UID8 | UID CL$_3$ |
| | | UID9 | |
| | | BCC | |

**表 4.4　UID CL$_1$ 编码**

| UID | UID0 | UID1～UID3 |
|---|---|---|
| 说　明 | 08H | PICC 动态产生的随机数 |
| | X0～X7H(X 为 0～F) | 固定的唯一序列号 |

**表 4.5　UID CL$_2$ 或 UID CL$_3$ 编码**

| UID | UID0 | UID1～UID6(或 UID9) |
|---|---|---|
| 说　明 | ISO/IEC 7816 的标准定义的制造商标识 | 制造商定义的唯一序列号 |

**表 4.6　SAK 的结构和编码**

| 字节名称 | SAK | | | | | | | | CRC-A |
|---|---|---|---|---|---|---|---|---|---|
| 内　容 | $b_1$ | $b_2$ | $b_3$ | $b_4$ | $b_5$ | $b_6$ | $b_7$ | $b_8$ | 2 字节 |

SAK 后附加 2 字节 CRC-A，它以标准帧的形式传送。

（5）HALT 命令

HALT 命令为在 2 字节（0050H）的命令码后跟 CRC-A（共 4 字节）的标准帧。

### 3. PICC 的状态

TYPE A 型 PICC 的状态及转换图如图 4.9 所示。

① Power-off（断电）状态：在任何情况下，PICC 离开 PCD 有效作用范围即进入 Power-off 状态。

② Idle（休闲）状态：此时 PICC 加电，能对已调制信号解调，并可识别来自 PCD 的 REQA 命令。

③ Ready（就绪）状态：在 REQA 或 WUPA 命令作用下，PICC 进入 Ready 状态，此时进入防碰撞流程。

④ Active（激活）状态：在 SELECT 命令作用下 PICC 进入 Active 状态，完成本次应用应进行的操作。

⑤ Halt（停止）状态：当在 HALT 命令或在支持 ISO/IEC 14443−4 标准的传输协议时，在高层命令 DESELECT 作用下 PICC 进入此状态。在 Halt 状态，PICC 接收到 WUPA 命令后返回 Ready 状态。

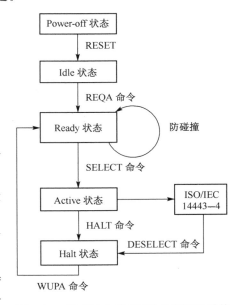

图 4.10　TYPE A 型 PICC 的状态及转换

### 4. 防碰撞流程

PCD 初始化和防碰撞流程如图 4.11 所示，包括以下步骤。

① PCD 选定防碰撞命令 SEL 的代码为 93H，95H 或 97H，分别对应于 UID $CL_1$，UID $CL_2$ 或 UID $CL_3$，即确定 UID $CL_n$ 的 $n$ 值。

② PCD 指定 NVB = 20H，表示 PCD 不发出 UID $CL_n$ 的任一部分，而迫使所有在场的 PICC 发回完整的 UID $CL_n$ 作为应答。

③ PCD 发送 SEL 和 NVB。

④ 所有在场的 PICC 发回完整的 UID $CL_n$ 作为应答。

⑤ 如果多于 1 个 PICC 发回应答，则说明发生了碰撞；如果不发生碰撞，则可跳过步骤⑥～⑩。

⑥ PCD 应认出发生第 1 个碰撞的位置。

⑦ PCD 指示 NVB 值以说明 UID $CL_n$ 的有效位数目，这些有效位是接收到的 UID $CL_n$ 发生碰撞之前的部分，后面再由 PCD 决定加一位"0"或一位"1"，一般加"1"。

⑧ PCD 发送 SEL，NVB 和有效数据位。

⑨ 只有 PICC 的 UID $CL_n$ 部分与 PCD 发送的有效数据位内容相等，才发送出 UID $CL_n$ 的其余位。

⑩ 如果还有碰撞发生，则重复步骤⑥～⑨，最大循环次数为 32。

⑪ 如果没有再发生碰撞，则 PCD 指定 NVB = 70H，表示 PCD 将发送完整的 UID $CL_n$。

⑫ PCD 发送 SEL 和 NVB，接着发送 40 位 UID $CL_n$，后面是 CRC-A 检验码。

⑬ 与 40 位 UID $CL_n$ 匹配的 PICC，以 SAK 作为应答。

⑭ 如果 UID 是完整的，则 PICC 将发送带有 Cascade 位为"0"的 SAK，同时从 Ready 状态转换到 Active 状态。

⑮ 如果 PCD 检查到 Cascade 位为 1 的 SAK，则将 UID $CL_n$ 的 $n$ 值加 1，并再次进入防碰撞循环。

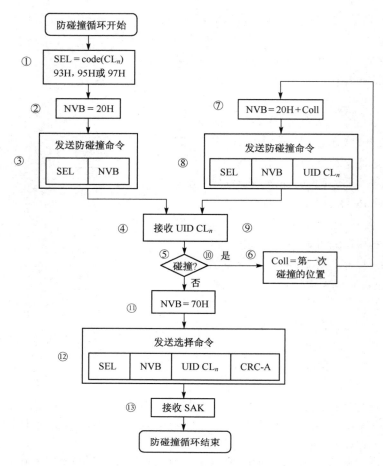

图 4.11　PCD 防碰撞循环流程

在图 4.10 中，仅给出了步骤①～⑬。

## 4.3.2　TYPE B 防碰撞协议

TYPE B 防碰撞协议为通用的时隙 ALOHA 算法，其 PICC 状态转换与防碰撞流程如图 4.12 所示。下面介绍有关的命令、应答和状态。

### 1. 命令集

（1）REQB/WUPB 命令

REQB/WUPB 命令的结构见表 4.7。

表 4.7　REQB/WUPB 命令格式

| 组成域 | Apf | AFI | PARAM | | | CRC-B |
|---|---|---|---|---|---|---|
| 说　明 | 05H | 1 字节 | RFU | REQB/WUPB | M | 2 字节 |

① Apf：前缀 Apf ＝ 05H ＝ 00000101b。

② AFI（应用族标识符）：AFI 代表由 PCD 指定的应用类型，其作用是在 PICC 应答 ATQB 之前预选 PICC。

AFI 的编码见表 4.8。AFI 编码为 1 字节，其高 4 位用于编码所有的应用族或某一类应用族，低 4 位用于编码应用子族。当 AFI＝00H 时，所有的 PICC 满足 AFI 匹配条件。当 AFI 匹配且 PARAM 域中 M 编码的 $N_{max}$＝1 时，PICC 应答 REQB/WUPB 命令。当 AFI 匹配但 M 编

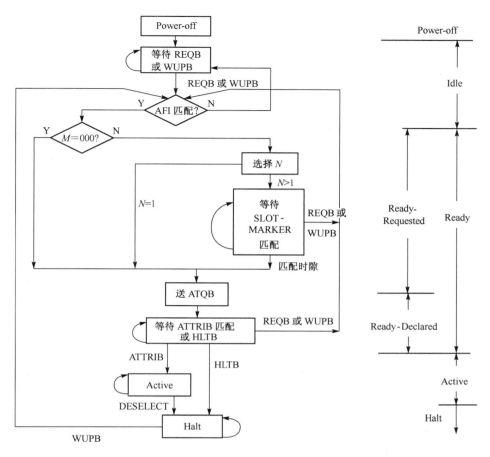

图 4.12　TYPE B 型 PICC 状态转换及防碰撞流程

码的 $N_{max} \neq 1$ 时,PICC 要选择随机时间片 $N$($N$ 在 $1 \sim N_{max}$ 之间),若 $N=1$ 则立即应答,若$N>1$则要等待 SLOT-MARKER 命令来匹配时间片。

表 4.8　AFI 编码(表中 *X*, *Y* 等于 1H~FH)

| 高 4 位(H) | 低 4 位(H) | 响应的应答器类别 | 备　　注 |
|---|---|---|---|
| 0 | 0 | 各类应用族及子族 | 无应用预选 |
| X | 0 | X 族的各子族 | 宽的应用预选 |
| X | Y | X 族的 Y 子族 | — |
| 0 | Y | 仅为 Y 子族 | — |
| 1 | 0, Y | 交通 | 公共交通工具,如公共汽车、飞机等 |
| 2 | 0, Y | 金融 | 银行、零售 |
| 3 | 0, Y | 识别 | 访问控制 |
| 4 | 0, Y | 电信、移动通信 | 公用电话、GSM 等 |
| 5 | 0, Y | 医疗 | — |
| 6 | 0, Y | 多媒体 | Internet 服务 |
| 7 | 0, Y | 游戏 | — |
| 8 | 0, Y | 数据存储 | 移动便携文件 |
| 9~F | 0, Y | 备用 | — |

③ PARAM(参数):PARAM 编码为 8 位,高 4 位备用。$b_4$ 为 REQB/WUPB 位,$b_4=0$ 时定义为 REQB 命令,PICC 在 Idle 状态和 Ready 状态应处理应答 REQB 命令;$b_4=1$ 时定义为 WUPB 命令,PICC 在 Idle 状态、Ready 状态和 Halt 状态应处理应答 WUPB 命令。M 为低 3 位,其编码定义随机时间片 $N$ 的范围,$N_{max}=1,2,4,8,16$($M=000,001,010,011,100,$而 $101,$ $110$ 和 $111$ 为备用)。PICC 收到此命令后产生的随机时间片 $N$ 应在 $1\sim N_{max}$ 之间。

表 4.9  SLOT-MARKER 命令

| 组成域 | Apn | CRC-B |
|---|---|---|
| 说明 | nnnn0101 | 12 字节 |

(2) SLOT-MARKER 命令

若多个 PICC 在同一时间进行应答,则会发生碰撞,此时 PCD 应发出时间片 SLOT-MARKER 命令。SLOT-MARKER 命令见表 4.9。

Apn 为 1 字节,Apn =nnnn0101,nnnn 为二进制时间片序号,可取值为 2,3,4,…,16,对应的 nnnn 编码为 0001,0010,0011,…,1111。也就是说,PCD 给出命令为第 nnnn 个时间片,当 PICC 产生的随机时间片 $N$ 等于 nnnn 定义的时间片时才应答。

(3) ATQB 应答

PICC 对 REQB/WUPB 命令和 SLOT-MARKER 命令的应答都是 ATQB,ATQB 的格式见表 4.10。

表 4.10  ATQB 应答的格式

| 组成域 | Apa | PUPI | Application Data | | | Protocol Info | CRC-B |
|---|---|---|---|---|---|---|---|
| 说明 | 50H | 4 字节 | AFI | CRC-B(AID) | 应用数量 | 3 字节 | 2 字节 |

① 伪唯一的 PICC 标识符(Pseudo-Unique PICC Identifier,PUPI)

PUPI 用于在防碰撞期间区分 PICC,它是由 PICC 动态产生的数或各种固定的数。PUPI 仅可在 Idle 状态改变其值。PUPI 长为 4 字节。

② Application Data

Application Data(应用数据)域用来告知 PCD 在 PICC 上已装有哪些应用,它供 PCD 在具有多 PICC 时选择所需的 PICC。应用数据域取决于 Protocol Info 域中 ADC(应用数据编码)的定义,当 ADC = 01 时,应用数据域的描述如下。

● AFI:长度为 1 字节。对于只有一种应用的 PICC,AFI 按表 4.8 的编码填入应用族;对于多应用类型的 PICC,AFI 填入应用族并附加 CRC-B(AID)域。

● CRC-B(AID):长度为 2 字节。当 PICC 的应用类型与 REQB/WUPB 命令中给出的 AFI 匹配时,它是所给出的应用标识符 AID(在 ISO/IEC 7816-5 中定义)的 CRC-B 计算结果。

● 应用数量:长度为 1 字节。它指示在 PICC 中有关应用的出现情况,高 4 位指示匹配 AFI 的应用数量,0 表示没有应用,FH 表示应用数量为 15 或更多;低 4 位指示总的应用数量。

③ Protocol Info

Protocol Info(协议信息)域给出 PICC 所支持的参数,其结构见表 4.11,总长度为 3 字节。

表 4.11  协议信息域的结构

| 参数 | 比特率 | 最大帧长 | 协议类型 | FWI | ADC | FO |
|---|---|---|---|---|---|---|
| 位 数 | 1 字节 | 4 位 | 4 位 | 4 位 | 2 位 | 2 位 |

● 比特率:该字节 $b_4=1$ 的编码为 RFU(备用),$b_4=0$ 时设置了 PCD 和 PICC 之间的通信比特率。若该字节为全 0,则 PICC 只支持 106kbps 的比特率。当 $b_4=0$,$b_8=1$ 时,PCD 和 PICC 间通信为相同比特率。$b_4=0$ 时,比特率的设置见表 4.12。

●最大帧长:4 位编码值。0～8H 对应的最大帧长为 16,24,32,40,48,64,96,128,256 字节;9H～FH 作为大于 256 字节的备用编码值。

●协议类型:编码 0000 表明 PICC 和 ISO/IEC 14443－4 传输协议不一致,编码 0001 表明 PICC 采用 ISO/IEC 14443－4 传输协议,其他编码值为备用(RFU)。

●FWI:编码为整数值 0～14,15 为备用。FWI 用于计算 FWT,FWT 是 PCD 帧结束后 PICC 开始应答的最大时间,FWT 表示为

$$\text{FWT} = \left( \frac{256 \times 16}{f_c} \right) 2^{\text{FWI}} \qquad (4.9)$$

式中,$f_c$ 为载波频率(13.56MHz)。当 FWI = 0 时,FWT = 302$\mu$s;当 FWI = 14 时,FWT = 4949ms。

●ADC:编码为 00 时,为私有的应用;为 01 时,采用前述的应用数据域定义;其他两个编码值为备用。

●FO:编码为 1X(X = 0,1)时,PICC 支持节点地址(Node Address,NAD);编码为 X1(X = 0,1)时,PICC 支持卡标识符(Card Identifier,CID)。NAD 是在第一条高层命令期间由 PCD 分配的信道标识符,用于会话期间。NAD 的编码由 8 位构成,其中 $b_8$ 和 $b_4$ 为 0,$b_7 b_6 b_5$ 为目标节点地址,$b_3 b_2 b_1$ 为源节点地址。

表 4.12　$b_4 = 0$ 时比特率的设置

| 传输方向 | 编码位 | 比特率 (kbps) |
|---|---|---|
| PCD 至 PICC | $b_1 = 1$ | 212 |
| | $b_2 = 1$ | 424 |
| | $b_3 = 1$ | 847 |
| PICC 至 PCD | $b_5 = 1$ | 212 |
| | $b_6 = 1$ | 424 |
| | $b_7 = 1$ | 847 |

(4) ATTRIB 命令

PCD 接收到正确的 ATQB 应答后发出 ATTRIB 命令,命令的格式见表 4.13。

表 4.13　**ATTRIB 命令的格式**

| 组成域 | Apc | Identifier | Param1 | Param2 | Param3 | Param4 | 高层信息 | CRC-B |
|---|---|---|---|---|---|---|---|---|
| 说明 | 1DH | 4 字节 | 1 字节 | 1 字节 | 1 字节 | 1 字节 | 长度可变 | 2 字节 |

① Identifier:它是 PICC 在 ATQB 应答中 PUPI 的值。

② Param1:Param1 编码的结构见表 4.14。

表 4.14　**Param1 编码的结构**

| 数据位 | $b_8$　$b_7$ | $b_6$　$b_5$ | $b_4$ | $b_3$ | $b_2$　　　$b_1$ |
|---|---|---|---|---|---|
| 说明 | 最小 TR0 | 最小 TR1 | EOF | SOF | RFU |

●TR0:表示 PICC 在 PCD 命令结束后到响应(发送副载波)之前的最小延迟时间,它与 PCD 的收发转换性能有关。两位编码值 00,01,10,11 对应的 TR0 值分别为 $64/f_c$(默认值),$48/f_c$,$16/f_c$ 和 RFU。载波频率 $f_c$ 为 13.56MHz。

●TR1:表示 PICC 从副载波调制启动到数据开始传送之间的最小延迟时间。TR1 是 PCD 和 PICC 同步的需要,由 PCD 的性能决定。两位编码值 00,01,10,11 对应的 TR1 值分别为 $80/f_c$(默认值),$64/f_c$,$16/f_c$ 和 RFU。

●EOF/SOF:EOF 和 SOF 各 1 位,用于表示 PCD 在 PICC 向 PCD 通信时是否需要 EOF(帧结束)和(或)SOF(帧开始)标识符。应注意的是,在防碰撞期间,PCD 和 PICC 之间双向传送的帧都需要 SOF 和 EOF 标识符。当 SOF 和 EOF 位为 0 时,需要 SOF 和 EOF 标识符;编码为 1 时,表示不需要。

③ Param2：Param2 的低 4 位编码表示最大的帧长度，0～8H 对应的最大帧长分别为 16，24，32，40，48，64，96，128，256 字节，9H～FH 为备用（>256 字节）。

Param2 的高 4 位编码表示比特率。当 PCD 向 PICC 通信时，$b_6 b_5$ 编码为 00，01，10，11，对应的比特率为 106，212，424，847kbps；当 PICC 向 PCD 通信时，$b_8 b_7$ 编码为 00，01，10，11，对应的比特率为 106，212，424，847kbps。

④ Param3：低 4 位用于编码协议类型，编码同表 4.11 中的协议类型编码。高 4 位设置为 0，其他值为备用。

⑤ Param4：低 4 位称为 CID，用于定义被寻址的 PICC 的逻辑号，其值为 0～14，值 15 为备用。CID 由 PCD 给出，对同一时刻每个处于 Active 状态的 PICC 是唯一的。若 PICC 不支持 CID，则编码值应为 0。高 4 位设置为 0，其他值为备用。

⑥ 高层信息：高层信息是可选项，长度可为 0 字节。选用时用于传送高层信息。

从上面对 ATTRIB 命令的介绍可以看出，PCD 通过 ATTRIB 命令可以实现对某个 PICC 的选择，使其进入 Active 状态。

（5）对 ATTRIB 命令的应答

PICC 对有效 ATTRIB 命令（正确的 PUPI 和 CRC-B）应答的格式见表 4.15。

表 4.15　ATTRIB 命令的应答格式

| 组成域 | MBLI | CID | 高层响应 | CRC-B |
|---|---|---|---|---|
| 位　长 | 4 位 | 4 位 | 0 或多字节 | 2 字节 |

① MBLI：第一字节的高 4 位称为最大缓存器容量索引（Maximum Buffer Length Index，MBLI），PICC 通过该编码告知 PCD，当 PCD 向 PICC 发送链接帧（链接帧的概念见第 6 章 6.3.3 节）时，应保证不能超出该编码所规定的最大缓存器容量（MBL）。MBLI 和 MBL 的关系为

$$MBL = FL_{max} \times 2^{MBLI-1} \tag{4.10}$$

式中，$FL_{max}$ 为 PICC 的最大帧长。当 MBLI>0 时，PICC 最大帧长由 PICC 在 ATQB 应答中提供。当 MBLI = 0 时，PICC 规定在它的内部输入缓存器中不存放信息。

② CID：返回 CID 值，若 PICC 不支持 CID，则其编码值为 0000。

③ 高层响应：该段的长度为 0 或更多字节，为对高层命令的响应。

（6）HLTB 命令与应答

HLTB 命令用于将 PICC 置于 Halt 状态。此时 PICC 除接收 WUPB 命令外，其他命令对它没有影响。HLTB 命令的结构由 3 部分组成：①第一字节为 50H；②4 字节的 Identifier（PUPI）；③CRC-B。

PICC 收到 HLTB 命令后的应答帧结构为：①第一字节为 00H；②CRC-B。

**2. 防碰撞示例**

图 4.13 所示为 TYPE B 防碰撞过程示例，这是一个有 3 个 PICC 的防碰撞过程。

**3. 状态转换**

TYPE B 的状态与转换条件已画在图 4.12 中，不再详述，但需要说明以下两点。

① Ready 状态可分为 Ready-Requested（就绪-请求）和 Ready-Declared（就绪-宣布）两个子状态。当 PICC 在 Idle 状态接收到有效的 REQB 命令，且规定发送 ATQB 的时隙不是第一个时隙时，进入就绪-请求状态，直到和 SLOT-MARKER 命令的时隙匹配，才能进入就绪-宣布状态。在就绪-宣布状态，PICC 监听 ATTRIB、HLTB、REQB/WUPB 3 种命令，以决定其下一个状态的转换。

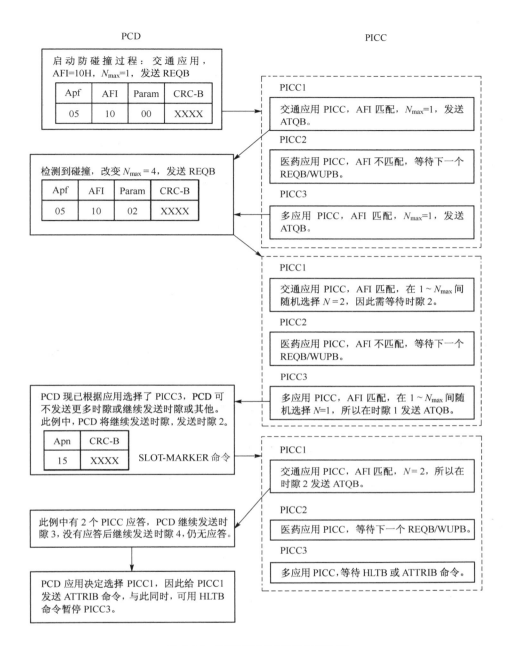

图 4.13　TYPE B 防碰撞过程示例

② DESELECT 命令是 PCD 发送的高层命令(在 ISO/IEC 14443－4 中规定)。接收到 DESELECT命令后,PICC 从 Active 状态进入 Halt 状态。在高层协议中,也可通过高层命令使 PICC 进入 Idle 状态。

# 4.4　碰　撞　检　测

前两节介绍了防碰撞算法和协议,无论什么协议都需要判断是否发生了碰撞才能进行下一步的操作,因此碰撞检测是实现防碰撞算法和协议必不可少的重要环节。

不同的防碰撞算法,对碰撞检测的要求会有不同。例如,要实现 ISO/IEC 14443 标准中的 TYPE A 防碰撞协议,必须辨别碰撞是在哪一位发生的。对于时隙 ALOHA 算法,可以不必追究是在哪一位发生了碰撞,只要判别在该时隙是否发生了碰撞即可。

判断是否产生了数据信息的碰撞可以采用下述 3 种方法:① 检测接收到的电信号参数(如信号电压幅度、脉冲宽度等)是否发生了非正常变化,但是对于无线电射频环境,门限值较难设置;② 通过差错检测方法检查有无错码,虽然应用奇偶检验码、CRC 码检查到的传输错误不一定是数据碰撞引起的,但是这种情况的出现也被认为是出现了碰撞;③ 利用某些编码的性能,检查是否出现非正常码来判断是否产生数据碰撞,如曼彻斯特码,若以 2 倍数据时钟频率的 NRZ 码表示曼彻斯特码,则出现 11 码就说明产生了碰撞,并且可以知道碰撞发生在哪一位。

# 4.5　防碰撞 RFID 系统设计实例

为更好地了解防碰撞实现的过程,下面以 MCRF250 无源 RFID 芯片为例介绍该防碰撞 RFID 系统的设计。

## 4.5.1　无源 RFID 芯片 MCRF250

### 1. 简介

MCRF250 芯片是 Microchip 公司生产的非接触可编程无源 RFID 器件,工作频率(载波)为 125kHz。该器件有两种工作模式:初始模式(Native)和读模式。初始模式是指 MCRF250 芯片具有一个未被编程的存储阵列,而且能够在非接触编程时提供一个默认状态。在初始模式下,波特率为载波频率的 128 分频,调制方式为 FSK,数据码为 NRZ 码。读模式是指在接触和非接触方式编程后的永久工作模式。在读模式下,MCRF250 芯片中的配置寄存器的锁存位 CB12 置 1,芯片上电后进入防碰撞数据传输状态。

MCRF250 芯片的主要性能如下:

● 只读数据传输,片内带有一次性可编程(OTP)的 96 位或 128 位用户存储器(支持 48 位或 64 位协议);

  ● 具有片上整流和稳压电路;

  ● 低功耗;

  ● 编码方式为 NRZ 码、曼彻斯特码和差分曼彻斯特码;

  ● 调制方式为 FSK、PSK 和直接调制;

  ● 封装方式有 PDIP 和 SOIC 两种。

### 2. 工作原理

MCRF250 芯片的内部电路框图如图 4.14 所示,它与阅读器构成一个应用系统。引脚 VA 和 VB 外接电感 $L_1$ 和电容 $C_1$ 构成谐振电路,谐振频率为 125kHz,$L_1$ 的参考值为 4.05mH,$C_1$ 的参考值为 390pF。阅读器一侧的射频前端天线电路谐振于 125kHz,用于输出射频能量,同时也用于接收 MCRF250 芯片以负载调制方式传来的数字信号。

(1)射频前端电路

射频前端电路用于完成芯片所有的模拟信号处理和变换功能,包括天线、电源(工作电压 $V_{DD}$ 和编程电压 $V_{PP}$)、时钟、载波中断检测、上电复位、负载调制等电路。此外,它还用来实现编码调制方式的控制。

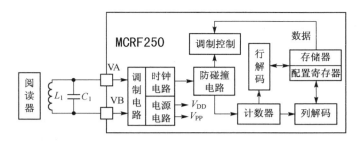

图 4.14　MCRF250 芯片的内部电路框图

（2）配置寄存器

配置寄存器用于确定芯片的工作参数。配置寄存器可以由制造商在生产过程中编程，也可以采用非接触方式编程。配置寄存器共有 12 位，其功能如图 4.14 所示。位 10（CB10）用于设置 PSK 速率，置 1 时速率为 $f_c/4$，置 0 时速率为 $f_c/2$（$f_c$ 为载波频率 125kHz）。当 CB12 为 0 时，表示存储阵列未被锁定；为 1 时表示成功地完成了接触编程或非接触编程，此时芯片工作于防碰撞只读模式下。其他位的配置、设置见图 4.15，不再详述。

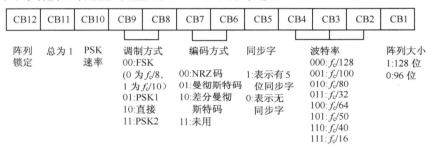

图 4.15　配置寄存器各设置位的功能

（3）防碰撞电路

MCRF250 芯片内有防碰撞电路，当发生碰撞时，芯片可停止数据发送，并在防碰撞电路的控制下，再一次在适当的时候传输数据。这种功能保证了当阅读器射频能量场中有多个应答器时，可以逐一读取。该防碰撞措施要求阅读器应具有提供载波信号中断时隙（Gap）和碰撞检测的能力。

## 4.5.2　基于 FSK 方式的碰撞检测方法

125kHz 应答器的防碰撞技术目前尚未形成统一的标准，很多厂家都拥有自己的专利。对于 MCRF250 芯片的阅读器设计，其主要特点是要具有防碰撞能力，即阅读器应具有提供 Gap 和碰撞检测的能力。阅读器提供的 Gap 用于保证时间上的同步，碰撞检测可判断有无碰撞发生。

碰撞检测可采用位检测方法。位检测可以采用幅度、位宽的检测或非正常码出现等方法，下面介绍一种基于 FSK 调制方式的碰撞检测方法。

该方法通过检测位宽的变化来判断碰撞的发生。位宽的变化和调制方式有关，当采用 NRZ 码 FSK 调制时，发现如果位 0 和位 1 碰撞，其合成波形的位宽会有比较明显的变化，图 4.16 所示为碰撞情况的时序图。图中，位 0 的 FSK 频率为 $f_c/8$，位 1 的 FSK 频率为 $f_c/10$，$f_c$ 为载波频率（125kHz），$T_c$ 为载波周期，NRZ 码位宽为 $40T_c$。

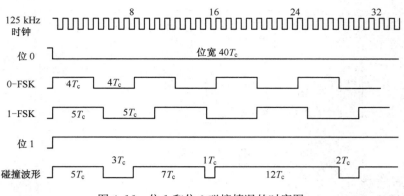

图 4.16　位 1 和位 0 碰撞情况的时序图

从图 4.16 可见,经放大滤波整形电路后,若位 1 和位 0 产生碰撞,则碰撞冲突后的波形将出现 $7T_c$ 和 $12T_c$ 宽的脉冲,而正常情况下,位 0 的 FSK 调制脉宽为 $4T_c$,位 1 的 FSK 调制脉宽为 $5T_c$。因此,用计数器进行位宽检测,判断是否出现大于 $5T_c$ 的脉宽,就可以判断是否出现了碰撞。

### 4.5.3　FSK 防碰撞阅读器的设计

(1) 阅读器组成框图

FSK 防碰撞阅读器的电路组成框图如图 4.17 所示,由晶体振荡器(4MHz)、分频器、功率放大器、Gap 产生电路、包络检波电路、放大滤波整形电路、FSK 解调电路、碰撞检测电路和微控制器组成。

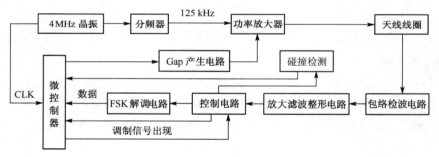

图 4.17　FSK 防碰撞阅读器的电路组成框图

(2) 防碰撞流程

MCRF250 芯片的防碰撞流程如图 4.18 所示。首先,阅读器开始送出 Gap,其时间间隔(载波缺损时间)为 $60\mu s$(误差不大于 20%)。然后,等待 5 个位宽时间,检测有无调制信号出现,若有调制信号出现,再判断是否发生碰撞。如果无碰撞出现,则读完该 MCRF250 芯片数据后,再按规定形成一个新的 Gap,以进行下一次读取。

流程中的主要工作由微控制器的程序实现。对于功率放大器,特别是 D 类功率放大器,由微控制器程序产生 Gap 是很容易实现的。

(3) 其他电路

图 4.17 中的其他电路模块在本书的有关章节已有相应介绍,不再赘述。

防碰撞技术是 RFID 中的一项重要技术,不同的芯片所采用的措施和方法会有所差异,需要仔细地进行分析和研究。

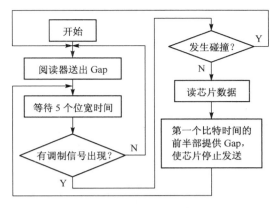

图 4.18　防碰撞流程图

# 本 章 小 结

本章主要介绍了 RFID 系统中数据传输的完整性问题,包括数据校验与防碰撞两个方面。

数据校验借助检纠错码,检纠错码按其构造可分为分组码、卷积码和交织码。编码性能包括编码效率和对误码的检纠错能力。RFID 中的差错检测编码采用线性分组码,其中奇偶检验码和 CRC 码的应用最广泛。

防碰撞技术是 RFID 系统的关键技术之一。常用的防碰撞算法有 ALOHA 算法、基于树的算法等。防碰撞协议由算法、一组命令及通信规范组成。作为防碰撞协议的示例,介绍了 ISO/IEC 14443 标准中 TYPE A 和 TYPE B 两种防碰撞协议,前者基于位碰撞检测的二进制树形算法,后者基于时隙匹配的动态时隙算法。

MCRF250 无源 RFID 芯片具有防碰撞能力,采用基于 FSK 调制方式的碰撞检测方法,通过软、硬件设计,可以构建一个具有防碰撞能力的简单 RFID 系统。

# 习　题　4

4.1　分组码、卷积码和交织码有什么不同?

4.2　讨论线性分组码的检纠错能力。

4.3　在传输的帧中,被检验部分和 CRC 码组成的序列为 11 0000 0111 0111 0101 0011 0111 1000 0101 1011。若已知生成项的阶数为 4 阶,请给出余数多项式。

4.4　简述纯 ALOHA 算法和时隙 ALOHA 算法的基本原理及它们之间的区别。

4.5　简述基于随机数(0 或 1)和时隙的防碰撞过程。

4.6　在题图 4.1 中,防碰撞协议采用 ISO/IEC 14443 标准中的 TYPE A。设阅读器(PCD)射频能量场内有两个应答器 PICC#1 和 PICC#2,其 UID $CL_n$ 分别为 UID $CL_1$ 和 UID $CL_2$。请解释图示的防碰撞过程。

4.7　简述 ISO/IEC 14443 标准中 TYPE B 的防碰撞过程。

4.8　在 ISO/IEC 14443 标准 TYPE B 中,处于 Ready-Declared 状态的 PICC 对哪些命令的接收会使其状态发生转换? 转换的下一个状态是什么?

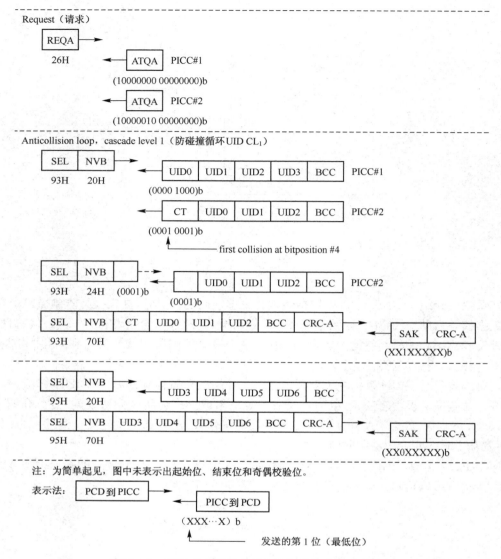

题图 4.1　PCD 选择两个 PICC 的防碰撞过程示意图

# 第5章　RFID系统数据传输的安全性

**内容提要:**本章主要讨论RFID系统的安全性问题,主要内容包括密码学的基本概念,对称密码体制和非对称密码体制,序列密码、DES、RSA、ECC等算法,RFID中的认证问题,应答器中的密钥与密钥管理等。

**知识要点:**密钥、加密、解密、秘密密钥、公开密钥、私人密钥、序列密码、$m$序列、DES、AES、RSA、ECC、认证、三次认证过程、分级密钥、存储区分页密钥、主密钥、二级密钥、初级密钥。

**教学建议:**本章教学内容体现在两个方面:一是有关信息安全的基础知识,二是RFID系统中的安全技术措施,应以后者为重点。本章建议学时为**4学时**。

## 5.1　信息安全概述

信息安全主要解决数据保密和认证的问题。数据保密就是采取复杂多样的措施对数据加以保护,防止数据被有意或无意地泄露给无关人员,从而造成危害。认证分为信息认证和用户认证两个方面,信息认证是指信息在从发送到接收整个通路中没有被第三者修改和伪造,用户认证是指用户双方都能证实对方是这次通信的合法用户。

随着RFID系统应用范围的不断扩大,其信息安全问题也日益受到重视。由于RFID系统应用领域差异非常大,不同应用对安全性的要求也不同,因此在设计RFID系统的安全方案时,应以经济实用、操作方便为宜。

应答器通常都具有较高的物理安全性,体现在下述方面:①制造工艺复杂,设备昂贵,因此伪造应答器的成本较高,一般难以实现;②在生产制造过程中,对各个环节都予以监控记录,确保不会出现生产制造过程中的缺失;③在发行过程中,采取严格的管理流程;④应答器都必须符合标准规范所规定的机械、电气、寿命和抵御各种物理、化学危害的能力。

对于高度安全的RFID系统,除物理安全性外,还应考虑多层次的安全问题,以增强抵御各种攻击的能力。通常攻击的方式分为被动攻击和主动攻击。截获信息的攻击称为被动攻击,如试图非法获取应答器中的重要数据信息等,应对被动攻击的主要技术手段是加密。更改、伪造信息和拒绝用户使用资源的攻击称为主动攻击,对应主动攻击的重要技术是认证技术。

## 5.2　密码学基础

### 5.2.1　密码学的基本概念

图5.1所示为一个加密模型。欲加密的信息$m$称为明文,明文经某种加密算法$E$的作用后转换成密文$c$,加密算法中的参数称为加密密钥$K$。密文经解密算法$D$的变换后恢复为明文,解密算法也有一个密钥$K'$(称为解密密钥),它和加密密钥$K$可以相同也可以不同。

由图5.1所示的模型,可以得到加密和解密变换的关系式为

$$c = E_K(m) \tag{5.1}$$

$$m = D_{K'}(c) = D_{K'}(E_K(m)) \tag{5.2}$$

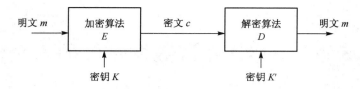

图 5.1　加密模型

密码学包含密码编码学和密码分析学。密码编码学研究密码体制的设计,破译密码的技术称为密码分析。密码学的一条基本原则是必须假定破译者知道通用的加密方法,也就是说,加密算法 $E$ 是公开的,因此真正的秘密就在于密钥。

密钥的使用应注意以下问题:①密钥的长度很重要,密钥越长,密钥空间就越大,遍历密钥空间所花的时间就越长,破译的可能性就越小,但密钥越长,加密算法的复杂度、所需存储容量和运算时间都会增加,需要更多的资源;②密钥应易于更换;③密钥通常由一个密钥源提供,当需要向远地传送密钥时,一定要通过另一个安全信道。

密码分析所面对的主要情况是:①仅有密文而无明文的破译,称为"只有密文"问题;②拥有了一批相匹配的明文和密文,称为"已知明文问题";③能够加密自己所选的一些明文时,称为"选择明文"问题。对于一个密码体制,如果破译者即使能够加密任意数量的明文,也无法破译密文,则这一密码体制称为无条件安全的,或称为理论上是不可破的。在无任何限制的条件下,目前几乎所有实用的密码体制均是可破的。如果一个密码体制中的密码不能被可以使用的计算机资源破译,则这一密码体制称为在计算上是安全的。

密码学的思想和方法起源甚早。在近代密码学的发展史上,美国的数据加密标准(DES)和公钥密码体制的出现,是两项具有重要意义的事件。

### 5.2.2　对称密码体制

#### 1. 概述

对称密码体制是一种常规密钥密码体制,也称为单钥密码体制或私钥密码体制。在对称密码体制中,加密密钥和解密密钥相同。

从得到的密文序列的结构来划分,有序列密码和分组密码两种不同的密码体制。序列密码是将明文 $m$ 看成连续的比特流(或字符流)$m_1 m_2 \cdots$,并且用密钥序列 $K = K_1 K_2 \cdots$ 中的第 $i$ 个元素 $K_i$ 对明文中的 $m_i$ 进行加密,因此也称为流密码。分组密码是将明文划分为固定的 $n$ 位的数据组,然后以组为单位,在密钥的控制下进行一系列的线性或非线性的变化而得到密文。分组密码的一个重要优点是不需要同步。对称密码体制算法的优点是计算开销小、速度快,是目前用于信息加密的主要算法。

#### 2. 分组密码

分组密码中具有代表性的是数据加密标准(Data Encryption Standard, DES)和高级加密标准(Advanced Encryption Standard, AES)。

(1) DES

DES 由 IBM 公司于 1975 年研究成功并发表,1977 年被美国定为联邦信息标准。DES 的分组长度为 64 位,密钥长度为 56 位,将 64 位的明文经加密算法变换为 64 位的密文。DES 算法的流程图如图 5.2 所示。

64 位的明文 $m$ 经初始置换 IP 后的 64 位输出分别记为左半边 32 位 $L_0$ 和右半边 32 位 $R_0$,然后经过 16 次迭代。如果用 $m_i$ 表示第 $i$ 次的迭代结果,同时令 $L_i$ 和 $R_i$ 分别代表 $m_i$ 的左半边

和右半边,则从图 5.2 可知

$$L_i = R_{i-1} \tag{5.3}$$

$$R_i = L_{i-1} \oplus f(R_{i-1}, K_i) \tag{5.4}$$

式中,$i$ 等于 1, 2, 3, …, 16;$K_i$ 为 48 位的子密钥,它由原来的 64 位密钥(但其中第 8, 16, 24, 32, 40, 48, 56, 64 位是奇偶检验位,所以密钥实质上只有 56 位)经若干次变换后得到。

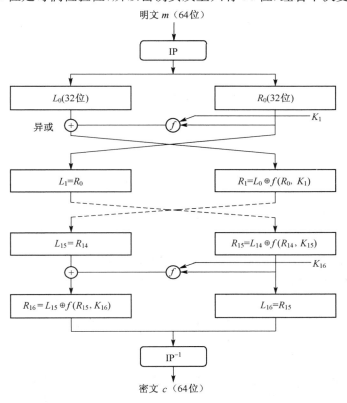

图 5.2　DES 加密算法

每次迭代都要进行函数 $f$ 的变换、模 2 加运算和左右半边交换。在最后一次迭代之后,左右半边没有交换,这是为了使算法既能加密又能解密。最后一次的变换是 IP 的逆变换 $\mathrm{IP}^{-1}$,其输出为密文 $c$。

$f$ 函数的变换过程如图 5.3 所示。$E$ 是扩展换位,其作用是将 32 位输入转换为 48 位输出。$E$ 输出经过与 48 位密钥 $K_i$ 异或后分成 8 组,每组 6 位,分别通过 8 个 S 盒($S_1 \sim S_8$)后又缩为 32 位。S 盒的输入为 6 位,输出为 4 位。$P$ 是单纯换位,其输入、输出都是 32 位。

(2) AES

AES 是分组加密算法,分组长度为 128 位,密钥长度有 128 位、192 位、256 位 3 种,分别称为 AES-128,AES-192,AES-256。

DES 是 20 世纪 70 年代中期公布的加密标准,随着时间的推移,DES 会更加不安全。AES 和 DES 的不同之处有:① DES 密钥长度为 64 位(有效位为 56 位),加密数据分组为 64 位,循环轮数为 16 轮;AES 加密数据分组为 128 位,密钥长度为 128,192,256 位 3 种,对应循环轮数为 10,12,14 轮。② DES 中有 4 种弱密钥和 12 种半弱密钥,AES 选择密钥是不受限制的。③ DES 中没有给出 S 盒是如何设计的,而 AES 的 S 盒是公开的。因此,AES 在电子商务等众多方面获得了更广泛的应用。

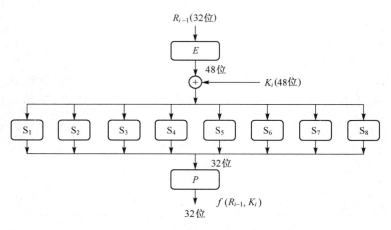

图 5.3　$f$ 函数的变换过程

### 3. 序列密码

序列密码也称为流密码,由于其计算复杂度低,硬件实现容易,因此在 RFID 系统中获得了广泛应用。

## 5.2.3　非对称密码体制

非对称密码体制也称为公钥密码体制、双钥密码体制。它的产生主要有两个方面的原因:一是由于对称密码体制的密钥分配问题,另一个是对数字签名的需求。1976 年,Diffie 和 Hellman提出了一种全新的加密思想,即公开密钥算法,它从根本上改变了人们研究密码系统的方式。公钥密码体制在智能卡中获得了较好应用,而在 RFID 系统中的应用仍是一个待研究开发的课题。

### 1. 公开密钥与私人密钥

在 Diffie 和 Hellman 提出的方法中,加密密钥和解密密钥是不同的,并且从加密密钥不能得到解密密钥。加密算法 $E$ 和解密算法 $D$ 必须满足以下 3 个条件:① $D(E(m))=m,m$ 为明文; ② 从 $E$ 导出 $D$ 非常困难;③ 使用"选择明文"攻击不能破译,即破译者即使能加密任意数量的选择明文,也无法破译密文。

在这种算法中,每个用户都使用两个密钥:其中加密密钥是公开的,用于其他人向他发送加密报文(用公开的加密密钥和加密算法);解密密钥用于自己对收到的密文进行解密,这是保密的。通常称公开密钥算法中的加密密钥为公开密钥,解密密钥为私人密钥,以区别传统密码学中的秘密密钥。

### 2. RSA 算法

目前,公钥密码体制中最著名的算法称为 RSA 算法。RSA 算法基于数论的原理,即对一个大数的素数分解很困难。下面对其算法的使用进行简要介绍。

(1) 密钥获得

密钥获取的步骤如下:

① 选择两个大素数 $p$ 和 $q$,它们的值一般应大于 $10^{100}$;

② 计算 $n=p\times q$ 和欧拉函数 $\phi(n)=(p-1)(q-1)$;

③ 选择一个和 $\phi(n)$ 互质的数,令其为 $d$,且 $1\leqslant d\leqslant\phi(n)$;

④ 选择一个 $e$,使其能满足 $e\times d\equiv 1(\bmod \phi(n))$,"$\equiv$"是同余号,则公开密钥由 $(e,n)$ 组成,私人密钥由 $(d,n)$ 组成。

（2）加密方法

① 首先将明文看成一个位串，将其划分成一个个的数据块 $M$，且满足 $0 \leqslant M < n$。为此，可求出满足 $2^k < n$ 的最大 $k$ 值，保证每个数据块长度不超过 $k$ 即可。

② 对数据块 $M$ 进行加密，计算 $C \equiv M^e (\bmod\ n)$，$C$ 就是 $M$ 的密文。

③ 对 $C$ 进行解密时的计算为 $M \equiv C^d (\bmod\ n)$。

（3）算法示例

简单地取 $p = 3$，$q = 11$，密钥生成算法如下：

① $n = p \times q = 3 \times 11 = 33$，$\phi(n) = (p-1)(q-1) = 2 \times 10 = 20$；

② 由于 7 和 20 没有公因子，所以可取 $d = 7$；

③ 解方程 $7e \equiv 1 (\bmod\ 20)$，得到 $e = 3$；

④ 公开密钥为（3，33），私人密钥为（7，33）。

假设要加密的明文 $M = 4$，则由 $C \equiv M^e (\bmod\ n) = 4^3 (\bmod\ 33)$ 可得 $C = 31$，接收方解密时，由 $M \equiv C^d (\bmod\ n) = 31^7 (\bmod\ 33)$ 可得 $M = 4$，即可恢复出原文。

（4）RSA 算法的特点

RSA 算法方便，若选 $p$ 和 $q$ 为大于 100 位的十进制数，则 $n$ 为大于 200 位的十进制数或大于 664 位的二进制数（83 字节），这样可一次对 83 个字符加密。RSA 算法的安全性取决于密钥长度，对于当前的计算机水平，一般认为选择 1024 位长的密钥，即可认为是无法攻破的。RSA 算法由于所选的两个素数很大，因此运算速度慢。通常，RSA 算法用于计算机网络中的认证、数字签名和对一次性的秘密密钥的加密。

在智能卡上实现 RSA 算法，仅凭 8 位 CPU 是远远不够的，因此有些智能卡芯片增加了加密协处理器，专门处理大整数的基本运算。

**3. 椭圆曲线密码体制（ECC）**

（1）椭圆曲线（Elliptic Curves，EC）

椭圆曲线是指光滑的 Weierstrass 方程所确定的平面曲线。Weierstrass 方程为

$$y^2 + a_1 xy + a_3 y = x^3 + a_2 x^2 + a_4 x + a_6 \tag{5.5}$$

方程中的参数定义在某个域上，可以是有理数域、实数域、复数域或者 Galois Field（GF）域。

椭圆曲线密码体制来源于对椭圆曲线的研究。在密码应用中，人们关心的是有限域上的椭圆曲线，而有限域主要考虑的是素域 $GF(p)$ 和二进制域 $GF(2^m)$，符号中 $p$ 表示素数，$m$ 为大于 1 的整数。有时将椭圆曲线记为 $E/K$，以强调椭圆曲线 $E$ 定义在域 $K$ 上，并称 $K$ 为 $E$ 的基础域。

（2）椭圆曲线的简化式

① 域 $K$ 是 $GF(2^m)$

阶为 $2^m$ 的域称为二进制域或特征为 2 的有限域，构成 $GF(2^m)$ 的一种方法是采用多项式基表示法。此时，椭圆曲线的简化形式有两种。第一种称为非超奇异椭圆曲线，其椭圆曲线方程为

$$y^2 + xy = x^3 + ax^2 + b \tag{5.6}$$

式中，$a$，$b \in K$。第二种称为超奇异椭圆曲线，其椭圆曲线方程为

$$y^2 + cy = x^3 + ax^2 + b \tag{5.7}$$

② 域 $K$ 是一个特征不等于 2 或 3 的素域

设 $p$ 是一个素数，以 $p$ 为模，则模 $p$ 的全体余数的集合 $\{0, 1, 2, \cdots, p-1\}$ 关于模 $p$ 的加法和乘法构成一个 $p$ 阶有限域，则域 $K$ 可用 $GF(p)$ 表示。当域 $K$ 是一个特征不等于 2 或 3 的素域时，椭圆曲线具有简化形式

$$y^2 = x^3 + ax + b \tag{5.8}$$

式中,$a$,$b \in K$。曲线的判别式是 $\Delta = 4a^3 + 27b^2 \neq 0$,$\Delta \neq 0$ 以确保椭圆曲线是光滑的,即曲线上的所有点都没有两个或两个以上的不同切线。

设 $x$,$y \in K$,若 $(x, y)$ 满足式(5.8),则称 $(x, y)$ 为椭圆曲线 $E$ 上的一个点。图 5.4 所示为椭圆曲线上的点加和倍点(2 倍)运算的几何表示。

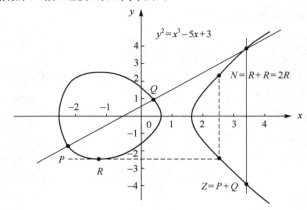

图 5.4　椭圆曲线的点加和倍点(2 倍)运算的几何表示

从几何角度定义的两点加法运算的过程如下:作 $PQ$ 连线交曲线于另一点,过该点作平行于纵坐标轴的直线交曲线于点 $Z$,则 $Z$ 即为 $PQ$ 两点之和,记为 $Z = P + Q$。

倍点运算的过程为:在 $R$ 点作切线,交曲线于另一点,过该点作平行于纵坐标轴的直线交曲线于 $N$ 点,则记 $N = R + R = 2R$。

椭圆曲线的阶 $\sharp E(K)$ 定义如下:满足椭圆曲线方程的所有点及一个称为无穷远点 $\infty$ 的集合 $E(K)$ 是一个有限集,该集合中元素的个数称为该椭圆曲线的阶,记为 $\sharp E(K)$。若点 $P$ 为椭圆曲线 $E/K$ 上的点,满足条件 $nP = \infty$ 的最小整数 $n$ 称为点 $P$ 的阶。

(3)椭圆曲线上的离散对数问题

椭圆曲线上的离散对数问题(ECDLP)定义如下:给定椭圆曲线 $E$ 及其上两点 $P$,$Q \in E$,寻找一个整数 $d$,使得 $Q = dP$,如果这样的数存在,这就是椭圆曲线离散对数。也就是说,选择该椭圆曲线上的一个点 $P$ 作为基点,那么给定一个整数 $d$,计算 $dP = Q$ 是容易的,但要是从 $Q$ 点及 $P$ 点推导整数 $d$ 则是非常困难的。椭圆曲线应用到密码学上最早是由 Victor Miller 和 Neal Koblitz 各自在 1985 年提出的。

(4)安全椭圆曲线

椭圆曲线上的公钥密码体制的安全性建立在椭圆曲线离散对数的基础上,但并不是所有椭圆曲线都可以应用到公钥密码体制中,为保证安全性,必须选取安全椭圆曲线。安全椭圆曲线是指阶为大素数或含大素数因子的椭圆曲线。

(5)椭圆曲线参数组

椭圆曲线参数组可以定义为

$$T = (F, a, b, P, n, h) \tag{5.9}$$

式中,$F$ 表示一个有限域 $K$ 及它的阶;两个系数 $a$,$b \in K$,定义了椭圆曲线的方程式;$P$ 为椭圆曲线的基点,其坐标为 $(x, y)$;$n$ 为素数且为点 $P$ 的阶;余因子 $h = \sharp E(K)/n$,$\sharp E(K)$ 为椭圆曲线的阶。

(6)椭圆曲线密钥的生成

令 $E$ 是 GF($p$) 上的椭圆曲线,$P$ 是 $E$ 上的点,设 $P$ 的阶是素数 $n$,则素数 $p$、椭圆曲线方程 $E$、点 $P$ 和阶 $n$ 构成公开参数组。私人密钥是在 $(1, n-1)$ 内随机选择的正整数 $d$,相应的公开密钥是$Q=dP$。由公开参数组和公开密钥$Q$求私人密钥$d$的问题就是椭圆曲线上的离散对数问题（ECDLP）。

（7）椭圆曲线的基本 El Gamal 加/解密方案

El Gamal 于 1984 年提出了离散对数公开密钥加/解密方案，下面介绍基于椭圆曲线的基本 El Gamal 公开密钥加/解密方案。

① 加密算法

首先把明文$m$表示为椭圆曲线上的一个点$M$，然后再加上$KQ$进行加密。其中，$K$是随机选择的正整数，$Q$是接收方的公开密钥。发送方将密文$c_1 = KP$和$c_2 = M+KQ$发给接收方。

② 解密算法

接收方用自己的私人密钥计算

$$dc_1=d(KP)=K(dP)=KQ \tag{5.10}$$

进而可恢复出明文点$M$为

$$M=c_2-KQ \tag{5.11}$$

图 5.5 所示为该加/解密过程的流程图。

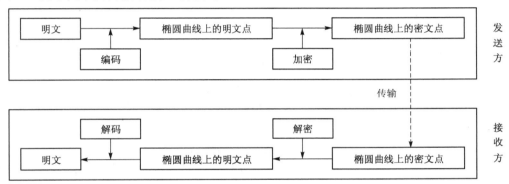

图 5.5　基于椭圆曲线的基本 El Gamal 公开密钥加/解密过程的流程

发送方首先对明文进行编码，使之对应于椭圆曲线上的明文点，再利用加密密钥对其进行加密，使之对应于椭圆曲线上的密文点，之后就可以传输了；接收方收到数据后，将其理解为椭圆曲线上的密文点，用对应的解密密钥进行解密，得到的数据对应于椭圆曲线上的明文点，再经过解码，即可得到明文。

（8）椭圆曲线密码体制的特点

RSA 算法的特点之一是数学原理简单，在工程应用中比较易于实现，但它的安全强度相对较低，用目前最有效的攻击方法去破译 RSA 算法，其破译或求解难度是亚指数级。椭圆曲线密码体制（ECC）算法的数学理论深奥复杂，在工程应用中难以实现，但它的安全强度比较高，其破译或求解难度基本上是指数级的。这意味着对于达到期望的安全强度，ECC 可以使用较 RSA 更短的密钥长度。例如，普遍认为 160 位的椭圆曲线密码可提供相当于 1024 位 RSA 密码的安全程度。ECC 因密钥短而获得的优点包括加/解密速度快、节省能源、节省带宽和存储空间，而这正是智能卡和 RFID 系统所必须考虑的重要问题。

（9）ECC 的标准

在 ECC 标准化方面，美国国家标准化组织（ANSI）、美国国家标准技术研究所（NIST）、IEEE、ISO、密码标准化组织（SECG）等都做了大量的工作，它们开发的 ECC 标准文档有 ANSI X9.62，ANSI X9.63，IEEE P1363，ISO/IEC 15946，SECG SEC 和 NIST 的 FIPS186－2 标准等。

# 5.3 序列密码

## 5.3.1 序列密码体制的结构框架

序列密码体制的结构框架如图 5.6 所示。在开始工作时,密钥序列产生器进行初始化,密钥序列与明文序列对应的位进行模 2 运算,它们的关系为

$$c_i = E(m_i) = m_i \oplus K_i \tag{5.12}$$

在接收端,对 $c_i$ 的解密算法为

$$D(c_i) = c_i \oplus K_i = (m_i \oplus K_i) \oplus K_i = m_i \tag{5.13}$$

显然,式(5.13)的成立是需要同步的,即 $m_i$,$K_i$ 和 $c_i$ 的位置应是一致的。

图 5.6　序列密码体制的结构框架

如果密钥序列产生器的输出是真正的随机序列,则序列密码体制是理论上不可破的。但真正的随机序列难以实现(随机信号的产生、复制和控制困难),因此目前一般都采用伪随机序列作为密钥序列。

伪随机序列具有类似于随机信号的一些统计特性,但又是有规律的,容易产生和复制,因此获得了实际的应用。在射频识别中应用广泛的伪随机序列是最大长度线性移位寄存器序列(简称 $m$ 序列)和非线性反馈移位寄存器序列($M$ 序列)。

## 5.3.2 $m$ 序列

$m$ 序列可以用线性反馈移位寄存器产生。虽然它的生成是有规律的,而它却具有随机二进制序列的优选信号的性质,所以它是伪随机序列中重要的一类。

### 1. 移位寄存器序列的产生

一个由线性反馈移位寄存器构成的 $m$ 序列产生器的电路结构如图 5.7 所示。它由 $n$ 级 D 触发器作为移位寄存器,开关 $S_1$,$S_2$,$\cdots$,$S_i$,$\cdots$,$S_{n-1}$ 用于控制相应的某级 $D_i$ 是否参加反馈的模 2 加(异或)运算。在时钟信号的控制下,虽然电路无外界激励信号,但能自动产生一个二进制周期序列。

### 2. 移位寄存器序列的特征多项式

在图 5.7 中,$S_1 \sim S_n$ 的取值为 0 或 1,表示了某级触发器的输出是否参加反馈的模 2 加运算。因此,反馈函数 $F(D_1, D_2, \cdots, D_n)$ 可表示为

$$F(D_1, D_2, \cdots, D_n) = \sum_{i=1}^{n} S_i D_i \tag{5.14}$$

而线性移位寄存器的特征多项式 $f(x)$ 可表示为

$$f(x) = \sum_{i=0}^{n} S_i X^i = S_0 + S_1 X^1 + S_2 X^2 + \cdots + S_n X^n \tag{5.15}$$

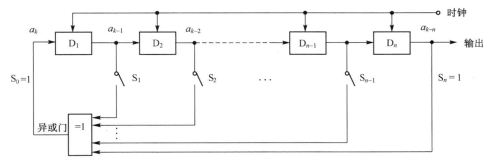

图 5.7　线性反馈移位寄存器构成的 $m$ 序列产生器的电路结构

特征多项式中的 $X^i (i = 0, 1, 2, \cdots, n)$ 与线性移位寄存器的第 $i$ 个触发器 $D_i$ 相对应。因此,特征多项式可完全确定线性移位寄存器的反馈函数。

**3. 移位寄存器序列的本原多项式**

移位寄存器序列分为最大长度序列和非最大长度序列两类。如果有一个 $n$ 阶线性反馈移位寄存器,产生的序列的周期为最大周期 $L = 2^n - 1$,则这个移位寄存器序列称为最大长度序列;否则,产生的序列称为非最大长度序列。

$m$ 序列是线性反馈移位寄存器的最大长度序列。线性反馈移位寄存器的反馈函数不同,便可以产生不同的周期序列,但只有某些反馈函数才能产生 $m$ 序列。理论研究证明,只有当特征多项式为 $n$ 阶本原多项式时,才能产生 $m$ 序列。

当 $n$ 较大时,求取本原多项式十分烦琐。通过计算机的大量搜索,现已得到了一些本原多项式,见表 5.1 和表 5.2。在实际电路中,为了连接方便、工作可靠,常常只用三项的本原多项式来作为 $m$ 序列发生器的特征多项式。

**表 5.1　本原多项式系数表**

| $n$ | $L = 2^n - 1$ | 本原多项式系数为 1 的幂 | 本原多项式(例) |
|---|---|---|---|
| 2 | 3 | (0, 1, 2) | $1 + X + X^2$ |
| 3 | 7 | (0, 1, 3) | $1 + X + X^3$ |
| 4 | 15 | (0, 1, 4) | $1 + X + X^4$ |
| 5 | 31 | (0, 2, 5);(0, 2, 3, 4, 5);(0, 1, 2, 4, 5) | $1 + X^2 + X^5$ |
| 6 | 63 | (0, 1, 6);(0, 1, 2, 5, 6);(0, 2, 3, 5, 6) | $1 + X + X^6$ |
| 7 | 127 | (0, 3, 7);(0, 1, 2, 3, 7);(0, 1, 2, 4, 5, 6, 7);(0, 2, 3, 4, 7);(0, 1, 2, 3, 4, 5, 7);(0, 2, 4, 6, 7);(0, 1, 7);(0, 1, 3, 6, 7);(0, 2, 5, 6, 7) | $1 + X^3 + X^7$ |
| 8 | 255 | (0, 2, 3, 4, 8);(0, 3, 5, 6, 8);(0, 1, 2, 5, 6, 7, 8);(0, 1, 3, 5, 8);(0, 2, 5, 6, 8);(0, 1, 5, 6, 8);(0, 1, 2, 3, 4, 6, 8);(0, 1, 6, 7, 8) | $1 + X^2 + X^3 + X^4 + X^8$ |

**表 5.2　较高阶次的 $n$ 而项数为 3 的本原多项式**

| $n$ | 系数为 1 的幂 | $n$ | 系数为 1 的幂 | $n$ | 系数为 1 的幂 |
|---|---|---|---|---|---|
| 9 | 0, 4, 9 | 21 | 0, 2, 21 | 31 | 0, 3, 31 |
| 10 | 0, 3, 10 | 22 | 0, 1, 22 | 35 | 0, 2, 35 |
| 11 | 0, 2, 11 | 23 | 0, 5, 23 | 39 | 0, 4, 39 |
| 15 | 0, 1, 15 | 25 | 0, 3, 25 | 41 | 0, 3, 41 |
| 17 | 0, 3, 17 | 28 | 0, 3, 28 | 47 | 0, 5, 47 |
| 20 | 0, 3, 20 | 29 | 0, 2, 29 | 52 | 0, 3, 52 |

必须指出的是,本原多项式的互反多项式也是本原的,表 5.1 和表 5.2 中没有给出互反多项式。一个 $n$ 阶本原多项式的互反多项式可用 $\hat{f}(x)$ 来表示,且

$$\hat{f}(x)=x^n f\left(\frac{1}{x}\right) \tag{5.16}$$

例如,多项式 $f(x)=1+x^3+x^7$ 是本原的,则它的互反多项式为

$$\hat{f}(x)=x^7(x^{-7}+x^{-3}+1)=1+x^4+x^7$$

从上面的分析可以看出,不同的 $n$ 阶本原多项式可以产生周期相同但排列次序不相同的 $m$ 序列。表 5.3 所示为阶数 $n$ 与其本原多项式的数量 $N_m$ 的关系。周期相同而排列次序不同的 $m$ 序列称为不同宗 $m$ 序列。两个互反多项式产生的序列是互为倒序的序列。

表 5.3  $n$ 和 $N_m$ 的关系

| $n$ | 1 | 2 | 3 | 4 | 5 | 6 | 7 | 8 | 9 | 10 | 11 | 12 | 15 | 18 | 20 |
|---|---|---|---|---|---|---|---|---|---|---|---|---|---|---|---|
| $N_m$ | 1 | 1 | 2 | 2 | 6 | 6 | 18 | 16 | 48 | 60 | 176 | 144 | 1800 | 8064 | 24000 |

### 4. 移位寄存器序列的初始值

在 $n$ 级移位寄存器中,由于各级 D 触发器只能有两个取值(0 或 1),故 $n$ 级共有 $2^n$ 个不同的组合状态。设初始时,$n$ 级移位寄存器的值为 $a_{k-1}$,$a_{k-2}$,$\cdots$,$a_{k-n}$(见图 5.7),那么在时钟作用下,产生序列的递推公式可表示为

$$a_k=\sum_{i=1}^{n}\mathrm{S}_i a_{k-i} \tag{5.17}$$

式中的相加为模 2 加。由式(5.17)可见,所有寄存器取值为 0 的状态是静止态,不能构成初态,故只能有 $2^n-1$ 种不同的状态参加循环。当相继出现 $2^n$ 个状态时,必定会有重复。一旦状态重复,系统又依次循环下去,出现周期性,最长周期为 $L=2^n-1$。要获得最长周期,必须采用本原多项式。

由式(5.17)还可以发现,在 $m$ 序列产生电路中,若各寄存器的初始值不同,在同一本原多项式的反馈结构下,所形成的 $m$ 序列的序列值是不同的。因此,当 $m$ 序列的电路已构造完时,输入不同的初始值,可以构造出不同的 $m$ 序列值。

### 5. $m$ 序列的硬件电路

有了本原多项式,就可以用硬件电路来实现一个 $m$ 序列。图 5.8 所示的 $m$ 序列产生器的本原多项式为 $f(x)=1+x+x^4$。4 个 D 触发器在时钟作用下移位存储,第 1 级和第 4 级的输出异或(模 2 加)后反馈到第 1 级的输入端。当所有寄存器的初始值为 0 时,移位寄存器序列为周期等于 1 的全零序列。图 5.8 中的与门、或门就是为去除全零状态而设置的,称为全零启动电路,当 $Q_1Q_2Q_3Q_4$ 都为 0 时,与门输出 1。全零启动电路对序列产生器没有任何影响。

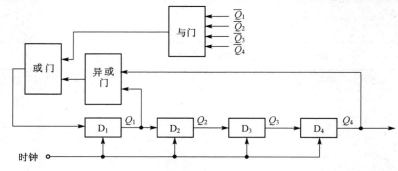

图 5.8  $m$ 序列产生器电路示例

**6. $m$ 序列用于序列密码**

（1）$m$ 序列的伪随机性质

$m$ 序列虽是由电路按一定规律产生的周期序列,却具有二元随机序列的三大重要性质。

① 均衡性:$m$ 序列中 0 和 1 元素的个数在一个循环周期内趋于相等,只是 1 的个数比 0 的个数多 1。这个性质与随机序列中 1 和 0 出现的概率各为 0.5 相似。

② 游程特性:$m$ 序列具有与随机序列相同的游程特性。所谓游程,是指序列中连续出现同一符号的一段。这一段包括的元素的个数称为游程长度 $l$。随机序列的游程特性是,游程长度为 $l$ 的游程个数占序列中游程总数的 $1/2^l$。

③ 自相关性质:$m$ 序列的自相关函数 $\rho(\tau)$ 为

$$\rho(\tau) = \begin{cases} 2^n - 1 = L & (\tau = 0 \text{ 或 } L \text{ 的整数倍}) \\ -1 & (\tau \text{ 为其他数}) \end{cases} \tag{5.18}$$

式中,$L$ 为 $m$ 序列周期长,$\tau$ 为移位数。上式表明 $m$ 序列具有非常良好的自相关性质。在 $\tau = 0$ 时,自相关函数取最大值 $2^n - 1$,在离开原点（$\tau \neq 0$）的各点上自相关量值为同一负数。所以 $m$ 序列称为双值自相关序列。这一性质与二进制随机序列的自相关函数具有 $\delta$ 函数型自相关特性（在原点有最大值而其他各点的值为 0）类似。

（2）同宗 $m$ 序列

在 $n$ 级移位寄存器中,若寄存器的初始值和本原多项式确定,则可以得到一个 $m$ 序列,其循环周期为 $L = 2^n - 1$。将序列元素按顺序移位,就可以产生 $2^n - 1$ 个不同相位的循环序列。但这 $2^n - 1$ 个循环序列为同一个 $m$ 序列或称为同宗 $m$ 序列。从不同的触发器 $D_i$ 输出时,可得到同宗的 $m$ 序列,但输出的相位（起始点）不同。

（3）$m$ 序列用于序列密码加密的算法

由于 $m$ 序列具有伪随机特性,它的产生比较容易,所以 $m$ 序列可用于序列密码的加密系统中,其原理框图如图 5.9 所示。

图 5.9 中,密钥提供了移位寄存器的初始值,在选取了某一本原多项式的条件下,输出 $m$ 序列。该 $m$ 序列作为序列密码,对输入的待加密的明文进行模 2 加,输出密文。

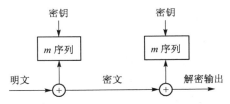

图 5.9 利用 $m$ 序列的序列密码加密原理图

移位寄存器的级数越多（$n$ 越大）,$m$ 序列越长,则不同宗的 $m$ 序列越多,且同宗不同相位的 $m$ 序列也越多,那么破译者找到与该 $m$ 序列同宗同相的 $m$ 序列更加困难,因此安全性也就越高。

### 5.3.3 非线性反馈移位寄存器序列——$M$ 序列

在 $m$ 序列中,当移位寄存器的值为全 0 时,系统为静止态。但在非线性反馈的情况下,移位寄存器全 0 状态可以参加反馈循环,使 $n$ 级移位寄存器产生的周期序列比 $m$ 序列长一位,即周期 $L = 2^n$。它包括了 $n$ 级移位寄存器的所有状态,这种序列称为 $M$ 序列。

**1. $M$ 序列的构成**

关于 $M$ 序列产生的理论问题,至今尚未得到很好的解决。$M$ 序列产生器可以用 $m$ 序列产生器构造。$M$ 序列产生器的电路原理图如图 5.10 所示。图中,$n$ 级非线性反馈移位寄存器的递推公式可以表示为

$$a_k = \sum_{i=1}^{n} S_i a_{k-i} \oplus \prod_{i=1}^{n-1} \overline{a}_{k-i} \tag{5.19}$$

式(5.19)中出现了乘积项 $\prod_{i=1}^{n-1} \overline{a}_{k-i}$ ，因而它是一个非线性的递推公式。

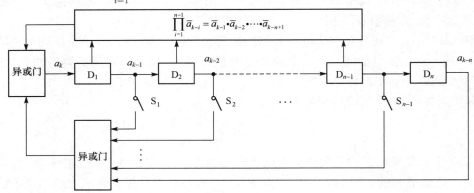

图 5.10　$M$ 序列产生器的电路原理图

**2. $M$ 序列的特性和应用**

$M$ 序列的均衡性、游程特性与 $m$ 序列类似，但不具有双值自相关特性。$n$ 级移位寄存器系统产生的不同循环的 $M$ 序列数目要比 $m$ 序列的个数多得多，$n$ 级 $M$ 序列的个数为 $2^{(2^{n-1}-n)}$。例如，$n = 10$，则 $M$ 序列有 $1.30935 \times 10^{151}$ 种，而 $m$ 序列为 60 种。由于 $M$ 序列的变换函数复杂，所以它比 $m$ 序列更适合于加密应用。

# 5.4　RFID 中的认证技术

RFID 认证技术要解决阅读器与应答器之间的互相认证问题。即应答器应确认阅读器的身份，防止存储数据未被认可地读出或重写；而阅读器也应确认应答器的身份，以防止假冒和读入伪造数据。

**1. 三次认证过程**

阅读器和应答器之间的互相认证采用国际标准 ISO 9798－2 的"三次认证过程"，这是基于共享秘密密钥的用户认证协议的方法。认证的过程如图 5.11 所示，认证步骤如下。

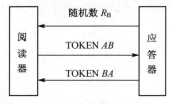

图 5.11　阅读器与应答器的三次认证过程

① 阅读器发送查询口令的命令给应答器，应答器作为应答响应传送所产生的一个随机数 $R_B$ 给阅读器。

② 阅读器产生一个随机数 $R_A$，使用共享的密钥 $K$ 和共同的加密算法 $E_K$，算出加密数据块 TOKEN $AB$，并将 TOKEN $AB$ 传送给应答器。

$$\text{TOKEN } AB = E_K(R_A, R_B) \tag{5.20}$$

③ 应答器接收到 TOKEN $AB$ 后进行解密，将取得的随机数 $R'_B$ 与原先发送的随机数 $R_B$ 进行比较，若一致则阅读器获得了应答器的确认。

④ 应答器发送另一个加密数据块 TOKEN $BA$ 给阅读器，TOKEN $BA$ 为

$$\text{TOKEN } BA = E_K(R_{B1}, R_A) \tag{5.21}$$

式中，$R_A$ 为从阅读器传来的随机数，$R_{B1}$ 为随机数。

⑤ 阅读器接收到 TOKEN $BA$ 并对其解密，若收到的随机数 $R'_A$ 与原先发送的随机数 $R_A$ 相同，则完成了阅读器对应答器的认证。

**2. 利用识别号的认证方法**

上面介绍的认证方法是对同一应用的应答器都用相同的密钥 $K$ 来认证的,这在安全方面具有潜在的危险。如果每个应答器都能有不同的密钥,则安全性会有很大的改善。

由于应答器都有自己唯一的识别号,因而可用主控密钥 $K_m$ 对识别号实施加密算法而获得导出密钥 $K_t$,并用其初始化应答器,则 $K_t$ 就成为该应答器的专有密钥。专有密钥与主控密钥、识别号相关,不同应答器的专有密钥不同。

在认证时,阅读器首先获取应答器的识别号,在阅读器中利用主控密钥 $K_m$、识别号和指定算法获得该应答器的专有密钥(导出密钥)$K_t$。以后的认证过程同前面介绍的三次认证过程,但所用的密钥为 $K_t$。

# 5.5 密 钥 管 理

**1. 应答器中的密钥**

为了阻止对应答器的未经认可的访问,人们采用了各种方法。最简单的方法是口令的匹配检查,应答器将收到的口令与存储的基准口令比较,如果一致,就允许访问数据存储器。更为安全的措施还需要阅读器和应答器之间的认证。

具有密钥的应答器除数据存储区外,还包含存储密钥的附加存储区。出于安全考虑,密钥应答器在生产中写入附加存储区,且不能被读出。

在应答器中,密钥可能会不止一个,按其功能可分为分级密钥和存储区分页密钥。

(1)分级密钥

分级密钥是指应答器中存有两个或两个以上具有不同等级访问权限的密钥。例如,密钥 A 仅可读取存储区中的数据,而密钥 B 对存储区可以读、写。如果阅读器 A 只有密钥 A,则在认证后它仅可读取应答器中的数据,但不能写入;而阅读器 B 如果具有密钥 B,则认证后可对存储区进行读、写。

分级密钥可用于很多场合。例如,在城市公交中,公交车上的阅读器仅具有付款的减值功能,而发售处的阅读器可具有充值功能。

(2)存储区分页密钥

在很多应用中,需要将应答器的存储区分页,即将存储区分为若干独立的段,不同的段用以存储不同的应用数据,如身份信息、公交卡和停车证中的信息。在这些应用中,各个分页的访问,都需要用该分页的密钥认证后才能进行,即各个分页都用单独的密钥保护。

采用分页密钥方式时,应答器一般应有较大的存储区。此外,段内空间的大小是一个必须仔细考虑的问题。固定大小的分页空间,往往利用率不高,会浪费一些宝贵的资源;采用可变长分页空间的方法可以提高利用率,但在采用状态机的应答器中较难实现,因而也很少采用。

**2. 密钥的分层管理结构**

为了保证可靠的总体安全性,对于密钥采用分层管理,如图 5.12 所示。

初级密钥用来保护数据,即对数据进行加密和解密;二级密钥是用于加密保护初级密钥的密钥;主密钥则用于保护二级密钥。这种方法对系统的所有秘密的保护转化为对主密钥的保护。主密钥永远不可能脱离和以明码文的形式出现在存储设备之外。

表 5.4 所示为各层密钥的名称和加密对象。一个系统通常可视其对安全性的要求来选择所需的密钥层级。

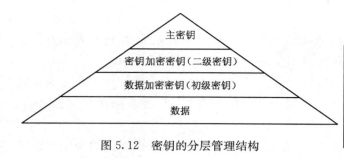

图 5.12　密钥的分层管理结构

表 5.4　密钥层级的名称与加密对象

| 密钥种类 | 名　　称 | 加密对象 |
|---|---|---|
| 密钥加密<br>密钥 | 主密钥 | 初级密钥、二级密钥 |
| | 二级密钥 | 初级密钥 |
| 数据加密<br>密钥 | 初级密钥 | 待传输的数据、静态<br>存储数据 |

### 3. 密码装置

在密钥的使用中,密钥的明文只允许出现在特定的保护区,这一保护区称为密码装置。密码装置中含有一种密码算法和供少量参数及密钥使用的寄存器,外界只能通过有限的几个严加保护不受侵犯的接口对它进行访问。这些接口接收处理请求、密钥和数据参数,并根据请求和输入的数据进行运算,然后产生输出。密码装置通过本身提供的指令向外界提供服务。密码装置的组成如图 5.13 所示。

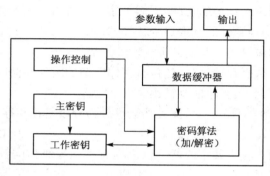

图 5.13　密码装置

# 本 章 小 结

由于 RFID 系统应用范围的不断扩展,RFID 系统的安全性和保密性显得越加重要。

信息安全主要解决数据保密和认证问题。加密是应对被动攻击的主要手段。认证分为信息认证和用户认证,认证是应对主动攻击的重要技术措施。

对称密码体制的主要特点是加密密钥和解密密钥相同。在对称密码体制中,从得到密文的序列结构来划分,可分为序列密码和分组密码。序列密码是目前 RFID 中采用的主要方式,利用密钥来控制密钥序列产生器形成序列密码,该序列密码与明文异或获得密文。密钥序列产生器由伪随机码产生器构成,典型的伪随机码有 $m$ 序列和 $M$ 序列,它们可由反馈移位寄存器产生。分组密码的主要加密方法有 DES 和 AES 算法等。

在非对称密码体制中,加密密钥是公开的,解密密钥是保密的。RSA 和 ECC 算法是其典型的算法。

RFID 认证技术解决阅读器和应答器之间的身份认证问题,采用国际标准 ISO 9798－2 规范中的"三次认证过程",这是基于共享密钥的用户认证协议的方法。

密钥管理是安全技术中的重要问题,为保证可靠的总体安全性,对密钥采用分层管理。在应答器中,密钥保存在存储器的指定区域,它不能被读出,也不能出现在特定的保护区外。应答器中的密钥可能会不止一个,按其功能和作用,可分为分级密钥和存储区分页密钥。

# 习 题 5

5.1  信息安全主要解决哪些问题?

5.2  简述对称密码体制与非对称密码体制的特点和区别。

5.3  什么是序列密码? 什么是伪随机码?

5.4  $m$ 序列有何特点? 什么是同宗 $m$ 序列? 试设计一个本原多项式 $f(x) = 1 + x + x^4$ 的 $m$ 序列产生器,测试其周期值。

5.5  简述 DES 算法的实现过程。

5.6  给出基于素域 GF($p$)的特征值不等于 2 和 3 的椭圆曲线方程,并简述椭圆曲线密钥的生成方法。

5.7  简述椭圆曲线的基本 El Gamal 加/解密算法的过程。

5.8  说明 RFID 中阅读器与应答器的三次认证过程。

5.9  说明应答器中的分级密钥和存储区分页密钥的功能及应用。

5.10  为什么要对密钥进行分层管理? 何谓主密钥、二级密钥和初级密钥?

# 第 6 章　RFID 标准

**内容提要:** 标准是 RFID 技术的重要环节,RFID 的标准众多,且与行业应用关系密切,本章将对 ISO/IEC 的标准进行详细介绍,包括非接触式 IC 卡标准(ISO/IEC 14443,ISO/IEC 15693)、动物识别标准(ISO/IEC 11784,ISO/IEC 11785,ISO/IEC 14223)、集装箱识别标准(ISO/IEC 10374,ISO/IEC 18185)和物品识别标准(ISO/IEC 18000,ISO/IEC 18001),然后对我国的 RFID 标准进行简介,包括 GB/T 28925《信息技术　射频识别　2.45GHz 空中接口协议》、GB/T 20563《动物射频识别　代码结构》和 GB/T 22334《动物射频识别　技术准则》。

**知识要点:** RFID 标准的作用和内容,PICC 和 PCD 的空中接口与半双工分组传输协议,VICC 和 VCD 的空中接口与传输协议,ISO/IEC 18000-6 的 TYPE A、TYPE B 空中接口与传输协议,相关标准中的防碰撞过程。

**教学建议:** 本章介绍了较多的标准,教学时可根据需要选择 1~2 个标准进行重点讲解,以达到融会贯通的目的。未讲授的部分可以作为自学内容。

## 6.1　RFID 标准概述

### 6.1.1　标准的作用和内容

#### 1. 标准的作用

标准能够确保协同工作的进行、规模经济的实现、工作实施的安全性及其他许多方面工作更高效地开展。RFID 标准化的主要目的在于,通过制定、发布和实施标准,解决编码、通信、空中接口和数据共享等问题,极大地促进 RFID 技术与相关系统的应用。

#### 2. 标准的内容

RFID 标准的主要内容包括以下几个方面。

① 技术。技术包含的层面很多,主要是接口和通信技术,如空中接口、防碰撞方法、中间件技术和通信协议等。

② 一致性:一致性主要指数据结构、编码格式和内存分配等相关内容。

③ 电池辅助及与传感器的融合。目前,RFID 技术也融合了传感器,能够进行温度和应变检测的应答器在物品追踪中应用广泛。几乎所有的带传感器的应答器和有源应答器都需要从电池获取能量。

④ 应用。RFID 技术涉及众多的具体应用,如不停车收费系统、身份识别、动物识别、物流、追踪和门禁等。各种不同的应用涉及不同的行业,因而标准还需要涉及有关行业的规范。

### 6.1.2　RFID 标准的分类

RFID 标准主要有 ISO/IEC 制定的国际标准、国家标准、行业标准。

国际标准化组织(ISO)和国际电工委员会(IEC)制定了多种重要的 RFID 国际标准。国家标准是各国根据自身国情制定的有关标准。行业标准的典型一例是由国际物品编码协会(EAN)和美国统一代码委员会(UCC)制定的 EPC 标准,主要应用于物品识别。

## 6.1.3 ISO/IEC 及我国制定的 RFID 标准概况

ISO/IEC 及我国制定的主要 RFID 标准可以分为技术标准、数据内容标准、性能标准和应用标准 4 类，见表 6.1。

表 6.1 ISO/IEC 及我国制定的主要 RFID 标准

| 分 类 | 标 准 号 | 说 明 |
|---|---|---|
| 技术标准 | ISO/IEC 10536 | 密耦合非接触式 IC 卡标准 |
| | ISO/IEC 14443 | 近耦合非接触式 IC 卡标准 |
| | ISO/IEC 15693 | 疏耦合非接触式 IC 卡标准 |
| | ISO/IEC 18092 | 近场无线通信接口和协议 |
| | ISO/IEC 21481 | 近场无线通信接口和协议 2 |
| | ISO/IEC 18000 标准 | 基于物品管理的 RFID 空中接口参数 |
| | ISO/IEC 18000－1 | 空中接口一般参数 |
| | ISO/IEC 18000－2 | 低于 135kHz 的空中接口参数 |
| | ISO/IEC 18000－3 | 13.56MHz 的空中接口参数 |
| | ISO/IEC 18000－4 | 2.45GHz 的空中接口参数 |
| | ISO/IEC 18000－5 | 5.8GHz 的空中接口参数 |
| | ISO/IEC 18000－6 | 860～930MHz 的空中接口参数 |
| | ISO/IEC 18000－7 | 433MHz 的空中接口参数 |
| | GJB 7377.1 | 军用射频识别空中接口 800/900MHz 参数 |
| | GJB 7377.2 | 军用射频识别空中接口 2.45GHz 参数 |
| | GB 29768 | 射频识别 800/900MHz 空中接口协议 |
| | GB 28925 | 射频识别 2.45GHz 空中接口协议 |
| | EPC C1G2 HF | 13.56MHz 第一类第二代高频通信协议 |
| | EPC C1G2 UHF | 860～960MHz 第一类第二代超高频通信协议 |
| 数据内容标准 | ISO/IEC 15424 | 数据载体/特征标识符 |
| | ISO/IEC 15418 | EAN、UCC 应用标识符及 ASC MH10(ANSI 标准)数据标识符 |
| | ISO/IEC 15434 | 大容量 ADC 媒体用的传送语法 |
| | ISO/IEC 15459 | 物品管理的唯一识别号(UID) |
| | ISO/IEC 15961 | 数据协议:应用接口 |
| | ISO/IEC 15962 | 数据编码规则和逻辑存储功能的协议 |
| | ISO/IEC 15963 | 射频标签(应答器)的唯一标识 |
| | ISO/IEC 19762 | 自动识别和数据捕获技术协调词汇 |
| 性能标准 | ISO/IEC 18046 | RFID 设备性能测试方法 |
| | ISO/IEC 18047 | 有源和无源的 RFID 设备一致性测试方法 |
| | ISO/IEC 10373－6 | 按 ISO/IEC 14443 标准对非接触式 IC 卡进行测试的方法 |
| 应用标准 | ISO/IEC 10374 | 货运集装箱识别标准 |
| | ISO/IEC 18185 | 货运集装箱密封标准(电子铅封) |
| | ISO/IEC 18186 | 海运集装箱:RFID 货物物流标签 |
| | ISO/IEC 10891 | 海运集装箱:RFID 身份标签 |

| 分类 | 标准号 | 说明 |
|---|---|---|
| 应用标准 | ISO/IEC 11784 | 动物识别的代码结构 |
| | ISO/IEC 11785 | 动物识别的技术准则 |
| | ISO/IEC 14223 | 动物追踪的直接识别数据获取标准 |
| | ISO/IEC 17363 | 一系列物流容器(如货盘、货箱、纸盒等)识别的规范 |
| | ISO/IEC 17364 | 可回收运输单品 |
| | ISO/IEC 17365 | 运输单元 |
| | ISO/IEC 21007 | 气瓶标识标记 |
| | ISO/IEC 17358 | 应用需求 |
| | ISO/IEC 28560 | 图书馆的射频识别 |

### 6.1.4 与 RFID 技术相关的标准

RFID 技术涉及的技术领域众多,应用行业广泛,RFID 的应用还涉及道德、伦理等社会问题,因此,RFID 技术与有关组织制定的标准关系密切。

(1) 无线通信管理

各国无线电管理部门对无线通信制定了有关标准和规范,包括频谱分布、功率、电磁兼容等内容。美国联邦通信委员会(FCC)、欧洲电信标准协会(ETSI)等组织的有关标准和规范具有代表性。

(2) 与人类健康有关的标准和规范

与人类健康有关的标准和规范,主要是指国际非电离辐射保护委员会(ICNIRP)提出的标准和规范。ICNIRP 是一个为世界卫生组织及其他机构提供有关非电离放射保护建议的独立机构,目前许多国家使用其推荐的标准作为放射规范标准。该标准和规范主要给出有关无线电波辐射等对人健康的影响。

(3) 与数据安全有关的标准和规范

除 ISO/IEC 的与数据安全有关的标准和规范外,经济合作与发展组织(OECD)曾发布有关文件,规定了信息系统与网络安全的指导方针。虽然并不强求遵守 OECD 的这些指导方针,但这些指导方针为信息安全提供了坚实的基础。

(4) 隐私问题

隐私问题是社会道德、伦理问题。隐私问题的解决可基于同意原则,即用户和消费者的容忍程度。目前,很多用于物品识别的应答器(电子标签)都能支持 KILL 命令,以保护用户和消费者的隐私权。

### 6.1.5 RFID 标准多元化的原因

RFID 的国际标准较多,其原因主要是技术因素和利益因素。

#### 1. 技术因素

(1) RFID 的工作频率和信息传输方式

RFID 的工作频率分布在从低频至微波的多个频段中,频率不同,其技术差异很大。例如,125kHz 的电路、天线设计与 2.45GHz 的电路、天线设计就会迥然不同。即使是同一频率,由于基带信号、调制方式的不同,也会形成不同的标准。例如,对于 13.56MHz 工作频率,ISO/IEC 14443 标准有 TYPE A 和 TYPE B 两种方式。

（2）作用距离

作用距离的差异也是标准不同的主要原因。作用距离不同产生的差异表现在：

① 应答器的无源工作方式和有源工作方式。

② RFID 系统工作原理的不同，近距离为电感耦合方式，远距离为基于微波的反向散射耦合方式。

③ 载波功率的差异。例如，同为 13.56MHz 工作频率的 ISO/IEC 14443 标准和 ISO/IEC 15693 标准，由于 ISO/IEC 15693 标准规范的作用距离较远，其阅读器输出的载波功率较大（但不能超出 EMI 有关标准的规定）。

（3）应用目标的不同

RFID 的应用面很宽，不同的应用目的，其存储的数据代码、外形需求、频率选择、作用距离、复杂度等都会有很大的差异。例如，动物识别和货物识别、高速公路的车辆识别计费和超市货物的识别计费等，它们之间都存在着较大的不同。

（4）技术的发展

由于新技术的出现和制造业的进步，标准需要不断融入这些新进展，以构成与时俱进的标准。

### 2. 利益因素

尽管标准是开放的，但标准中的技术专利会给相应的国家、公司带来巨大的市场和经济效益，因此标准的多元化与标准之争也是这些利益之争的必然反映。

## 6.1.6  RFID 标准的发展趋势

对于 RFID 的发展和向更多应用领域的拓宽，标准的统一无疑是一件好事和争取的方向。然而由于各个产品类别的差异，现有的标准很难统一。从应用角度考虑，只要满足部分产品类别的应用即可，不必具有全产品类别的普遍适用性。因此，RFID 标准的统一除尚需时日外，也确实是相当困难的。

### 1. RFID 国际标准发展趋势

RFID 国际标准推进活动在 2007 年达到顶峰后逐年减少。ISO/IEC 在深化 RFID 标准的同时，积极推动 RFID 技术在各领域应用的应用标准。

在技术、数据和性能标准方面，ISO/IEC 进一步扩展和完善基础技术标准的研制。随着 EPCglobal 等高频标准（2011 HFC1 V2.0.3）的发展，国际高频标准 ISO/IEC 18000－3、ISO/IEC 14443、ISO/IEC 15693 等也将有可能出现其他模式或新国际标准。ISO/IEC 积极完善相关的测试方法，在 2011 年颁布了系统检测方法 ISO/IEC 18046－1、读/写器检测方法 ISO/IEC 18046－2，并对 ISO/IEC 18047－6 进行了修订，增加了 TYPE D 的测试方法。此外，数据保护和隐私法规日益重要，ISO/IEC 非常关注因 RFID 的自动采集特性而出现的数据保护、隐私保护及安全问题。

随着应用技术标准的不断丰富，相关国际组织制定了动物射频识别、气瓶射频识别及物流供应链管理的货运集装箱识别等 RFID 应用技术标准，还有更多的 ISO/IEC 应用标准正在制定中。

### 2. 我国 RFID 标准化趋势

我国从事 RFID 标准化的组织主要有全国信息技术标准化技术委员会（SAC/TC28），包含自动识别与数据采集分技术委员会和电子标签标准工作组。我国的 RFID 技术发展总体比较滞后，相关标准进展缓慢。在已完成的标准中，以应用标准为主，技术标准、数据内容标准、性能标准匮乏。

我国已经颁布的 RFID 相关国家标准和行业标准主要集中在 RFID 技术在我国应用比较成熟的领域和行业,并以我国自身的应用发展特点为主。

此外,不同省市结合各地的 RFID 应用特点,积极展开标准制定。比如,上海市完成了危险化学品气瓶相关的标准制定,广东省完成了图书管理、车辆管理的 RFID 应用标准的研制。

# 6.2 ISO/IEC 的 RFID 标准简介

## 1. 非接触式 IC 卡标准

非接触式 IC 卡由于作用距离不同,有 3 种不同的标准,见表 6.2。密耦合(Close-Coupled)非接触式 IC 卡及系统至今几乎没有得到应用。近(Proximity)耦合和疏(Vicinity)耦合非接触式 IC 卡标准可用于身份证和各种智能卡,工作频率为 13.56MHz。

## 2. 动物识别标准

嵌于宠物、牲畜身上的 RFID 芯片可用于动物识别。在疯牛病、禽流感严重威胁人类健康的情况下,动物识别在疾病预防中具有重要作用。动物识别的国际标准为 ISO/IEC 11784,ISO/IEC 11785 和 ISO/IEC 14223。

(1) ISO/IEC 11784 标准

ISO/IEC 11784 规定了动物识别的代码结构,动物识别代码由 64 位(8 字节)组成,代码结构见表 6.3。

<table>
<tr><th colspan="4">表 6.2　三种非接触式 IC 卡标准</th></tr>
<tr><th>标　准</th><th>卡的类型</th><th>阅读器</th><th>作用距离</th></tr>
<tr><td>ISO/IEC 10536</td><td>密耦合(CICC)</td><td>CCD</td><td>紧靠</td></tr>
<tr><td>ISO/IEC 14443</td><td>近耦合(PICC)</td><td>PCD</td><td>&lt;10cm</td></tr>
<tr><td>ISO/IEC 15693</td><td>疏耦合(VICC)</td><td>VCD</td><td>约 50cm</td></tr>
</table>

<table>
<tr><th colspan="2">表 6.3　动物识别的代码结构</th></tr>
<tr><th>位序号</th><th>说　明</th></tr>
<tr><td>1</td><td>1 表示动物应用,0 表示非动物应用</td></tr>
<tr><td>2~15</td><td>为未来应用保留</td></tr>
<tr><td>16</td><td>1 表示有附加数据接着传输,0 表示没有</td></tr>
<tr><td>17~26</td><td>根据国际标准 ISO 3166 的国家代码,999 代码是测试应答器</td></tr>
<tr><td>27~64</td><td>国内识别代码</td></tr>
</table>

国内识别代码由各国自行管理。27~64 位码也可分配用于区别不同的动物类型、品种、区域和饲养者等。

(2) ISO/IEC 11785 标准

ISO/IEC 11785 规定了动物识别的技术准则,包括应答器数据的传输方法和阅读器的规范。阅读器的工作频率为 134.2kHz±1.8kHz。应答器的工作方式可以是全双工/半双工方式或时序方式。

① 全双工/半双工方式应答器

工作于全双工/半双工方式的应答器,在从阅读器获得能量,建立起工作电源后,立即开始传输存储的识别数据。数据以差分曼彻斯特码为基带信号,数据时钟频率为阅读器载波频率的 32 分频(134.2kHz/32=4194Hz),即数据传输速率为 4194bps。差分曼彻斯特码的波形如图 6.1 所示。该码的特征是:二进制码为 1 时,在位边缘跳变,位中间不跳变;二进制码为 0 时,在位边缘和位中间都跳变。

数据帧的结构如图 6.2 所示,包括 11 位的起始域(头标)、64 位识别代码、16 位的 CRC 和 24 位终止域(尾标)。每传输 8 位后,插入一个具有逻辑 1 电平的填充位,以防止在帧中出现和头标(000 0000 0001)相同的情况。

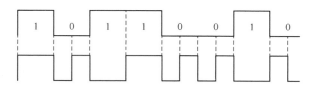

图 6.1　差分曼彻斯特码的波形

图 6.2　全双工/半双工应答器的数据帧结构

传输时,用差分曼彻斯特码直接进行负载调制。

② 时序方式应答器

应答器在阅读器 50ms 的持续载波场中充入能量,载波在持续 50ms 后暂停 3ms,应答器在暂停载波后 1～2ms 内开始传输存储的识别数据。

数据时钟频率为载波频率的 16 分频,采用 NRZ 码的 2FSK 数字脉冲调制,逻辑 0 的频率为 134.2kHz,逻辑 1 的频率为 124.2kHz。

数据帧的结构包括 8 位起始域(0111 1110)、64 位识别代码、16 位 CRC 和 3 字节的终止域,但没有插入填充位。

③ 阅读器

阅读器应能适应全双工/半双工与时序方式两种应答器的工作方式,因此需在 50ms 的载波后停顿 3ms。对于全双工/半双工方式应答器,应答数据如果在 50ms 内没有全部传输完毕,则载波可延迟至 100ms。对于时序方式应答器,为保证应答器把识别数据全部传输完毕,停顿时间可以最多延长到 20ms。

(3) ISO/IEC 14223 标准

就动物追踪而言,动物不会只停留在一个场所,它们会四处移动,可能会出现不同阅读器从同一动物应答器上读取数据的情况,因此动物识别标准化是相当重要的。ISO/IEC 11784 和 ISO/IEC 11785 标准是全球广为使用的标准,为读取动物应答器内的特殊数据提供了协议,这些数据存储在集中所有动物数据的中央数据库内。

由于应用需求越来越复杂,有些使用者希望不需要通过数据库直接读取动物应答器的数据,ISO/IEC 14223 可以让这种数据直接存储在应答器中,每只动物的数据就可以离线状态直接获取。通过符合 ISO/IEC 14223 标准的读取设备,可以自动识别动物。而这些设备所具备的抗干扰能力,保证了即使动物的数量极为庞大,识别也没有问题。此外,该标准与 ISO/IEC 11784 和 ISO/IEC 11785 标准也是兼容的。

**3. 物品识别标准**

(1) ISO/IEC 18000 标准

ISO/IEC 18000 标准是空中接口的重要标准。在工作频率上,ISO/IEC 18000 允许的无线频段(频率)有 6 个,即低于 135kHz,13.56MHz,433MHz,860～930MHz,2.45GHz 和 5.8GHz。作用距离从数厘米至十多米不等,无源和被动方式多在 10m 以内,超过 10m 则需要采用带电池的主动方式。

(2) ISO/IEC 18001 标准

针对应答器外形的多样化,ISO/IEC 18001(外形标准)给出了相关的外形要求。

（3）集装箱标准

ISO TC 104 技术委员会负责集装箱标准的制定，与 RFID 相关的标准，由第四子委员会（SC4）负责制定。包括如下标准：

ISO 6346《集装箱　代码、识别和标记》，1995 年制定。该标准提供了集装箱标识系统。集装箱标识系统广泛用于集装箱标识中的强制标识、自动设备标识 AEI 与电子数据交换 EDI。该标准规定了集装箱尺寸、类型等数据的编码系统及相应的标识方法，以及操作标记和集装箱标记的物理展示。

ISO 10374《集装箱自动标识标准》，1991 年制定，1995 年修订。该标准基于微波应答器的集装箱自动识别系统，把集装箱当作一项固定资产来看。对于集装箱，产品单一，RFID 标签所附着的介质一致性好，而且集装箱在被阅读时运动速度低，不存在读多标签问题，因此射频识别非常适合于集装箱的自动识别。

ISO/IEC 10374 标准，采用有源（装有电池）微波应答器，工作频率范围为 850～950MHz 和 2.4～2.5GHz，应答器的灵敏度以最大电场强度 150mV/m 定义，最大可阅读距离为 13m。应答器在由未调制的载波信号形成的场中被激活，以变形的 FSK 副载波通过反向散射调制（调制反向辐射横截面）方式进行应答。副载波频率为 20kHz 和 40kHz，FSK 副载波的数据位编码如图 6.3 所示。

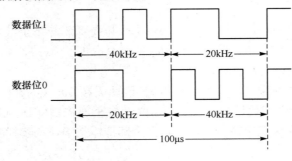

图 6.3　FSK 副载波的数据位编码

根据 ISO/IEC 10374 标准，应答器中可存储的信息包括：①货主编码、序列号和检测数据；②集装箱的几何尺寸（长、宽、高）；③集装箱的类别；④总重量和空箱重量；⑤其他。

该标准在实施中也出现了一些问题，主要表现在以下两个方面。① 工作频率问题。手机信号的频率范围也在 850～950MHz 之间，会产生相互干扰。② 安全性问题。为了保证对集装箱运输的全过程监控，存储的信息还应包括货物名称及详细规格、货物数量、发货人及收货人全称、始发地/目的地的港（站）全名，商检和生物检疫情况，每一次重新开启的日期、时间和地点等内容。ISO/IEC 10374 中没有把这些内容包含进去，这些内容在 ISO/IEC 18185 标准中得以完善。

ISO/IEC 18185 标准实现集装箱铅封身份和状态的自动识别，工作频率为 433MHz 和 2.45GHz。各生产厂家生产的铅封产品，在技术上符合 ISO/IEC 18185 标准，但由于标准技术上的不成熟，使得产品之间不能够完全兼容。

ISO/IEC 18186 标准相比 ISO/IEC 17363 标准，规定了电子标签中需要写入的数据，这些数据包括集装箱信息、标签信息、货物信息等，从而实现集装箱在物流过程中物流信息的自动识别。

ISO/IEC 10891 标准采用无源 RFID 技术，通过 ISO/IEC 18000－6C 来实现集装箱的自动识别。ISO/IEC ISO 10891 是在 ISO 10374 标准的基础上发展而来的。

# 6.3　ISO/IEC 14443 标准

ISO/IEC 14443 是近耦合非接触式 IC 卡的国际标准，可用于身份证、各种智能卡和存储卡。ISO/IEC 14443 标准由 4 部分组成，即 ISO/IEC 14443－1/2/3/4。ISO/IEC 14443－3 标准已在第 4 章防碰撞协议中介绍，下面讨论 ISO/IEC 14443－1/2/4 的主要内容。

## 6.3.1 ISO/IEC 14443－1 物理特性

ISO/IEC 14443－1 物理特性规定了非接触式 IC 卡的机械性能。其尺寸应满足 ISO 7810 中的规范,即 85.72mm×54.03mm×0.76mm±容差。

此外,这一部分中还有对弯曲和扭曲试验的附加说明,以及用紫外线、X 射线和电磁射线的辐射试验的附加说明。

## 6.3.2 ISO/IEC 14443－2 射频能量和信号接口

### 1. 能量传送

阅读器(PCD)产生耦合到应答器(PICC)的射频电磁场,用以传送能量。PICC 通过耦合获取能量,并转换成芯片工作的直流电压。PCD 和 PICC 间通过调制与解调实现通信。

射频频率为 13.56MHz±7kHz,阅读器产生的场强为 1.5A/m≤H≤7.5A/m(有效值)。若 PICC 的动作场强为 1.5A/m,那么 PICC 在距离 PCD 为 10cm 时应能正常不间断地工作。

### 2. 信号接口

信号接口也称为空中接口。协议规定了两种信号接口:TYPE A 和 TYPE B,因而 PICC 仅需采用两者之一的方式,而 PCD 最好对两者都能支持并可任意选择其中之一来适配 PICC。

(1) TYPE A

① PCD 向 PICC 通信:载波频率为 13.56MHz,数据传输速率为 106kbps,采用修正密勒码的 100% ASK 调制。为保证对 PICC 不间断的能量供给,载波间隙的时间为 2～3μs,其实际波形如图 6.4 所示。

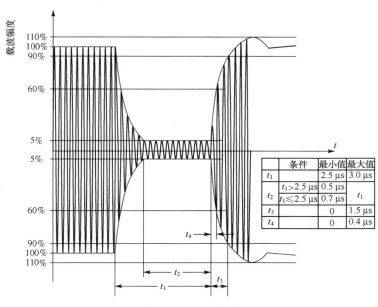

| | 条件 | 最小值 | 最大值 |
|---|---|---|---|
| $t_1$ | | 2.5 μs | 3.0 μs |
| $t_2$ | $t_1$>2.5 μs | 0.5 μs | $t_1$ |
| | $t_1$≤2.5 μs | 0.7 μs | |
| $t_3$ | | 0 | 1.5 μs |
| $t_4$ | | 0 | 0.4 μs |

图 6.4　Pause 波形

② PICC 向 PCD 通信:PICC 向 PCD 通信以负载调制方式实现,用数据曼彻斯特码的副载波调制(ASK)信号进行负载调制。副载波频率为载波频率 $f_c$ 的 16 分频,即 847kHz。

TYPE A 信号接口的波形示例如图 6.5 所示。

(2) TYPE B

① PCD 向 PICC 通信:数据传输速率为 106kbps,用数据的 NRZ 码对载波进行 ASK 调制,

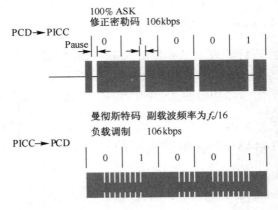

图 6.5　TYPE A 信号接口的波形示例

调制度为 10%（8%～14%）。逻辑 1 时，载波高幅度（无调制）；逻辑 0 时，载波低幅度。

　　② PICC 向 PCD 通信：数据传输速率为 106kbps，用数据的 NRZ 码对副载波（847kHz）进行 BPSK 调制，然后再用副载波调制信号进行负载调制实现通信。

　　从 PCD 发出任一命令后，在 TR0 时间内，PICC 不产生副载波，$TR0 > 64T_s$（$T_s$ 为副载波周期）。然后，在 TR1 时间内，PICC 产生相位为 $\varphi_0$ 的副载波（在此期间相位不变），$TR1 > 80T_s$。副载波的初始相位定义为逻辑 1，所以第一次相位转变（相位为 $\varphi_0 + 180°$）表示从逻辑 1 转变到逻辑 0。副载波相位变化和数位表示如图 6.6 所示。

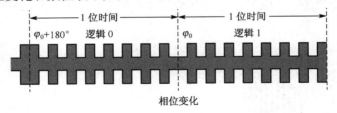

图 6.6　副载波相位变化和数位表示

TYPE B 信号接口的波形示例如图 6.7 所示。

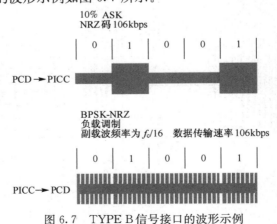

图 6.7　TYPE B 信号接口的波形示例

### 6.3.3　ISO/IEC 14443－4 传输协议

ISO/IEC 14443－4 是用于非接触环境的半双工分组传输协议，定义了 PICC 的激活过程和解除激活的方法。

## 1. 术语和定义

（1）位持续时间

位持续时间用基本时间单元 etu 表示，etu 为

$$\text{etu} = \frac{128}{D \times f_c} \tag{6.1}$$

式中，参数因子 $D$ 的初始值为 1，因此初始 etu 等于 $128/f_c$，$f_c$ 为载波频率。

（2）分组（Block）

分组是一种特殊类型的帧，它由有效的协议数据格式组成。有效的协议数据格式包括 I（信息）分组、R（接收）分组和 S（管理）分组。不具有有效协议数据格式的帧称为无效帧。有关帧的格式请参阅 4.3 节，它是定义在 ISO/IEC 14443－3 中的位序列。

## 2. TYPE A 型 PICC 激活的协议操作

（1）TYPE A 型 PICC 激活过程

激活过程如图 6.8 所示。当系统完成了 ISO/IEC 14443－3 中定义的请求、防碰撞和选择并由 PICC 发回 SAK（见 4.3.1 节）后，PCD 必须检查 SAK 字节，以核实 PICC 是否支持对 ATS（Answer to Select）的使用。

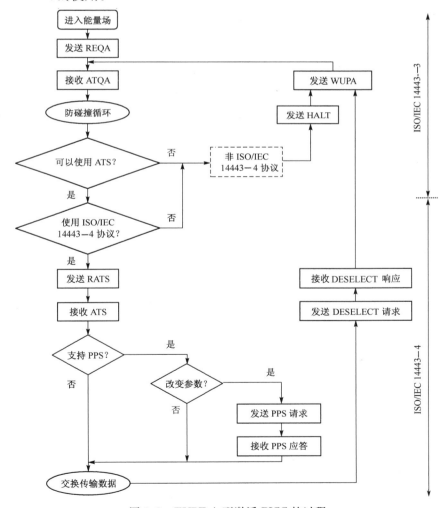

图 6.8　TYPE A 型激活 PICC 的过程

若 SAK 字节说明不支持 ISO/IEC 14443-4 协议,则 PCD 应发送 HALT 命令使 PICC 进入 Halt 状态。若 PICC 发送的 SAK 字节说明支持 ISO/IEC 14443-4 协议,即表明可以回应 ATS,则 PCD 发出 RATS(请求 ATS)命令,PICC 接收到 RATS 后以 ATS 回应。若 PICC 在 ATS 中表明支持 PPS(Protocol and Parameter Selection)并且参数可变,则 PCD 发送 PPS 请求命令,PICC 以 PPS 响应应答。PICC 不需要一定支持 PPS。

(2) RATS(请求 ATS)

RATS 命令的格式见表 6.4。第一字节是命令开始,编码为 E0H。第二字节是参数字节:高 4 位称为 FSDI,用于编码 PCD 可接收的 FSD(最大的帧长),FSDI 编码值为 0,1,2,3,4,5,6,7,8,9~FH 时,对应的 FSD 为 16,24,32,40,48,64,96,128,256,>256(备用)字节;低 4 位编码 CID(卡标识符),定义了对 PICC 寻址的逻辑号,编码值为 0~14,值 15 为备用。

表 6.4　RATS 命令的格式

| RATS 组成字节 | 第一字节 | 第二字节 | | 第三、四字节 |
|---|---|---|---|---|
| 编码及含义 | E0H | FSDI | CID | CRC |

(3) ATS

ATS 的结构如图 6.9 所示。

① 长度字节 TL

长度字节 TL 用于给出 ATS 响应的长度,包括 TL 字节,但不包含两个 CRC 字节。ATS 的最大长度不能超出 FSD 的大小。

② 格式字节 T0

格式字节 T0 是可选的,只要它出现,长度字节 TL 的值大于 1。T0 的组成如图 6.10 所示。

FSCI 用于编码 FSC,FSC 为 PCD 可接收的最大帧长,FSCI 编码和 FSDI 编码定义的最大帧长(字节)相同。FSCI 的默认值为 2H(FSC = 32 字节)。

③ 接口字节 TA(1)

TA(1)用于决定参数因子 $D$,确定 PCD 至 PICC 和 PICC 至 PCD 的数据传输速率。TA(1)编码的结构如图 6.11 所示。

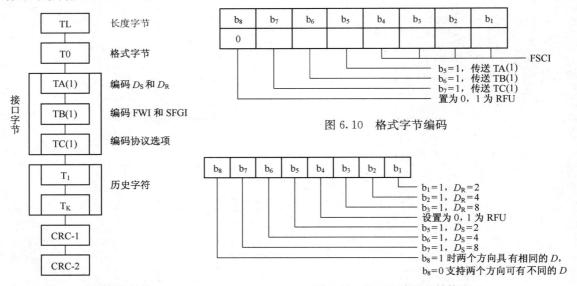

图 6.9　ATS 的结构

图 6.10　格式字节编码

图 6.11　TA(1)编码的结构

由式(6.1)可知,$D = 2$ 时比特率为 212kbps,其余 $D$ 值对应的比特率可类推。图中 $D_R$(称为接收因子)表示 PCD 向 PICC 通信时 PICC 的数据传输能力;$D_S$(称为发送因子)表示 PICC 向 PCD 通信时 PICC 的数据传输能力。$b_7 b_6 b_5$ 和 $b_3 b_2 b_1$ 的默认值为 000,相应的 $D = 1$。

④ 接口字节 TB(1)

TB(1)由两部分组成,分别定义了帧等待时间和启动帧的保护时间。高半字节($b_8$ 至 $b_5$)为 FWI,用于编码帧等待时间 FWT。FWT 定义为 PCD 发送的帧和 PICC 发送的应答帧之间的最大延迟时间,表示为

$$FWT = (256 \times 16/f_c) \times 2^{FWI} \tag{6.2}$$

式中,$f_c$ 为载波频率;FWI 值的范围为 0~14,15 为 RFU(备用)。当 FWI = 0 时,$FWT = FWT_{min} = 302\mu s$;当 FWI = 14 时,$FWT = FWT_{max} = 4949ms$。如果 TB(1)是默认的,则 FWI 的默认值为 4,相应的 FWT=4.8ms。

PCD 可用 FWT 值来检测协议错误或未应答的 PICC。若在 FWT 时间内,PCD 未从 PICC 接收到响应,则可重发帧。

TB(1)的低半字节为 SFGI,用于编码 SFGT(启动帧保护时间),这是 PICC 在它发送 ATS 以后,到准备接收下一帧之前所需要的特殊保护时间。SFGI 值为 0~14,15 为 RFU(备用)。SFGI 值为 0 表示不需要 SFGT,SFGI 值为 1~14 对应的 SFGT 计算公式为

$$SFGT = (256 \times 16/f_c) \times 2^{SFGI} \tag{6.3}$$

式中,$f_c$ 为载波频率,SFGI 的默认值为 0。

⑤ 接口字节 TC(1)

TC(1)描述协议参数,由两部分组成。第 1 部分从 $b_8$ 至 $b_3$,置为 0,其他值时为 RFU(备用)。第 2 部分的 $b_2$ 和 $b_1$ 用于编码 PICC 对 CID(卡标识符)和 NAD(节点地址)的支持情况,$b_2$ 为 1 时支持 CID,$b_1$ 为 1 时支持 NAD。$b_2 b_1$ 默认值为 10,表示支持 CID,不支持 NAD。

⑥ 历史字符

历史字符 $T_1$ 至 $T_K$ 是可选项,历史字符的大小取决于 ATS 的最大长度。

(4)PPS(协议和参数选择)请求

PPS 请求的结构如图 6.12 所示,它由一个起始字节后跟两个参数字节加上两字节 CRC 组成。

① 起始字节(PPSS):PPSS 的高 4 位编码为 1101,其他值时为 RFU(备用)。低 4 位定义 CID,即对 PICC 寻址的逻辑号。

② PPS0:PPS0 用于表明可选字节 PPS1 是否出现。该字节 $b_8 b_7 b_6$ 设置为 000,$b_4 b_3 b_2 b_1$ 设置为 0001,$b_5 = 1$ 表示后面出现 PPS1 字节。

③ PPS1:PPS1 字节 $b_8 b_7 b_6 b_5$ 为 0000,$b_4 b_3$ 为 DSI(设置发送因子 $D_S$ 的值),$b_2 b_1$ 为 DRI(设置接收因子 $D_R$ 的值)。DSI 和 DRI 的两位编码 00,01,10,11 对应的 $D$ 值为 1,2,4,8。

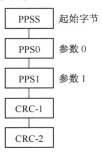

图 6.12 PPS 请求的结构

(5)PPS 响应

它为 PICC 接收 PPS 请求后的应答,由 3 字节组成,第 1 字节为 PPSS(和 PPS 请求的 PPSS 字节相同),后两字节为 CRC 字节。

**3. TYPE B 型 PICC 激活的协议操作**

TYPE B 型 PICC 激活的协议操作过程请参阅本书第 4 章 4.3.2 节。

**4. 半双工分组传输协议**

该协议按照开放系统互连(OSI)参考模型的分层原则设计,定义了 4 层:物理层、数据链路层、会话层和应用层。物理层按 ISO/IEC 14443-3 交换字节,数据链路层的分组交换在本节讨

论,会话层结合数据链路层以实现最小开销,应用层处理命令。在每个通信方向至少交换一个分组或分组链(Chain of Blocks)。

（1）分组格式

分组格式如图 6.13 所示,由头部(必备)、信息域(可选)和结尾(必备)3 部分组成。

| 头部 | | | 信息域 | 结尾 |
|---|---|---|---|---|
| PCB | [CID] | [NAD] | [INF] | EDC |
| 1 字节 | 1 字节<br>(可选) | 1 字节<br>(可选) | | 错误检测码<br>2 字节(CRC) |

←———PICC 帧长 FSC/PCD 帧长 FSD———→

图 6.13　分组格式

① 头部

头部由 3 部分组成:协议控制字节(PCB)、CID 字节和 NAD 字节。其中 PCB 是必备的,CID 和 NAD 字节是可选的。

**PCB 字节**　PCB 字节包含控制数据传输所需的信息,定义了 3 种分组的基本类型。

● 信息分组(I-block):传送应用层所用的信息。

● 接收信息(R-block):传送确认(ACK)或否认(NAK)信息,它与最后接收的分组有关。R-block无信息域。

● 管理分组(S-block):在 PCD 和 PICC 之间交换控制信息。有两类管理分组,一类是具有 1 字节长信息域的等待时间扩展(WTX)分组,另一类是无信息域的 DESELECT 命令。

I-block、R-block 和 S-block 的结构如图 6.14 所示。

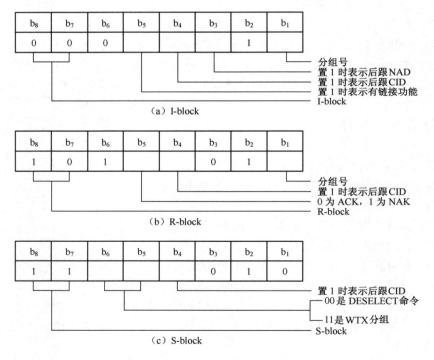

图 6.14　PCB 字节 3 种分组的结构

**CID 字节**　CID 字节标识指定 PICC,由 3 部分组成。

● $b_8 b_7$:在 PICC 发送 S-block 中,这两位编码用于指示 PICC 从 PCD 获得的功率情况,功率电平指示编码的含义见表 6.5。

对于 PCD 向 PICC 的通信,CID 字节的这两位应为 00。

● $b_6 b_5$:00。

● $b_4 b_3 b_2 b_1$：CID 编码。一个 PICC 若不支持 CID,则它可忽略分组中所含的 CID 值。如果支持 CID,则应对在 CID 字节中使用其 CID 的分组进行应答,对 CID 字节不是其 CID 的分组不予应答。

**NAD 字节**　　NAD 字节用于 PCD 和 PICC 之间建立逻辑连接。NAD 字节的编码依据 ISO/IEC 7816-3 标准,NAD 字节中 $b_8$ 和 $b_4$ 置 0,$b_7 b_6 b_5$ 为目标节点地址,$b_3 b_2 b_1$ 为源节点地址。

在使用 NAD 字节时要注意下述问题:

● NAD 字节仅在 I-block 中出现;

● PCD 采用 NAD,PICC 也应采用 NAD;

● 如果用到分组链(见后面介绍),则仅在分组链的第一个 I-block 中包含 NAD 字节;

● PCD 不用 NAD 来对不同的 PICC 寻址,而是采用 CID;

● 若 PICC 不支持 NAD,则它忽略任何一个含有 NAD 字节的分组。

② 信息域(INF)

信息域是可选的。如果有 INF,则在 I-block 中为应用数据,在 S-block 中是状态信息而不是应用数据。

③ 结尾

结尾部分为 2 字节的传送分组的错误检测码(EDC),EDC 采用 CRC 码。

(2)帧等待时间扩展

帧等待时间(FWT)已在 ATS 的接口字节 TB(1)中介绍,当 PICC 需要比定义的 FWT 更长的时间来处理接收到的分组时,它可以使用一个 S-block 的 WTX 分组请求等待时间的扩展(增加)。WTX 分组请求含有 1 字节的信息域,该信息域的结构见表 6.6。

表 6.5　功率电平指示编码

| 编　码 | 含　义 |
|---|---|
| 00 | PICC 不支持功率电平指示 |
| 01 | 功率不满足全功能应用 |
| 10 | 功率满足全功能应用 |
| 11 | 功率充裕 |

**表 6.6　WTX 分组信息域的结构**

| 位 | $b_8$ | $b_7$ | $b_6$ | $b_5$ | $b_4$ | $b_3$ | $b_2$ | $b_1$ |
|---|---|---|---|---|---|---|---|---|
| 含义 | 功率电平指示 | | WTXM | | | | | |

功率电平指示编码见表 6.5。$b_6 \sim b_1$ 的 WTXM 为倍增因子。WTXM 的编码值为 1~59,0 和 60~63 作为 RFU(备用)。

PCD 通过发送含有 1 字节信息域的 WTX 管理分组确认 PICC 的请求,1 字节的编码结构同 PICC 的 INF 域结构:$b_8 b_7$ 置为 00,$b_6 \sim b_1$ 为对 WTXM 的确认,并用这个确认的 WTXM 来计算 FWT 的临时值,表示为

$$FWT_{TEMP} = FWT \times WTXM \tag{6.4}$$

临时 FWT 在 PCD 接收到下一个分组后失效。此外,当式(6.4)的计算值大于最大值 $FWT_{max}$ 时,采用 $FWT_{max}$。

(3)协议操作

PICC 在激活后,等待 PCD 发送的正确分组。PCD 发送一个分组后,转入接收工作模式;PICC 发送对接收分组响应的分组,然后转回接收模式。PCD 在处理完一对命令/响应事务或者 FWT 超时仍无响应时,才能启动新的命令/响应。

① 多 PICC 激活

多 PICC 激活特性使 PCD 可以同时处理多个处于 Active 状态的 PICC,而无须为解除激活和激活新 PICC 而多花费时间。多 PICC 激活的示例见表 6.7,例中为 3 个 PICC。

表 6.7　多 PICC 激活

| PCD 动作 | PICC1 状态 | PICC2 状态 | PICC3 状态 |
|---|---|---|---|
| 3 个 PICC 进入 | Idle | Idle | Idle |
| 经防碰撞过程后用 CID = 1 激活 PICC | Active(1) | Idle | Idle |
| 用 CID = 1 传送数据 | Active(1) | Idle | Idle |
| ⋮ | — | — | — |
| 用 CID = 2 激活 PICC | Active(1) | Active(2) | Idle |
| 用 CID = 1, 2 传送数据 | Active(1) | Active(2) | Idle |
| ⋮ | — | — | — |
| 用 CID = 3 激活 PICC | Active(1) | Active(2) | Active(3) |
| 用 CID = 1, 2, 3 传送数据 | Active(1) | Active(2) | Active(3) |
| ⋮ | — | — | — |
| 用 CID = 3 的 S(DESELECT)命令 | Active(1) | Active(2) | Halt |
| 用 CID = 2 的 S(DESELECT)命令 | Active(1) | Halt | Halt |
| 用 CID = 1 的 S(DESELECT)命令 | Halt | Halt | Halt |

② 链接（分组链）

链接功能允许 PCD 或 PICC 发送的信息长度比 FSD 或 FSC 规定的单个分组长度还要长。采取的措施是将长的信息分为若干块，每块的长度等于或小于 FSD/FSC 的规定值，将 I-block 中 PCB 字节的链接位 $b_5$ 置 1，并由 R-block 中 PCB 字节的 $b_5$ 位应答，图 6.15 所示为在 FSC = FSD = 10 字节时，16 字节信息分为 3 个分组传输的过程。图 6.15 中，$I(1)_x$ 表示设置了链接位和分组序号的 I-block，$I(0)_x$ 表示链接位为 0（最后一个链接分组）和设置了分组序号的 I-block，$R(ACK)_x$ 是确认应答的 R-block。

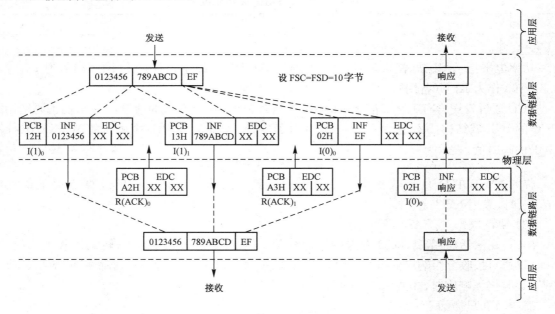

图 6.15　不使用 NAD 和 CID 的链接分组传输示例

（4）PICC 在传送协议中的解除激活

当 PCD 和 PICC 之间的交互结束后，PCD 发送 DESELECT 请求，PICC 以 DESELECT 应答确认，并进入 Halt 状态。解除激活帧等待时间定义为 PCD 的 DESELECT 请求帧结束后，PICC 开始发回 DESELECT 响应帧的最大时间。解除激活帧等待时间的值为 4.8ms，即 $65535/f_c$，$f_c$ 为载波频率。

# 6.4 ISO/IEC 15693 标准

ISO/IEC 15693 是疏耦合非接触式 IC 卡（VICC）的国际标准，该标准由物理特性、空中接口与初始化、防碰撞和传输协议、命令扩展和安全特性 4 部分组成。第 1 部分规定了 VICC 的物理特性，包括机械特性，物理尺寸（与 ISO/IEC 7810 规定相符，为 ID－1 型卡尺寸），抗紫外线、X 射线和电磁射线的能力，弯曲和扭曲性能等。本节主要介绍第 2 部分（空中接口与初始化）和第 3 部分（防碰撞和传输协议）。

## 6.4.1 空中接口与初始化

### 1. 能量供给

阅读器（VCD）产生 13.56MHz±7kHz 的正弦载波，VICC 通过电感耦合方式获得能量。VCD 产生的交变磁场强度 $H$ 应满足

$$150\text{mA/m} \leqslant H \leqslant 5\text{A/m} \tag{6.5}$$

### 2. VCD 到 VICC 的通信

为满足国际无线电规则和不同应用的需求，标准定义了有关调制和编码的规范。

（1）调制

VCD 到 VICC 的通信采用 ASK 调制，调制系数有 10％和 100％两种。VICC 支持两种调制系数，采用哪种调制系数由 VCD 决定，VCD 在载波中产生一个如图 6.16 和图 6.17 所示的间隙来选取调制系数。

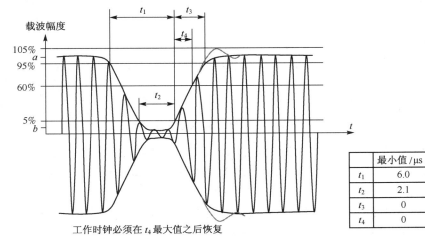

| | 最小值/μs | 最大值/μs |
|---|---|---|
| $t_1$ | 6.0 | 9.44 |
| $t_2$ | 2.1 | $t_1$ |
| $t_3$ | 0 | 4.5 |
| $t_4$ | 0 | 0.8 |

工作时钟必须在 $t_4$ 最大值之后恢复

图 6.16 100％ ASK 调制

（2）数据编码和数据传输速率

数据编码采用脉冲位置调制（PPM），VICC 支持两种 PPM，由 VCD 选择其一，在帧开始（SOF）中指明。

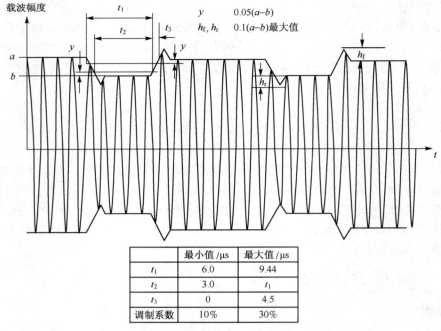

| | 最小值/μs | 最大值/μs |
|---|---|---|
| $t_1$ | 6.0 | 9.44 |
| $t_2$ | 3.0 | $t_1$ |
| $t_3$ | 0 | 4.5 |
| 调制系数 | 10% | 30% |

VICC 应工作于调制系数为 10% 到 30% 之间

图 6.17　10% ASK 调制

① 256 中取 1 的 PPM 方式

256 中取 1 的 PPM 方式的原理示意图如图 6.18 所示。在这种方式中,间隙的位置表示传输数据字节的值,该值在 0～255 范围内。0～255 之间每个值的持续时间为 $18.88\mu s(256/f_c$,$f_c$ 为载波频率),整个字节的传输时间为 4.833ms,因此数据传输速率为 1.65kbps($f_c/8192$)。数据传输完毕后,VCD 传输帧结束(EOF)信号。

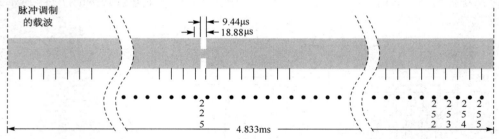

图 6.18　256 中取 1 的 PPM 方式的原理示意图

在图 6.18 中,VCD 传输给 PICC 的数据为 E1H＝1110 0001＝225,调制出现在每个值的持续时间段的后半部,宽度为 $9.44\mu s$。图 6.19 所示为间隙出现的时间段的详细情况。

② 4 中取 1 的 PPM 方式

4 中取 1 的 PPM 方式如图 6.20 所示。在这种编码中,一次可以传输 2 位,4 对连续的数据位形成 1 字节,低位值的一对数据位先传送。4 中取 1 方式的数据传输速率为 26.48kbps($f_c/512$,$f_c$ 为载波频率)。

图 6.21 所示为其编码示例,所传输的字节为 E1H＝1110 0001。

(3) VCD 到 VICC 的帧

采用帧是为了容易同步和不依赖协议,帧用 SOF 和 EOF 分隔。

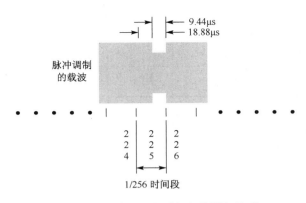

图 6.19　间隙出现的时间段的详细情况

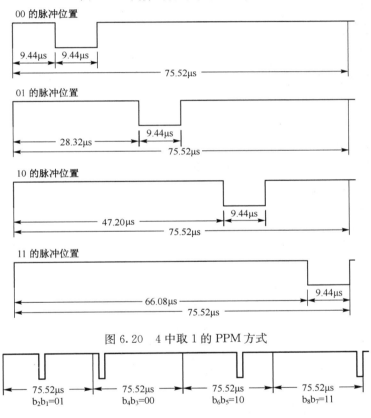

图 6.20　4 中取 1 的 PPM 方式

图 6.21　4 中取 1 方式的编码示例

SOF 的编码有 256 中取 1 和 4 中取 1 两种模式,如图 6.22 所示。SOF 用于通知 VICC, VCD 选择了哪种模式。

EOF 的结构如图 6.23 所示,它可用于 256 中取 1 和 4 中取 1 两种模式。

**3. VICC 到 VCD 的通信**

(1) 副载波

副载波频率 $f_s$ 由 VICC 接收到的载波频率 $f_c$ 产生。VICC 应能支持单副载波和双副载波这两种副载波模式。

在使用单副载波时,副载波的频率 $f_s = f_c/32 = 423.75\text{kHz}$;在使用双副载波时,频率 $f_{s1} = f_c/32,f_{s2} = f_c/28(484.28\text{kHz})$。

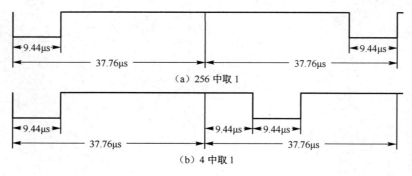

(a) 256 中取 1

(b) 4 中取 1

图 6.22　SOF 的结构

（2）数据传输速率

VICC 应支持的数据传输速率见表 6.8。

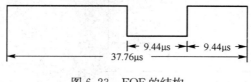

图 6.23　EOF 的结构

表 6.8　数据传输速率

| 数据传输速率 | 单副载波 | 双副载波 |
|---|---|---|
| 低 | 6.62kbps($f_c$/2048) | 6.67($f_c$/2032) |
| 高 | 26.48kbps($f_c$/512) | 26.69($f_c$/508) |

（3）位表示和编码

数据位采用曼彻斯特码编码方式。在下面给出的位编码图中，皆以高数据传输速率的时间标注，低数据传输速率时相应脉冲数和时间应乘以 4。

① 使用单副载波

使用单副载波时的逻辑 0 和逻辑 1 的波形如图 6.24 所示。逻辑 0 以 8 个频率为 $f_s$ 的脉冲开始，接着是非调制时间，非调制时间为 $256/f_c$（约为 $18.88\mu s$）；逻辑 1 则以 $18.88\mu s$ 的非调制时间开始，接着是 8 个频率为 $f_s$ 的脉冲。

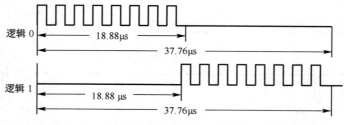

图 6.24　单副载波时的逻辑 0 和逻辑 1 的波形

② 使用双副载波

使用双副载波时的位编码如图 6.25 所示，两个副载波间有连续的相位关系。逻辑 0 的位宽为 $8/f_{s1}+9/f_{s2}=18.88+18.58=37.46\mu s$；逻辑 1 的位宽为 $9/f_{s2}+8/f_{s1}=37.46\mu s$。

（4）SOF

① 使用单副载波

如图 6.26(a) 所示，SOF 由 3 部分组成：一个非调制时间（$768/f_c=56.64\mu s$）、24 个频率为 $f_s$ 的脉冲、逻辑 1（由 $256/f_c=18.88\mu s$ 的未调制时间开始，接着是频率为 $f_s$ 的 8 个脉冲）。

② 使用双副载波

如图 6.26(b) 所示，SOF 也由 3 部分组成：27 个频率为 $f_{s2}$ 的脉冲、24 个频率为 $f_{s1}$ 的脉冲、逻辑 1（以 9 个频率为 $f_{s2}$ 的脉冲开始，接着为 8 个频率为 $f_{s1}$ 的脉冲）。

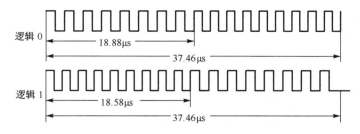

图 6.25 使用双副载波时的位编码

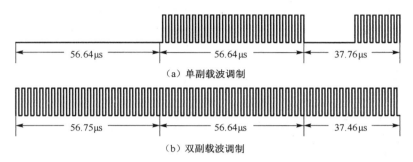

图 6.26 SOF 的副载波调制波形

（5）EOF

① 使用单副载波

如图 6.27（a）所示，EOF 由 3 部分组成：逻辑 0、频率为 $f_s$ 的 24 个脉冲、一个非调制时间（$768/f_c = 56.64\mu s$）。

② 使用双副载波

如图 6.27（b）所示，EOF 由 3 部分组成：逻辑 0、24 个频率为 $f_{s1}$ 的脉冲、27 个频率为 $f_{s2}$ 的脉冲。

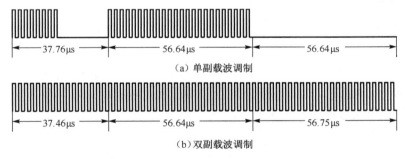

图 6.27 EOF 的副载波调制波形

（6）负载调制

VICC 至 VCD 的通信采用负载调制，负载调制的振幅不小于 10mV。

## 6.4.2 传输协议

### 1. 数据元素的定义

（1）唯一标识符（UID）

每个 VICC 有一个 64 位的 UID 标识，且这个 UID 是唯一的。UID 由制造商永久设定，格式见表 6.9。

（2）应用族标识符（AFI）

AFI 是由 VCD 锁定的应用类型，它的 8 位编码可参见第 4 章表 4.8。VICC 对 AFI 的支持是可选的。

（3）数据存储格式标识符（DSFID）

DSFID 指出了数据在 VICC 内存中的结构，它被相应的命令编程和锁定，其编码为 1 字节。假如 VICC 不支持 DSFID 的编程，则 VICC 以值 0 作为应答。

（4）CRC

CRC 根据 ISO/IEC 13239 标准计算，其初始值为 FFH。CRC 的两字节位于帧的 EOF 之前，检验 SOF 之后的所有字节，但不含自己。VICC 在 CRC 检验时若出现错误，则丢弃收到的该帧，并不予应答。当 VCD 收到 VICC 的一次响应时，建议进行 CRC 检验，若 CRC 无效，则由 VCD 的设计者来处理。CRC 字节的传输由最低位开始。

（5）VICC 内存结构

标准中规定的命令假定物理内存以固定大小的块（或页）出现。可寻址块达 256 个，块大小可至 256 位，最大内存容量可达 8KB。

（6）块安全状态

块安全状态由 VICC 返回，作为对 VCD 请求的响应参数，其编码为 1 字节，编码见表 6.10。

表 6.9　UID 的格式

| 位 | 编码内容 |
|---|---|
| 1～48 | 制造商制定的48 位唯一序列号 |
| 49～56 | IC 制造商代码 |
| 57～64 | 码值为 E0H |

表 6.10　块安全状态

| 位 | 标志名称 | 值 | 说　明 |
|---|---|---|---|
| $b_1$ | Lock-flag | 0 | 未锁定 |
| | | 1 | 锁定 |
| $b_2 \sim b_8$ | RFU | 0 | 备用 |

### 2. 传输协议描述

（1）协议的概念

传输协议定义了 VCD 和 VICC 之间的指令及数据双向交换的过程。它建立于 VCD"先讲"的机制。协议基于一次交换，一次交换包括 VCD 的一次请求和接着的 VICC 的一次响应。请求和响应以帧的形式构成，每帧传输的位数为字节的整数倍，低字节、低位先传输。

（2）请求帧格式

请求帧由 SOF（帧开始）、标志、命令编码、强制和可选的参数、数据、CRC、EOF（帧结束）等域组成。请求标志域为 8 位，1～4 位的定义见表 6.11，5～8 位的定义见表 6.12 和表 6.13。

表 6.11　请求标志域 1～4 位的定义

| 位 | 标志名称 | 值 | 描　　述 |
|---|---|---|---|
| $b_1$ | 副载波标志 | 0 | VICC 采用单副载波 |
| | | 1 | VICC 采用双副载波 |
| $b_2$ | 数据传输速率标志 | 0 | 使用低数据传输速率 |
| | | 1 | 使用高数据传输速率 |

| 位 | 标志名称 | 值 | 描 述 |
|---|---|---|---|
| b₃ | 目录 | 0 | 标志位 5～8 的规定按表 6.12 |
| | | 1 | 标志位 5～8 的规定按表 6.13 |
| b₄ | 协议格式扩展标志 | 0 | 无协议格式扩展 |
| | | 1 | 协议格式已扩展,保留供以后使用 |

**表 6.12  目录标志值为 0 时 5～8 位的定义**

| 位 | 标志名称 | 值 | 描 述 |
|---|---|---|---|
| b₅ | 选择标志 | 0 | 根据寻址标志设置,任何 VICC 执行请求 |
| | | 1 | 请求只处于选择状态的 VICC 执行,寻址标志值应为 0,UID 不包含在请求中 |
| b₆ | 寻址标志 | 0 | 没有寻址请求,不包含 UID,任何 VICC 可能的话都应执行 |
| | | 1 | 请求有寻址,包含 UID,只有 UID 匹配的 VICC 才能执行应答 |
| b₇ | 选择权标志 | 0 | 含义未被命令描述定义 |
| | | 1 | 含义被命令描述定义 |
| b₈ | RFU | 0 | 备用 |

**表 6.13  目录标志值为 1 时 5～8 位的定义**

| 位 | 标志名称 | 值 | 描 述 |
|---|---|---|---|
| b₅ | AFI 标志 | 0 | 无 AFI 域 |
| | | 1 | 有 AFI 域 |
| b₆ | 时隙数标志 | 0 | 16 个时隙 |
| | | 1 | 1 个时隙 |
| b₇ | 选择权标志 | 0 | 含义未被命令描述定义 |
| | | 1 | 含义被命令描述定义 |
| b₈ | RFU | 0 | 备用 |

（3）应答帧格式

应答帧由 SOF、标志、强制和可选的参数、数据、CRC、EOF 等域组成。应答帧标志域为 8 位,其定义见表 6.14。

出现错误时,应答帧由 SOF、标志（8 位）、错误码（8 位）、CRC（16 位）和 EOF 等域组成。8 位错误码的编码见表 6.15。如果 VICC 不支持所列的错误码,它将以错误码 0FH 应答。

**表 6.14  应答帧标志域的 1~8 位的定义**

| 位 | 标志名称 | 值 | 描 述 |
|---|---|---|---|
| b₁ | 出错标志 | 0 | 无错误 |
| | | 1 | 检测到错误 |
| b₄ | 扩展标志 | 0 | 无协议格式扩展 |
| | | 1 | 协议格式被扩展,保留供以后用 |
| b₂,b₃ 和 b₅~b₈ | RFU | 0 | 备用 |

**表 6.15  错误码的编码**

| 错误码编码 | 意 义 | 错误码编码 | 意 义 |
|---|---|---|---|
| 01H | 不支持命令,即请求码不能被识别 | 12H | 规定块已锁,其内容不能改变 |
| 02H | 命令不能被识别,例如,发生一次格式错误 | 13H | 规定块没有被成功编程 |
| 03H | 不支持命令选项 | 14H | 规定块没有被成功锁定 |
| 0FH | 无错误信息或规定的错误码不支持该错误 | A0H ～ DFH | 客户定制命令错误码 |
| 10H | 规定块不可用(不存在) | 其他 | RFU(备用) |
| 11H | 规定块已锁,因此不能被再锁 | | |

（4）模式

① 寻址模式：寻址标志位设置为 1 时，VCD 请求中应包含 VICC 的 UID，VICC 将收到的 UID 和自己的 UID 比较，若匹配则按命令的规定返回一个应答（响应）给 VCD，若不匹配则 VICC 保持沉默。

② 非寻址模式：寻址标志位设置为 0 时，VCD 请求中不含 UID。若可能，所有收到该请求的 VICC 都应返回一个符合命令规定的应答给 VCD。

③ 选择模式：选择标志位设为 1 时，VCD 请求不含 UID。仅处于选择模式的 VICC 在收到该请求后，若可能，返回一个符合命令规定的应答给 VCD。

### 3. 命令的类型和编码

标准定义了强制、可选、定制和私有 4 种命令。所有的 VICC 都支持强制命令，强制命令的命令码范围为 01H～1FH。可选、定制、私有命令的命令码范围分别为 20H～9FH，A0H～DFH，E0H～FFH。命令的编码、类型和功能见表 6.16。

表 6.16 命令的编码、类型和功能

| 编　码 | 类　型 | 功　　能 | 编　码 | 类　型 | 功　　能 |
|---|---|---|---|---|---|
| 01H | 强制 | 目录 | 26H | 可选 | 复位就绪 |
| 02H | 强制 | 保持静默 | 27H | 可选 | 写 AFI（应用族标识符） |
| 03H～1FH | 强制 | 备用 | 28H | 可选 | 锁定 AFI |
| 20H | 可选 | 读单个块 | 29H | 可选 | 写 DSFID（数据存储格式标识符） |
| 21H | 可选 | 写单个块 | 2AH | 可选 | 锁定 DSFID |
| 22H | 可选 | 锁定块 | 2BH | 可选 | 获取系统信息 |
| 23H | 可选 | 读多个块 | 2CH | 可选 | 获取多个块安全状态 |
| 24H | 可选 | 写多个块 | 2DH～9FH | 可选 | 备用 |
| 25H | 可选 | 选择 | A0H～DFH | 定制 | IC 制造商决定 |
| | | | E0H～FFH | 私有 | |

### 4. 强制命令

（1）目录命令

VCD 在发送目录命令时，通过时隙数标志将时隙数设置为所需的值（16 或 1 个时隙，见表 6.13），然后在命令域后加入掩码（Mask）长度和掩码值。掩码长度指明了掩码值的有效位数。当使用 16 个时隙时，掩码长度可以是 0～60（位）之间的任何值。当使用 1 个时隙时，掩码长度可以是 0～64（位）之间的任何值。掩码值以整数个字节存在，若掩码长度不是 8（位）的倍数，则掩码值的最高有效位应补 0。例如，掩码 0100 1100 1111 的掩码长度为 12 位，则其掩码值为 0000 0100 1100 1111，补齐至 16 位。

目录命令的格式见表 6.17。AFI 域是可选的，当 AFI 标志设置为 1 时出现 AFI 域。对目录命令的应答格式见表 6.18。

表 6.17 目录命令的格式

| 域 | SOF | 标志 | 命令编码 | 可选的 AFI | 掩码长度 | 掩码值 | CRC-16 | EOF |
|---|---|---|---|---|---|---|---|---|
| 说　明 | 帧开始 | 8 位 | 8 位（01H） | 8 位 | 8 位 | 0～8 字节 | 16 位 | 帧结束 |

表 6.18 目录命令的应答格式

| 域 | SOF | 标志 | DSFID | UID | CRC | EOF |
|---|---|---|---|---|---|---|
| 说　明 | 帧开始 | 8 位 | 8 位 | 64 位 | 16 位 | 帧结束 |

如果 VICC 发现一个错误，则它将保持静默。

（2）保持静默命令

收到保持静默命令，VICC 进入静默状态，不返回应答。在静默状态时，VICC 不处理任何目录标志为 1 的请求，但它处理任何一个可寻址的请求。保持静默命令的请求帧的格式见表 6.19。

表 6.19　保持静默命令的请求帧的格式

| 域 | SOF | 标志 | 命令编码 | UID | CRC | EOF |
|---|---|---|---|---|---|---|
| 说　明 | 帧开始 | 8 位 | 8 位(02H) | 64 位 | 16 位 | 帧结束 |

## 5. 可选命令

可选命令的请求帧和应答帧的组成见表 6.20，表中列出除 SOF、EOF 和 CRC 外的组成域。

表 6.20　可选命令的请求帧和应答帧

| 命令名称 | 请求帧组成 | 应答与应答帧组成 |
|---|---|---|
| 读单个块 | 标志,命令编码,UID(可选),块号(8 位) | 标志(8 位),块安全状态(请求帧中,选择标志为 1 时才有该 8 位内容),数据(位数为块的长度) |
| 写单个块 | 标志,命令编码,UID(可选),块号,数据(块长度) | VICC 将包含在请求中的数据写入相应的请求块,在应答中报告操作成功与否。应答帧包含标志域 |
| 锁定块 | 标志,命令编码,UID(可选),块号 | 接收到该命令,VICC 将永久锁定请求块。应答帧包含标志域 |
| 读多个块 | 标志,命令编码,UID(可选),起始块号,块数量(8 位) | 标志,块安全状态(请求中选择标志为 1 时才返回该域),块数据(块长度),…,块安全状态(请求中选择标志为 1 时才返回该域),块数据(块长度)<br><br>返回数据块数为请求中块数量值加 1,例如,请求中块数量为 06H 时读 7 个块。有块安全状态域时,该域和块数据域一起成对返回 |
| 写多个块 | 标志,命令编码,UID(可选),起始块号,块数量,数据(块长度),…,数据(块长度)。数据域的个数为块数量域的值加 1 | 接收到该命令,相应的 VICC 进行写操作,在应答中报告操作成功与否。应答帧包含标志域 |
| 选择 | 标志(选择标志为 0,寻址标志为 1),命令编码,UID | 接收到该命令:若 UID 匹配,则 VICC 进入选择状态,发回应答;若 UID 不匹配,则 VICC 转至就绪状态,不发回应答。应答帧包含标志域 |
| 复位至就绪 | 标志,命令编码,UID(可选) | 接收到该命令,VICC 复位至 Ready(就绪)状态。应答帧包含标志域 |
| 写 AFI | 标志,命令编码,UID(可选),AFI(8 位) | 接收到该命令,VICC 将 AFI 值写入其内存。应答帧包含标志域 |
| 锁定 AFI | 标志,命令编码,UID(可选) | 接收到该命令,VICC 将 AFI 值永久地锁定在其内存中。应答帧包含标志域 |
| 写 DSFID | 标志,命令编码,UID(可选),DSFID(8 位) | 接收到该命令,VICC 将 DSFID 值写入其内存。应答帧包含标志域 |
| 锁定 DS-FID | 标志,命令编码,UID(可选) | 接收到该命令,VICC 将 DSFID 值永久地锁定在其内存中。应答帧包含标志域 |

| 命令名称 | 请求帧组成 | 应答与应答帧组成 |
|---|---|---|
| 获取系统信息 | 标志,命令编码,UID(可选)。用于从 VICC 中重新获取系统信息 | 标志,信息标志(8 位),UID,DSFID(可选),AFI(可选),内存容量(可选),IC 参考信息(可选)<br><br>信息标志域的某位值为 1,表示对应可选项出现。信息标志域的 1~4 位的值按顺序定义上述 4 个可选项,5~8 位为 0000(RFU)。内存容量域为 16 位,1~8 位定义块数目值(从 00~FFH),9~13 位定义块容量的字节数(值加 1),14~16 位为 000(RFU)。IC 参考信息由 IC 制造商定义,编码为 8 位 |
| 获取多个块安全状态 | 标志,命令编码,UID(可选),起始块号,块数量 | VICC 发回块安全状态。应答帧包含标志、块安全状态 1(8 位)、…、块安全状态 N。块安全状态的数量为请求帧中块数量域的值加 1 |

需要注意的是,在 VICC 发现命令请求(包括强制命令和可选命令)的内容出现错误时,其应答帧格式都为 SOF、标志、错误码、CRC 和 EOF。

**6. VICC 状态**

VICC 具有断电(Power-Off)、就绪(Ready)、静默(Quiet)和选择(Selected)4 种状态,其中对选择状态的支持是可选的。VICC 的状态及转换关系如图 6.28 所示。

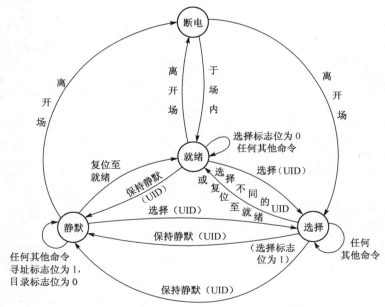

图 6.28　VICC 的状态及转换关系

VICC 在没有被 VCD 激活时处于断电状态,被 VCD 激活后处于就绪状态。在就绪状态,如果请求帧的选择标志没有置位,VICC 将对请求进行处理:在收到选择命令,且 UID 匹配时,VICC 进入选择状态;在收到保持静默命令,且 UID 匹配时,VICC 进入静默状态;其他情况 VICC 保持就绪状态。

VICC 在选择状态时:收到 UID 匹配的保持静默命令,VICC 进入静默状态;收到选择不同 UID 的选择命令,VICC 返回就绪状态;对其他命令,其状态保持不变。

在静默状态,如果 VCD 的请求帧的目录标志没有置位而寻址标志置位,则 VICC 将对请求帧进行处理:收到 UID 匹配的选择命令时进入选择状态,收到复位就绪命令时返回就绪状态,对其他任何命令 VICC 仍保持原状态。

### 6.4.3 防碰撞

#### 1. 防碰撞过程

ISO/IEC 15693 标准的防碰撞技术采用时隙 ALOHA 算法。图 6.29 所示为一个时隙数为 16 的典型防碰撞处理过程,该例中给出了时隙中无碰撞、有碰撞和无应答的多种情况,步骤如下。

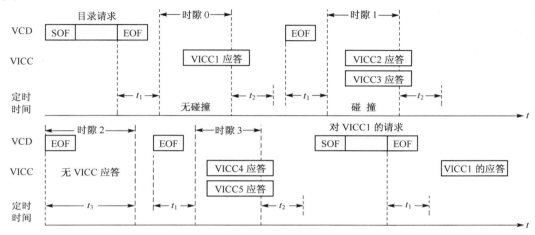

图 6.29　一个时隙数为 16 的典型防碰撞处理过程

① VCD 发送目录命令的请求帧,时隙数设置为 16。

② VICC1 在时隙 0 返回应答,因只有这一个 VICC 应答,故不存在碰撞,它的 UID 被 VCD 接收存储。

③ VCD 发送 EOF,指示下一个时隙开始。

④ 在时隙 1,VICC2 和 VICC3 进行应答,发生了碰撞。VCD 检测到碰撞,并记录该时隙发生了碰撞。

⑤ VCD 再发送 EOF,进入时隙 2。

⑥ 在时隙 2,无 VICC 应答,VCD 未检测到 VICC 应答的 SOF,因此 VCD 通过发送 EOF,进入时隙 3。

⑦ 在时隙 3,VICC4 和 VICC5 应答,产生了碰撞。

⑧ VCD 决定发送寻址请求(如读块请求)给 VICC1(VICC1 的 UID 已被 UCD 正确接收)。

⑨ 所有 VICC 都检测到对 VICC1 请求的 SOF,它们都处理这个请求,但只有 UID 匹配的 VICC1 才返回应答,其他的 VICC 则退出防碰撞序列。

⑩ 所有 VICC 准备接收下一个请求。如果又是一个目录命令的请求,则又从时隙 0 开始按上面步骤执行。

何时中断防碰撞过程由 VCD 决定,VCD 可以一直传送 EOF 到时隙 15,然后再进行第⑧步。

#### 2. 时间段的说明

图 6.29 中标注的时间段 $t_1$、$t_2$ 和 $t_3$ 说明如下。

(1) 时间 $t_1$

当某一 VICC 检测到一个有效 VCD 请求的 EOF,或在处理目录请求过程中转换到下一个时隙之前,它将等待一个时间 $t_1$。

$t_1$ 从检测到 VCD 发送的 EOF 上升沿开始,为确保 VICC 响应的同步要求,VCD 至 VICC 的 EOF 同步是必需的。$t_1$ 的额定值是 320.9μs,范围为 318.6~323.3μs。

(2) 时间 $t_2$

$t_2$ 处于目录处理过程中。当 VCD 开始接收一个或多个 VICC 响应时,它将等待 VICC 响应和完整接收,并等待一个额外时间 $t_2$,然后发送 EOF,启动下一个时隙。$t_2$ 的最小值是 309.2μs,它开始于收到来自 VICC 的 EOF。

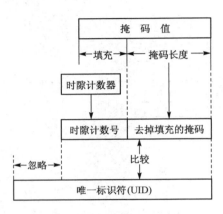

图 6.30  VICC 的 UID 匹配方法

(3) 时间 $t_3$

在一个目录处理过程中,当某时隙无 VICC 应答出现时,VCD 在发送后续 EOF 启动下一个时隙前,需要等待一个时间 $t_3$。$t_3$ 开始于启动该时隙的 EOF 的上升沿,$t_3$ 的最小值依赖于 VICC 向 VCD 传输数据的副载波调制模式和数据传输速率,$t_3$ 的最小值大于 323.3μs。

**3. 防碰撞过程中 VICC 的 UID 匹配方法**

VICC 在防碰撞过程中进行 UID 匹配的方法如图 6.30 所示,其匹配步骤如下。

① 根据目录请求帧中的掩码长度和掩码值,去掉掩码值中的填充部分,将得到的掩码放入比较器。

② VICC 中的时隙计数器对时隙数进行跟踪计数,将时隙数放入比较器。

③ 将上面①和②两步得到的位值和 VICC 的 UID 相应低位值进行比较,若相同即为匹配。在防碰撞过程中,时隙匹配的 VICC 才发回对 VCD 目录命令请求帧的应答。

# 6.5  ISO/IEC 18000－6 标准

ISO/IEC 18000－6 是工作频率在 860~930MHz 的空中接口通信技术参数标准,定义了阅读器和应答器之间的物理接口、协议、命令和防碰撞机制。ISO/IEC 18000－6 标准包含 TYPE A,TYPE B,TYPE C 和 TYPE D 4 种通信模式,本章主要对其中两种模式进行介绍。应答器则至少支持其中一种模式,应答器向阅读器的数据传输基于反向散射方式。

## 6.5.1  TYPE A 模式

### 1. 物理接口

阅读器和应答器之间以命令和应答的方式进行信息交互,阅读器先"讲",应答器根据接收到的命令处理应答。数据的传输以帧为单位,定义了 0,1,SOF 和 EOF 这 4 种符号的编码。

(1) 阅读器向应答器的数据传输

① 数据编码

阅读器向应答器传输的数据编码采用脉冲间隔编码(Pulse Interval Encoding,PIE)。在 PIE 编码中,通过定义脉冲下降沿之间的不同时间宽度来表示 4 种符号(0,1,SOF 和 EOF)。Tari 时间段称为基本时间段,它为符号 0 的相邻两个脉冲下降沿之间的时间宽度,基准值为

$20\mu s\pm100ppm$(ppm 表示基准值的 $10^{-6}$)。

PIE 编码的波形如图 6.31 所示,编码方法如表 6.21 所示。编码时,字节的高位先编码。

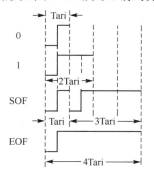

图 6.31　PIE 编码的波形图

表 6.21　PIE 编码

| 符号 | 编码持续时间 |
| --- | --- |
| 0 | Tari |
| 1 | 2Tari |
| SOF | Tari 后跟 3Tari |
| EOF | 4Tari |

② 帧格式

在传送帧前,阅读器先建立一个未调制的载波,即持续时间至少为 $300\mu s$ 的静默时间(图 6.32 中 Taq)。接下来传送的帧由 SOF、数据位、EOF 构成,如图 6.32 所示。在发送完 EOF 后,阅读器必须继续维持一段时间的稳定载波以提供应答器能量。

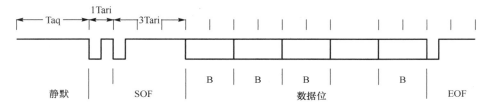

图 6.32　阅读器向应答器发送的帧格式

③ 调制

采用 ASK 调制,调制系数为 30%。

(2) 应答器向阅读器的数据传输

① 数据编码

应答器向阅读器的数据传输采用反向散射方式,数据传输速率为 40kbps,采用 FM0 编码,编码时字节中的高位先编码。FM0 编码的波形如图 6.33 所示,图中第一个数字 1 的电平取决于它的前一位。编码规则是:为数字 0 时,在位起始和位中间都有电平的跳变;为数字 1 时,仅在位起始时电平跳变。

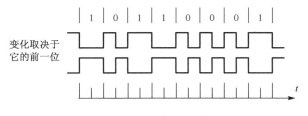

图 6.33　FM0 编码的波形图

② 帧格式

应答器的应答帧由前同步码和若干域(含标志、参数、数据、CRC)组成。前同步码可供阅读器获得同步时钟,为二进制码 0000 0101 0101 0101 0101 0001 1011 0001(0555 51B1H),不是 FM0 码。0 表示应答器的调制器处于高阻抗状态,此时无反向散射调制;1 表示应答器的调制器转换为低阻抗状态,产生反向散射调制。

(3) CRC 检验

TYPE A 和 B 都采用 CRC-16 检验码,在 TYPE A 中短命令还采用 CRC-5 作为检验码。应答器接收到阅读器的命令后,用 CRC 码检验正确性。如果发生错误,则应答器将抛弃该帧,不予应答并维持原状态。

CRC-5 的生成多项式为 $X^5+X^2+1$。计算 CRC 时,寄存器的预置值为 12H,计算范围从 SOF 至 CRC 前。CRC 的最高有效位先传输。

CRC-16 的生成多项式为 $X^{16}+X^{12}+X^5+1$。计算 CRC 时,寄存器的预置值为 FFFFH,计算范围不包含 CRC 自身,计算产生的 CRC 的位值经取反后送入信息包。传送时高字节先传送,字节中的最高有效位先传送。

2. **数据元素**

数据元素包括唯一标识符(UID)、子唯一标识符(SUID)、应用族标识符(AFI)和数据存储格式标识符(DSFID)。除 SUID 外,UID,AFI,DSFID 都已讨论过。

SUID 用于防碰撞过程,SUID 是 UID 的一部分,因此称为子唯一标识符。SUID 由 40 位组成,高 8 位是制造商代码,低 32 位是制造商制定的 48 位唯一序列号中的低 32 位。SUID 和 UID 的映射关系如图 6.34 所示。

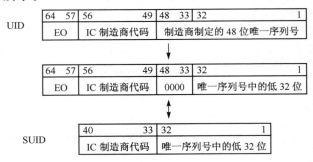

图 6.34  SUID 和 UID 的映射关系

3. **协议元素**

(1) 应答器存储器结构

物理内存以固定块的方式组织,可寻址 256 个块,每块的位数可达 256 位,因此最大存储容量可达到 8KB。

(2) 对具有辅助电池的应答器的支持

当正常工作时,具有辅助电池的应答器和无源应答器在功能上没有什么区别。但对应答器具有辅助电池的系统,在应用中需要有下述支持:①应答器应答系统信息命令时,返回应答器类型和灵敏度信息;②在防碰撞过程开始时,阅读器应指明是否所有应答器还是仅为无源应答器参与;③应答器在防碰撞过程应答时,应返回有无辅助电池及电池状态的信息。

(3) 块锁存状态

应答器在应答阅读器获得块锁存状态的命令时,应返回块锁存状态参数,块锁存在存储器结构中实现。用户通过块锁存命令实现用户锁存,厂商通过专有命令实现制造商锁存。

应答器返回锁定状态使用两位编码,用户锁存用 $b_1$ 位编码,制造商锁存用 $b_2$ 位编码,位值为 1 表示实现了锁存。

（4）应答器签名

应答器签名包含 4 位，用于防碰撞过程。签名的产生可采用多种方法，例如，利用一个 4 位伪随机数产生器，或采用应答器 UID 或 CRC 的一部分，产生方法可由制造商设计确定。

**4. 命令**

（1）命令格式

阅读器发出的命令由协议扩展位（1 位）、命令编码（6 位）、命令标志（4 位）、参数、数据和 CRC 组成，如图 6.35 所示。协议扩展位的值为 0，值 1 作为备用。

| 协议扩展位 | 命令编码 | 命令标志 | 参 数 | 数 据 | CRC |

图 6.35　命令格式

（2）命令编码

命令分为强制、可选、定制和专有 4 类。命令的编码、名称和所用 CRC 类型见表 6.22。编码值为 00～0FH 的命令是强制命令，编码值为 10H～27H 的命令是可选命令，编码值为 28H～37H 的命令是定制命令，编码值为 38H～3FH 的命令是专有命令。命令编码为 6 位。

表 6.22　命令的编码、名称和 CRC 类型

| 编　码 | 名　　称 | CRC | 编　码 | 名　　称 | CRC |
|---|---|---|---|---|---|
| 00H | RFU | RFU | 10H | WRITE BLOCK | CRC-16 |
| 01H | INIT ROUND | CRC-16 | 11H | WRITE MULTIPLE BLOCKS | CRC-16 |
| 02H | NEXT SLOT | CRC-5 | 12H | LOCK-BLOCK | CRC-16 |
| 03H | CLOSE SLOT | CRC-5 | 13H | WRITE AFI | CRC-16 |
| 04H | STANDBY ROUND | CRC-5 | 14H | LOCK AFI | CRC-16 |
| 05H | NEW ROUND | CRC-5 | 15H | WRITE DSFID | CRC-16 |
| 06H | RESET TO READY | CRC-5 | 16H | LOCK DSFID | CRC-16 |
| 07H | SELECT(BY SUID) | CRC-16 | 17H | GET BLOCK LOCK STATUS | CRC-16 |
| 08H | READ BLOCKS | CRC-16 | 18H～27H | RFU | RFU |
| 09H | GET SYSTEM INFORMATION | CRC-16 | 28H～37H | IC 制造商的定制命令 | IC 制造商确定 |
| 0AH～0FH | RFU | RFU | 38H～3FH | IC 制造商的专有命令 | IC 制造商确定 |

（3）命令标志

命令标志由 4 位构成。$b_1$ 为防碰撞过程标志，$b_1 = 0$ 表示命令的执行不处于防碰撞过程中，$b_1 = 1$ 表示命令的执行处于防碰撞过程中。$b_2 b_3 b_4$ 的含义取决于 $b_1$ 的值：当 $b_1 = 0$ 时，$b_2 b_3 b_4$ 的定义见表 6.23；当 $b_1 = 1$ 时，$b_2 b_3 b_4$ 的定义见表 6.24。

表 6.23　$b_1 = 0$ 时，$b_2 b_3 b_4$ 的定义

| 位 | 标志名称 | 位值 | 描　　述 |
|---|---|---|---|
| $b_2$ | 选择标志 | 0 | 任一寻址标志为 1 的应答器执行命令 |
| | | 1 | 命令仅由处于选择状态的应答器执行，寻址标志应为 0，命令中不包含 SUID |
| $b_3$ | 寻址标志 | 0 | 命令不寻址，不包含 SUID，任一应答器都应执行此命令 |
| | | 1 | 命令进行寻址，包含 SUID，仅 SUID 匹配的应答器执行此命令 |
| $b_4$ | RFU | 0 | 该位应为 0 |
| | | 1 | 备用 |

表 6.24　$b_1 = 1$ 时，$b_2 b_3 b_4$ 的定义

| 位 | 标志名称 | 位值 | 描述 |
|---|---|---|---|
| $b_2$ | 时隙延迟标志 | 0 | 时隙开始后，应答器应立即应答 |
| | | 1 | 应答器在时隙开始后延迟一段时间应答 |
| $b_3$ | AFI 标志 | 0 | 没有 AFI |
| | | 1 | 有 AFI |
| $b_4$ | SUID 标志 | 0 | 应答器在应答中不含 SUID，返回它的存储器中前 128 位的数据 |
| | | 1 | 应答器在应答中包含 SUID |

**5. 响应**

应答器的响应格式如图 6.36 所示，由前同步码、标志、参数（1 个或多个）、数据和 CRC 组成。

| 前同步码 | 标志 | 参数 | 数据 | CRC |
|---|---|---|---|---|

图 6.36　应答器的响应格式

标志为两位，其编码见表 6.25。

表 6.25　标志的编码

| 位 | 标志名称 | 值 | 描述 |
|---|---|---|---|
| $b_1$ | 错误标志 | 0 | 无错误 |
| | | 1 | 检测到错误，需要后跟错误码 |
| $b_2$ | RFU | 0 | 应为 0 |

应答器检测到错误后，响应信息中应包含错误码，错误码为 4 位。错误码的定义见表 6.26。

表 6.26　错误码的定义

| 错误码 | 描述 | 错误码 | 描述 |
|---|---|---|---|
| 0H | RFU | 5H | 指定的数据不能被编程或已被锁存 |
| 1H | 命令不被支持 | 6H～AH | RFU |
| 2H | 命令不能辨识，如格式错误 | BH～EH | 定制命令错误码 |
| 3H | 指定的数据块不存在 | FH | 不能给出信息的错误或错误码不支持 |
| 4H | 指定的数据块已锁存，其内容不可改变 | | |

**6. 应答器的状态**

应答器具有离场、就绪、静默、选择、循环激活、循环准备 6 个状态。上述状态及它们的转换关系如图 6.37 所示，图中仅给出了主要的转换情况，状态转换和命令的执行紧密相关。

● 离场（RF field off）状态：处于离场状态时，无源应答器处于无能量状态，有源应答器不能被接收的射频能量唤醒。

● 就绪（Ready）状态：应答器获得可正常工作的能量后进入就绪状态。在就绪状态，可以处理阅读器的任何选择标志位为 0 的命令。

● 静默（Quiet）状态：应答器可处理防碰撞过程标志为 0，寻址标志为 1 的任何命令。

● 选择（Selected）状态：应答器处理选择标志为 1 的命令。

● 循环激活（Round active）状态：在此状态的应答器参与防碰撞循环。

● 循环准备（Round standby）状态：在此状态的应答器暂时不参与防碰撞循环。

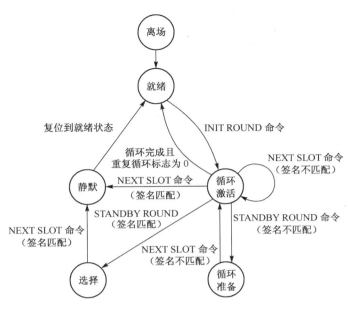

图 6.37　应答器状态及转换关系

## 7. 强制命令与状态转换

（1）INIT ROUND 命令

命令格式见表 6.27，命令编码和命令标志已经在前面介绍，下面介绍电池标志、重复循环标志和循环空间。

表 6.27　**INIT ROUND 命令的格式**

| 域 | 协议扩展位 | 命令编码 | 命令标志 | 电池标志 | 重复循环标志 | 循环空间 | AFI（可选） | CRC |
|---|---|---|---|---|---|---|---|---|
| 位长 | 1 位 | 6 位 | 4 位 | 1 位 | 1 位 | 3 位 | 8 位 | 16 位 |

① 电池标志仅用于 INIT ROUND 命令。在 INIT ROUND 命令中，若电池标志置 1，则应答器无论是否带有辅助电池都需要处理该命令。若电池标志为 0，则仅仅是无源应答器处理该命令。

② 重复循环标志用于 INIT ROUND，NEW ROUND 和 CLOSE SLOT 命令中。

当 INIT ROUND 命令设置了重复循环标志时，应答器在防碰撞过程中选择一个传送回其应答的随机时隙。在循环结束时，如果应答器仍处于循环激活状态，则它自动进入下一个循环。

当 INIT ROUND 命令重复循环标志的值为 0 时，应答器在防碰撞过程中选择一个传送回其应答的随机时隙。如果在某一随机时隙传回了应答，则应答器在收到 NEXT SLOT 命令时和它的签名进行匹配。若匹配，则它转到静默状态；若不匹配，则在当前的循环结束后转到就绪状态。在就绪状态，应答器接收到 NEW ROUND 或 INIT ROUND 命令后，选择一个新的时隙并进入新的循环。

③ 循环空间的 3 位对循环中的时隙数进行编码，循环时隙数的编码见表 6.28。

表 6.28　**循环时隙数的编码**

| 编 码 | 循环时隙数 | 编 码 | 循环时隙数 | 编 码 | 循环时隙数 | 编 码 | 循环时隙数 |
|---|---|---|---|---|---|---|---|
| 000 | 1 | 010 | 16 | 100 | 64 | 110 | 256 |
| 001 | 8 | 011 | 32 | 101 | 128 | 111 | RFU |

应答器对 INIT ROUND 命令的应答格式见表 6.29 和表 6.30。

表 6.29　应答器对 INIT ROUND 命令的应答格式(SUID 标志为 1)

| 域 | 标志 | 签名 | 应答器类型 | 电池状态 | DSFID | SUID |
|---|---|---|---|---|---|---|
| 位　长 | 2 位 | 4 位 | 1 位 | 1 位 | 8 位 | 40 位 |

表 6.30　应答器对 INIT ROUND 命令的应答格式(SUID 标志为 0)

| 域 | 标志 | 签名 | 应答器类型 | 电池状态 | 随机数 | 存储器中前 128 位 |
|---|---|---|---|---|---|---|
| 位　长 | 2 位 | 4 位 | 1 位 | 1 位 | 6 位 | 128 位 |

应答中签名和随机数的产生是独立的。应答器类型的编码值为 0 表示应答器无辅助电池,为 1 表示有辅助电池。电池状态的编码值为 0 表示电池电压低,无源应答器的该位编码值也为 0,为 1 表示电池状态正常。

INIT ROUND 命令对应答器状态转换的影响见表 6.31。

表 6.31　INIT ROUND 命令对应答器状态转换的影响

| 当前状态 | 应答器对命令的处理 | 新的状态 |
|---|---|---|
| 就绪 | 应答器由产生的随机数中选择它发回应答的时隙并将时隙计数器复位至 1 | 循环激活 |
| 静默 | 应答器不处理此命令 | 静默 |
| 选择 | 应答器由产生的随机数中选择它发回应答的时隙并将时隙计数器复位至 1 | 循环激活 |
| 循环激活 | 应答器复位原来选择的时隙,由产生的随机数中选择它发回应答的新时隙,并将时隙计数器复位至 1 | 循环激活 |
| 循环准备 | 应答器复位原来选择的时隙,由产生的随机数中选择它发回应答的新时隙,并将时隙计数器复位至 1 | 循环激活 |

(2) NEXT SLOT 命令

NEXT SLOT 命令具有两个功能:① 确认已被识别的应答器;② 指示所有处于循环激活状态的应答器对它们的时隙计数器加 1 并进入下一个时隙。

NEXT SLOT 命令的格式见表 6.32,它对应答器状态转换的影响见表 6.33。

表 6.32　NEXT SLOT 命令的格式

| 域 | 协议扩展位 | 命令编码 | 应答器签名 |
|---|---|---|---|
| 位　长 | 1 位 | 6 位 | 4 位 |

表 6.33　NEXT SLOT 命令对应答器状态转换的影响

| 当前状态 | 应答器对命令的处理 | 新的状态 |
|---|---|---|
| 就绪 | — | 就绪 |
| 静默 | — | 静默 |
| 选择 | — | 静默 |
| 循环激活 | 当同时满足 3 个条件(① 应答器已在前一时隙应答;② 签名匹配;③ 下一个时隙在确认时间内接收到)时,应答器转至静默状态 | 静默 |
| 循环激活 | 当不满足上面 3 个条件之一时,应答器对它的时隙计数器加 1,在时隙计数器值和时隙匹配时发送它的应答。应答器保持循环激活状态 | 循环激活 |
| 循环准备 | 应答器对它的时隙计数器加 1,在时隙计数器值和时隙匹配时发送它的应答。应答器转至循环激活状态 | 循环激活 |

应答器对 NEXT SLOT 命令不发回应答帧。

（3）CLOSE SLOT 命令

在无应答器应答或检测到碰撞时，阅读器发送该命令。接收该命令后，处于循环准备状态的应答器转换至循环激活状态，处于其他状态的应答器状态不变。这时，所有处于循环激活状态的应答器对它们的时隙计数器加 1 并进入下一个时隙。

CLOSE SLOT 命令的格式见表 6.34。应答器对此命令不应答。

表 6.34　CLOSE SLOT 命令的格式

| 域 | 协议扩展位 | 命令编码 | 重复循环标志 | RFU |
|---|---|---|---|---|
| 位　长 | 1 位 | 6 位 | 1 位 | 000 |

（4）STANDBY ROUND 命令

STANDBY ROUND 命令有两个作用：① 确认来自一个应答器的有效应答，并指示该应答器进入选择状态，阅读器可以发送选择标志为 1 的读/写命令对此应答器进行操作；② 指示所有处于循环激活状态的应答器进入循环准备状态，等待 NEXT SLOT，NEW SLOT 或 CLOSE SLOT 命令的到来，重新进入循环激活状态，进入新的循环。

STANDBY ROUND 命令由协议扩展位（1 位）、命令编码（6 位）和应答器签名 3 部分组成。

接收到该命令时：① 处于选择状态的应答器转换至静默状态；② 处于循环激活状态的应答器，如果同时符合 3 个条件（前面时隙已经应答、签名匹配且下一个时隙在确认时间内被接收到）时进入选择状态，否则进入循环准备状态；③ 处于①、②之外状态的应答器保持原状态不变。

对 STANDBY ROUND 命令，应答器不予应答。

（5）NEW ROUND 命令

NEW ROUND 命令有两个作用：① 指示在循环准备和循环激活状态的应答器进入循环激活状态，复位它们的时隙计数器为 1，进入新的循环；② 指示在选择状态的应答器转换到静默状态，在静默和就绪状态的应答器仍维持其状态。

NEW ROUND 命令由协议扩展位（1 位）、命令编码（6 位）、重复循环标志（1 位）和循环空间（3 位）4 部分组成。对 NEW ROUND 命令的应答和前一个循环的应答相同，但应答器签名的方法可以不同。

（6）RESET TO READY 命令

RESET TO READY 命令由协议扩展位（1 位）、命令编码（6 位）、RFU（4 位，为 0000）3 部分组成，该命令使处于场内各个不同状态的应答器都进入就绪状态，对此命令应答器不返回应答帧。

（7）SELECT（BY SUID）命令

SELECT（BY SUID）命令的作用为：① 无论应答器原来处于场内哪个状态（不含离场状态），接收到该命令且 SUID 匹配时进入选择状态，并发回应答帧；② SUID 不匹配的应答器不发回应答帧，当它处于循环激活状态时转换到循环准备状态，处于选择状态时转换到静默状态，处于就绪、静默或循环准备状态时保持状态不变。

SELECT（BY SUID）命令由协议扩展位（1 位）、命令编码（6 位）和 SUID（40 位）3 部分组成。应答帧包含标志（2 位），如果错误标志为 1，那么还应在标志后跟错误码（4 位）。

（8）READ BLOCKS 命令

READ BLOCKS 命令的格式见表 6.35。命令中，SUID 是可选的，在寻址标志为 1 时出现。块号的编码从 00H～FFH，读块数量为 8 位编码的值加 1。例如，读块数量的值为 06H，则应读 7 个块。

表 6.35 **READ BLOCKS 命令的格式**

| 域 | 协议扩展位 | 读块命令 | 命令标志 | SUID | 首块号 | 读块数量 |
|---|---|---|---|---|---|---|
| 位 长 | 1 位 | 6 位 | 4 位 | 40 位 | 8 位 | 8 位 |

接收到 READ BLOCKS 命令的应答器按自身情况进行如下处理:

① 处于就绪、静默状态的应答器,如果 SUID 匹配则发回应答帧,不匹配则不发回应答帧,应答器的状态保持不变;

② 处于循环激活状态和循环准备状态的应答器不应答,状态不变;

③ 处于选择状态的应答器,如果命令的选择标志为 1,则发回应答帧,否则不予应答,应答器不改变状态。

错误标志不为 1 的应答帧的格式如图 6.38 所示。

图 6.38 错误标志不为 1 的应答帧的格式

（9）GET SYSTEM INFORMATION 命令

GET SYSTEM INFORMATION 命令用于获取应答器的有关系统信息。该命令由协议扩展位（1 位）、命令编码（6 位）、命令标志（4 位）和可选的 SUID（40 位）4 部分组成。

处于就绪和静默状态的应答器,如果 SUID 匹配,则返回应答帧。处于选择状态的应答器,如果命令中选择标志为 1,则返回应答帧。不处于上述情况的应答器不返回应答帧。GET SYSTEM INFORMATION 命令不改变应答器所处的状态。

应答器接收到 GET SYSTEM INFORMATION 命令后,返回的正常应答帧的结构如图 6.39 所示。

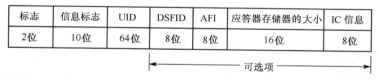

图 6.39 应答器对 GET SYSTEM INFORMATION 命令的正常应答帧的结构

应答帧中,信息标志共有 10 位,其编码含义见表 6.36。

表 6.36 **应答帧中信息标志的编码含义**

| 位 | 标志名称 | 值 | 描 述 |
|---|---|---|---|
| $b_1$ | DSFID | 0 | 不支持 DSFID,应答帧中无 DSFID |
|  |  | 1 | 支持 DSFID,应答帧中有 DSFID |
| $b_2$ | AFI | 0 | 不支持 AFI,应答帧中无 AFI |
|  |  | 1 | 支持 AFI,应答帧中有 AFI |
| $b_3$ | 应答器存储器的大小 | 0 | 不支持该项信息,应答帧中无应答器存储器的大小 |
|  |  | 1 | 支持,应答帧中有应答器存储器的大小 |
| $b_4$ | IC 信息 | 0 | 不支持,应答帧中无 IC 信息 |
|  |  | 1 | 支持,应答帧中有 IC 信息,8 位含义由 IC 制造商定义 |

| 位 | 标志名称 | 值 | 描　　　述 |
|---|---|---|---|
| $b_6b_5$ | 应答器灵敏度 | 00 | 没有定义 |
| | | 01 | 灵敏度为 S1,即读为 5~10V/m,写为 15V/m |
| | | 10 | 灵敏度为 S2,即读为 2.5~4V/m,写为 6V/m |
| | | 11 | 灵敏度为 S3,即读为 1.5V/m,写为 2V/m |
| $b_8b_7$ | 应答器类型 | 00 | 无源应答器,反向散射方式传送 |
| | | 01 | 应答器带有辅助电池,反向散射方式传送 |
| | | 10 | 主动式应答器 |
| | | 11 | RFU |
| $b_{10}b_9$ | RFU | 00 | RFU |

应答帧中,应答器存储器的大小为 16 位:① 第 1~8 位为块号,从 00~FFH;② 第 9~13 位为以字节表示的块大小,5 位的最大位值为 1FH,表示 32 字节,也就是 256 位,最小位值为 00H,表示为 1 字节;③ 第 14~16 位为 RFU,值全为 0。

#### 8. 防碰撞

TYPE A 的防碰撞算法基于动态时隙 ALOHA 算法,将应答器的数据信息传输分配在不同循环的不同时隙里进行,每个时隙的大小由阅读器决定。TYPE A 的防碰撞过程如下。

（1）启动防碰撞过程

阅读器发出 INIT ROUND 命令启动防碰撞过程,在命令中给出循环空间大小,阅读器可根据碰撞情况动态地为下一轮循环选择合适的循环空间大小。

（2）参与防碰撞过程的应答器对命令的处理

参与防碰撞过程的应答器将时隙计数器复位至 1,并由产生的随机数选择它在此循环中发回应答的时隙。如果 INIT ROUND 命令中的时隙延迟标志位为 0,应答器在选择的时隙开始后立即发回应答帧。如果时隙延迟标志位为 1,则在选择的时隙开始后延迟一段伪随机数时间发回应答帧,延迟时间为 0~7 个应答器传输信息的位时间。如果应答器选择的时隙数远大于 1,那么它将维持这个时隙数并等待该时隙或下一个命令。

（3）阅读器发出 INIT ROUND 命令后出现的 3 种可能情况

① 阅读器在一个时隙中没有检测到应答帧时,它发出 CLOSE SLOT 命令。

② 阅读器检测到碰撞或错误的 CRC 时,在确认无应答器仍在传输应答的情况下,发出 CLOSE SLOT 命令。

③ 阅读器接收到一个应答器无差错的应答帧时,它发送 NEXT SLOT 命令,命令中包括该应答器的签名,对此已被识别的应答器进行确认,使它进入静默状态以便循环的继续。

（4）参与循环的应答器在接收到 CLOSE SLOT 命令或 NEXT SLOT 命令而签名不匹配时（处于循环激活状态）,将自己的时隙计数器加 1 并和所选择的伪随机数比较,以决定该时隙是否发回应答帧,并根据本次循环的时隙延迟标志决定发回应答帧的时延。

（5）阅读器按步骤（3）中的 3 种情况处理,直至该循环结束（达到了循环空间预置值）。

（6）一个循环结束后,如果在 INIT ROUND 命令或 CLOSE SLOT 命令中重复循环标志位置 1,则自动开始一个新的循环。如果重复循环标志位为 0,那么阅读器可以决定用新的 INIT ROUND 命令或 NEW ROUND 命令继续进行循环,以完成防碰撞过程。

（7）在一次循环中,阅读器可以通过发送 STANDBY ROUND 命令来确认签名匹配的应答器的有效应答,并指示该应答器进入选择状态,同时让签名不匹配的应答器进入循环准备状态,以便在后续命令来到时继续循环。这样,阅读器便可以发送选择标志为 1 的命令对进入选择状态的应答器进行操作,实现一对一的通信。

### 6.5.2 TYPE B 模式

**1. 物理接口**

阅读器与应答器之间以命令和应答的方式进行信息交互,阅读器先讲,应答器根据接收到的命令应答,数据传输以帧为单位。

(1)阅读器向应答器的数据传输

数据编码采用曼彻斯特码。逻辑 0 的曼彻斯特码表示为 NRZ 码的 01,逻辑 1 相应地表示为 NRZ 码的 10。NRZ 码的 0 为产生调制,1 为不产生调制。

阅读器基带信号对载波的调制方式为 ASK,调制系数为 11%(数据传输速率为 10kbps)或 99%(数据传输速率为 40kbps)。

(2)应答器向阅读器的数据传输

和 TYPE A 相同,应答器向阅读器的数据传输采用反向散射调制,数据编码采用 FM0 编码,数据传输速率为 40kbps。

**2. 命令帧和应答帧的格式**

(1)命令帧的格式

命令帧的格式如图 6.40 所示,包含前同步侦测、前同步码、分隔符、命令编码、参数、数据和 CRC 共 7 部分。

| 前同步侦测 | 前同步码 | 分隔符 | 命令编码 | 参数 | 数据 | CRC |
|---|---|---|---|---|---|---|

图 6.40　命令帧的格式

前同步侦测为稳定的无调制载波,持续时间大于 $400\mu s$,相当于数据传输速率为 40kbps 时的 16 位时间。

前同步码共有 9 位,为曼彻斯特码的 0,提供应答器解码的同步信号。

分隔符有 4 种,用于告知命令开始,用 NRZ 码表示为:11 0011 1010,01 0111 0011,00 1110 0101,110 1110 0101。其中,最前面和最后面的分隔符支持所用的各类命令。分隔符 110 1110 0101 用于指示,返回数据传输速率为阅读器向应答器的数据传输速率的 4 倍。分隔符 01 0111 0011 和 00 1110 0101 保留为以后使用。注意,分隔符中有曼彻斯特码的错误码 11,可供判别为分隔符。

命令编码为 8 位,参数和数据取决于命令。

CRC 为 16 位 CRC 码,算法同 TYPE A 中的 CRC-16。

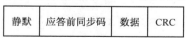

| 静默 | 应答前同步码 | 数据 | CRC |
|---|---|---|---|

图 6.41　应答帧的格式

(2)应答帧的格式

应答帧的格式如图 6.41 所示,应答帧包括静默、应答前同步码、数据和 CRC 共 4 部分。

静默定义了无反向散射调制的时间段,该时间段为 16 位的时间值,在数据传输速率为 40kbps 时为 $400\mu s$。

应答前同步码为 16 位,其相应的 NRZ 码为 0000 0101 0101 0101 0101 0001 1010 0001 (0555 51A1H),以反向散射调制方式传送。

数据包含对命令应答的数据、确认（ACK）或错误码，以 FM0 码传送。

CRC 为 16 位 CRC 码，算法同 TYPE A 中的 CRC-16。

（3）传输的顺序

帧结构采用的是面向位的协议，虽然在一个帧中传送的数据位数是 8 的倍数，即整数字节，但帧本身并不是面向字节的。

在字节中，传输从最高位开始至最低位。在字（8 字节）中，最高字节的内容是所描述的地址字节的内容，最低字节的内容是所描述的地址加 7 的地址中的内容，传输时最高字节先传输。

### 3. 阅读器和应答器之间通信的时序关系

下面以 3 个例子进行说明。

（1）没有频率跳变（HOP）并包含写操作的时序

当没有频率跳变并包含写操作时，阅读器和应答器之间通信的时序关系如图 6.42 所示。因为包含了写操作，所以在应答器的应答帧后，阅读器应保证有大于 15ms 的写等待时间，让应答器完成写操作，并在此后发应答器重新同步信号。该同步信号由 10 个 01 码构成，以保证正常工作。

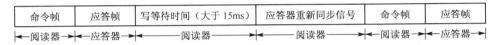

图 6.42　没有频率跳变并包含写操作的时序

（2）阅读器两命令帧之间出现频率跳变

图 6.43 所示为在应答器的应答帧后，阅读器两命令帧之间出现频率跳变的情况。HOP 的时间小于 $26\mu s$。此时，需要有应答器重新同步信号。

图 6.43　两命令帧之间有频率跳变的时序

（3）命令帧和应答帧之间有频率跳变

图 6.44 所示为阅读器工作于跳频扩谱模式，命令帧和应答帧之间有频率跳变时的情况。

图 6.44　命令帧和应答帧之间有频率跳变的时序

### 4. 数据元素

（1）UID

UID 包括 8 字节（0～7 字节），分为 3 部分。第一部分是 IC 制造商定义的识别号，该识别号具有唯一性，共 50 位（第 63～14 位）。第二部分是制造商识别码，共 12 位（第 13～2 位）。第三部分是检验和，共 2 位（第 1～0 位），有效值为 0，1，2，3。应答器的 UID 用于防碰撞过程。

（2）CRC

CRC 采用 CRC-16，计算方法同 TYPE A。

（3）标志域

应答器的标志域共 8 位，低 4 位分别代表 4 个标志，高 4 位为 RFU（置为 0）。表 6.37 所示为低 4 位的标志含义。

表 6.37　应答器标志域(低 4 位)的含义

| 位 | 名　　称 | 描　　述 |
|---|---|---|
| 标志 1<br>(LSB) | DE_SB | 数据交换状态位,当应答器进入数据交换状态时,该位置 1。当该位置 1 而应答器进入电源关断状态时,应答器触发一个定时器(定时时间>2s 或>4s),以复位该位至 0。当接收到初始化命令(INITIALIZE)时,该位立即复位至 0 |
| 标志 2 | WRITE_OK | 在写操作成功后该位置 1 |
| 标志 3 | BATTERY_POWERED | 应答器带有电池时该位置 1 |
| 标志 4 | BATTERY_OK | 电池的能量正常时该位置 1,不正常或不带电池时该位为 0 |

### 5. 应答器的存储器

存储器以块(1 字节)为基本结构,寻址空间为 256 块,最大存储能力为 2KB,这种结构提供了扩展最大存储能力的可能。

每块都有一个锁存位,可用锁存命令对块进行锁存。锁存位状态可由锁存询问(QUERY LOCK)命令读出,制造商设置的锁存位离厂后不允许重新设定,这些块中通常存储了 UID。

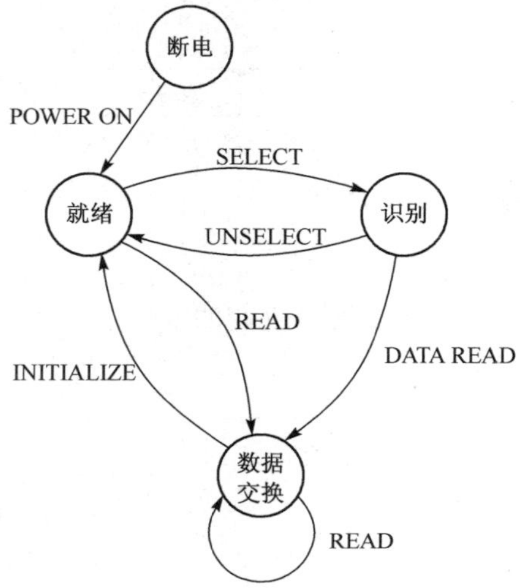

### 6. 应答器的状态

应答器有 4 种状态:断电(Power-Off)、就绪(Ready)、识别(ID)和数据交换(Data Exchange)。这 4 种状态的转换关系如图 6.45 所示,图中仅给出了主要的转换条件。

当阅读器辐射场的能量不能激活应答器时(应答器离阅读器较远或阅读器处于关闭状态),应答器处于断电状态。当应答器被阅读器辐射场激活,所获能量可支持应答器正常工作(POWER ON)时,应答器进入就绪状态。

状态的转换和相应的命令有关,请参见下面的介绍。

图 6.45　TYPE B 的状态与转换关系

### 7. 命令

按功能划分,命令可分为选择命令、识别命令、数据交换命令和多应答器操作(MULTIPLE)命令。按类型划分,命令可分为强制命令、可选命令、定制命令和专有命令。

强制命令的编码范围为:00H～0FH,11H～13H,1DH～3FH。所有的应答器必须支持强制命令。

可选命令的编码范围为:17H～1CH,40H～9FH。应答器对可选命令的支持不是强制的,若支持,则其应答帧应符合本标准的规定;若不支持,则应答器对这类命令应保持静默。应注意的是,在可选命令中,编码 17H～1CH 的命令是推荐支持的命令。

定制命令的编码范围为 A0H～DFH,它是制造商定义的,应答器不支持定制命令时可保持静默。

专有命令的编码值(或范围)为:10H,14H,16H 和 E0H～FFH。专有命令用于测试与系统信息编程等制造商专用的项目,在生产过程结束后,这些命令可以不再有效。

## 8. 强制和推荐的命令

（1）选择命令（SELECT）

① 选择命令的格式

选择命令包括 8 个强制命令和 4 个推荐命令，它们的编码、名称、参数和数据域见表 6.38。

表 6.38　选择命令的编码、名称、参数和数据域

| 编　码 | 名　称 | 参数和数据域 |
|---|---|---|
| 00H | GROUP SELECT-EQ | 地址（Address）8 位、字节掩码（Byte Mask）8 位、字数据（Word Data）8 字节 |
| 01H | GROUP SELECT-NE | 地址、字节掩码、字数据 |
| 02H | GROUP SELECT-GT | 地址、字节掩码、字数据 |
| 03H | GROUP SELECT-LT | 地址、字节掩码、字数据 |
| 04H | GROUP UNSELECT-EQ | 地址、字节掩码、字数据 |
| 05H | GROUP UNSELECT-NE | 地址、字节掩码、字数据 |
| 06H | GROUP UNSELECT-GT | 地址、字节掩码、字数据 |
| 07H | GROUP UNSELECT-LT | 地址、字节掩码、字数据 |
| 17H | GROUP SELECT-EQ Flags | 字节掩码、字节数据（Byte Data）8 位 |
| 18H | GROUP SELECT-NE Flags | 字节掩码、字节数据 |
| 19H | GROUP UNSELECT-EQ Flags | 字节掩码、字节数据 |
| 1AH | GROUP UNSELECT-NE Flags | 字节掩码、字节数据 |

② 选择命令中的比较算法

在表 6.38 中，编码为 00H～07H 的强制命令要求应答器将自己存储器中的相应内容和命令中字数据的 8 字节进行比较，以确定被选择还是不被选择。比较的条件为等于（EQ）、不等于（NE）、大于（GT）和小于（LT）。比较对象是下面两个算式的结果，即比较

$$M = M_0 + M_1 \times 2^8 + M_2 \times 2^{16} + M_3 \times 2^{24} + M_4 \times 2^{32} + M_5 \times 2^{40} + M_6 \times 2^{48} + M_7 \times 2^{56}$$

和　　　$$D = D_0 + D_1 \times 2^8 + D_2 \times 2^{16} + D_3 \times 2^{24} + D_4 \times 2^{32} + D_5 \times 2^{40} + D_6 \times 2^{48} + D_7 \times 2^{56}$$

式中，$M$ 是应答器存储器中内容的计算值；$M_7$ 为最高字节，是命令中地址域所指存储器中存储的字节（块）；$M_0$ 为最低字节，是命令中地址域的值加 7 后所指存储块的值。$D$ 是命令中字数据中的 8 字节，$D_7$ 是字数据域中的第一字节，$D_0$ 是最后一字节。

字节掩码有 8 位，用于屏蔽 $M_i$ 和 $D_i(i = 0～7)$。设字节掩码的第 7 位（MSB）为 1，则 $M$ 和 $D$ 的计算式中的 $M_7 \times 2^{56}$ 和 $D_7 \times 2^{56}$ 两项在比较中应计算；若字节掩码的第 7 位为 0，则在比较时 $M_7 \times 2^{56}$ 和 $D_7 \times 2^{56}$ 两项被屏蔽，不予计算。同样，字节掩码的第 6～0 位的值，决定了相应的 $M_6$ ～ $M_0$ 和 $D_6$ ～ $D_0$ 在算式与比较中的作用。

编码为 17H～1AH 的推荐命令的参数和数据域仅有字节掩码和字节数据（8 位）。这 4 个推荐命令要求应答器比较的是命令中的字节数据和应答器存储器中的标志位，只有等于（EQ）和不等于（NE）两种比较。字节掩码的作用相似，屏蔽相应的位。

③ 选择命令的执行与状态转换

当应答器在就绪状态收到 GROUP SELECT 类命令时，按命令的要求进行比较。当满足条件时，应答器将其内部计数器清零，读 UID 并在应答帧中发送 UID，应答器转至识别状态。

当应答器在识别状态收到 GROUP SELECT 类命令时,将其内部计数器清零,读 UID 并返回应答帧,应答器仍保持识别状态。

当应答器在识别状态收到 GROUP UNSELECT 类命令时,按命令的要求进行比较。当满足条件时,应答器进入就绪状态,不发回应答帧。当不满足比较条件时,应答器将它的内部计数器清零,读 UID,返回应答帧,应答器仍保持识别状态。应答帧由应答前同步码、64 位 UID 和 16 位 CRC 组成。

除上述说明的情况外,应答器不返回应答。

(2) 识别命令

识别命令的编码、名称、参数和数据域见表 6.39。

表 6.39　识别命令的编码、名称、参数和数据域

| 编　码 | 名　称 | 参数和数据域 |
| --- | --- | --- |
| 08H | FAIL | 无 |
| 09H | SUCCESS | 无 |
| 0AH | INITIALIZE | 无 |
| 15H | RESEND | 无 |

**FAIL 命令**　FAIL 命令用于防碰撞过程。在识别状态,应答器收到 FAIL 命令,若其内部计数器值不为 0 或产生的随机数为 1,则将其内部计数器值加 1(值为 FFH 除外)。这样处理后,若内部计数器值为 0,则应答器读它的 UID,发送应答帧。

**SUCCESS 命令**　SUCCESS 命令用于启动下一轮应答器的识别。它用于两个场合:一是接收到 FAIL 命令后未发送应答帧的应答器,在接收到 SUCCESS 命令后重新启动识别;二是在接收到 DATA READ 命令后,一个被识别的应答器进入数据交换状态,此时可用 SUCCESS 命令重新启动未被识别的应答器进入下一轮的识别。应答器在识别状态接收 SUCCESS 命令,将其内部计数器减 1,这时内部计数器值为 0 的应答器发回它的应答帧。

**INITIALIZE 命令**　INITIALIZE 命令使处于数据交换状态的应答器进入就绪状态,将 DE_SB 标志位复位为 0,应答器不返回应答帧。

**RESEND 命令**　在仅有一个应答器发回应答帧、但是出现 UID 接收错误时,RESEND 命令用于请求应答器重发应答帧。应答器在识别状态接收 RESEND 命令,内部计数器值为 0 的应答器发回包含 UID 的应答帧。

应答帧由应答前同步码、64 位 UID 和 16 位 CRC 组成。

(3) 数据交换和多应答器操作命令

数据交换命令用于读出存储器数据或向存储器写入数据,多应答器操作命令用于实现对多个应答器同时进行操作。数据交换和多应答器操作命令的编码、名称、参数和数据域见表 6.40。

**READ 命令**　在接收到强制命令 READ 时,应答器将收到命令中的 ID 和自己的 UID 比较。若两者相等,则应答器进入数据交换状态,读取命令中地址所指的存储器地址开始的 8 字节的内容,返回应答帧。应答帧由应答前同步码、字数据(8 字节)和 CRC 组成。若 UID 和命令中的 ID 不等或出现错误,则应答器保持原状态,不返回应答帧。

**DATA READ 命令**　DATA READ 命令是推荐命令。应答器仅在识别和数据交换状态收到 DATA READ 命令时,才比较发送命令中的 ID 和自己的 UID。若两者相等,则应答器应进入或保持数据交换状态,读取命令中地址(值为 00H~FFH)所指存储器地址开始的 8 字节内容,并在应答帧中送出。应答帧由应答前同步码、字数据(8 字节)和 CRC 组成。若应答器处于就绪状态,或命令中的 ID 不等于 UID,或出现错误,则应答器不返回应答帧。

表 6.40　数据交换和多应答器操作命令的编码、名称、参数和数据域

| 编码 | 类型 | 名　　称 | 参数和数据域 |
|------|------|---------|-------------|
| 0CH | 强制 | READ | ID(8 字节)、地址(8 位) |
| 0BH | 推荐 | DATA READ | ID、地址 |
| 0DH | 推荐 | WRITE | ID、地址、字节数据(8 位) |
| OEH | 推荐 | WRITE MULTIPLE | 地址、字节数据 |
| 0FH | 推荐 | LOCK | ID、地址 |
| 11H | 推荐 | QUERY LOCK | ID、地址 |
| 12H | 推荐 | READ VERIFY | ID、地址 |
| 13H | 推荐 | MULTIPLE UNSELECT | 地址、字节数据 |
| 1BH | 推荐 | WRITE 4 BYTE | ID、地址、字节掩码、4 字节数据 |
| 1CH | 推荐 | WRITE 4 BYTE MULTIPLE | 地址、字节掩码、4 字节数据 |

**READ VERIFY 命令**　　READ VERIFY 命令是推荐命令。应答器接收到该命令时,将 UID 和命令中的 ID 进行比较。如果两者相等且应答器的 WRITE_OK 标志位为 1,则应答器进入数据交换状态,返回应答帧。应答帧由应答前同步码、字节数据(8 位)和 CRC 组成,字节数据为命令中地址所指存储器地址的内容。如果 UID 和命令中的 ID 不相等,或 WRITE_OK 标志位不为 1,或出现错误,则应答器不返回应答帧。

**WRITE 命令**　　WRITE 命令用于写应答器存储器中的某一块。接收到 WRITE 命令时,应答器将 UID 和命令中的 ID 进行比较,相等时应答器进入数据交换状态,检查命令中地址所指存储块的锁存情况。若该块处于锁存状态,则应答器发回出现错误的应答帧;若块没有锁存,则应答器发回确认的应答帧,并对该块进行编程,写入命令中字节数据的 8 位值。应答帧的格式见表 6.41,应答编码为错误(Error)的编码 FFH 或确认(Acknowledge)的编码 00H。

表 6.41　对 WRITE 命令的应答帧格式

| 域 | 应答前同步码 | 应答编码 | CRC |
|------|------------|---------|------|
| 位长 | 16 位 | 8 位 | 16 位 |

**LOCK 命令**　　用于指定存储块的锁存。在数据交换状态,应答器收到 LOCK 命令后,将其 UID 和命令中的 ID 比较。如果两者相等,而且命令中地址所指存储块是可锁定的,则应答器返回 Acknowledge 的应答帧,并对该块的锁存位编程使其为 1。如果命令中的 ID 和 UID 不同,或者地址是无效地址范围,或者命令中地址所指存储块是不可锁存的,则应答器返回 Error 的应答帧。LOCK 命令执行成功,应答器将 WRITE_OK 标志位置 1,否则为 0。除上述情况外,应答器不返回应答帧。

**QUERY LOCK 命令**　　应答器收到 QUERY LOCK 命令,将自己的 UID 与命令中的 ID 进行比较,如果相等而且命令中的地址为有效地址,则进入数据交换状态,读命令中地址所指定的存储块的锁存状态,并且发回应答帧。

应答帧的格式和表 6.41 相同。如果存储块锁存位为 0,在 WRITE_OK 标志位为 1 时应答编码为 Acknowledge Ok(编码为 01H),为 0 时应答编码为 Acknowledge Nok(编码为 00H)。如果存储块锁存位为 1,在 WRITE_OK 标志位为 1 时应答编码为 Error Ok(编码为 FFH),为 0 时应答编码为 Error Nok(编码为 FEH)。除上述情况外,应答器不返回应答帧。

**WRITE MULTIPLE 命令**　　用于对多个应答器同时进行写操作。处于识别状态或数据交换状态的应答器在接收到 WRITE MULTIPLE 命令后,读命令中地址所指定的存储块锁存位状态。如果存储块锁存位为 1,则应答器不进行任何操作;如果存储块锁存位为 0,则应答器将命令

中的字节数据内容写入该存储块。写操作成功时,将 WRITE_OK 标志位置 1,否则 WRITE_OK 标志位置 0。

**WRITE 4 BYTE 命令**    接收到 WRITE 4 BYTE 命令,应答器将自己的 UID 和命令中的 ID 进行比较。在两者相等时,应答器转入或保持数据交换状态,读取命令中地址所指定的存储块开始的 4 块存储器的锁存位信息。若其中任一块锁存位为 1,则应答器返回应答帧,应答帧中应答编码为 Error。若 4 块存储器的锁存位都为 0,则应答器返回应答帧时应答编码为 Acknowledge,并且用命令中的 4 字节数据写入相应存储块。写入成功时,将 WRITE_OK 标志位置 1,否则 WRITE_OK 标志位置 0。字节掩码用于使该命令可以完成 1～4 字节的写入,所写的字节由字节掩码的位设置。

**WRITE 4 BYTE MULTIPLE 命令**    用于对多个应答器实现 WRITE 4 BYTE 命令的功能。

**MULTIPLE UNSELECT 命令**    在识别状态的应答器接收到 MULTIPLE UNSELECT 命令时,将命令中地址指定的存储块中的内容与命令中的字节数据进行比较。如果两者相等且应答器 WRITE_OK 标志位为 1,则应答器转换至就绪状态,不发回应答帧。如果不相等,则应答器将其内部计数器复零,读 UID 并发回应答帧,应答帧由应答前同步码、UID(64 位)和 CRC 组成。该命令可对已成功完成写操作的多个应答器解除选择。

### 9. 防碰撞算法

TYPE B 的防碰撞算法基于二进制树形防碰撞算法,应答器的硬件应具有一个 8 位的计数器和一个产生 0 或 1 的随机数产生器。

在防碰撞开始时,可以通过 GROUP SELECT 命令使一组应答器进入识别状态,将它们的内部计数器清零,并可采用 GROUP UNSELECT 命令使这个组的一个子集回到就绪状态,也可在防碰撞识别过程开始之前选择其他的组。在完成上述工作后,防碰撞过程进入下面的循环。

① 所有处于识别状态并且内部计数器为 0 的应答器发送它们的识别码(UID)。

② 当多于一个应答器发送识别码(UID)时,阅读器将检测到碰撞,并发出 FAIL 命令。

③ 所有收到 FAIL 命令且内部计数器不为 0 的应答器将自己的计数器加 1,它们在识别中被进一步推迟。所有收到 FAIL 命令且内部计数器为 0 的应答器(刚刚发送过应答的应答器)产生 0 或 1 的随机数。如果随机数为 1,则应答器将自己的计数器加 1;如果随机数为 0,则应答器将保持内部计数器为 0,并且再次发送它的 UID。

④ 如果多于一个应答器发送,则阅读器重复步骤②,发出 FAIL 命令。

⑤ 如果所有应答器的随机数都取为 1,那么阅读器不会收到任何应答。这时阅读器发送 SUCCESS 命令,所有在识别状态的应答器的内部计数器减 1,计数器值为 0 的应答器发送应答,可能出现的典型情况是转至步骤②。

⑥ 如果仅一个应答器发回应答帧,阅读器正确收到返回的 UID 后发送 DATA READ 命令(用收到的 UID),应答器正确接收后进入数据交换状态,并且发送它的数据。此后,阅读器发送 SUCCESS 命令,使所有在识别状态的应答器的内部计数器减 1。

⑦ 如果仅一个应答器发回应答帧,阅读器可重复步骤⑥发送 DATA READ 命令,或重复步骤⑤发送 SUCCESS 命令。

⑧ 在只有一个应答器发回应答帧,但 UID 出现错误时,阅读器发送 RESEND 命令。如果 UID 经 $N$ 次($N$ 取决于系统处理错误的能力)传送仍不能正确接收,则假定有多于一个应答器应答,发生了碰撞,转至步骤②进行处理。

防碰撞流程如图 6.46 所示,TYPE B 通过防碰撞过程实现对应答器的选择和识别。

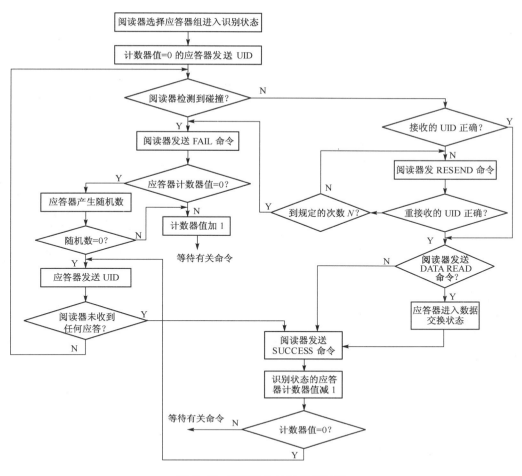

图 6.46　TYPE B 的防碰撞流程

# 6.6　ISO/IEC 18000－7 标准

ISO/IEC 18000－7 标准定义了工作频率为 433MHz、工作距离大于 1m 的 RFID 空中接口标准。

## 6.6.1　物理层

阅读器和应答器之间的通信使用窄带 UHF 频段。载波频率为 433.92MHz±20ppm,采用 FSK 调制方式,频率偏移为 ±35kHz,逻辑 0 的频率为 $f_c-35$kHz,逻辑 1 的频率为 $f_c+35$kHz, $f_c$ 为载波频率。数据位采用曼彻斯特码,数据传输速率为 27.7kbps。

阅读器发送的唤醒信号不小于 2.5s,所有收到唤醒信号的应答器进入就绪状态,等待接收阅读器的命令。

阅读器与应答器之间的通信采用主从方式,阅读器启动通信后,等待应答器的应答,对多应答器应答的情况采用了防碰撞机制。

## 6.6.2　数据链路层

阅读器与应答器之间的通信采用信息包的形式,信息包由前同步码、若干个数据字节、CRC

码和包结束符组成。图 6.47 所示为一个信息包的前同步码和一个数据字节为 64H 的波形及时序。

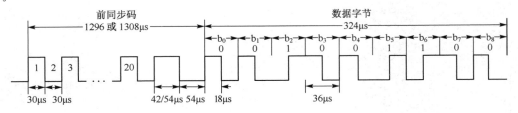

图 6.47　信息包(数据字节为 64H)的波形及时序

（1）前同步码

如图 6.47 所示,前同步码包含 20 个周期为 $60\mu s$ 的脉冲,高电平 $30\mu s$,低电平 $30\mu s$。在这 20 个脉冲后是一个结束同步脉冲。该同步脉冲指出通信的方向：当 $42\mu s$ 高电平、$54\mu s$ 低电平时,通信方向为从应答器到阅读器；当高、低电平各 $54\mu s$ 时,通信方向为从阅读器到应答器。除此之外,该同步脉冲也表明前同步码结束,数据字节开始。

（2）数据字节

数据字节包括 8 个数据位和一个停止位,采用曼彻斯特码,位持续时间为 $36\mu s$,字节周期（含停止位）为 $324\mu s$。位中间的下跳变为 0,上跳变为 1,停止位为 0。数据字节的传输从最低位至最高位,最后是停止位。

（3）CRC 码

CRC 码为 2 字节,生成多项式为 $x^{16}+x^{12}+x^{5}+1$,产生 CRC 码时的初始值为 FFH,计算范围为所有数据字节,CRC 码的 2 字节按 2 个数据字节的方式出现。

（4）包结束符

包结束符是一个连续 $36\mu s$ 的低电平,位于 CRC 码之后。

### 6.6.3　命令格式

命令格式见表 6.42,拥有者 ID(Owner ID)、应答器 ID 和参数是可选的,取决于命令类型和命令编码的需要。

表 6.42　阅读器命令格式

| 域 | 命令前缀 | 命令类型 | 拥有者 ID | 应答器 ID | 阅读器 ID | 命令编码 | 参数 | CRC |
|---|---|---|---|---|---|---|---|---|
| 位长 | 字节(31H) | 1 字节 | 3 字节 | 4 字节 | 2 字节 | 1 字节 | $N$ 字节 | 2 字节 |

（1）命令类型

命令类型用于指出当前信息包中拥有者 ID 和应答器 ID 是否出现。如果阅读器希望通过命令中给出的应答器 ID 来对单独的应答器寻址,则应将命令类型的 $b_1$ 位置 1,以指明是点对点通信方式。如果阅读器希望对所有的应答器寻址,则 $b_1$ 位应为 0,以设置广播通信方式,且命令中没有应答器 ID。

命令类型的 $b_0$ 位编码定义在阅读器的命令中是否存在拥有者 ID。当 $b_0=1$ 时,命令中有拥有者 ID,此时具有同样拥有者 ID 的应答器发回应答,其他应答器忽略此信息。

命令类型的 $b_2$ 位为 1。$b_3 \sim b_7$ 位备用位,都设置为 0。

（2）拥有者 ID

拥有者 ID 可以通过编程写入每个应答器的非易失性存储器中,并可以对此进行改写。如果应答器未进行拥有者 ID 编程或值被设置为 0,则该应答器对不含拥有者 ID 的命令予以应答。

（3）应答器 ID

应答器 ID 是在应答器制造过程中被分配的唯一的 32 位二进制数，它不能改变，即只能读不能再写。应答器 ID 不具有结构化，不包含任何信息，它仅仅是唯一识别符，不能被重用。应答器 ID 由相关的国际组织管理。

（4）阅读器 ID(Int ID)

阅读器 ID 是存入阅读器的非易失性存储器中的一个 16 位二进制数。阅读器 ID 可以在没有任何约束下重新改变，并且可以通过阅读器网络有效地传送应答器的应答。接收到应答器应答但未被寻址的阅读器不会将此信息传输到系统。

（5）命令编码

命令编码及其说明见表 6.43。命令编码的低 7 位为命令功能。第 8 位（高位）为 0 表示读操作，为 1 表示写操作。

表 6.43 命令编码和说明

| 编码 | 名 称 | 类 型 | 说 明 |
|---|---|---|---|
| 10H | COLLECTION | 广播 | 采集所有的应答器，应答器返回它们的应答器 ID |
| 11H | COLLECTION WITH DATA | 广播 | 采集所有的应答器，应答器应返回命令中指定存储器的数据 |
| 14H | COLLECTION WITH USER ID | 广播 | 采集所有的应答器，应答器应返回用户 ID |
| 90H | SLEEP | 点到点 | 置应答器至 Sleep(休眠)状态 |
| 01H | READ TAG STATUS | 点到点 | 查询应答器状态 |
| 07H 或 87H | USER ID LENGTH | 点到点 | 读或写用户 ID 的长度(1～16 字节) |
| 13H 或 93H | USER ID | 点到点 | 读或写用户 ID(1～16 字节) |
| 09H 或 89H | OWNER ID | 点到点 | 读或写拥有者 ID |
| 0CH | FIRMWARE REVISION | 点到点 | 制造商使用 |
| 0EH | MODEL NUMBER | 点到点 | 制造商使用 |
| 60H 或 E0H | READ/WRITE MEMORY | 点到点 | 读或写存储器数据 |
| 95H | SET PASSWORD | 点到点 | 设置应答器口令(4 字节) |
| 17H 或 97H | SET PASSWORD PROTECT | 点到点 | 读或写应答器的安全位，决定是否采用口令保护 |
| 99H | UNLOCK | 点到点 | 解锁口令保护的应答器 |

## 6.6.4 应答格式

应答格式有两种格式：一种是对广播命令应答的信息格式，另一种是对点到点命令应答的信息格式。

### 1. 对广播命令应答的信息格式

广播命令使用批采集方法从所选择的应答器（全部或部分）采集应答器 ID、用户 ID 或短数据块。对于广播命令，应答器的应答信息格式见表 6.44。

表 6.44 对广播命令应答的信息格式

| 域 | 应答器状态 | 信息长度 | 阅读器 ID | 应答器 ID | 拥有者 ID | 用户 ID | 数据 | CRC |
|---|---|---|---|---|---|---|---|---|
| 位长 | 2 字节 | 1 字节 | 2 字节 | 4 字节 | 3 字节 | 0～16 字节 | 0～N 字节 | 2 字节 |

① 应答器状态：应答器状态的 2 字节编码含义见表 6.45。ACK＝0 表示确认，即从阅读器收到的命令有效且 CRC 正确。

表 6.45 应答器状态的编码含义

| 位 | 15~12 | 11~9 | 8 | 7~6 | 5~3 | 2 | 1 | 0 |
|---|---|---|---|---|---|---|---|---|
| 编码 | 0000:广播命令<br>0010:点到点命令 | 备用 | ACK<br>0:ACK<br>1:NACK | 备用 | 应答器类型 | 未定义 | 用户 ID<br>0:不使用<br>1:使用 | 电池状态<br>0:正常<br>1:寿命已达 80% |

应答器类型(5~3 位)对应答器的内存容量和特征进行编码,该标准所用编码为 001,其余编码为备用。用户 ID 位的编码指出是否使用用户 ID。

② 信息长度:给出包含 CRC 码在内的信息长度,信息长度的单位为字节。

③ 阅读器 ID:数值范围为 1~65535。

④ 用户 ID:用户 ID 是可选的,由用户设置。

⑤ 数据:内容取决于命令所要采集的数据类型,它可以包括用户 ID 或应答器存储器中的某些数据块。

**2. 对点到点命令应答的信息格式**

对点到点命令应答的信息格式见表 6.46。命令编码为应答器接收到的命令编码,参数取决于具体的命令,其他前面已经介绍,不再赘述。

表 6.46 对点到点命令应答的信息格式

| 域 | 应答器状态 | 信息长度 | 阅读器 ID | 应答器 ID | 命令编码 | 参数 | CRC |
|---|---|---|---|---|---|---|---|
| 位 长 | 2 字节 | 1 字节 | 2 字节 | 4 字节 | 1 字节 | N 字节 | 2 字节 |

## 6.6.5 命令和应答

命令格式中的参数取决于所用的命令(在命令编码中定义)。命令、命令参数和应答器的应答情况见表 6.47。

表 6.47 命令、命令参数和应答器的应答情况

| 命　　令 | 命令格式中的参数 | 应答器的应答情况 |
|---|---|---|
| COLLECTION | 窗口大小(2 字节),保留(1 字节,00H) | 在某随机时隙发回带应答器 ID 的应答 |
| COLLECTION<br>WITH DATA | 窗口大小,起始地址 M(3 字节,M 为 0~存储器最大有效值),数据字节量 N(1 字节,N 为 1~32 的整数) | 在某随机时隙应答器发回的应答中应包括存储器中的这些数据 |
| COLLECTION<br>WITH USER ID | 窗口大小 | 在某随机时隙应答器发回的应答中应包括用户 ID |
| SLEEP | 无 | 指定的应答器进入休眠状态,在休眠状态对命令不应答,在接收到唤醒信号后被唤醒 |
| READ TAG STATUS | 无 | 指定的应答器返回状态信息 |
| USER ID LENGTH | 读时无参数,写时参数为 User ID Length(1 字节) | 读时应答信息的参数为 User ID Length(1 字节),写时应答信息无参数 |
| USER ID | 读时无参数,写时参数为 0~16 字节的 User ID | 读时应答信息的参数为 User ID(0~16 字节),写时应答信息无参数 |
| OWNER ID | 读时无参数,写时参数为 3 字节的 Owner ID | 读时应答信息的参数为 Owner ID,写时应答信息无参数 |
| READ/WRITE MEMORY | 读时参数为:字节数 N(1 字节),起始地址 M(3 字节)。写时参数为:字节数 N,起始地址 M,数据(N 字节) | 读时应答信息参数为字节数 N 和 N 字节数据,写时应答信息无参数 |

| 命　　　令 | 命令格式中的参数 | 应答器的应答情况 |
|---|---|---|
| SET PASSWORD | 口令(4 字节) | 应答器的口令存储区域应未被锁存,应答器口令的初始值为 FFFFH。对该命令的应答信息中无参数 |
| SET PASSWORD PROTECT | 保护(Secure,1 字节)<br>该字节为 01H 时,应答器加口令保护<br>该字节 = 00H 时,应答器清除口令保护 | 应答信息中无参数。只有口令未锁存才能清除口令保护。只有点到点命令的访问可实行口令保护,广播命令不受口令保护的影响 |
| UNLOCK | Password(4 字节) | 如果命令中的参数 Password 和应答器的口令匹配,则应答器对其后的命令予以响应。如果不匹配,应答器不应答任何点到点命令。对该命令的应答信息中无参数 |

## 6.6.6　防碰撞机制

防碰撞机制采用动态时隙 ALOHA 算法。阅读器通过广播命令(3 个 COLLECTION 命令)使应答器处于防碰撞循环中,应答器接收到广播命令后选择一个时隙应答,该时隙号由应答器的伪随机数产生器确定,时隙的数量由广播命令参数域的窗口大小和应答器应答传送时间确定。初始窗口大小为 57.3ms。

在阅读器发送广播命令后,可能会出现下面 3 种情况:

① 阅读器未接收到任何应答,这可能是没有应答器选择当前时隙或阅读器未检测到应答器的应答,这时阅读器终止当前的循环;

② 阅读器检测到两个或多个应答器应答信息的碰撞,阅读器记录下出现的碰撞,并且继续"听"下一个时隙应答器的应答情况;

③ 阅读器接收到一个有效的应答器的应答(CRC 检验正确),阅读器记录应答器的数据,继续"听"下一个时隙应答器的应答情况。

当一个循环的时隙都结束,即一个循环完成后,阅读器发送 SLEEP 命令给已被识别的应答器,这个应答器进入休眠状态,不参加下一轮循环。接着,阅读器通过广播命令启动下一轮循环,这时窗口大小可以动态地根据碰撞情况设置,以加快防碰撞的进程。防碰撞过程一直进行到在 3 个循环中没有发现应答器为止。

一个典型的防碰撞过程如图 6.48 所示。

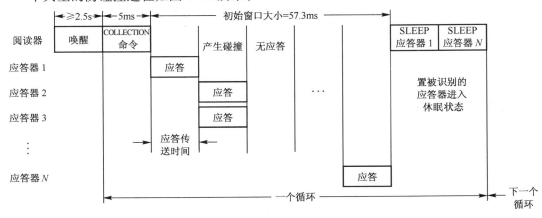

图 6.48　防碰撞过程示意图

# 6.7 我国制定的 RFID 标准简介

### 1. GB/T 28925《信息技术　射频识别　2.45GHz 空中接口协议》

GB/T 28925《信息技术　射频识别　2.45GHz 空中接口协议》于 2005 年颁布。本标准规定了 2.45GHz 频段射频识别空中接口的物理层、数据链路层、标签存储区结构、标签形态转移、读/写控制命令与标签相应、协议工作方式、防碰撞方法和安全协议等内容,适用于 2.45GHz 射频识别有源标签和读/写器的设计、生产、测试及使用。

### 2. GB/T 20563《动物射频识别　代码结构》

GB/T 20563《动物射频识别　代码结构》于 2006 年颁布。本标准规定了动物射频识别过程中二进制动物代码的结构,适用于动物个体的识别,也适用于动物管理相关信息的处理与交换。

动物代码由 64 位二进制代码组成。二进制代码位置序号简称位序号,位序号以左边为低序位。64 位二进制代码分为 3 个具有特定的代码段,分别是控制代码段、国家或地区代码段、国家动物代码段。各代码段说明见表 6.48。

表 6.48　动物识别代码

| 代码段名称 | 位序号 | 说　　明 |
|---|---|---|
| 控制代码 | 1 | 1 表示动物应用,0 表示非动物应用 |
| | 2~4 | 标签重置计数 |
| | 5~9 | 用户信息 |
| | 10~15 | 保留字段 |
| | 16 | 链接标志,1 表示有附加数据接着传输,0 表示没有 |
| 国家或地区代码 | 17~26 | 根据国际标准 ISO 3166 的国家代码,999 代码是测试应答器 |
| 国家动物代码 | 17~26 | 国家和地区内动物唯一的识别代码 |

### 3. GB/T 22334《动物射频识别　技术准则》

GB/T 22334—2008《动物射频识别　技术准则》于 2009 年 1 月起实施。此标准规定了动物射频识别过程中阅读器与应答器之间信息双向通信的技术要求,适用于动物射频识别过程中阅读器与应答器之间的信息传递。下面介绍此标准的数据帧结构。全双工/半双工应答器的数据帧结构如图 6.49 所示。全双工和半双工系统参数见表 6.49。

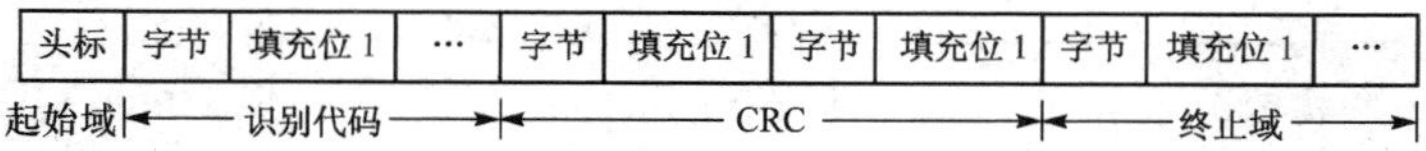

| 头标 | 字节 | 填充位1 | … | 字节 | 填充位1 | 字节 | 填充位1 | 字节 | 填充位1 | … |

起始域 |← 识别代码 →| ← CRC →| ← 终止域 →|

图 6.49　全双工/半双工应答器的数据帧结构

表 6.49　全双工和半双工系统参数

| 参数 | 全双工系统 | 半双工系统 |
|---|---|---|
| 触发频率 | 134.2kHz | 134.2kHz |
| 调制方式 | 调幅-相移键控 | 频移键控 |
| 返回频率 | 129.0kHz~133.2kHz | 124.2kHz(1) |
| | 135.2kHz~139.4kHz | 134.2kHz(0) |
| 编码 | 改进的差分双相编码 | 非归零码 |

| 参数 | 全双工系统 | 半双工系统 |
|---|---|---|
| 位速率 | 4194 位/s | 7762.5 位/s(1) |
| | | 8387.5 位/s(0) |
| 数据帧结构 | | |
| ——起始域 | 11 位 | 8 位 |
| ——识别代码 | 64 位 | 64 位 |
| ——CRC | 16 位 | 16 位 |
| ——终止域 | 24 位 | 24 位 |

全双工时,包括 11 位的起始域(头标)、64 位识别代码、16 位的 CRC 和 24 位终止域(尾标)。每传送 8 位后,插入一个具有逻辑 1 电平的填充位,以防止在帧中出现和头标(000 0000 0001)相同的情况。

半双工时,数据帧也如图 6.49 所示,不同的是起始域(作为同步序列使用)只有 8 位,其余的结构相同:64 位识别代码、16 位的 CRC 和 24 位终止域。识别代码中的链接标志为二进制 0 时,结束码的第一个 8 位数值为 0111 1110。错误校验码根据识别代码独立计算。

# 本 章 小 结

RFID 标准化的主要目的在于通过制定、发布和实施标准,解决编码、通信、空中接口和数据共享等问题,极大地促进了 RFID 技术及相关系统的应用。

非接触式 IC 卡的主要标准有近耦合的 ISO/IEC 14443 标准和疏耦合的 ISO/IEC 15693 标准,它们的工作频率都是 13.56MHz。

ISO/IEC 14443 标准的空中接口有 TYPE A 和 TYPE B 两种模式。在 TYPE A 中:PCD 向 PICC 通信的数据传输速率为 106kbps,采用修正密勒码的 100% ASK 调制;PICC 向 PCD 的通信采用曼彻斯特码的副载波调制(ASK)信号进行负载调制,副载波频率为 847kHz。在 TYPE B 中:PCD 向 PICC 通信的数据传输速率为 106kbps,采用 NRZ 码对载波进行 ASK 调制,调制度为 10%;PICC 向 PCD 通信的数据传输速率为 106kbps,用数据的 NRZ 码对副载波(847kHz)进行 BPSK 调制,然后再用副载波调制信号进行负载调制。在 ISO/IEC 14443 标准中,传输协议采用半双工分组传输协议,定义了 PICC 的激活过程和解除激活的方法,并给出了多项 PICC 激活和链接技术。

ISO/IEC 15693 标准给出了 VCD 和 VICC 的有关规范。在 VCD 到 VICC 的通信中,数据编码采用脉冲位置调制(PPM),有 256 中取 1 和 4 中取 1 两种方法;调制采用 ASK 调制,调制系数有 10% 和 100% 两种;VCD 决定 PPM 的方式及调制系数的选用,VICC 应当都能支持这些应用。在 VICC 到 VCD 的通信中,位编码采用曼彻斯特码,副载波具有单副载波和双副载波两种模式,数据传输速率有低和高两种(单副载波和双副载波时,数据传输速率有一些差异),采用负载调制方式进行数据传送。传输协议定义了 VCD 和 VICC 之间的指令与数据双向交换的过程,它建立于 VCD 先讲机制。协议基于一次交换,一次交换包括 VCD 的一次请求和接着的 VICC 的一次响应。请求和响应以帧的形式构成,每帧传输的位数为字节的整数倍,低字节、低位先传输。防碰撞技术采用时隙 ALOHA 算法。

ISO/IEC 18000 是物品识别的重要标准,包括 ISO/IEC 18000−1 至 18000−7 共 7 个标准,

本章重点介绍了 ISO/IEC 18000－6 和 18000－7 标准,它们的工作频率分别为 860～930MHz 和 433MHz。

　　ISO/IEC 18000－6 标准包含 TYPE A、TYPE B、TYPE C 和 TYPE D 这 4 种通信模式,阅读器应支持这 4 种模式,并能在这 4 种模式之间进行切换。应答器应至少支持其中一种模式,应答器向阅读器的信息传输基于反向散射工作方式。在 TYPE A 模式中:阅读器向应答器的数据传输采用脉冲间隔编码(PIE)、30％ ASK 调制,以帧的形式传送;应答器向阅读器的数据传输采用 FM0 编码,数据传输速率为 40kbps,以帧的形式传送;防碰撞算法基于动态时隙 ALOHA 算法;数据交换、防碰撞依靠一组命令和相应的应答实现。在 TYPE B 模式中:阅读器向应答器的数据传输采用曼彻斯特码,ASK 调制方式,调制系数为 11％ 或 99％(相应的数据传输速率为 10kbps 或 40kbps),以帧的形式传送;应答器向阅读器的数据传输和 TYPE A 相同;防碰撞算法基于二进制树形算法;数据交换、防碰撞依靠一组命令和相应的应答实现。

　　ISO/IEC 18000－7 标准中阅读器和应答器之间的通信使用窄带 UHF 频段,载波频率为 433.92MHz±20ppm,采用 FSK 调制方法,频率偏移为 ±35kHz,逻辑 0 的频率为载波频率减 35kHz,逻辑 1 的频率为载波频率加 35kHz,数据编码采用曼彻斯特码,数据传输速率为 27.7kbps,防碰撞采用动态时隙 ALOHA 算法,数据传送以帧的形式组织,以一组命令和应答实现防碰撞和数据交换。

　　我国的 RFID 标准化工作仍然在不断发展中,本章对 GB/T 28925、GB/T 20563 和 GB/T 22334 进行了简介。

# 习　题　6

6.1　ISO/IEC 制定的 RFID 标准可以分为哪几类? 各举出一个示例。

6.2　RFID 标准的作用是什么? 它主要涉及哪些内容?

6.3　ISO/IEC 18000 系列标准包括哪些标准? 分别简要说明。

6.4　简述 ISO/IEC 的动物识别标准的特点。

6.5　ISO/IEC 的集装箱识别标准是什么? 该标准的工作频率是多少? 最大可作用距离有多远?

6.6　ISO/IEC 14443 标准中多 PICC 激活是指什么?

6.7　解释 ISO/IEC 15693 标准中 256 中取 1 和 4 中取 1 编码方式的异同点。

6.8　在防碰撞过程中,VICC 的 UID 是如何匹配的?

6.9　RFID 技术标准采用了哪些 CRC 检验算法?

6.10　ISO/IEC 18000－6 标准的 TYPE A 模式中命令分为哪 4 类?

6.11　归纳和比较 ISO/IEC 制定的 RFID 标准中的防碰撞算法。

# 第 7 章　125kHz RFID 技术

**内容提要：**本章针对低于 135kHz 频段的 RFID 系统设计的技术问题进行讨论，对 ATA5577C 应答器芯片和 U2270B 阅读器芯片的性能、电路结构进行详细的分析。在此基础上介绍阅读器设计中的诸多问题，如频率调节（振荡器振荡频率调节和阅读器天线电路谐振频率调节）、电路中器件参数的计算、曼彻斯特码和 Biphase 码的软件解码方法、写模式程序流程等。

**知识要点：**应答器芯片 ATA5577C 的内部电路组成、配置寄存器，PSK 和 FSK 的调制方法、曼彻斯特码和 Biphase 码、口令、防碰撞、读模式、最大块、Gap、写模式。

U2270B 芯片的内部结构，单电源、双电源与蓄电池供电，振荡器、滤波器、放大器、驱动器、Standby 模式，CFE 控制，RF 控制。

**教学建议：**本章教学重点是熟悉典型的 ATA5577C 芯片、U2270B 芯片的特点和应用设计，通过本章的教学掌握低于 135kHz 频段的由阅读器和应答器构成的 RFID 系统的设计方法，包括硬件电路和软件设计。建议教学学时为 **6 学时**，并另加课外实践学时。

125kHz RFID 系统采用电感耦合方式工作。由于应答器成本低，非金属材料和水对该频率的射频具有较低的吸收率，所以 125kHz RFID 系统在动物识别、工业和民用水表等领域获得了广泛应用。

# 7.1　ATA5577C 应答器芯片

## 7.1.1　ATA5577C 芯片的性能和电路组成

### 1. 主要性能

ATA5577C 芯片是 Atmel 公司生产的非接触式、无源、可读/写、具有防碰撞能力的 RFID 器件，中心工作频率为 125kHz。它向下兼容 e5551 等芯片最常用的模式，有特有的 64 位 TAG ID。ATA5577C 芯片具有以下主要性能：

- 低功耗、低工作电压；
- 非接触能量供给和读/写数据；
- 工作频率范围为 100～150kHz；
- EEPROM 容量为 363 位，分为 11 块，每块 33 位；
- 具有 7 块用户数据，每块 32 位，共 224 位；
- 具有块写保护；
- 采用请求应答（Answer On Request，AOR）实现防碰撞；
- 可编程选择数据传输速率（比特率）和编码调制方式；
- 可工作于密码（口令）方式。

### 2. 内部电路结构

ATA5577C 芯片的内部电路组成框图如图 7.1 所示，该图同时也给出了 ATA5577C 芯片与阅读器之间的耦合方式。阅读器向 ATA5577C 芯片传送射频能量和读/写命令，同时接收 ATA5577C 芯片以负载调制方式送来的数据信号。

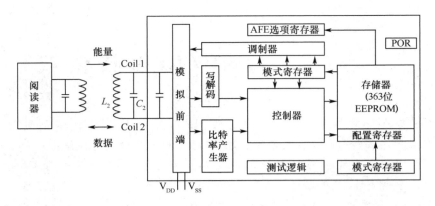

图 7.1　ATA5577C 芯片内部电路组成框图

ATA5577C 芯片由模拟前端(射频前端)、写解码、比特率产生器、调制器、模式寄存器、控制器、测试逻辑、存储器、AFE 选项寄存器等电路构成。

ATA5577C 芯片在射频工作时,仅使用 Coil1 和 Coil2 引脚,外接电感 $L_2$ 和电容 $C_2$,构成谐振回路。在测试模式时,$V_{DD}$ 和 $V_{SS}$ 引脚为外加电压正端和地,通过测试引脚实现测试功能。

(1) 模拟前端(射频前端)

模拟前端(Analog Front End,AFE)电路主要完成芯片模拟信号的处理和变换,包括电源产生、时钟提取、载波中断 Gap 的检测、负载调制等部分。

(2) 控制器

控制器主要完成 4 项功能:① 在上电(POR)有效后及读期间,用配置数据(在 EEPROM 的块 0 中,见后述)装载模式寄存器,以保证芯片按设置方式工作;②在上电(POR)有效后及读期间,用存储在 EEPROM 的第 1 页块 3 中的模拟前端设置 AFE 选项寄存器;③控制所有的 EEPROM 读/写访问和数据保护;④处理下行命令解码检测协议违规和错误情况。

(3) 比特率产生器与写解码

比特率产生器可产生射频(RF)的 8,16,32,40,50,64,100,128 分频后的数据比特率。写解码电路在写操作期间解读有关写操作码,并对写数据流进行检验。

(4) 模式寄存器

模式寄存器存储来自 EEPROM 块 0 的模式数据,它在每块开始时被不断刷新。

(5) 调制器

调制器对序列化的 EEPROM 数据进行编码,以传输到一个标签阅读器或基站。调制方式包括曼彻斯特码、Biphase 码、FSK 调制、PSK 调制和 NRZ 码。

(6) 存储器

存储器 EEPROM 的结构如图 7.2 所示,由 11 块构成,被分成两页的区域。第 0 页包含 8 块,第 1 页包含 3 块。每块 33 位,第 0 位为锁存位,共 363 位。所有 33 位都可被编程,编程所需电压来自片内。但若某块的锁存位被置 1,则该块被锁存,不能通过射频再次编程。

块 0 为芯片工作的模式数据(配置数据),它不能作为通常数据被传送。第 0 页块 1 至块 6 为用户数据;块 7 为用户口令,若不需要口令保护,则块 7 也可作为用户数据存放区。

存储器的数据以串行方式送出,从块 1 的位 1 开始到最大块(MAXBLK)的位 32,MAXBLK 为用户设置的最大块号参数值。各块的锁存位 L 不能被传送。

第 1 页块 1 和块 2 包含可追溯数据。这些数据是在阅读器获得操作码"11"之后,由定义在配置寄存器的调制参数发送的。

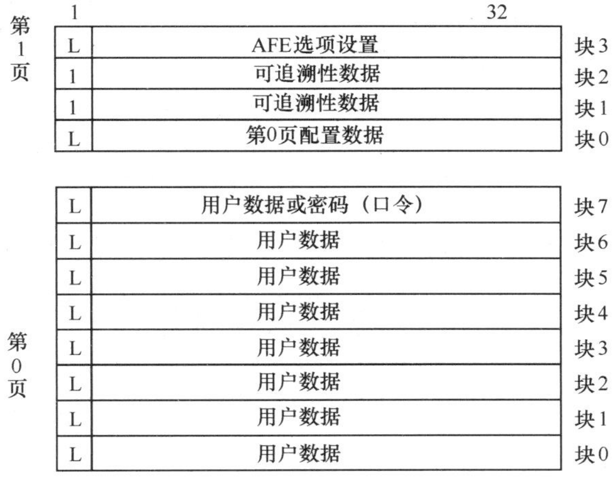

图 7.2　存储器 EEPROM 的结构

### 3. 两种模式下的调制

① 基础模式下的调制

PSK 调制的脉冲频率为 RF/2,RF/4 或 RF/8,RF 为载波频率 $f_c$。它的相位变化情况有以下 3 种:

- PSK1,数位从 1 变为 0 或从 0 变为 1 时,相位改变 $180°$;
- PSK2,每当数位 1 结束时,相位改变 $180°$;
- PSK3,数位从 0 变为 1(上升沿)时,相位改变 $180°$。

FSK 调制有以下 4 种:

- FSK1,数位 1 和 0 的脉冲频率为 RF/8 和 RF/5;
- FSK1a,数位 1 和 0 的脉冲频率为 RF/5 和 RF/8;
- FSK2,数位 1 和 0 的脉冲频率为 RF/8 和 RF/10;
- FSK2a,数位 1 和 0 的脉冲频率为 RF/10 和 RF/8。

注意:在 PSK 模式所选择的比特率必须是 PSK 的副载波频率的整数倍。

② 扩展模式下的调制

一般情况下,设置块 0 主钥(位 1～4)的值为 6 或 9,连同 X 模式位将启用扩展模式功能,如二进制比特率发生器、OTP 功能、快速下行、反向数据输出和序列开始标记。扩展模式下的调制类型见表 7.1。即使 X 模式位置位,任何其他主钥设置将阻止激活 ATA5577C 扩展模式选项。

表 7.1　扩展模式下的调制类型

| 调制方式 | 直接数据输出编码 | 反向数据输出编码 |
|---|---|---|
| FSK1 | 0＝RF/5；1＝RF/8 | 1＝RF/5；0＝RF/8 |
| FSK2 | 0＝RF/10；1＝RF/8 | 1＝RF/10；0＝RF/8 |
| PSK1 | 数位从 1 变为 0 或从 0 变为 1 时,相位改变 $180°$ | 数位从 1 变为 0 或从 0 变为 1 时,相位改变 $180°$ |
| PSK2 | 当数位 1 结束时,相位改变 $180°$ | 当数位 0 结束时,相位改变 $180°$ |
| PSK3 | 数位从 0 变为 1(上升沿)时,相位改变 $180°$ | 数位从 1 变为 0(下降沿)时,相位改变 $180°$ |
| 曼彻斯特码 | 数位 0 为下降沿,数位 1 为上升沿中间位 | 数位 1 为下降沿,数位 0 为上升沿中间位 |

续表

| 调制方式 | 直接数据输出编码 | 反向数据输出编码 |
| --- | --- | --- |
| Biphase 码 | 数位 1 时位中间附加一跳变 | 数位 0 时位中间附加一跳变 |
| 微分 Biphase 码 | 数位 0 时位中间附加一跳变 | 数位 1 时位中间附加一跳变 |
| NRZ 码 | 1＝衰减，0＝不衰减 | 0 ＝衰减，1 ＝不衰减 |

### 4. 配置寄存器

EEPROM 的块 0 用于存放配置数据，其各位的编码含义如图 7.3 和图 7.4 所示。

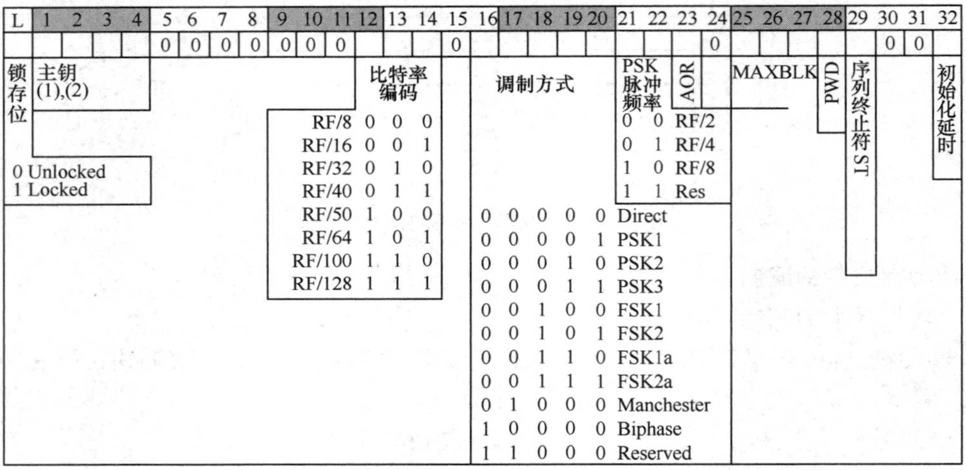

L 1 2 3 4 5 6 7 8 9 10 11 12 13 14 15 16 17 18 19 20 21 22 23 24 25 26 27 28 29 30 31 32
锁存位
主钥 (1),(2)
0 Unlocked
1 Locked
比特率编码
RF/8 0 0 0
RF/16 0 0 1
RF/32 0 1 0
RF/40 0 1 1
RF/50 1 0 0
RF/64 1 0 1
RF/100 1 1 0
RF/128 1 1 1
调制方式
0 0 0 0 0 Direct
0 0 0 0 1 PSK1
0 0 0 1 0 PSK2
0 0 0 1 1 PSK3
0 0 1 0 0 FSK1
0 0 1 0 1 FSK2
0 0 1 1 0 FSK1a
0 0 1 1 1 FSK2a
0 1 0 0 0 Manchester
1 0 0 0 0 Biphase
1 1 0 0 0 Reserved
PSK脉冲频率
0 0 RF/2
0 1 RF/4
1 0 RF/8
1 1 Res
AOR
MAXBLK
PWD
序列终止符ST
初始化延时


图 7.3　基础模式下配置寄存器的配置数据编码

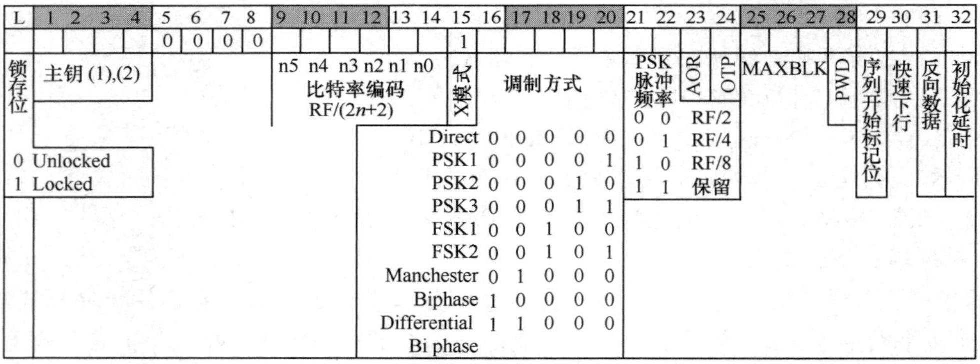

L 1 2 3 4 5 6 7 8 9 10 11 12 13 14 15 16 17 18 19 20 21 22 23 24 25 26 27 28 29 30 31 32
锁存位
主钥 (1),(2)
0 Unlocked
1 Locked
n5 n4 n3 n2 n1 n0
比特率编码
RF/(2n+2)
X模式
调制方式
Direct 0 0 0 0 0
PSK1 0 0 0 0 1
PSK2 0 0 0 1 0
PSK3 0 0 0 1 1
FSK1 0 0 1 0 0
FSK2 0 0 1 0 1
Manchester 0 1 0 0 0
Biphase 1 0 0 0 0
Differential Bi phase 1 1 0 0 0
PSK脉冲频率
0 0 RF/2
0 1 RF/4
1 0 RF/8
1 1 保留
AOR
OTP
MAXBLK
PWD
序列开始标记位
快速下行
反向数据
初始化延时


图 7.4　扩展模式下配置寄存器的配置数据编码

### 5. 初始化

电源上电后(POR 有效)，ATA5577C 芯片按配置数据进行初始化(需 256 个载波时钟周期，约 2ms)，采用所选用的编码调制方式工作。

## 7.1.2　ATA5577C 芯片的读模式

### 1. 读模式

读模式是 POR 后的默认工作模式。ATA5577C 芯片上电后进入读模式的情况如图 7.5 所示，图中的波形是 ATA5577C 芯片所接谐振回路(引脚 Coil1 和 Coil2)两端的电压波形。

(1) 读模式时的传送数据序列

读模式时，传送数据序列从块 1 的第 1 位开始至最后一块的第 32 位，并循环传送。最后一

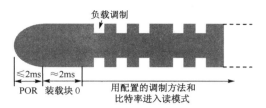

图 7.5　ATA5577C 芯片上电后引脚 Coil1 和 Coil2 两端的电压波形

块的块号由配置寄存器的参数 MAXBLK 确定。例如,当 MAXBLK＝5 时,ATA5577C 芯片传送数据循环序列为块 1、块 2、块 3、块 4、块 5、块 1、块 2、……。如果 MAXBLK＝0,则将循环传送通常不被传送的块 0 数据,传送数据序列为块 0、块 0、块 0、……。

当工作于读模式时,在传送循环数据序列之前,发送的第 1 位为逻辑 0,即 ATA5577C 芯片传送的是逻辑 0＋循环数据序列。

（2）序列终止符 ST

序列终止符 ST 用于提供阅读器读数据时的同步信息,它出现在传送数据每一个循环序列前。这个序列终止符只用于 FSK 和曼彻斯特码。Biphase 调制数据块需要前、后序列终止符相结合才能可靠地确定。该序列终止符可以在基本模式下（X 模式＝0）对模式位 29（ST ＝1）进行设置以单独启用。在常规读模式,序列终止符被插入在每个 MAXBLK 读数据流的开始。在块读模式,任何块写入或直接访问命令之后,或者如果 MAXBLK 被设置为 1,则序列终止符在块的传输之前插入。如图 7.6 所示。

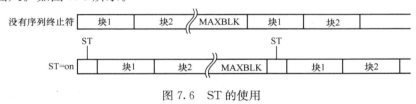

图 7.6　ST 的使用

ST 的结构如图 7.7 所示,ST 为 4 位。采用曼彻斯特码和 FSK 时序列终止符的波形也示于图中。

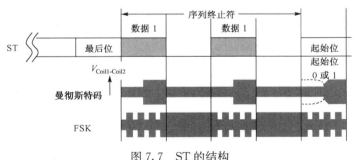

图 7.7　ST 的结构

## 2. 直接访问的块读模式

当在直接访问命令下工作时,可以读一个单独的块。所用命令码为 10 后跟锁存位和地址（3 位块号）,但配置寄存器（块 0）的 PWD（使用口令）位必须为 0。

## 7.1.3　ATA5577C 芯片的写模式

### 1. 写模式和 Gap

阅读器发出的命令和写数据可由中断载波形成空隙（Gap）的方法来实现,并以两个 Gap 之间的持续时间来编码 0 和 1。当 Gap 时间为 $50 \sim 150 \mu s$ 时，两个 Gap 之间的 $24T_c$($T_c$ 为载波周期)时间长为 0，$56T_c$ 时间长为 1。当大于 $64T_c$ 而无 Gap 再出现时，ATA5577C 芯片退出写模式。若在写过程中出现错误，则 ATA5577C 芯片进入读模式，从块 1 的位 1 开始传送数据。

序列中的第一个 Gap 称为起始 Gap。为了便于 ATA5577C 芯片的检测，一般情况下，起始 Gap 应长于其后的 Gap，如图 7.8 所示。

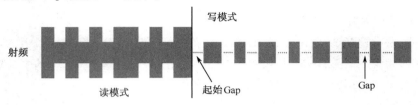

图 7.8　写模式和 Gap

### 2. 写数据过程

阅读器发出双位码，作为命令传送至 ATA5577C，命令的构成见表 7.2。

表 7.2　命令的构成

| 命令 | 命令码 | 后续位构成 |
|---|---|---|
| 标准写模式 | 10 | 锁存位 L＋32 位数据位(从位 1 至位 32)＋3 位块地址号(从位 2 至位 0) |
| 口令模式 | 10 | 32 位口令＋锁存位 L＋32 位数据位＋3 位块地址号 |
| AOR(唤醒)模式 | 10 | 32 位口令(从位 1 至位 32) |
| 停止 | 10 | 锁存位 L＋3 位块地址号 |

（1）AOR 模式

当配置存储器中的 AOR 位被置位，ATA5577C 加载配置块 0 后无法启动调制。在调制启用前，标签从阅读器等待一个有效的 AOR 数据流(唤醒命令)。唤醒命令由操作码("10"或"11")和一个有效的密码组成。所选择的标签将保持活跃，直到 RF 能量场被关闭或不同口令的新命令发送，这可能在 RF 能量场寻址另一个标签。

（2）标准写(编程写入)模式

当所有写信息已被 ATA5577C 芯片正确接收时，可编程写入。在写序列传送结束和编程之间有一段延迟，在此期间检测编程电压 $V_{PP}$。在编程过程中对 $V_{PP}$ 不断监测，不论何时 $V_{PP}$ 过低，都会使 ATA5577C 芯片进入读模式。

编程写入时间为 16ms。编程写入成功后，ATA5577C 芯片进入读模式，并传送刚编程写入的块。一个完整的写序列成功的过程如图 7.9 所示。

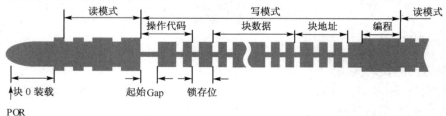

图 7.9　一个标准写序列成功的过程

（3）口令模式

当块 0 的 PWD＝1 时，为口令模式。此时，命令码后面是 32 位的口令，它与存放在块 7 的口令从位 1 开始逐位比较。如果不匹配,则不能对存储器编程,在写序列完成后 ATA5577C 芯片进入读模式(从块 1 开始)。当块 0 的 PWD=0 时,ATA5577C 芯片接收到一个写序列,它对应 32 位口令的位置,此时 ATA5577C 芯片进入编程模式。在口令模式,MAXBLK 值应小于 7,以防止口令被传送。

ATA5577C 芯片的写模式与块 0 的 PWD、AOR 位的关系见表 7.3。

表 7.3　ATA5577C 芯片的写模式与块 0 的 PWD、AOR 位的关系

| PWD | AOR | 在 Reset/POR 后 ATA5577C 芯片的工作模式 | 去激活功能 |
|---|---|---|---|
| 1 | 1 | AOR 模式<br>• 用匹配的 PWD(口令)唤醒后调制启动<br>• 编程需要有效的 PWD | 非匹配的 PWD 命令去激活选中的标签 |
| 1 | 0 | 口令模式<br>• Reset 后调制启动<br>• 编程和直接访问需要有效的 PWD | |
| 0 | — | 标准写模式<br>• Reset 后调制启动<br>• 编程和直接访问需要有效的 PWD | |

### 7.1.4　ATA5577C 芯片的防碰撞技术

ATA5577C 芯片的防碰撞过程如图 7.10 所示。

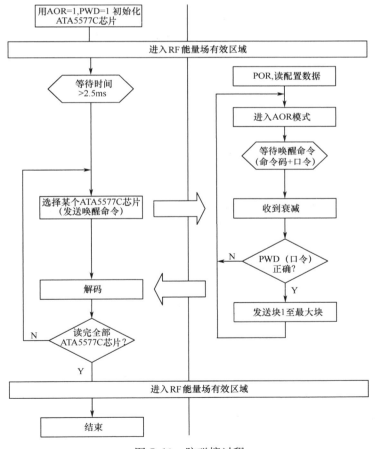

图 7.10　防碰撞过程

### 7.1.5 ATA5577C 芯片的错误处理

ATA5577C 芯片可检测出若干错误，以保证只能是有效位才能写入 EEPROM。错误的种类有两种：一种是写序列进入期间出现的错误，另一种是编程期间出现的错误。

（1）写序列进入期间出现的错误

① 在两个 Gap 之间的时间长度错误。

② 口令模式有效，但口令不匹配。

③ 接收到的位数不正确。

正确的位数应该是：

● 标准写　　　　　38 位；

● 口令模式　　　　70 位；

● AOR 唤醒命令　 34 位；

● 直接访问　　　　6 位。

当检测到上面①～③的任意一个错误时，ATA5577C 芯片在离开写模式后立即进入读模式，从块 1 开始传送。

（2）编程期间出现的错误

① 被寻址块的锁存位为 1。

② 编程电压 $V_{PP}$ 过低。

如果写序列正确但出现上述错误，则 ATA5577C 芯片立即停止编程并转至读模式，送出数据从被寻址的数据块开始。

ATA5577C 芯片的工作过程如图 7.11 所示，它给出了 ATA5577C 芯片处理各类错误的流程，其中 p 为页数选择器。

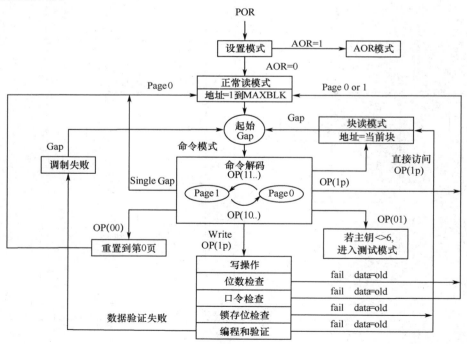

图 7.11　ATA5577C 芯片的工作过程

# 7.2 U2270B 阅读器芯片

U2270B 是工作于 125kHz 的用于阅读器的集成芯片,它是应答器和微控制器(MCU)之间的接口。它可以实现向应答器传输能量、对应答器进行读/写操作,可与 ATA5577C 等应答器芯片配套使用。U2270B 与 MCU 的关系是,在 MCU 的控制下,实现收/发转换并将接收到的应答器的数据传送给 MCU。

## 7.2.1 U2270B 芯片的性能和电路组成

### 1. 主要性能

U2270B 芯片的主要性能如下:

- 产生载波的频率范围为 100～150kHz;
- 在 125kHz 载波频率下,典型的数据传输速率为 5kbps;
- 适用于采用曼彻斯特码及 Biphase 码调制的应答器;
- 电源可采用汽车蓄电池或 5V 直流稳压电源;
- 具有可调谐能力;
- 便于和 MCU 接口;
- 可工作于低功耗模式(Standby 模式)。

### 2. 内部电路结构

U2270B 芯片的内部电路组成框图如图 7.12 所示,它主要由电源、振荡器、频率调节电路、驱动器、低通滤波器、放大器、施密特触发器等组成。芯片的引脚及其功能见表 7.4。

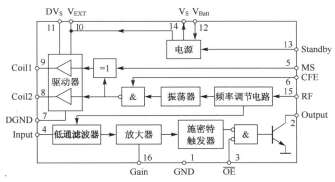

图 7.12 U2270B 芯片的内部电路组成框图

**表 7.4 U2270B 芯片引脚的功能**

| 引脚号 | 名 称 | 功 能 描 述 | 引脚号 | 名 称 | 功 能 描 述 |
|---|---|---|---|---|---|
| 1 | GND | 地 | 9 | Coil1 | 驱动器 1 |
| 2 | Output | 数据输出 | 10 | $V_{EXT}$ | 外部电源 |
| 3 | $\overline{OE}$ | 使能 | 11 | $DV_S$ | 驱动器电源 |
| 4 | Input | 信号输入 | 12 | $V_{Batt}$ | 电池电压接入 |
| 5 | MS | 模式选择 | 13 | Standby | 低功耗控制 |
| 6 | CFE | 载波使能 | 14 | $V_S$ | 内部电源 |
| 7 | DGND | 驱动器地 | 15 | RF | 载波频率调节 |
| 8 | Coil2 | 驱动器 2 | 16 | Gain | 放大器增益调节 |

### 7.2.2 U2270B 芯片的工作原理和外围电路设计

#### 1. 供电方式

U2270B 芯片有 4 个电源引脚($V_S$,$V_{EXT}$,$DV_S$ 和 $V_{Batt}$),可构成 3 种供电方式,以支持不同场合的灵活运用。

(1) 单电源工作方式

在单电源工作方式时,所有内部电路均由外接 5V 稳压直流电源供电,4 个电源引脚都连在一起接至 5V 电源。

(2) 双电源方式

在采用双电源方式时,$DV_S$ 和 $V_{EXT}$ 引脚加入 +7~+8V 电源电压,以得到较高的驱动器输出幅度,从而获得较强的磁场强度。这种工作方式可用于要求扩展通信距离的情况。

(3) 采用蓄电池供电

该供电方式特别适宜于汽车中采用蓄电池的工作环境。蓄电池正端接 U2270B 芯片的 $V_{Batt}$ 引脚,通过芯片内部的稳压电路可产生 $V_S$,$DV_S$ 和 $V_{EXT}$ 电压,$V_{EXT}$ 可为外部电路(如 MCU 等)提供电源。采用蓄电池的连接方法可参见 U2270B 芯片应用电路(见图 7.16)。

在采用蓄电池时,为降低功耗,可对 Standby 引脚施加控制,使芯片在无应答器读/写时处于 Standby 模式。为此,Standby 引脚可与 MCU 相连,引脚为高电平时,进入 Standby 模式,此时内部电源 $V_S$ 关断。

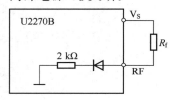

图 7.13 频率调节电路

#### 2. 振荡器

振荡器的频率可由馈入 RF 引脚的电流控制,频率调节电路如图 7.13 所示。通过改变电阻 $R_f$ 的大小,可以对振荡器的频率进行调节。由振荡频率 $f_0$,可用式(7.1)计算出电阻 $R_f$。当振荡频率 $f_0$ 为 125kHz 时,电阻 $R_f$ 的阻值为 110kΩ。

$$R_f = \frac{14375}{f_0(\text{kHz})} - 5 \quad (\text{k}\Omega) \tag{7.1}$$

#### 3. 低通滤波器

低通滤波器为 4 阶巴特沃斯(Butterworth)滤波器,用于滤除解调后残留的载波信号和高频分量。其高频截止频率为 $f_0/18$($f_0$ 为 U2270B 芯片天线电路的谐振频率,即工作的载波频率),可保证数据传输速率为 $f_0/25$ 的曼彻斯特码和 Biphase 码的信号频谱宽度。

外部解调器和 U2270B 芯片内部低通滤波器的电路连接如图 7.14 所示,解调器采用包络检波解调。

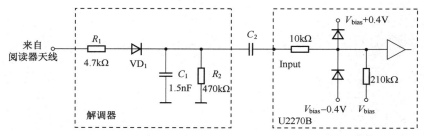

图 7.14 解调器和 U2270B 芯片内部低通滤波器的电路连接

对于 Input 引脚,解调器电路可等效为一个电源 $v_s$ 和其内阻 $R_s$。$R_s$、$C_2$ 和片内低通滤波器的输入电阻(220kΩ)构成一个高通滤波器,因此选择 $C_2$ 的大小可得到合适的低频截止频率。在图 7.14 所示情况下,数据传输速率为 4kbps,$C_2$ 的值可选为 680pF。如果使用较低的数据传输速率,则 $C_2$ 的值应相应加大。

**4. 放大器**

放大器电路如图 7.15 所示,放大器的最大增益为 30,放大器的增益 $G$ 和低频截止频率 $f_{cut}$ 可由 Gain 引脚外接电阻 $R_{Gain}$ 和电容 $C_{Gain}$ 调节,计算式为

$$G = 30 \times \frac{R_i}{R_i + R_{Gain}} \qquad (7.2)$$

$$f_{cut} = \frac{1}{2\pi C_{Gain}(R_i + R_{Gain})} \qquad (7.3)$$

式中,$R_i$ 为 2.5kΩ。一般为获得大的放大倍数,取 $R_{Gain} = 0$。$C_{Gain}$ 和 $C_2$ 的值和数据传输速率有关,见表 7.5。

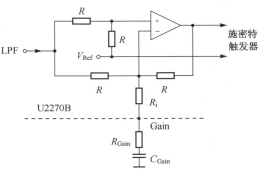

图 7.15　放大器电路

表 7.5　$C_{Gain}$ 和 $C_2$ 的值与数据传输速率的关系

| 数据传输速率($f_0 = 125\text{kHz}$) | $C_{Gain}$ | 图 7.14 中的 $C_2$ |
|---|---|---|
| $f_0/32 = 3.9\text{kbps}$ | 100nF | 680pF |
| $f_0/64 = 1.95\text{kbps}$ | 1.2nF | 220nF |

**5. 施密特触发器**

施密特触发器用于对信号整形,以抑制噪声。当 $\overline{\text{OE}}$ 引脚为低电平时,可以使能开路集电极输出电路(见图 7.12)。

**6. 驱动电路**

U2270B 驱动电路由两个独立的输出组成,这两个输出受引脚 MS 和 CFE 电平控制,见表 7.6。

表 7.6　CFE 和 MS 引脚的控制功能

| CFE 电平 | MS 电平 | Coil1 | Coil2 |
|---|---|---|---|
| 低 | 低 | 高 | 高 |
| 低 | 高 | 低 | 高 |
| 高 | 低 | ⊓ | ⊓ |
| 高 | 高 | ⊔ | ⊓ |

由表 7.6 可见,驱动电路有两种输出模式:同相模式和反向(差动)模式。在同相模式,驱动电路通过内部连接提供较大的电流。而在反向模式,驱动电路可为天线线圈提供高的驱动电压。在满足某一电流值要求的情况下,高的驱动电压允许天线线圈的阻抗值较高,系统的灵敏度也较好,因此通常应采用反向(差动)模式。

CFE 引脚可用于控制载波输入的通断,因此可以控制它的电平来形成 Gap,实现对可读/写应答器或具有加密传输功能的应答器的写操作。

# 7.3 阅读器电路设计

## 7.3.1 阅读器电路设计应考虑的问题

设计阅读器电路时应考虑下述问题,这也是其他频段阅读器电路设计中应考虑的共性问题。

(1)阅读器的应用环境和基本功能

阅读器的应用环境和基本功能包括:

- 阅读器是便携式的还是固定的;
- 它应支持对一种还是多种类型应答器的读/写;
- 阅读器的读/写距离(读距离和写距离一般不相同);
- 阅读器和应答器的周边环境(如电磁环境、温度、湿度、安全)等。

(2)阅读器的电气性能

阅读器的主要电气性能有:

- 供电方式与节约能耗的措施;
- 空中接口方式;
- 电磁兼容(EMC)性能;
- 与高层通信接口的方式;
- 防碰撞算法的实现方法;
- 加密的需求等。

(3)电路设计

在电路设计中,下述问题应进行分析论证并确定:

- 选用现有的阅读器集成芯片或是自行进行电路模块设计;
- 天线的形式与匹配方法;
- 微控制器(MCU)的选用;
- 收、发通道的信号调制方式与带宽;
- 若是自行进行电路模块设计,还应设计相应的编/解码、防碰撞处理和加/解密等电路。

下面以采用 U2270B 芯片的阅读器设计为例,介绍阅读器设计中的主要技术问题。

## 7.3.2 基于 U2270B 芯片的阅读器典型电路 1

### 1. 概述

图 7.16 所示为一种基于 U2270B 芯片的阅读器典型电路。该电路采用蓄电池供电,U2270B 芯片的 $V_{EXT}$ 引脚输出电压可为 MCU 提供电源,同时 $V_{EXT}$ 还接至晶体管 BC639 的基极,控制 $DV_S$ 的产生。Standby 引脚电平由 MCU 控制,可以方便地进入 Standby 模式,以节省蓄电池的能耗。

图 7.16 所示电路适合于较近范围内的应用,应答器送出的数据经 U2270B 芯片的 Output 引脚传送至 MCU。图 7.16 中,U2270B 芯片外围器件的一些作用已在 7.2 节介绍,不再赘述。下面仅介绍振荡器控制环路和解码软件的设计。

### 2. 振荡器控制环路

(1)基本工作原理

振荡器的振荡频率 $f_{osc}$ 和阅读器天线电路的谐振频率 $f_{res}$ 应尽可能保持一致。如果不能保

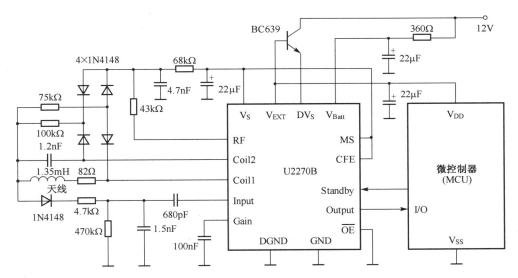

图 7.16 采用蓄电池供电方式的阅读器典型电路

持在一定的容限内,多应答器的使用及产品的批量化都会遇到很多困难。此外,失谐时振荡器的调频噪声会转换为解调电路能检测到的调幅噪声,从而降低了有效工作距离。因而,需要采取一些调节手段来调节振荡频率 $f_{osc}$,使其和天线电路的谐振频率 $f_{res}$ 能保持在一个误差允许范围内,这样,天线电路的设计也就变得更为容易实现。

图 7.16 中采用了振荡器控制环路,现将这一部分电路单独给出,如图 7.17 所示,电感 $L$ 和电容 $C$ 构成天线谐振回路。

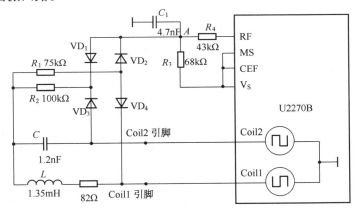

图 7.17 振荡器控制环路

U2270B 芯片驱动器输出端(Coil1 和 Coil2 引脚)的输出电压波形如图 7.18(a)所示,由于 CFE 和 MS 引脚为高电平,故两个驱动器工作于差动方式。图中,$T_1$ 为 Coil1 引脚输出为低电平的时间,$T_2$ 为引脚 Coil2 输出为低电平的时间。

在电阻 $R_1$ 和 $R_2$ 之间测得的相应的天线电路电压波形如图 7.18(b)所示。$T_{2a}$ 是 $T_2$ 内天线电路电压为负的时间间隔,$T_{2b}$ 是 $T_2$ 内天线电路电压为正的时间间隔。

(2)环路调节原理

振荡器控制环路采用相位控制方法,振荡频率 $f_{osc}$ 的调节通过流经 $VD_1$ 和 $VD_2$ 的反馈电流控制,以保证振荡器的驱动输出电压和天线电路电压之间具有 90°相移,从而使阅读器的天线电路被激励在它的谐振频率上。

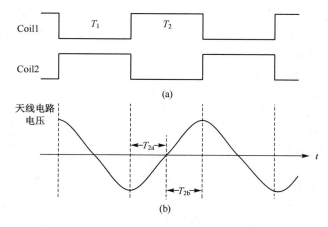

(a)

(b)

图 7.18 驱动输出电压与天线电路电压波形

在 $T_1$ 期间, $VD_3$ 和 $VD_4$ 导通, 而 $VD_1$ 和 $VD_2$ 截止, 因此没有反馈电流通过电容 $C_1$。在 $T_{2a}$ 期间, $VD_1$ 导通, 反馈电流负向流经天线电路至 $R_2$, $VD_1$ 和 $C_1$; 在整个 $T_{2b}$ 期间, 反馈电流正向经天线电路, $R_1$, $VD_2$ 流入电容 $C_1$; 在整个 $T_2$ 期间, 电容 $C_1$ 的电流是这两者的和。如果天线电路的谐振频率 $f_{res}$ 高于振荡频率 $f_{osc}$, 那么两电压信号间存在相移, 相应的变化是 $T_{2a}$ 减小, $T_{2b}$ 增加, 因此控制电流是正向从图 7.17 中的 $A$ 点流入, 经 RF 引脚进入 U2270B 芯片的电流使振荡频率升高, 直至 $f_{osc} = f_{res}$。当 $f_{osc} > f_{res}$ 时, 振荡器控制环路的调节作用使 $f_{osc}$ 降低。这样, 振荡器控制环路实现了对 $f_{osc}$ 的调节, 以保持和 $f_{res}$ 一致。

### 3. 曼彻斯特码和 Biphase 码的软件解码

（1）基本时序关系

U2270B 芯片接收通道处理后输出的是曼彻斯特码或 Biphase 码基带信号, 经 Output 引脚输出至 MCU 的 I/O 接口, MCU 通过软件程序实现对数据的读入。

软件程序通过对基带信号电平跳变的检测来判别输入的数据是 0 还是 1, 因此应根据数据传输速率来计算下面的几个基本时间参数, 以确保同步和正确的解码。

数据信号和时钟的时序关系如图 7.19 所示。对于曼彻斯特码和 Biphase 码, 数据基带信号的跳变出现在时钟的上升或（和）下升沿, 因此图中数据输出的阴影部分可能是不稳定区。为此, 定义了图中的 4 个时间参数 $T_{S1}$、$T_{S2}$ 和 $T_{L1}$、$T_{L2}$, 用于区分数据跳变是半时钟周期跳变, 还是一个时钟周期的跳变。

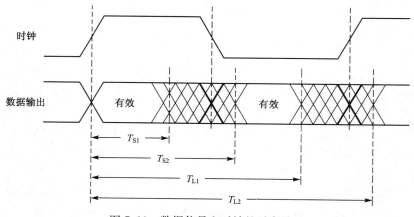

图 7.19 数据信号和时钟的时序关系

在 $f_{osc}=125kHz\pm3\%$，数据传输速率为 $125/32$kbps(时钟周期 $T=256\mu s$)时，这 4 个参数的值见表 7.7。

表 7.7 $T_{S1}$、$T_{S2}$ 和 $T_{L1}$、$T_{L2}$ 的值

| 时 间 | $T_{S1}$ | $T_{S2}$ | $T_{L1}$ | $T_{L2}$ |
|---|---|---|---|---|
| 值/μs | 90 | 180 | 210 | 300 |

(2) 曼彻斯特码的解码关系

在已获得同步的情况下，曼彻斯特码可能会出现的波形情况如图 7.20 所示，曼彻斯特码的解码可根据图 7.20 给出的时序关系来进行。当检测下一个跳变时，应在前一位确定后延时 $T_{next}$ 进行。$T_{next}$ 可取值为 $T_{S2}$。

(3) Biphase 码的解码关系

Biphase 码的波形情况如图 7.21 所示。Biphase 码的解码可根据图 7.21 给出的时序关系进行。当检测下一个跳变时，应在前一位确定后延时 $T_{next}$ 进行，$T_{next}$ 可取值为 $T_{S2}$。

(4) 同步的获取

在解码中，MCU 的时钟应和数据时钟同步才能获得正确的解码。软件时钟同步的获取可参照图 7.19 所示的关系，按图 7.22 所示的流程实现。

MCU 检测到跳变后，启动定时器，检测到下一个跳变时，停止定时器，并计算定时时间 $T$。若 $T<T_{S1}$，则出现位错误；若 $T>T_{S1}$，则判断是否小于 $T_{S2}$。如果 $T_{S1}<T<T_{S2}$，则说明检测到半时钟周期的跳变，应继续启动定时器，再检测下一个跳变。如果检测到下一个跳变时 $T_{L1}<T<T_{L2}$，则说明获得了同步，再延迟图 7.20 和图 7.21 中的 $T_{next}$ 时间，进入正确的判决位值的时间。如果 $T<T_{L1}$ 和 $T>T_{L2}$，则说明出现了位错误。

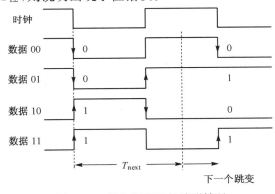

图 7.20 曼彻斯特码的波形情况

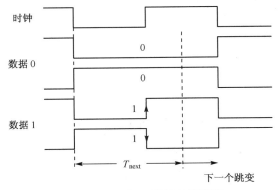

图 7.21 Biphase 码的波形情况

（5）Biphase 码的解码

Biphase 码的解码流程如图 7.23 所示。在进入图 7.21 所示的采样位置后，启动定时器并检测跳变，若定时时间 $T > T_{S1}$，则说明出现位错误。在 $T < T_{S1}$ 时检测到跳变，程序读入口状态 1，然后再启动定时器，在 $T > T_{next}$ 时读入口状态 2。由图 7.21 可知，位值为状态 1 异或状态 2，将此位值存入缓存器并计数读入的位数。当位数小于已知的数据位长度时，进入读下一位；当位数达到预定值时，解码过程结束。

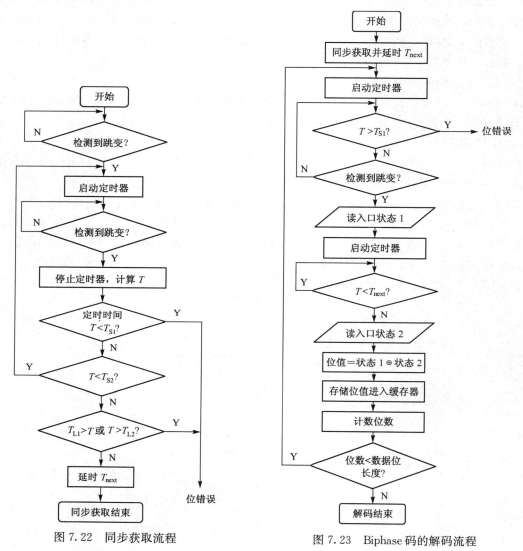

图 7.22　同步获取流程　　　　　图 7.23　Biphase 码的解码流程

（6）曼彻斯特码的解码

读者可参照图 7.20 自行完成。

### 7.3.3　基于 U2270B 芯片的阅读器典型电路 2

另一种基于 U2270B 芯片的阅读器典型电路如图 7.24 所示，电路采用 5V 直流电源供电，并且有可控制的阅读器天线电路谐振频率调节电路。U2270B 芯片的 Standby 引脚电平由 MCU 进行控制，如果不需要 Standby 模式，则可将 Standby 引脚直接接地。

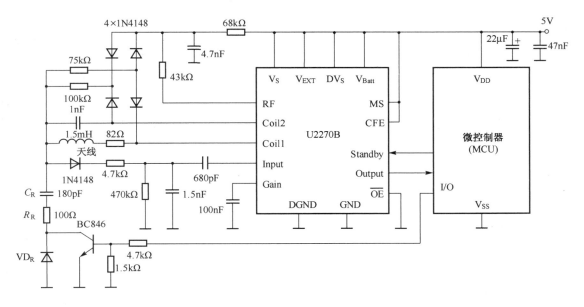

图 7.24 具有天线电路谐振频率调节的阅读器典型电路

## 1. 天线电路谐振频率调节电路

天线电路谐振频率调节电路由 MCU、晶体管、二极管 $VD_R$、电容 $C_R$ 和电阻 $R_R$ 构成。当晶体管受控导通时,天线电路引入 $C_R$ 和 $R_R$ 支路,因而可以调节天线电路的谐振频率,使阅读器和应答器的天线电路谐振频率的差异减小,这无疑可以改善阅读器和应答器之间的通信性能。

## 2. 读应答器的工作流程

图 7.25 所示为读应答器的工作流程图。MCU 可通过 Standby 引脚唤醒 U2270B。如果在读应答器中出现位错误或 ID 错误,可通过相应的 I/O 接口对阅读器天线电路谐振频率进行调节,以达到正确读出的目的。

## 7.3.4 写模式的应用

写模式时,通常都需要有产生 Gap 的能力,如 ATA5577C 芯片的标准写、口令模式、防碰撞等。用 MCU 的 I/O 接口来控制 U2270B 芯片 CFE 引脚的低电平时间,便可产生所需的 Gap 时间,按应答器各种写模式的格式,编写相应程序,便可实现写入功能。

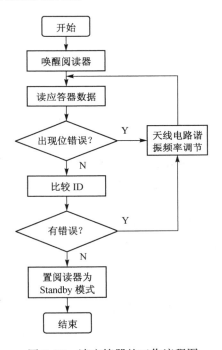

图 7.25 读应答器的工作流程图

下面以 ATA5577C 芯片的写模式(标准写模式、口令模式、AOR 模式)和停止为例进行说明,阅读器写模式的流程图如图 7.26 所示。该程序分为多个子程序,如数据流发送子程序、发送地址子程序、延时子程序等,各操作都比较简单,不再赘述。

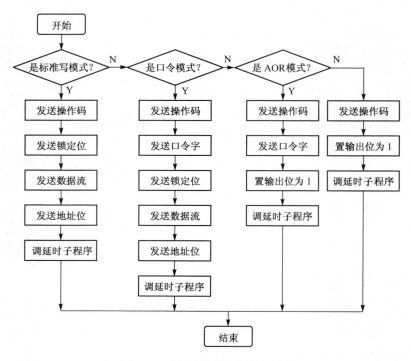

图 7.26　阅读器写模式的流程图

# 本 章 小 结

　　ATA5577C 芯片是工作于 125kHz 的可读/写应答器芯片,它的工作模式存储在EEPROM
的块 0 中,上电后块 0 的配置数据被传送至模式寄存器,ATA5577C 芯片按配置数据编码的比
特率、调制方式、读/写模式和格式等进行工作。ATA5577C 芯片的配置数据可编程写入,但锁
存位一旦置 1 后就不可改变。ATA5577C 芯片有读模式(最大块传送方式)和直接访问的块读
模式,前者从块 1 开始至最大块结束并循环传送,后者可读一个指定块。ATA5577C 芯片的写
模式有标准写模式、口令模式、AOR 模式,口令模式支持口令(密码)检验,AOR 模式可支持防碰
撞性能。

　　U2270B 芯片是 125kHz 的阅读器集成电路芯片。U2270B 芯片支持多种电源供电方式,特
别适合于汽车环境的应用。U2270B 芯片需外接天线电路、检波电路(解调),通过 Gain 引脚外
接电阻、电容,可调节接收通道的增益。U2270B 芯片具有内部振荡器振荡频率调节和产生载波
Gap 的控制功能,驱动输出具有同相和差动两种驱动模式,是一种功能较强且易于与微控制器接
口的阅读器芯片。

　　关于应用系统的电路设计,主要讨论了基于 U2270B 芯片的振荡器振荡频率与天线电路谐
振频率的跟踪调节技术、阅读器天线电路谐振频率的调节技术(用于和应答器天线电路的谐振频
率保持一致),并给出了典型应用的电路图。

　　当微控制器对曼彻斯特码和 Biphase 码进行软件解码时,首先应通过跳变检测的时间判断
来获取同步,然后根据曼彻斯特码和 Biphase 码的编码特点进行位判断。

　　本章通过这些内容展示了 RFID 125kHz 系统电路设计的基本方法,以便加深对前面相关章
节内容的理解。

# 习　题　7

7.1　画出数据 100110 在 ATA5577C 芯片 PSK1,PSK2,PSK3 调制时的波形图。设 PSK 的副载波频率为 RF/2,RF 为载波频率;数据传输速率为 RF/16。

7.2　画出数据 100110 在 ATA5577C 芯片 FSK 调制时的波形图。设数据传输速率为 RF/40,RF 为载波频率。

7.3　画出数据 100110 在 ATA5577C 芯片中的 Biphase 编码波形。

7.4　在 ATA5577C 芯片中,编码为曼彻斯特码或 Biphase 码时,调制方式为什么不能采用 PSK2?

7.5　ATA5577C芯片传送 2 个命令码、32 位口令、1 个锁存位、32 位数据、3 位地址共大约需要 35ms,当要从测试 32 位口令组合的方法获得口令时,试分析 ATA5577C 芯片的抗攻击能力。

7.6　简述 ATA5577C 芯片的防碰撞过程。ATA5577C 芯片的防碰撞机制是纯 ALOHA 算法、时隙 ALO-HA 算法、二进制树形算法中的哪一种?

7.7　U2270B 芯片接收通道的带宽应如何选择?

7.8　说明 U2270B 芯片的 RF,CFE,Standby 引脚的功能。

7.9　U2270B 芯片驱动器有哪两种工作模式? 各有什么特点?

7.10　给出曼彻斯特码解码的软件流程图,并简要说明。

7.11　说明在 U2270B 芯片应用电路中,采用振荡频率 $f_{osc}$ 调节和阅读器天线电路谐振频率调节措施的好处。

# 第8章 13.56MHz RFID技术

**内容提要**：H4006和MCRF355/360是工作于13.56MHz的应答器芯片，本章将详细介绍它们的技术性能、内部电路组成、工作原理和应用。MIFARE技术是非接触式智能射频卡的主流技术。MIFARE技术的非接触式接口符合ISO/IEC 14443 TYPE A标准。本章主要介绍MIFARE DESFire EV1系列和SmartMX2 P60系列芯片。

MFRC530和TRF7960芯片是PCD（阅读器）中的典型芯片。本章将详细介绍MFRC530的技术性能、内部电路组成、工作原理、寄存器功能和天线的设计技术。

**知识要点：**

H4006芯片：CRC码生成，密勒码的应用。

MCRF355/360芯片：LC谐振回路的接法，编程模式和防碰撞技术。

MIFARE技术：MIFARE DESFire EV1系列芯片。

MFRC530芯片：寄存器功能、密钥及加密认证方法、命令集、直接匹配天线与设计、50Ω匹配天线的设计、EMC电路、天线的屏蔽与补偿技术。

**教学建议**：本章重在应用，建议教学环节为6学时，实践环节为6学时。

## 8.1 13.56MHz应答器芯片

13.56MHz应答器的品种众多，从片内存储器的类型分，主要有ROM和EEPROM两大类。本节介绍的H4006（EM公司产品）片内带有ROM存储器，是只读应答器；MCRF355/360芯片（Microchip公司产品）片内的存储器是EEPROM，以接触式方式编程，在射频工作时为只读方式。这两种应答器都是在应答器进入阅读器作用距离时即发送信息，也称为TTF（Tag Talk First）方式。在13.56MHz，也有在射频环境下可读/写的应答器，如MCRF450/451/452/455，它们既可工作于TTF方式，也可工作于ITF（Interrogator Talk First，阅读器先传送信息）方式。

### 8.1.1 H4006芯片

H4006芯片的工作频率范围为10~15MHz，通常选用13.56MHz，片内有一个64位可编程存储器，用于存储相关信息。H4006芯片的信息传输方式采用负载调制，编码为密勒码，数据传输速率为26.484kbps（也可为其他速率，但需要预先选定）。由于H4006芯片内含谐振回路的谐振电容和滤波电路的滤波电容，因而使用更为方便。H4006芯片在无线方式下为只读存储卡，其编程采用在线编程方式。

#### 1. 工作原理

（1）内部电路框图

H4006芯片由谐振回路、时钟提取、分频链电路、序列电路、整流电路、电源管理电路、ROM、密勒码编码器、负载调制电路（调制器）等部分组成，如图8.1所示。

整流电路将从阅读器耦合获得的射频（13.56MHz）能量进行整流并经滤波电容 $C_2$ 平滑，产生直流电压 $V_{DD}$。在直流电源电压达到芯片所需电路工作电压时，电源管理电路激活芯片内电路。13.56MHz载波信号被分频链电路分频（分频系数为512），可产生26.484kHz的时钟，此时

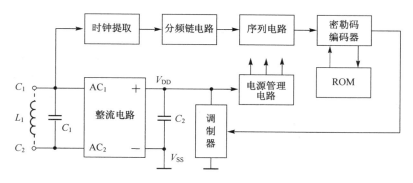

图 8.1 H4006 芯片的原理框图

钟即为数据传输速率。如果希望将分频系数定为 128,256,1024,2048,4096 或 8192,则需预先选定。存储在 ROM 中的数据信息(64 位)经读出后,可通过密勒码编码器产生密勒码输出,用密勒码直接进行负载调制,实现芯片内数据向阅读器的传输。

（2）电感参数的设置

电感 $L_1$ 是该芯片唯一需要的外接元件,由于谐振电容 $C_1$（约为 94.5pF）已集成于片内,因此当载波频率为 13.56MHz 时,$L_1$ 为 1.4$\mu$H。为保证载波传送和负载调制的效果,其品质因数应选择在 30～40 之间为宜。

（3）输出序列

芯片数据信息的输出以表 8.1 所示的序列循环重复。该输出序列为一个 82 位的标准信息结构(STDMS)加 9 位空隙。在 STDMS 结构中,位采用密勒码,而 9 位空隙不用密勒码。在空隙位,调制器开关处于关断状态(Off),空隙位电平为低。

表 8.1　数据信息输出的序列结构

| 序列结构组成 | 起始位 | 数据 | CRC | 停止位 | 空隙 |
|---|---|---|---|---|---|
| 长　度 | 1 位 | 64 位 | 16 位 | 1 位 | 9 位 |

在表 8.1 中,64 位数据的构成如下:第 1～5 位为芯片号组合设置位,每个芯片有一个号码,可在 1～25 之间设置;第 6～9 位是制造商保留位;第 10～19 位为 IC 名称位,共 10 位;第 20～32 位为用户标识(ID)位,共 13 位,可由厂家定义;第 33～50 位为扩展号位,共 18 位,这是唯一的系统号码;第 51～64 位为 IC 位置号设置位,共 14 位,可用于指示被采用芯片的精确位置。这些设置保证了芯片的物理安全性能。

表 8.1 中的起始位为逻辑 1,停止位为逻辑 0。

（4）CRC 检验

16 位 CRC 码的生成多项式为 $X^{16}+X^{12}+X^5+1$。CRC 码由 64 位数据计算生成,并用移位寄存器实现,如图 8.2 所示。该寄存器在每个停止位时复位为零。

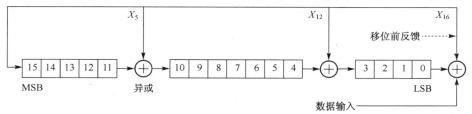

图 8.2　CRC 码生成原理

（5）电源管理

芯片正常工作需要进行初始化。电源管理的工作过程如图 8.3 所示。芯片置于射频能量场中，当电源电压达到 $V_r$ 时，芯片处于读唤醒状态，经过一个 64 位时间，调制器开关电路接通，芯片完成内部逻辑的初始化，数据传输也从此时开始并循环传送。如果电源电压降至 $V_{min}$ 以下，则芯片不能正常工作；当电压上升至 $V_{min}$ 以上时，需要再次初始化并接通调制器开关电路。芯片工作电压范围为 $V_{min} \sim V_{max}$。

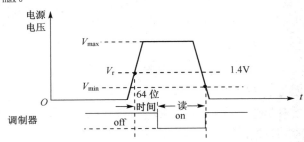

图 8.3　电源管理的工作过程

（6）密勒码编码器

密勒码编码器将 NRZ 码变换为密勒码，有关原理已在第 3 章介绍。在 H4006 芯片中，输出序列的 STDMS 中停止位为逻辑 0，根据密勒码的编码特性，它的电平是随前一位编码电平的不同而不同的。利用 9 位空隙，可将电平拉低，以使起始位具有相同的形式，如图 8.4 所示。

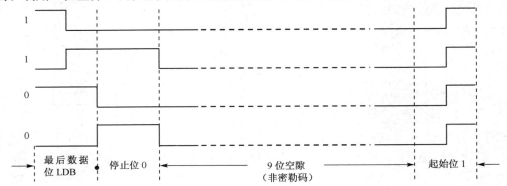

图 8.4　停止位后的空隙

（7）调制器

当在 26.484kbps 数据传输速率下用密勒码进行负载调制时，调制器的导通时间最少为 $38\mu s$（当数据传输速率选低时，该时间更长），而芯片工作时的电流消耗约为 $60\mu A$，若采用对谐振回路进行负载调制，则芯片将无法获得正常工作的射频能量。为此，H4006 采用了在整流电路输出端进行负载调制，调制器的导通电阻可以随电源电压的高低自动调节，保证了芯片的正常工作。

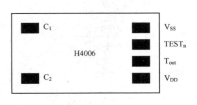

图 8.5　H4006 引脚图

**2. 引脚功能**

H4006 芯片有 6 个引脚，如图 8.5 所示。H4006 芯片在射频工作时为只读方式，需要在引脚 $C_1$ 和 $C_2$ 之间接入电感线圈。另外 4 个引脚用于测试，$V_{DD}$ 和 $V_{SS}$ 是电源的正、负端，$TEST_n$、$T_{out}$ 是测试输入端和输出端。

**3. 应用**

H4006 是只读存储器芯片，在进入阅读器的射频能量场后，即传输所存储的数据信息，其阅读器设计比较简单，仅需要提供射频能量场与解调、解码、读取数据的功能。

H4006 芯片可用于身份识别和工业生产领域。

## 8.1.2 MCRF355/360 芯片

MCRF355/360 芯片是 Microchip 公司生产的工作于 13.56MHz 的应答器芯片。其主要性能有：具有防碰撞能力；采用接触式编程，编程后为只读器件；数据传输采用曼彻斯特码，时钟频率为 70kHz；采用低功耗 CMOS 电路设计；封装为 PDIP 或 SOIC 方式。

### 1. 引脚功能

MCRF355/360 芯片的引脚图如图 8.6 所示，各引脚功能见表 8.2。MCRF355/360 芯片可用于接触和非接触两种工作方式：采用接触方式，可进行编程和测试，此时需要用引脚 $V_{DD}$，$V_{SS}$，CLK 和 $V_{PRG}$；编程后，采用非接触方式进行射频识别，此时可用引脚 Ant. A，Ant. B 和 $V_{SS}$ 连接外部谐振回路。

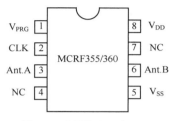

图 8.6 MCRF355/360
芯片的引脚图

表 8.2 MCRF355/360 芯片引脚功能

| 引脚号 | 名 称 | 功 能 描 述 | 引脚号 | 名 称 | 功 能 描 述 |
|---|---|---|---|---|---|
| 1 | $V_{PRG}$ | 输入/输出，对应于编程和测试 | 5 | $V_{SS}$ | 地端 |
| 2 | CLK | 时钟脉冲输入 | 6 | Ant. B | 连接外部谐振回路电感 $L_1$ 和 $L_2$ |
| 3 | Ant. A | 连接外部谐振回路电感 $L_1$ | 7 | NC | 空脚 |
| 4 | NC | 空脚 | 8 | $V_{DD}$ | 接触方式时，直流电压源输入 |

### 2. 工作原理

MCRF355/360 芯片主要由射频前端电路、控制电路和存储器 3 部分组成，其组成电路框图如图 8.7 所示。

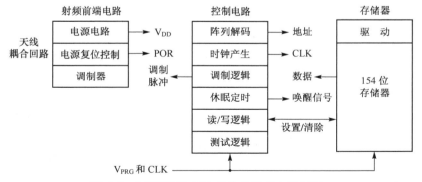

图 8.7 MCRF355/360 芯片的组成电路框图

（1）射频前端电路

射频前端电路是 MCRF355/360 芯片的核心电路之一，由天线耦合回路、电源电路、电源复位（POR）控制和调制器组成。

① 天线耦合回路。天线耦合回路由 LC 谐振回路组成，其作用是：将从阅读器的射频能量场中获得的耦合能量变换成工作电源，以负载调制方式传送数据信息至阅读器。LC 谐振回路的接法如图 8.8 所示，需要说明的是，MCRF360 芯片内含有一个 100pF 的片内电容。LC 谐振回路的谐振频率为 13.56MHz。

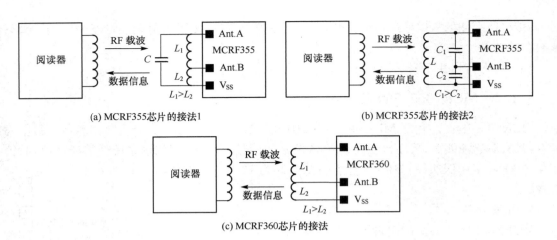

(a) MCRF355芯片的接法1　　　　　　　　　(b) MCRF355芯片的接法2

(c) MCRF360芯片的接法

图 8.8　LC 谐振回路的接法

在图 8.8(a)中,谐振回路的谐振频率 $f_0$(等于载波频率 $f_c$)为

$$f_0 = \frac{1}{2\pi\sqrt{L_T C}} \tag{8.1}$$

式中,$L_T = L_1 + L_2 + 2L_M$,$L_M$ 为 $L_1$ 和 $L_2$ 间的互感。

在图 8.8(b)中,谐振频率 $f_0$ 为

$$f_0 = \frac{1}{2\pi\sqrt{L\dfrac{C_1 C_2}{C_1 + C_2}}} \tag{8.2}$$

在图 8.8 (c)中,谐振频率 $f_0$ 为

$$f_0 = \frac{1}{2\pi\sqrt{L_T(100\times10^{-12})}} \tag{8.3}$$

式中,$L_T = L_1 + L_2 + L_M$,$L_M$ 为 $L_1$ 和 $L_2$ 间的互感。

② 电源电路。电源电路的作用是对射频信号进行整流、滤波、稳压,以产生芯片工作所需的直流电源电压。

③ 电源复位控制。电源复位(POR)控制的作用是当芯片首次进入阅读器能量场的有效范围时,由该电路产生一个 POR 信号,该信号将持续至电源电路产生稳定的 $V_{DD}$ 并使芯片能正常工作时为止。

④ 调制器。调制器完成负载调制功能。传送数据的编码是曼彻斯特码,码长为 154 位,将该码加至调制管(MOSFET)。调制管接在 Ant. B 和 $V_{SS}$ 引脚之间,其导通电阻 $R_{on}\approx 2\Omega$,导通时电感 $L_2$(或电容 $C_2$)和导通电阻 $R_{on}$ 并联,因此芯片所接的天线谐振回路失谐于 13.56MHz。当调制管截止时,芯片所接的天线谐振回路的谐振频率为 13.56MHz。这样,阅读器电感线圈上的电压波形如图 8.9 所示,解调此调幅波,阅读器便可读出经过负载调制所传输的数据。

(2) 控制电路

MCRF355/360 芯片的控制电路由时钟产生、调制逻辑、读/写逻辑、休眠定时、测试逻辑、阵列解码等电路组成。

(3) 存储器

MCRF355/360 芯片中存储器的存储容量共 154 位,可对其在接触方式下编程,编程后就可在非接触方式下读出以进行识别。

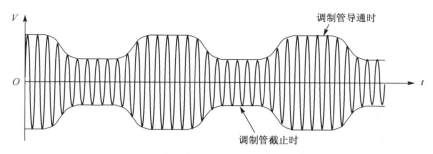

图 8.9　阅读器电感线圈上的电压波形

### 3. 编程

在采用接触方式编程时,MCRF355/360 芯片的 Ant. A、Ant. B 和 $V_{SS}$ 引脚接地,$V_{DD}$ 引脚接电源,时钟由 CLK 引脚引入,数据编程则通过 $V_{PRG}$ 引脚进行。

编程模式有 3 种:擦除、写入、读出。擦除方式的工作编码为 01 1101 0100,写入方式的工作编码为 01 1101 0010,读出方式的工作编码为 01 1101 0110,所存识别码为 154 位。3 种方式的时序关系如图 8.10 所示:在擦除方式中,整个阵列擦除至 1,从 $V_{PRG}$ 送入 01 1101 0100 后实行擦除;在写入方式中,当电平为 $V_{HH}$ 时,写入位为 0,共 154 位写入;在读出方式中,MCRF355/360 芯片可从 $V_{PRG}$ 引脚串行送出存储位值。

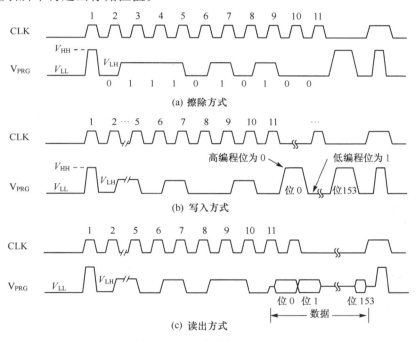

图 8.10　编程模式的时序关系

退出编程模式的方法有两种:一是将电源 $V_{DD}$ 引脚关断($V_{DD} = V_{SS}$);二是使 CLK 引脚的逻辑高电平($V_{LH}$)在 $V_{PRG}$ 引脚达到高电平 $V_{HH}$ 之前出现。

用户可提供任意 154 位的识别码(ID)集,由厂家提供编程支持后,由用户自行完成编程操作。厂家也提供有专门的开发工具包供用户使用。

### 4. 防碰撞技术

MCRF355/360 芯片具有休眠模式,其休眠定时电路可产生 100ms±40％的休眠时间(Sleep Time),休眠时调制管保持导通,片上谐振回路处于失谐状态,阅读器不能从休眠状态的芯片读取数据。因此,虽然此时芯片处于阅读器的作用距离内,但不影响阅读器从被激活的 MCRF355/360 芯片中读取数据。MCRF355/360 芯片的防碰撞技术采取的是时隙方法,能够从多个芯片中选择读出数据而互不影响,图 8.11 所示为其防碰撞工作过程的示意图。

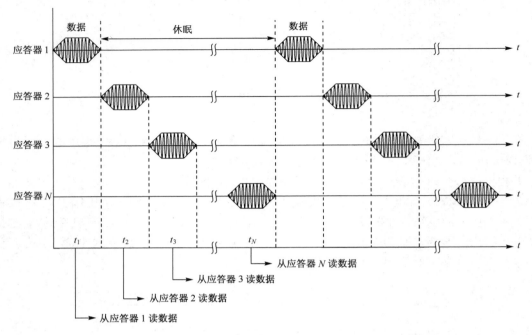

图 8.11  多个 MCRF355/360 芯片防碰撞工作过程的示意图

# 8.2  MIFARE 技术和 SmartMX 技术

目前非接触式与双接口 IC 智能射频卡(内带 MCU 等)中的主流技术为 MIFARE 技术,由 Philips 半导体公司于 1990 年推出。1995 年,英国、法国、加拿大、澳大利亚等国的公共交通系统上开始陆续应用 MIFARE 技术。MIFARE 技术的非接触式接口符合 ISO/IEC14443 TYPE A 标准,接触式接口符合 ISO/IEC 7816 标准。下面介绍使用较为广泛的 MIFARE DESFire EV1 系列,并简单介绍 SmartMX2 P60 系列双接口芯片。

## 8.2.1  MIFARE DESFire EV1 系列芯片

NXP(恩智浦)半导体公司[①]推出的 MIFARE DESFire EV1 系列芯片(MIFARE3 IC D21/41/81),国内称之为 MF3 芯片。相对于 MF1 芯片而言,MF3 芯片技术更加成熟且可靠。NXP MF3 芯片技术获得了可靠安全认证,其 DESFire 卡技术已获得国际通用标准认证。该技术可为系统集成商和交通运营商提供同类产品中最佳的非接触式交易系统安全保障,世界各地众多的公共交通系统均已采用安全可靠的 DESFire 卡。

### 1. MF3 芯片介绍

MF3 芯片基于全球开放标准空中接口与加密法,完全符合 ISO/IEC 14443 TYPE A 标准,并特别选用 ISO/IEC 7816—4 指令。

---

① NXP(恩智浦)半导体公司于 2006 年成立,其前身为飞利浦半导体部门。

DESFire 卡和读/写设备之间的数据传输具备三重双向认证,分别基于使用 56 位 DES(单一DES, DES)、112 位 DES(三重 DES, 3DES)、168 位 DES(3 个关键三重 DES)而完成。该卡的主要特性就隐含在产品命名上。"DESFire":DES 表示用于加密传输数据的 3DES 或 AES 硬件加密引擎;"Fire"表示该产品作为快速、独创、可靠、安全的 IC 在近距离非接触式交易领域的卓越地位。因此,MF3 芯片为终端用户带来许多好处,持卡人在体验便利的非接触式票务应用时,也可将同一张卡用于其他相关应用,如用来为购买自动售货机的商品付款、用作门禁管理或活动票证。

### 2. MF3 芯片的特性和应用

(1) 特性

① RF 接口。符合 ISO/IEC 14443 TYPE A 标准的非接触式数据传输和 RF 场供电(无须电池);工作距离:最远 10cm(取决于 PCD 提供的电源和天线几何尺寸);工作频率:13.56MHz;快速数据传输:106kbps、212kbps、424kbps、848kbps;高数据完整性:16/32 位 CRC、奇偶校验、位编码、位计数;帧确定性防干扰;7 字节唯一标识符(符合 ISO/IEC 14443—3 标准,并提供可选随机 ID);使用 ISO/IEC 14443—4 协议。

② ISO/IEC 7816 兼容性。支持 ISO/IEC 7816—3 APDU 消息结构;对于"选择文件",支持 ISO/IEC 7816—4 INS 代码"A4";对于"读取二进制码",支持 ISO/IEC 7816—4 INS 代码"B0";对于"更新二进制码",支持 ISO/IEC 7816—4 INS 代码"D6";对于"读取记录",支持 ISO/IEC 7816—4 INS 代码"B2";对于"附加记录",支持 ISO/IEC 7816—4 INS 代码"E2";对于"寻求挑战",支持 ISO/IEC 7816—4 INS 代码"84";对于"内部认证",支持 ISO/IEC 7816—4 INS 代码"88";对于"外部认证",支持 ISO/IEC 7816—4 INS 代码"82"。

③ 非易失性存储器:2KB 或 4KB 或 8KB 非易失性存储器;数据保存期为 10 年;写入操作耐受程度典型值为 500000 个周期。

④ 非易失性存储器结构:灵活的文件系统;一个 MF3 芯片上最多可同时运行 28 个应用;每个应用最多支持 32 个文件(标准数据文件、备份数据文件、数值文件、线性记录文件和循环记录文件);文件大小在创建时确定。

⑤ 安全性:通用标准认证;三重双向认证;每个应用支持 1 个卡片主密钥和多达 14 个密钥;采用 56/112/168 位密钥的硬件 DES;RF 通道上的数据加密;应用层认证;硬件异常侦测机制;自我保护文件系统;等等。

⑥ 特殊功能:面向交易的自动防修改机制;使卡片个性化的可配置 ATS 信息;等等。

(2) 应用

MF3 芯片主要应用在先进的公共交通系统、高安全性门禁管理、内部电子支付系统、活动票务、电子政务等领域。

### 3. MF3 芯片的组成

MF3 的电路组成框图如图 8.12 所示。

### 4. PCD 和 PICC(含 MF3 芯片)之间的交互过程

PCD 和 PICC(含 MF3 芯片)之间的交互过程如图 8.13 所示。PCD 发送 REQUEST 命令给所有在天线场范围内的 PICC,通过防碰撞循环,得到一个 PICC 的序列号,选择此 PICC 进行鉴别认证,通过后对存储器进行操作。

### 5. MF3 芯片存储区的构成

MF3 芯片采用 EEPROM 作为存储介质,MF3 芯片的存储区被划分为 16 个扇区,编号为 0~15,一个扇区的大小为 64B。每个扇区又可以分为 4 个块(Block),编号分别为 0~3,每个块的大小为 16B,如图 8.14 所示。每个扇区的块 3 是一个特殊的块,该块包含该扇区的密码 $A$

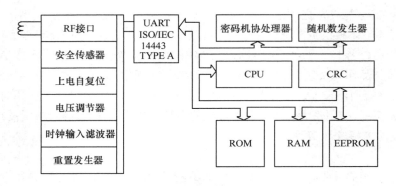

图 8.12　MF3 芯片的电路组成框图

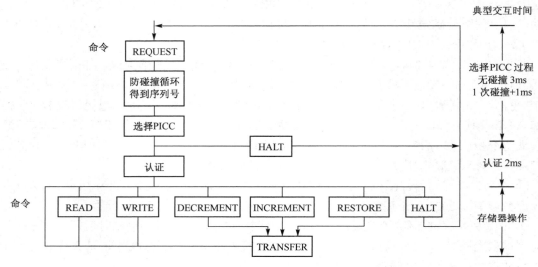

图 8.13　PCD 和 PICC(MF3 芯片)之间的交互过程

(6B)、存取控制码(4B)、密码 $B$(6B)。扇区 0 的块 0 是一个特殊的块,该块存储了芯片的制造商代码,该代码不允许用户改写。制造商代码的第 0~4 字节为芯片的序列号,第 5 字节为序列号的检验码,第 6 字节为芯片的容量,第 7 和第 8 字节为芯片的类型号,其他字节由制造商自行定义。其余块是一般的数据块。

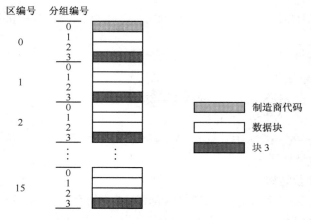

图 8.14　MF3 芯片存储区的构成

在各扇区的块 3 中,存取控制码有 4 字节,其结构见表 8.3。其中,CVX3(C 表示控制位, $V=1\sim3$,X 表示扇区号)用来控制块 3 的访问条件,CVXY($V=1\sim3$,$Y=0\sim2$)用来控制块 0 至块 2 的访问条件(例如,当 $Y=0$ 时控制块 0)。表中"_b"表示取反,如"C2X3_b"表示对 C2X3 取反,控制访问条件的每一位同时用原码与反码存储,增加了可靠性。"BX"表示用于存放特定的应用数据。

表 8.3  存取控制码的结构

| 字节号 | 位 7 | 位 6 | 位 5 | 位 4 | 位 3 | 位 2 | 位 1 | 位 0 |
|---|---|---|---|---|---|---|---|---|
| 1 | C2X3_b | C2X2_b | C2X1_b | C2X0_b | C1X3_b | C1X2_b | C1X1_b | C1X0_b |
| 2 | C1X3 | C1X2 | C1X1 | C1X0 | C3X3_b | C3X2_b | C3X1_b | C3X0_b |
| 3 | C3X3 | C3X2 | C3X1 | C3X0 | C2X3 | C2X2 | C2X1 | C2X0 |
| 4 | BX7 | BX6 | BX5 | BX4 | BX3 | BX2 | BX1 | BX0 |

各扇区的块 3 的存取控制码对本扇区数据块访问条件的控制见表 8.4。CVXY($V=1\sim3$,$Y=0\sim2$)为控制编码,当条件 KEY $A/B$(表示密码 $A$ 或密码 $B$)得到验证时,所给出的相关命令才可以执行。Never 表示没有条件实现。

表 8.4  存取控制码对数据块访问条件的控制

| C1XY | C2XY | C3XY | READ | WRITE | INCREMENT | DECREMENT,TRANSFER,RESTORE |
|---|---|---|---|---|---|---|
| 0 | 0 | 0 | KEY $A/B$ | KEY $A/B$ | KEY $A/B$ | KEY $A/B$ |
| 0 | 1 | 0 | KEY $A/B$ | Never | Never | Never |
| 1 | 0 | 0 | KEY $A/B$ | KEY $B$ | Never | Never |
| 1 | 1 | 0 | KEY $A/B$ | KEY $B$ | KEY $B$ | KEY $A/B$ |
| 0 | 0 | 1 | KEY $A/B$ | Never | Never | KEY $A/B$ |
| 0 | 1 | 1 | KEY $A/B$ | KEY $B$ | Never | Never |
| 1 | 0 | 1 | KEY $A/B$ | Never | Never | Never |
| 1 | 1 | 1 | Never | Never | Never | Never |

各扇区的块 3 的存取控制码对本扇区块 3 访问条件的控制见表 8.5。对于块 3,永远不能执行 DECREMENT、INCREMENT、TRANSFER 和 RESTORE 这 4 个命令。

表 8.5  存取控制码对块 3 访问条件的控制

| C1X3 | C2X3 | C3X3 | KEY $A$ 读 | KEY $A$ 写 | 存取控制码 读 | 存取控制码 写 | KEY $B$ 读 | KEY $B$ 写 |
|---|---|---|---|---|---|---|---|---|
| 0 | 0 | 0 | Never | KEY $A$ | KEY $A$ | Never | KEY $A$ | KEY $A$ |
| 0 | 1 | 0 | Never | Never | KEY $A$ | Never | KEY $A$ | Never |
| 1 | 0 | 0 | Never | KEY $B$ | KEY $A/B$ | Never | Never | KEY $B$ |
| 1 | 1 | 0 | Never | Never | KEY $A/B$ | Never | Never | Never |
| 0 | 0 | 1 | Never | KEY $A$ | KEY $A$ | KEY $A$ | KEY $A$ | KEY $A$ |
| 0 | 1 | 1 | Never | KEY $B$ | KEY $A/B$ | KEY $B$ | Never | KEY $B$ |
| 1 | 0 | 1 | Never | Never | KEY $A/B$ | KEY $B$ | Never | Never |
| 1 | 1 | 1 | Never | Never | KEY $A/B$ | Never | Never | Never |

### 8.2.2 SmartMX2 P60 系列

图 8.15 所示为 SmartMX2 P60 系列中 P60D080 和 P60D144 双接口芯片的电路组成框图。

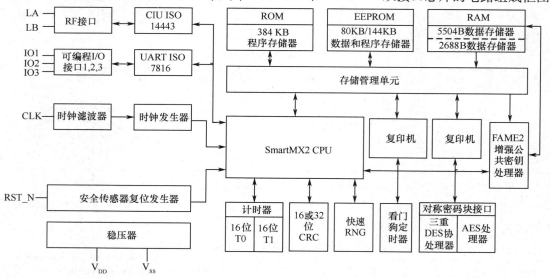

图 8.15　SmartMX2 P60 系列中 P60D080 和 P60D144 双接口芯片的电路组成框图

SmartMX2 P60 系列继承了 SmartMX 的可靠性和互操作性,并具有进一步优化的功能集。该系列引入了具有 100 多项安全功能的 Integral Security 架构,并结合强大的协处理器以实现最高性能。SmartMX2 提供全新等级的 RF 卓越性能,以支持非接触式和双接口解决方案。

SmartMX2 P60 系列的主要特性和优势:Integra Security 架构集成了 100 多项安全功能以防止攻击;提供 384KB ROM、80KB/144KB EEPROM 和 8KB RAM 存储器;高性能 SmartMX2 CPU,具有增强型 8~32 位应用指令集;针对 RSA/ECC 和 DES/AES 的高效、高速加密协处理器;ISO 7816 和经优化的 ISO/IEC 14443 接口,支持小天线尺寸;等等。

## 8.3　PCD 芯片与应用

ISO/IEC 14443 标准制定了非接触式射频卡(PICC)和阅读器(PCD)之间进行数据交换的接口标准 TYPE A 和 TYPE B。随着非接触式智能卡研究、开发和应用的发展,对阅读器的需求也不断增长,不少厂家都研制了用于 PCD 的专用芯片,使 PCD 的设计更为简便。

下面以目前比较常用的阅读器芯片 MFRC530(Philips 公司产品)和 TRF7960(TI 公司产品)为例进行介绍。

### 8.3.1　MFRC530 芯片

MFRC530 应用于 13.56MHz 非接触式通信中,其主要性能有:高集成度的调制解调电路;缓冲输出驱动器使用最少数目的外部元件连接到天线;最大工作距离 10cm;支持 ISO/IEC14443 TYPE A 协议与主机通信有并行接口和 SPI 两种接口,可满足不同用户的需求;自动检测微处理器并行接口类型;灵活的中断处理;64 字节发送和接收 FIFO 缓冲区;带低功耗的硬件复位;可编程定时器;用户可编程初始化配置;面向位和字节的帧结构;支持防碰撞操作;数字、模拟和发送器部分经独立的引脚分别供电；内部振荡器连接 13.56MHz 石英晶体；数字部分的电源（DVDD）可选择 3.3V 或 5V；在短距离应用中，发送器（天线驱动）可以用 3.3V 供电。

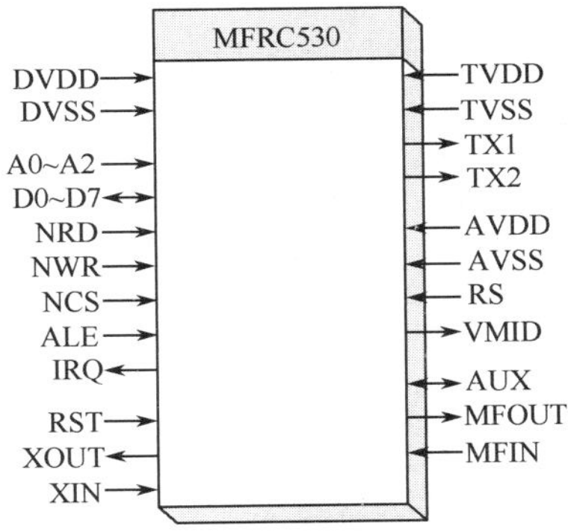

基于以上特点，MFRC530 适用于各种基于 ISO/IEC 14443 TYPE A 标准并且要求低成本、小尺寸、高性能及单电源的非接触式通信的应用场合。该芯片可广泛用于公共交通终端、手持终端、板上单元、非接触式 PC 终端、计量等领域。

图 8.16　MFRC530 芯片引脚图

### 1. 引脚功能与电路组成

MFRC530 芯片为 32 引脚 SOP 封装，其引脚图如图 8.16 所示，其引脚功能见表 8.6，表中某些引脚（带 ＊ 号）依据所用微控制器（MCU）的接口情况而具有不同功能。

表 8.6　**MFRC530 芯片的引脚功能（I 表示输入，O 表示输出）**

| 引脚号 | 引脚名 | 类 型 | 功 能 描 述 |
|---|---|---|---|
| 1 | XIN | I | 晶体振荡器输入端，可外接 13.56MHz 石英晶体，也可作为外部时钟（13.56MHz）信号的输入端 |
| 2 | IRQ | O | 中断请求输出端 |
| 3 | MFIN | I | MIFARE 接口输入端，可接收带有副载波调制的曼彻斯特码或曼彻斯特码流 |
| 4 | MFOUT | O | MIFARE 接口输出端，用于输出来自芯片接收通道的带有副载波调制的曼彻斯特码或曼彻斯特码流，也可输出来自芯片发送通道的串行数据 NRZ 码或修正密勒码流 |
| 5 | TX1 | O | 发送端 1，发送 13.56MHz 载波或已调载波 |
| 6 | TVDD | 电源 | 发送部分电源正端，输入 5V 电压，作为 TX1 和 TX2 驱动输出级电源电压 |
| 7 | TX2 | O | 发送端 2，功能同 TX1 |
| 8 | TVSS | 电源 | 发送部分电源地端 |
| 9 | NCS | I | 片选，用于选择和激活芯片的 MCU 接口，低电平有效 |
| 10＊ | NWR | I | 选通写数据（D0～D7）进入芯片寄存器，低电平有效 |
| | R/NW | I | 在一个读或写周期完成后，选择读或写，写为低电平 |
| | nWrite | | 在一个读或写周期完成后，选择读或写，写为低电平 |
| 11＊ | NRD | I | 读选通端，选通来自芯片寄存器的读数据（D0～D7），低电平有效 |
| | NDS | | 数据选通端，为读或写周期选通数据，低电平有效 |
| | nDStrb | | 同 NDS |
| 12 | DVSS | 电源 | 数字地 |
| 13 | D0 | O | MISO(Master In Slave Out)，SPI 兼容接口 |
| 13～20＊ | D0～D7 | I/O | 8 位双向数据线 |
| | AD0～AD7 | I/O | 8 位双向地址/数据线 |
| 21＊ | ALE | I | 地址锁存使能，锁存 AD0～AD5 至内部地址锁存器 |
| | AS | | 地址选通，为高电平时选通 AD0～AD5 至内部地址锁存器 |
| | nAStrb | | 地址选通，为低电平时选通 AD0～AD5 至内部地址锁存器 |
| | NSS | | 从属选择，SPI 通信选通 |

| 引脚号 | 引脚名 | 类型 | 功能描述 |
|---|---|---|---|
| 22* | A0 | I | 地址线 0,芯片寄存器地址的第 0 位 |
| | nWait | O | 等待控制器,为低电平时开始一个存取周期,结束时为高电平 |
| | MOSI | I | MOSI,SPI 兼容接口 |
| 23 | A1 | I | 地址线 1,芯片寄存器地址的第 1 位 |
| 24* | A2 | I | 地址线 2,芯片寄存器地址的第 2 位 |
| | SCK | I | 时钟序列,SPI 兼容接口的时钟信号 |
| 25 | DVDD | 电源 | 数字电源正端,5V |
| 26 | AVDD | 电源 | 模拟电源正端,5V |
| 27 | AUX | O | 辅助输出端,可提供有关测试信号输出 |
| 28 | AVSS | 电源 | 模拟地 |
| 29 | RX | I | 接收信号输入,天线电路接收到 PICC 负载调制信号后送入芯片的输入端 |
| 30 | VMID | 电源 | 内部基准电压输出端,该引脚需接 100nF 电容至地 |
| 31 | RST | I | 复位和低功耗端,引脚为高电平时芯片处于低功耗状态,低电平时为复位状态 |
| 32 | XOUT | O | 晶体振荡器输出端 |

MFRC530 芯片的内部电路组成框图如图 8.17 所示,它由并行接口与控制电路、FIFO(先进先出)缓存器、密钥存储与加密算法(Crypto1)、状态机与寄存器、数据处理电路、模拟电路(调制、解调与输出驱动电路)、电源管理、中断控制等部分组成。

### 2. 内部寄存器的配置

MFRC530 芯片的内部寄存器按页分配,并通过相应寻址方法获得地址。内部寄存器共分 8 页,每页 8 个寄存器,每页的第 1 个寄存器称为页寄存器,用于选择该寄存器页。内部寄存器的配置情况见表 8.7。

表 8.7 内部寄存器配置

| 页号 | 功能 | 寄存器地址 | 相应寄存器名称 |
|---|---|---|---|
| 0 | 命令与状态 | 0H～7H | Page,Command,FIFOData,PrimaryStatus,FIFOLength,SecondaryStatus,InterruptEn, InterruptRq |
| 1 | 控制与状态 | 8 H～FH | Page,Control,ErroFlag,Collpos,TimeValue,CRCResultLSB,CRCResultMSB,BitFraming |
| 2 | 发送与编码控制 | 10H～17H | Page,TxControll,CWConductance,PreSet13, CoderControl,ModWidth,PreSet16,PreSet17 |
| 3 | 接收与解码控制 | 18H～1FH | Page,RxControl1,DecoderControl,BitPhase,RxThreshold,BPSKDemControl,RxControl2,ClockQControl |
| 4 | 定时和通道冗余码 | 20H～27H | Page,RxWait,ChannelRedundancy,CRCPresetLSB,CRCPresetMSB,PreSet25,MFOUTSelect,PreSet27 |
| 5 | FIFO 缓存器、定时器和 IRQ 引脚 | 28H～2FH | Page,FIFOLevel,TimerClock,TimeControl,TimerReload,IRQPinConfig,PreSet2E,PreSet2F |
| 6 | 备用 | 30H～37H | Page,RFU(备用) |
| 7 | 测试控制 | 38H～3FH | Page,RFU,TestAnaSelect,PreSet3B,PreSet3C,TestDigiSelect,RFU,RFU |

MCU 通过对内部寄存器的写和读,可以预置和读出芯片的运行状况。寄存器在芯片复位状态时预置初始值。熟悉内部寄存器的功能和作用对于软件编程至关重要,下面将详细介绍各内部寄存器的功能。

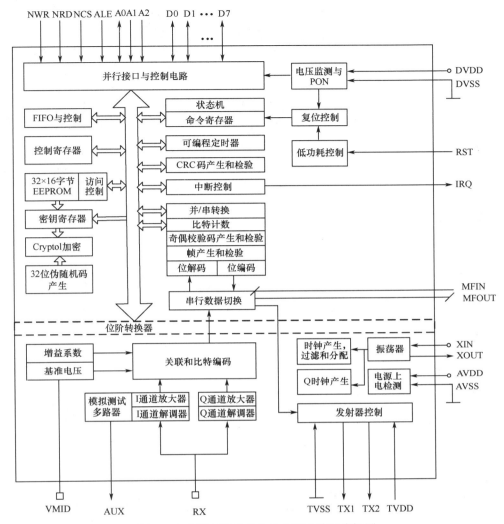

图 8.17　MFRC530 芯片的内部电路组成框图

### 3. 内部寄存器的功能

每个寄存器由 8 位组成,其位特性有 4 种:读/写(r/w)、只读(r)、仅写(w)和动态(dy)。其中,dy 位可由 MCU 读/写,也可以在执行实际命令后自动由内部状态机改变位值;r 的值仅能由内部状态机决定;w 的值可由 MCU 写入但不能读出;r/w 位可由 MCU 读/写,但内部状态机只能读。

(1) 0 页(命令与状态寄存器页)

命令与状态寄存器页的各寄存器功能、位分配及复位时的值见表 8.8。表中的××表示不定值,值为 0 的位是保留位。

① Page 寄存器

UPS(UsePageSelect):位 7。该位若置 1,则 PS(PageSelect)段(位 2~位 0)作为寄存器地址的 A5,A4 和 A3,用于页选择(选择页内某寄存器)。

② Command 寄存器

IDB(IFDetectBusy):位 7。该位表示接口检测的状态逻辑。若为 1,则表示接口检测正在进行;若为 0,则表示接口检测成功完成。

表 8.8  0 页寄存器的功能、位分配和复位时的值

| 寄存器名 | 寄存器的 8 位值与属性 | | | | | | | | 复位时的值 | 说　　明 |
|---|---|---|---|---|---|---|---|---|---|---|
| | 7 | 6 | 5 | 4 | 3 | 2 | 1 | 0 | | |
| Page | UPS<br>r/w | 0<br>r/w | 0<br>r/w | 0<br>r/w | 0<br>r/w | PS<br>（r/w） | | | 80H | 选择寄存器页 |
| Command | IDB<br>r | 0<br>r | command<br>（dy） | | | | | | ×0H | 开始和停止命令执行 |
| FIFOData | FIFO 缓存器数据<br>（dy） | | | | | | | | ××H | 输入或输出 64 字节的 FIFO 缓存器数据 |
| PrimaryStatus | 0<br>r | ModemState<br>（r） | | | IRq<br>r | Err<br>r | HiA<br>r | LoA<br>r | 05H | 接收、发送 FIFO 缓存器的状态标记 |
| FIFOLength | 0<br>r | FIFO 缓存器的长度<br>（r） | | | | | | | 00H | 在 FIFO 缓存器中的缓冲字节数 |
| SecondaryStatus | TR<br>r | E2<br>r | CRC<br>r | 0<br>r | 0<br>r | RxLastBits<br>（r） | | | 60H | 各种状态标志 |
| InterruptEn | Set<br>w | 0<br>r/w | T<br>r/w | Tx<br>r/w | Rx<br>r/w | Id<br>r/w | HiA<br>r/w | LoA<br>r/w | 00H | 中断请求使能控制 |
| InterruptRq | Set<br>w | 0<br>r/w | T | Tx | Rx<br>Dy | Id | HiA | LoA | 00H | 中断请求标志 |

位 5～位 0 为有效的命令编码,读其值可知正在执行的命令。

③ FIFOData 寄存器

给出 FIFO 缓存器中正在处理的数据。

④ PrimaryStatus 寄存器

ModemState 的 3 位(位 6～位 4)编码见表 8.9。

表 8.9  **ModemState 的 3 位编码**

| 状态名 | 编码 | 说　　明 | 状态名 | 编码 | 说　　明 |
|---|---|---|---|---|---|
| Idle | 000 | 既无发送,也无接收 | GoToRx1 | 100 | 接收开始时的介质状态 |
| TxSOF | 001 | 发送帧起始(SOF) | GoToRx2 | | 接收结束时的介质状态 |
| TxData | 010 | 从 FIFO 缓存器发送数据 | PrepareRx | 101 | 等待 RxWait 寄存器的时间到 |
| | | | AwaitingRx | 110 | 接收激活,等待 RX 引脚的输入信号 |
| TxEOF | 011 | 发送帧结束(EOF) | Receiving | 111 | 接收数据 |

IRq 位:置 1 表示检测任一中断源的状况,即 InterruptEn 寄存器已被使能。

Err 位:置 1 表示在 ErrorFlag 寄存器中出现错误标记。

HiA(HiAlert)位:当存储于 FIFO 缓存器的字节数满足条件 64－FIFOLength≤判断值(如判断值 Waterlevel＝4)时,该位置 1,否则该位为 0。

LoA(LoAlert)位:当存储于 FIFO 缓存器的字节数满足条件 FIFOLength≤判断值(如判断值 Waterlevel＝4)时,该位置 1,否则该位为 0。

⑤ FIFOLength 寄存器

该寄存器的值指示存储在 FIFO 缓存器中的字节数。写字节至 FIFOData 寄存器时,FIFO-Length 寄存器增加;从 FIFOData 寄存器读时,FIFOLength 减少。

⑥ SecondaryStatus 寄存器

TR(TRunning)位：置 1 表示 MFRC530 芯片的定时器工作。

E2(E2Ready)位：置 1 表示 MFRC530 芯片对 EEPROM 编程结束。

CRC(CRCReady)位：置 1 表示 MFRC530 芯片已结束 CRC 计算。

RxLastBits：用 3 位表示最后接收字节的有效位数，若为 0，则表示整个字节有效。

⑦ InterruptEn 寄存器

Set(SetIEn)位：置 1 表示该寄存器的各标记有效，为 0 时清除这些标记（这些标记仅能用此方法清除）。

T(TimerIEn)位：置 1 表示允许定时中断请求从引脚 IRQ 输出。

Tx(TxIEn)位：置 1 表示允许发送中断请求从引脚 IRQ 输出。

Rx(RxIEn)位：置 1 表示允许接收中断请求从引脚 IRQ 输出。

Id(IdleIEn)位：置 1 表示允许 Idle 中断请求从引脚 IRQ 输出。

HiA(HiAlertIEn)位：置 1 表示允许 HiAlert 中断请求从 IRQ 引脚输出。

LoA(LoAlertIEn)位：置 1 表示允许 LoAlert 中断请求从引脚 IRQ 输出。

⑧ InterruptRq 寄存器

Set(SetIRq)位：置 1 时，InterruptRq 寄存器位值有效；为 0 时，在 InterruptRq 寄存器中的各标记被清零。

T(TimeIRq)位：当 TimeValue 寄存器中的定时值在定时器中减至 0 时置 1。

Tx(TxIRq)位：在下述事件之一发生时置 1。这些事件可以是所有数据被传送（发送命令、Authent1 和 Authent2 命令），或者所有数据被编程（WriteE2 命令），或者所有数据被处理完（CalcCRC 命令）。

Rx(RxIRq)位：在接收过程结束时置 1。

Id(IdleIRq)位：在命令结束，Command 寄存器改变其值，为 Idle 命令（见表 8.20）时置 1；如果有一个未知命令出现，则该位置 0。Idle 命令由 MCU 启动，但 MCU 不能设置 Id 位。

HiA(HiAlertIRq)位：在 PrimaryStatus 寄存器 HiA 位被设置并反转时置 1，以存储该事件的发生。该位仅能由 SetIRq 位复位。

LoA(LoAlertIRq)位：情况类似 HiA(HiAlertIRq)位，它对应于 PrimaryStatus 寄存器的 LoA 位。

（2）第 1 页（控制与状态寄存器页）

该页各寄存器的功能、位分配及复位时的值见表 8.10，表中××表示不定值，值为 0 的位是保留位。

表 8.10　第 1 页寄存器的功能、位分配和复位时的值

| 寄存器名 | 寄存器的 8 位值与属性 | | | | | | | | 复位时的值 | 说　　明 |
|---|---|---|---|---|---|---|---|---|---|---|
| | 7 | 6 | 5 | 4 | 3 | 2 | 1 | 0 | | |
| Page | 见 0 页 Page 寄存器 | | | | | | | | 80H | 选择该寄存器页 |
| Control | 0 | 0 | SB | PD | Cl | TSo | TSa | FF | 00H | 提供控制标记 |
| | r/w | r/w | dy | dy | dy | w | w | w | | |
| ErrorFlag | 0 | KE | AE | FO | CE | FE | PE | CoE | 40H | 显示最后命令执行出现错误状态的标记 |
| | r | r | r | r | r | r | r | r | | |
| Collpos | Collpos(r) | | | | | | | | 00H | 在射频接口上检测到第一个位冲突的位置 |

215

| 寄存器名 | 寄存器的 8 位值与属性 | | | | | | | | 复位时的值 | 说　　明 |
|---|---|---|---|---|---|---|---|---|---|---|
| | 7 | 6 | 5 | 4 | 3 | 2 | 1 | 0 | | |
| TimerValue | TimerValue(r) | | | | | | | | ××H | 定时器的实际值 |
| CRCResultLSB | CRCResultLSB(r) | | | | | | | | ××H | CRC 结果的低 8 位值 |
| CRCResultMSB | CRCResultMSB(r) | | | | | | | | ××H | CRC 结果的高 8 位值 |
| BitFraming | 0<br>r/w | RxAlign<br>(dy) | | | 0<br>r/w | TxLastBits<br>(dy) | | | 00H | 帧在 FIFO 缓存器中位置的调节 |

① Page 寄存器　见 0 页 Page 寄存器的说明。

② Control 寄存器

SB(StandBy)位：置 1 时，芯片进入软电源下拉模式，内部耗电模块电源切断，但晶体振荡器部分保持工作。

PD(PowerDown)位：置 1 时，为软电源下拉模式，这时晶体振荡器不工作。

C1(Crypto1 on)位：表示 Crypto1 被接通，和 PICC 的通信采用加密方式，该位在成功地执行了 Authent2 命令后置 1。

TSo(TStopNow)位：置 1 时立即停止定时器，读该位时总是返回值 0。

TSa(TStartNow)位：置 1 时立即启动定时器，该位读时总是返回值 0。

FF(FlushFIFO)位：置 1 时清除 FIFO 缓存器的读/写指针，FIFOLength 变为 0，并将 ErrorFlag 寄存器的 FO 位清零。

③ ErrorFlag 寄存器

KE(KeyErr)位：为 0 时，启动 LoadKeyE2 或 LoadKey 命令；置 1 时，表示 LoadKeyE2 或 LoadKey 命令识别到输入数据未按密钥格式编码。

AE(AccessErr)位：为 0 时，表示和 EEPROM 相关的命令格式开始；为 1 时，表示对 EEPROM 的正常访问出现问题。

FO(FIFOOvfl)位：当 MCU 或 MFRC530 内部状态机在 FIFO 缓存器满的情况下仍然往 FIFO 缓存器写数据时，该位为 1。

CE(CRCErr)位：在 PrepareRx 状态期间，当接收开始时自动清零；在 RxCRCEn 已设置并出现 CRC 检测错误时置 1。

FE(FramingErr)位：在 SOF 不正确时置 1，在接收开始时(PrepareRx 期间)清零。

PE(ParityErr)位：在数据奇偶检验中检测出现错误时置 1，在接收状态开始(PrepareRx 期间)时自动清零。

CoE(CollErr)位：在检测到比特碰撞(冲突)时置 1，在接收开始(PrepareRx 期间)时自动清零。

④ Collpos 寄存器　给出在接收帧中第一个碰撞位的位置。例如，00H 表示碰撞在起始位，01H 表示碰撞在第 1 位，08H 表示碰撞在第 8 位。

⑤ TimerValue 寄存器　给出定时器的实际值。

⑥ CRCResultLSB 寄存器　在 CRCReady 位置 1 的条件下，给出 CRC 校验值的低 8 位。

⑦ CRCResultMSB 寄存器　在 CRCReady 位置 1 的条件下，给出 CRC 校验值的高 8 位。对于 8 位 CRC 检验，该寄存器的值无效。

⑧ BitFraming 寄存器

RxAlign(位 6～位 4)：用于确定被接收并被存于 FIFO 缓存器的第一位在 FIFO 缓存器中

的位置。例如,当 RxAlign＝0 时,被接收的最低位存储于位置 0,紧接的位存于位置 1;当 Rx-Align＝1 时,最低位存于位置 1,紧接的位存于位置 2;当 RxAlign＝3 时,最低位存于位置 3,紧接的位存于位置 4;当 RxAlign＝7 时,没有定义,故建议不要采用 RxAlign＝7。在接收结束后,RxAlign 被自动清除。

TxLastBits(位 2～位 0):用于确定将被发送帧的最后一个字节的位的位置,000 表示最后一个字节的所有位都将被发送。在发送结束后,TxLastBits 被自动清除。

（3）第 2 页（发送与编码控制寄存器页）

该页各寄存器的功能、位分配及复位时的值见表 8.11。

表 8.11　第 2 页寄存器的功能、位分配和复位时的值

| 寄存器名 | 寄存器的 8 位值与属性 | | | | | | | 复位时的值 | 说　　明 |
|---|---|---|---|---|---|---|---|---|---|
| | 7 | 6 | 5 | 4 | 3 | 2 | 1 | | |
| Page | 见 0 页 Page 寄存器 | | | | | | | 80H | 选择该寄存器页 |
| TxControl | 0<br>r/w | MS<br>(r/w) | | 1<br>r/w | TI<br>r/w | TC<br>r/w | TR<br>r/w | 58H | 控制天线驱动引脚 TX1 和 TX2 的输出类别 |
| | | | | | | | T1R<br>r/w | | |
| CWConductance | 0<br>r/w | 0<br>r/w | GsCfgCW<br>(r/w) | | | | | 3FH | 选择 TX1 和 TX2 引脚的电导 |
| PreSet13 | 0 | 0 | 1 | 1 | 1 | 1 | 1 | 3FH | 其值不能改变 |
| | | | | | | | 1(r/w) | | |
| CoderControl | 0 | 0 | CoderRate | | 0 | 0 | 1(r/w) | 19H | 该寄存器定义编码电路的时钟速率 |
| ModWidth | ModWidth<br>(r/w) | | | | | | | 13H | 选择调制脉冲的宽度 |
| PreSet16 | 0 | 0 | 0 | 0 | 0 | 0 | 0 | 00H | 其值不能改变 |
| | | | | | | | 0(r/w) | | |
| PreSet17 | 0 | 0 | 0 | 0 | 0 | 0 | 0 | 00H | 其值不能改变 |
| | | | | | | | 0(r/w) | | |

① TxControl 寄存器

MS(Modulator Source):位 6 和位 5,用于选择调制器的输入。具体编码如下:00 表示调制器输入为低,01 表示调制器输入为高,10 表示调制器输入来自内部编码器,11 表示调制器从引脚 MFIN 输入。

TI(TX2Inv)位:该位置 1 时,在 TX2 引脚的输出信号是 13.56MHz 的倒相载波(相对于 TX1 引脚的输出载波)。

TC(TX2Cw)位:该位置 1 时,TX2 引脚的输出信号是 13.56MHz 的连续非调制载波;该位为 0 时,使能 13.56MHz 载波调制。

TR(TX2RFEn)位:该位置 1 时,TX2 引脚的输出是由发送数据调制的载波;若该位为 0,则 TX2 为恒定输出电平。

T1R(TX1RFEn)位:该位置 1 时,TX1 引脚的输出是由发送数据调制的载波;若该位为 0,则 TX1 为恒定输出电平。

② CwConductance 寄存器

GsCfgCW(位 5～位 0):其值用于确定输出驱动器的阻抗,可用来调节输出功率、电流消耗和工作距离。

③ ModWidth 寄存器

该寄存器的值用于确定调制脉冲的宽度,其宽度为

$$T_{\text{mod}} = 2(\text{ModWidth}+1)T_{\text{C}} \tag{8.4}$$

式中，$T_{\text{C}}$ 为载波周期。

④ 其他 5 个寄存器　可直接参考表 8.11 中的说明。

（4）第 3 页（接收与解码控制寄存器页）

该页寄存器的功能、位分配及复位时的值见表 8.12，表中××表示不定值。

表 8.12　第 3 页寄存器的功能、位分配和复位时的值

| 寄存器名 | 寄存器的 8 位值与属性 | | | | | | | | 复位时的值 | 说　明 |
|---|---|---|---|---|---|---|---|---|---|---|
| | 7 | 6 | 5 | 4 | 3 | 2 | 1 | 0 | | |
| Page | 见 0 页 Page 寄存器 | | | | | | | | 80H | 选择该寄存器页 |
| RxControl1 | SubCPulses (r/w) | | | 1 | 0 | LPO | Gain (r/w) | | 73H | 控制接收增益 |
| DecoderControl | 0 | RM | ZAC (r/w) | 0 | 1 | 0 | 0 | RC | 08H | 帧的接收个数；控制防碰撞算法的实现 |
| BitPhase | BitPhase (r/w) | | | | | | | | ADH | 确定发送和接收时钟之间的相位关系 |
| RxThreshold | MinLevel (r/w) | | | | CollLevel (r/w) | | | | FFH | 选择位解码器的门限 |
| BPSKDemControl | 0 | 0 | 0 | FAD | TauD (r/w) | TauB | | | 00H | 启动高通滤波器进行幅度检测；改变内部 PLL 的时间常数 |
| RxControl2 | RCS | RAP | 0 | 0 | 0 | 0 | DS (r/w) | | 41H | 控制解码特性和确定接收的输入源 |
| ClockQControl | CQD r | CQC r/w | 0 r/w | ClkQDelay (dy) | | | | | ××H | 控制 90° 相移的 Q 通道时钟 |

① RxControl 1 寄存器

SubCPulses(位 7～位 5)：定义每位的副载波脉冲个数。其编码与脉冲数的关系：000,1 个脉冲；001,2 个脉冲；010,4 个脉冲；011,8 个脉冲；100,16 个脉冲；101、110、111 均为备用。

LPO(LPOff)(位 2)：停止内部放大器的低通滤波。

Gain(位 1～位 0)：用于调节接收系统电压的增益系数。其编码：00 为 27dB,01 为 30dB,10 为 38dB,11 为 42dB。

② DecoderControl 寄存器

RM(RxMultiple)(第位 6,置 1 时表示在接收帧之后接收器停止工作,置 0 时表示接收不止一个帧。

ZAC(ZeroAfterColl)(第位 5,该位置 1 表示在发生位碰撞后,任一接收到的位被记为 0,这适合于 ISO/IEC 14443 TYPE A 标准规定的防碰撞算法。

RC(RxCoding)：第 0 位。置 1 时进行 BPSK 编码,置 0 时进行曼彻斯特编码。

③ BitPhase 寄存器　确定发送与接收时钟的相位关系。

④ RxThreshold 寄存器

MinLevel(位 7～位 4)：定义解码器输入端的最低信号强度,若输入信号强度小于此值,则解码将无法判断。

CollLevel(位 3～位 0)：定义解码器输入端在曼彻斯特码防碰撞检测时所必须达到的最低信号强度。

⑤ BPSKDemControl 寄存器

FAD(FilterAmpDet)：第 4 位，启动高通滤波器进行幅度检测。

TauD：第 3～2 位，在接收数据时改变内部 PLL 的时间常数。

TauB：第 1～0 位，在数据很大时改变内部 PLL 的时间常数。

⑥ RxControl 2 寄存器

RCS(RcvClkSelI)：第 7 位。置 1 时表示 I 时钟作为接收时钟，置 0 时表示采用的是 Q 时钟。I 时钟和 Q 时钟具有 90°相位差。

RAP(RxAutoPD)：第 6 位。置 1 时表示接收电路可以自动地在接收前接通，并在接收后关断，以降低功耗；若为 0，则接收电路总处于就绪(Active)状态。

DS(DecoderSource)：第 1～0 位。用于选择解码器的输入源：00 时为低，01 时为内部解调器，10 为来自 MFIN 引脚的副载波调制的曼彻斯特码，11 时为来自引脚 MFIN 的基带曼彻斯特码。

⑦ ClockQControl 寄存器

CQD(ClkQ180Deg)：第 7 位，当 Q 时钟较 I 时钟相移超过 180°时置 1，否则该位保持 0。

CQC(ClkQCalib)：第 6 位，若为 0，则 Q 时钟在相位复原和从射频卡接收数据后自动校准；若为 1，则不能自动完成校准。

ClkQDelay(位 4～位 0)：用于获得对 I 时钟具有 90°相移的 Q 时钟的延迟参数，可由 MCU 直接写入或在自动校准周期写入。

（5）第 4 页（定时和通道冗余码寄存器页）

该页寄存器的功能、位分配及复位时的值见表 8.13，××表示不定值。

表 8.13　第 4 页寄存器的功能、位分配和复位时的值

| 寄存器名 | 寄存器的 8 位值与属性 | | | | | | | | 复位时的值 | 说　明 |
|---|---|---|---|---|---|---|---|---|---|---|
| | 7 | 6 | 5 | 4 | 3 | 2 | 1 | 0 | | |
| Page | 见 0 页 Page 寄存器 | | | | | | | | 80H | 选择该寄存器页 |
| RxWait | RxWait (r/w) | | | | | | | | 06H | 选择发送后至接收前的时间间隔值 |
| Channel Redundancy | 0 | 0 | CRC | C8 | RCE | TCE | PO | PE | 03H | 选择数据检验的方式和类别 |
| | | | | (r/w) | | | | | | |
| CRCPreSetLSB | CRCPreSet LSB (r/w) | | | | | | | | 63H | CRC 计算初始值的低 8 位 |
| CRCPreSetMSB | CRCPreSet MSB (r/w) | | | | | | | | 63H | CRC 计算初始值的高 8 位 |
| PreSet25 | 0 | 0 | 0 | 0 | 0 | 0 | 0 | 0 | 00H | 其值不能改变 |
| | | | | (r/w) | | | | | | |
| MFOUTSelect | 0 | 0 | 0 | 0 | 0 | MFOS | | | 00H | 选择加至 MFOUT 引脚的内部信号 |
| | | | (r/w) | | | | (r/w) | | | |
| PreSet27 | × | × | × | × | × | × | × | × | ××H | 其值不能改变 |
| | | | | (w) | | | | | | |

① RxWait 寄存器

在数据传送后，需延时 RxWait 寄存器所给出的位时钟时间，在此帧保护时间内，引脚 RX 上的任何信号不被接收。

② ChannelRedundancy 寄存器

CRC(CRC3309)位：该位置 1 时，CRC 计算按 ISO/IEC 3309 标准进行。若采用 ISO/IEC 14443 TYPE A 标准，则该位必须置为 0。

C8(CRC8)位：该位置 1 时，按 8 位 CRC 计算；置 0 时，按 16 位 CRC 计算。

RCE(RxCRCEn)位：该位置 1 时，接收帧的最后一个(或两个)字节是 CRC 字段。若 CRC 校验正确，则 CRC 字段不进入 FIFO 缓存器；若 CRC 校验错误，则将 CRCErr 标记置为 1。该位若为 0，则无 CRC 检验。

TCE(TxCRCEn)位：该位置 1 时，发送数据进行 CRC 计算，并将 CRC 字段加入发送数据流；置 0 时，则发送数据不进行 CRC 计算。

PO(ParityOdd)位：该位置 1 时，进行奇检验；置 0 时，进行偶检验。当采用 ISO/IEC 14443 TYPE A 标准时，该位应为 1。

PE(ParityEn)位：该位置 1 时，奇偶检验位在发送数据的每个字节后，并且出现在接收数据流中；置 0 时，无奇偶校位。

③ CRCPreSetLSB 寄存器　设置 CRC 计算的初始值的低 8 位。

④ CRCPreSetMSB 寄存器　设置 CRC 计算的初始值的高 8 位。若 C8 位置 1，则该寄存器无效。

⑤ MFOUTSelect 寄存器

MFOS(MFOUTSelect)：该 3 位编码确定加至 MFOUT 引脚的信号，编码情况见表 8.14。

表 8.14　MFOS 编码与加至 MFOUT 引脚的信号

| 编 码 | 信 号 | 编 码 | 信 号 |
|---|---|---|---|
| 000 | 低电平 | 100 | 载波解调器输出信号 |
| 001 | 高电平 | 101 | 副载波解调器输出信号 |
| 010 | 来自内部编码器的修正密勒码 | 110 | 备用(RFU) |
| 011 | 串行数据 NRZ 码 | 111 | 备用(RFU) |

（6）第 5 页(FIFO 缓存器、定时器和 IRQ 引脚的寄存器页)

该页寄存器的功能、位分配及复位时的值见表 8.15，××表示不定值。

表 8.15　第 5 页寄存器的功能、位分配和复位时的值

| 寄存器名 | 寄存器的 8 位值与属性 | | | | | | | | 复位时的值 | 说 明 |
|---|---|---|---|---|---|---|---|---|---|---|
| | 7 | 6 | 5 | 4 | 3 | 2 | 1 | 0 | | |
| Page | 见 0 页 Page 寄存器 | | | | | | | | 80H | 选择该寄存器页 |
| FIFOLevel | 0 (r/w) | 0 | WaterLevel (r/w) | | | | | | 08H | 确定 FIFO 缓存器空或溢出的告警限 |
| TimerClock | 0 (r/w) | 0 | TAR r/w | TPreScaler (r/w) | | | | | 07H | 选择定时器时钟频率 |
| TimerControl | 0 (r/w) | 0 | 0 | 0 | TRE | TRB | TTE (r/w) | TTB | 06H | 选择定时器启动和停止的条件 |

| 寄存器名 | 寄存器的 8 位值与属性 | | | | | | | | 复位时的值 | 说　明 |
|---|---|---|---|---|---|---|---|---|---|---|
| | 7 | 6 | 5 | 4 | 3 | 2 | 1 | 0 | | |
| TimerReload | | | TReloadValue (r/w) | | | | | | 0AH | 定义定时器的预置值 |
| IRQPinConfig | 0 | 0 | 0 | 0 | 0 | 0 (r/w) | II | IP (r/w) | 02H | 定义 IRQ 引脚的输出特性 |
| Preset2E | × | × | × | × | × | × (w) | × | × | ××H | 其值不能改变 |
| Preset2F | × | × | × | × | × | × (w) | × | × | ××H | 其值不能改变 |

① FIFOLevel 寄存器

WaterLevel(位 5～位 0)：给出 FIFO 缓存器溢出或空的判断值 WaterLevel,由此可以确定 0 页 PrimaryStatus 寄存器 HiA 位和 LoA 位的标记值,以此向 MCU 提供预告。

② TimerClock 寄存器

TAR(TAutoRestart)(位 5)：该位置为 1 时,定时器自动地重新启动,并从 TReloadValue 值开始向下计数;置 0 时,当定时器继续计数减少至零时,TimerRq 位(在 0 页 InterruptRq 寄存器)被置为 1。

TPreScaler(位 4～位 0)：用于确定定时器时钟频率 $f_{Timer}$。 TPreScaler 的值 $n$ 可被预置为 0～21,相应的 $f_{Timer}$ 为

$$f_{Timer} = 13.56 \text{MHz}/2^n \tag{8.5}$$

③ TimerControl 寄存器

TRE(TstopRxEnd)(位 3)：置 1 时,数据接收结束后定时器自动停止;置 0 时定时器不受此影响。

TRB(TstopRxBegin)(位 2)：置 1 时,当第一个有效位被接收到,定时器就自动停止;置 0 时,定时器不受此影响。

TTE(TstartTxEnd)(位 1)：置 1 时,定时器在数据发送结束时自动启动,如果定时器已经工作,则由定时器装载的 TReloadValue 值重新启动;置 0 时,定时器不受此影响。

TTB(TstartTxBegin)(位 0)：置 1 时,定时器在发送第一位时自动启动,如果定时器已经运行,则由定时器装载的 TReloadValue 值重新启动;置 0 时,定时器不受此影响。

④ TimerReload 寄存器　定时器启动时装载 TimerReload 值。当改变其值时,从下一个定时器启动事件采用改变的值。若该寄存器值为零,则定时器不能启动。

⑤ IRQPingConfig 寄存器

II(IRQInv)(位 1)：该位置 1 时,IRQ 引脚的输出为 0 页 PrimaryStatus 寄存器的 IRq 位的值取反;置 0 时,IRQ 引脚的输出与 IRq 位的值相同。

IP(IRQPushPull)(位 0)：该位置 1 时,IRQ 引脚的输出为标准 CMOS 输出;置 0 时,IRQ 引脚的输出为开路漏极输出。

(7) 第 6 页(备用页)

(8) 第 7 页(测试控制寄存器页)

该页寄存器的功能、位分配及复位时的值见表 8.16,××表示不定值。

表 8.16　第 7 页寄存器的功能、位分配和复位时的值

| 寄存器名 | 寄存器的 8 位值与属性 | | | | | | | 复位时的值 | 说　明 |
|---|---|---|---|---|---|---|---|---|---|
| | 7 | 6 | 5 | 4 | 3 | 2 | 1 | | |
| Page | 见 0 页 Page 寄存器 | | | | | | | 80H | 选择该寄存器页 |
| RFU | ××(H)(w) | | | | | | | ××H | 备用 |
| TestAnaSelect | 0 (w) | 0 | 0 | 0 | TestAnaOutSel (w) | | | 00H | 模拟测试模式选择 |
| RFU | ××(H)(w) | | | | | | | ××H | 备用 |
| RFU | ××(H)(w) | | | | | | | ××H | 备用 |
| TestDigiSelect | ST w | TestDigiSignalSel (w) | | | | | | ××H | 数字测试模式选择 |
| RFU | ××(H)(w) | | | | | | | ××H | 备用 |
| RFU | ××(H)(w) | | | | | | | ××H | 备用 |

① TestAnaSelect 寄存器

TestAnaOutSel(位 3～位 0)：用于选择引脚 AUX 输出的内部模拟信号,其编码对应的模拟测试信号见表 8.17。

表 8.17　TestAnaSelect 寄存器的编码值与对应的模拟测试信号

| 码值 | 信号名称 | 简 要 说 明 | 码值 | 信号名称 | 简 要 说 明 |
|---|---|---|---|---|---|
| 0H | $V_{mid}$ | 内部节点电压 | 8H | $V_{CorrDI}$ | 由 I 通道副载波信号供给的 D 通道相关器的输出信号 |
| 1H | $V_{bandgap}$ | 能隙源产生的基准电压 | 9H | $V_{CorrDQ}$ | 由 Q 通道副载波信号供给的 D 通道相关器的输出信号 |
| 2H | $V_{RxFollI}$ | 采用 I 时钟的解调器的输出 | AH | $V_{EvalL}$ | 评价信号 L(左半位) |
| 3H | $V_{RxFollQ}$ | 采用 Q 时钟的解调器的输出 | BH | $V_{EvalR}$ | 评价信号 R(右半位) |
| 4H | $V_{RxAmpI}$ | 放大滤波后 I 通道副载波信号 | CH | $V_{Temp}$ | 来自能隙源的温度电压 |
| 5H | $V_{RxAmpQ}$ | 放大滤波后 Q 通道副载波信号 | DH | RFU | 备用 |
| 6H | $V_{CorrNI}$ | 由 I 通道副载波信号供给的 N 通道相关器的输出信号 | EH | RFU | 备用 |
| 7H | $V_{CorrNQ}$ | 由 Q 通道副载波信号供给的 N 通道相关器的输出信号 | FH | RFU | 备用 |

② TestDigiSelect 寄存器

ST(SignalToMFOUT)(位 7)：该位为 0 时,MFOUTSelect 确定在 MFOUT 引脚的传送信号;为 1 时,MFOUTSelect 的选定无效,由 TestDigiSignalSel 选定的数字测试信号从 MFOUT 引脚输出。

TestDigiSignalSel(位 6～位 0)：其编码选择从 MFOUT 引脚送出的数字测试信号。编码对应的数字测试信号见表 8.18。

需要注意的是,当不使用测试信号时,寄存器的值应为 00H。此外,TestDigiSignalSel 寄存器的其他有效值(寄存器的位 7 为 1 时)仅用于产品测试。

表 8. 18　**TestDigiSelect** 编码与对应的数字测试信号

| 编 码 值 | 信号名称 | 说　　明 |
|---|---|---|
| F4H | S-data | 从 PICC 接收的数据 |
| E4H | S-Valid | S-data,S-Coll 有效的数字信号 |
| D4H | S-Coll | 检测到在当前位发生碰撞 |
| C4H | S-Clock | 内部串行时钟,发送时是编码器时钟,接收时是接收时钟 |
| B5H | rd-sync | 内同步读信号 |
| A5H | wr-sync | 内同步写信号 |
| 96H | intCclock | 内部 13.56MHz 时钟 |
| 83H | BPSK_out | BPSK 输出 |
| E2H | BPSK_sig | BPSK 信号 |

#### 4. EEPROM 存储器

MFRC530 的 EEPROM 共有 32 块,每块 16 字节。EEPROM 存储区分为 4 部分:第一部分为块 0,属性为只读,用于保存产品的有关信息;第二部分为块 1 和块 2,属性为读/写,用于存放寄存器初始化启动文件;第三部分为块 3 至块 7,用于存放寄存器初始化文件,属性为读/写;第四部分为块 8 至块 31,属性为只写,用于存放加密运算的密钥。

EEPROM 密钥存放区共可存放 32 个密钥,实际密钥长度为 6 字节,存放在紧邻的 12 个 EEPROM 字节地址中。一个密钥字节的 8 位必须分开存放,若一个密钥的 8 位为 $K_7, K_6, \cdots, K_0$,则存放在两个相邻字节时为 $\overline{K_7}K_6\overline{K_5}K_4\overline{K_7}K_6\overline{K_5}K_4$ 和 $\overline{K_3}K_2\overline{K_1}K_0\overline{K_3}K_2\overline{K_1}K_0$。例如,密钥字节为 A0H,则存放内容为 5AH 和 F0H。因此,当实际的密钥为 A0 A1 A2 A3 A4 A5(H)时,写进 EEPROM 的值为 5AF05AE15AD25AC35AB45AA5(H)。

#### 5. FIFO 缓存器

$8 \times 64$ 位的 FIFO 缓存器用于缓存 MCU 与 MFRC530 芯片之间的输入/输出数据流,可处理数据流长度达 64 字节。FIFO 缓存器的输入/输出数据线和 FIFOData 寄存器相连。写入 FIFOData寄存器的字节也存入 FIFO 缓存器,并且内部 FIFO 缓存器的写指针增量。从 FIFO-Data 寄存器读数据时,得到的是 FIFO 读指针所指 FIFO 缓存器的内容,读后读指针增量。读、写指针之间的距离可由 FIFOLength 寄存器获得,FIFOLength 在写 FIFOData 寄存器时增量,在读 FIFOData 寄存器时减量。

FIFO 缓存器的状态(如空、溢出等)可由 PrimaryStatus,FIFOLevel,ErrorFlag,Control 和 FIFOLength 寄存器的相关位指示。对 FIFO 缓存器的访问则可通过 MCU 送出有效命令来实现。

#### 6. 中断请求

芯片的中断请求有 6 种:定时设置到、发送请求、接收请求、一个命令执行完、FIFO 缓存器满、FIFO 缓存器空。0 页寄存器 InterruptEn 的相应位(读/写属性)用于相应中断请求的使能设置,InterruptRq 的相应位(dy 属性)用于指示使能情况下相应中断的出现情况。当任何允许的中断产生时,0 页寄存器 PrimaryStatus 的 IRq 位(r 属性)可用于指示中断的产生,同时可由引脚 IRQ 和 MCU 连接以产生中断请求信号。

#### 7. 定时器

MFRC530 内有定时器,其时钟源于 13.56MHz 晶体振荡器信号,该信号由晶体振荡器电路(外接石英晶体)产生。MCU 可以借助于定时器完成有关定时任务和管理。定时器可用于定时输出计数、看门狗计数、停止检测、定时触发和可编程的短定时器等工作。与定时器相关的寄存器及位的情况见表 8.19。

表 8.19 与定时器相关的寄存器及位

| 位(段) | 寄存器 | 页号 | 位(段) | 寄存器 | 页号 |
|---|---|---|---|---|---|
| TAutoRestart | TimerClock | 5 | TStartNow | Control | 1 |
| TimerValue | TimerValue | 1 | TstartTxBegin | TimerControl | 5 |
| TimerReloadValue | TimerReload | 5 | TstartTxEnd | TimerControl | 5 |
| TPreScaler | TimerClock | 5 | TStopNow | Control | 1 |
| TRunning | SecondaryStatus | 0 | TstopRxBegin | TimerControl | 5 |
| | | | TstopRxEnd | TimerControl | 5 |

### 8. 电源管理

(1) 硬电源下拉

当引脚 RST 为高电平时,产生硬电源下拉,包括晶体振荡器电路在内的芯片内部电路的电源关断。所有的数字输入缓冲器和引脚分离;RX 和 RST 保持不变;IRQ 与 AUX 引脚为高阻抗;MFOUT 引脚为低电平;XOUT 引脚为高电平;XIN 引脚和输入缓冲器分离,拉至 AVSS;VMID 引脚拉至 AVDD;TX1 在 Tx1RfEn=1 时为高电平,否则为低电平;TX2 在 TxRfEn=1 且 TxInv=0 时才为高电平,否则为低电平。

(2) 软电源下拉

Control 寄存器的 PowerDown 位置 1,立即进入该模式。它与硬电源下拉模式的不同之处在于,所有的数字输入缓冲器依然保持其功能,没有和引脚分离,数字输出引脚也不改变它们的状态。

对 PowerDown 位清零复位,需要 512 个时钟时间方可去除软电源下拉模式,此时 PowerDown 位才能由 MFRC530 芯片自动清零。

(3) StandBy 模式

Control 寄存器的 StandBy 位置 1,立即进入该模式。它与软电源下拉模式的不同之处在于,晶体振荡器电路此时仍然工作。

在对 StandBy 位复位(置 0)后,需要 4 个时钟时间去除 StandBy 模式,此后 StandBy 位由 MFRC530 芯片自动请零。

(4) 接收部分电源下拉

见 RxControl 2 寄存器 RxAutoPD 位的说明。

### 9. 发送电路与接收电路

射频信号从引脚 TX1 和 TX2 输出,可直接驱动天线线圈。调制信号及 TX1,TX2 输出的射频信号类型(已调制或无调制载波)、相位关系均可由寄存器 TxControl 控制。接收电路的组成框图如图 8.18 所示,图上部所示为有关的控制设置,下部是测试信号(见表 8.17)的位置。

载波(13.56MHz)解调采用正交解调电路,所需的 I 和 Q 时钟(两者相位差为 90°)可在芯片内产生。解调器有 I、Q 两路输出,经增益可控放大(由寄存器 RxControl1 的设置控制)和滤波后加至相关器。相关器有 4 路输出,可用寄存器 RxControl2 的 RcvClkSelI 位选择 I 或 Q 时钟的相关器输出,经判决和数字化电路,判断有无位碰撞产生(根据曼彻斯特码前、后半位的特性,通过 RxThreShold 寄存器的 MinLevel 和 CollLevel 位的设置获得最佳效果),并送出有效的串行数据。

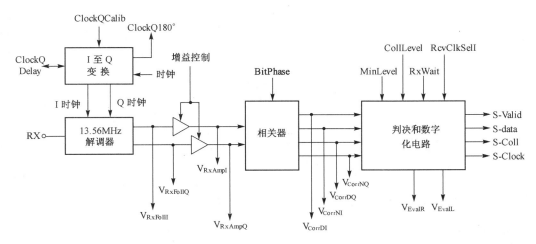

图 8.18　接收电路的组成框图

## 10.　串行信号开关

串行信号开关用于桥接芯片数字电路和模拟电路两部分,两部分电路的输入/输出和外部应用所需的输入/输出可以灵活组合。这种组合可借助 MFIN 和 MFOUT 引脚及相关寄存器的控制来实现。

MFIN 可输入曼彻斯特码、带副载波调制的曼彻斯特码,并由寄存器 RxControl2 的设置选择送至解码器。若输入的是修正密勒码,则由寄存器 TxControl 设置选择送至发送通道的调制器。

MFOUT 引脚上可输出曼彻斯特码、带副载波调制的曼彻斯特码、NRZ 码、修正密勒码和测试信号,这些可以通过 MFOUTSelect 寄存器的不同设置来选择。

## 11.　命令集

MFRC530 芯片的性能由内部状态机保证,状态机可以完成命令功能。寄存器 Command 的相应位存储的命令码(属性为 dy)可用于启动或停止命令执行。命令可通过向 Command 寄存器写入相应命令码来实现,所需的变量和数据主要由 FIFO 缓存器交换。有关命令及功能见表 8.20。

表 8.20　命令集

| 命令 | 编码 | 功　　能 |
| --- | --- | --- |
| Startup | 3FH | 执行复位和初始化相位,它仅能由 PON 和硬件复位完成 |
| Idle | 00H | 取消当前指令执行 |
| Transmit | 1AH | 从 FIFO 缓存器发送数据给应答器(PICC) |
| Receive | 16H | 激活接收电路,在接收部分开始工作时,状态机等待直到在 RxWait 中的时间设置结束。这个命令只用于测试,因此和发送命令无关 |
| Transceive | 1EH | 发送 FIFO 缓存器数据至 PICC 后,自动进入接收状态,在接收部分开始工作时,MFRC530 等待直到在 RxWait 中的时间设置结束,这个命令结合了发送部分和接收部分 |
| WriteE2 | 01H | 从 FIFO 缓存器获取数据并写入 EEPROM |
| ReadE2 | 03H | 从 EEPROM 读取数据置于 FIFO 缓存器,但密钥不能读出 |
| LoadKeyE2 | 0BH | 从 EEPROM 复制一个密钥至密钥缓存器 |

| 命 令 | 编 码 | 功　　　能 |
|---|---|---|
| LoadKey | 19H | 从 FIFO 缓存器读一个密钥,并将其送至密钥缓存器 |
| Authent1 | 0CH | 完成 Cryptol 认证的第一部分 |
| Authent2 | 14H | 完成 Cryptol 认证的第二部分 |
| LoadConfig | 07H | 从 EEPROM 读取数据,并初始化芯片寄存器 |
| CalcCRC | 12H | 激活 CRC 校验功能,CRC 的计算结果能够从 CRCResultLSB 和 CRCResultMSB 中获得 |

## 8.3.2 MFRC530 芯片应用电路与天线电路设计

### 1. 应用电路

MFRC530 芯片的典型应用电路如图 8.19 所示,所需的外围元件很少,但需要 MCU 接口并应设计匹配良好的天线电路。

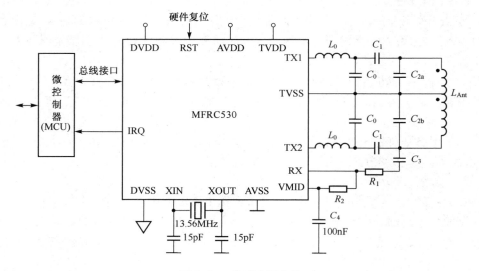

图 8.19　典型应用电路

(1) 并行接口

MFRC530 芯片可直接支持各种 MCU,也可直接和 PC 的增强型并行接口连接。每次上电(POR)或硬件复位后,芯片复原其并行接口模式并检测当前的 MCU 接口形式。MFRC530 芯片用检测控制引脚逻辑电平的方法来识别 MCU 接口,并由固定引脚连接和初始化相结合的措施实现正确的接口方式。如图 8.20 所示。

(2) 初始化

MFRC530 芯片上电后,经硬电源下拉和复位便进入初始化状态,该状态约需要 128 个时钟周期。

在初始化阶段,EEPROM 的块 1 和块 2 的内容复制到寄存器地址 10H～2FH。也就是说,第 2 页至第 5 页寄存器的内容在初始化时,以默认的标准配置值进行初始化,以使 MCU 所给的器件配置内容最小化。地址 10H～2FH 的初始化值见表 8.21。

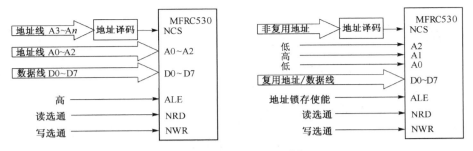

(a) 与独立读/写选通的MCU连接

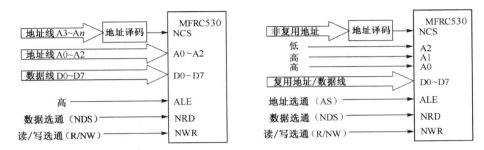

(b) 与公共读/写选通的MCU连接

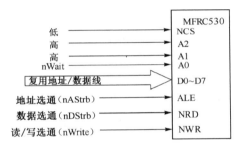

(c) 与具有公共读/写选通和挂钩功能的MCU连接

图 8.20　MFRC530 芯片与不同 MCU 的连接方法

表 8.21　地址 10H～2FH 的初始化值

| EEPROM 字节地址 | 寄存器地址 | 初始化值 | EEPROM 字节地址 | 寄存器地址 | 初始化值 |
|---|---|---|---|---|---|
| 10H（块 1,字节 0） | 10H | 00H | 1CH | 1CH | FFH |
| 11H | 11H | 58H | 1DH | 1DH | 00H |
| 12H | 12H | 3FH | 1EH | 1EH | 41H |
| 13H | 13H | 3FH | 1FH | 1FH | 00H |
| 14H | 14H | 19H | 20H | 20H | 00H |
| 15H | 15H | 13H | 21H | 21H | 06H |
| 16H | 16H | 00H | 22H | 22H | 03H |
| 17H | 17H | 00H | 23H | 23H | 63H |
| 18H | 18H | 00H | 24H | 24H | 63H |
| 19H | 19H | 73H | 25H | 25H | 00H |
| 1AH | 1AH | 08H | 26H | 26H | 00H |
| 1BH | 1BH | ADH | 27H | 27H | 00H |

| EEPROM 字节地址 | 寄存器地址 | 初始化值 | EEPROM 字节地址 | 寄存器地址 | 初始化值 |
|---|---|---|---|---|---|
| 28H | 28H | 00H | 2CH | 2CH | 0AH |
| 29H | 29H | 08H | 2DH | 2DH | 02H |
| 2AH | 2AH | 07H | 2EH | 2EH | 00H |
| 2BH | 2BH | 06H | 2F(块 2,字节 15) | 2FH | 00H |

用户此后也可以用 EEPROM 的块 3 至块 7 的初始化文件,借助 LoadConfig 命令装入寄存器地址 10H～2FH 来实现初始化。块 3 至块 7 的容量已足够大,为用户保留了充足的空间。

（3）寄存器地址的寻址

操作 MFRC530 芯片内部寄存器有如下 3 种方法:

① 依靠初始化功能和执行的命令来控制数据处理;

② 经由一组配置位来构架电气特性和功能特性;

③ 通过读状态标记来监管 MFRC530 芯片的状态。

对 MFRC530 芯片内部寄存器的操作,需要通过 MCU 和接口来实现。MFRC530 芯片内部具有 64 个寄存器,这就需要 6 根地址线来进行寻址。

用 3 根地址线(A2,A1,A0)可以寻址到任意一个页寄存器,然后利用 Page-Select的 3 位,可以在页内寻址到所需寄存器。其配置方法见表 8.22。

表 8.22　3 根地址线的配置方法

| UsePageSelect 位 | 寄存器地址 | | | | | |
|---|---|---|---|---|---|---|
| 1 | PageSelect2<br>(A5) | PageSelect1<br>(A4) | PageSelect0<br>(A3) | A2 | A1 | A0 |

MFRC530 芯片除具有 3 根地址线 A2,A1,A0 外,还具有复用地址线 AD7～AD0,可以用此复用数据/地址线来实现寄存器的寻址。当采用复用地址线时,可以用 PageSelect 位段,也可以不用,其配置方法见表 8.23。

表 8.23　采用复用地址线的配置方法

| UsePageSelect 位 | 寄存器地址 | | | | | |
|---|---|---|---|---|---|---|
| 1 | PageSelect2 | PageSelect1 | PageSelect0 | AD2 | AD1 | AD0 |
| 0 | AD5 | AD4 | AD3 | AD2 | AD1 | AD0 |

（4）加密和认证

MIFARE 类产品中加密算法的实现称为 Crypto1,它是一种密钥长度为 48 位的流密码。要访问一个 MIFARE 类 PICC 的数据,首先要完成认证。MIFARE 类 PICC 的认证采用三次认证过程,这个过程在 MFRC530 芯片中由自动执行 Authent1 和 Authent2 命令来实现。

密钥缓存器的装载可以通过 LoadKeyE2 从 EEPROM 中取得密钥,也可以由 MCU 经FIFO 缓存器用 LoadKey 命令取得密钥。图 8.21 所示为密钥获取的途径。

## 2. 天线电路设计

天线电路提供应答器所需的耦合能量,其作用距离应能达到 10cm,同时还要能接收应答器的返回信息,并且其载波产生的场强和谐波分量强度不能超出有关标准,即应具有良好的 EMC性能。

电感耦合方式 RFID 系统的作用距离和下列因素有关:① 阅读器天线的尺寸;② 匹配电路的性能;③ 周围环境的影响。

阅读器天线的尺寸可以如下考虑:当作用距离为 10cm 时,根据第 2 章介绍的天线最佳几何

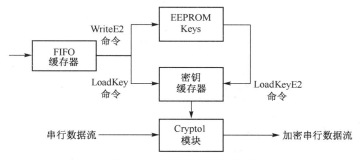

图 8.21　密钥的获取与加密

尺寸的选择公式,如果阅读器采用圆形天线,那么天线的半径应为 10cm;如果采用长方形或方形的天线,可以以圆形天线所围面积为参考进行修正。

(1) 天线电路的基本模式和选择原则

MFRC530 芯片是用于设计与 ISO/IEC 14443 TYPE A、MIFARE 类 PICC 进行信息交互的阅读器芯片,它不加接外部放大器时的作用距离可以达到 10cm。由于应用条件的不同,天线电路的模式有两大类,其匹配电路也有差异。

① 直接匹配天线　当阅读器与天线之间距离很短时采用此种模式,如手持式阅读器、室内阅读器的情况。

② 50Ω 匹配天线　当阅读器与天线之间距离较长时,常采用这种模式。此时天线要用同轴电缆或双绞线与功率放大器输出连接,因此需要有匹配电路。采用这种模式,阅读器与天线之间的距离可以达到 10cm。

这两种模式的选择原则及需要的相关支持如图 8.22 所示。

(2) 直接匹配天线模式的设计

采用直接匹配天线时的电路如图 8.19 所示,采用 TX1 和 TX2 两个驱动输出端,作用距离可以达到 10cm。

13.56MHz 载频由石英晶体振荡器产生,与此同时也产生了高次谐波,为了达到相关标准的 EMC 规范,必须抑制其 3 次、5 次及高次谐波的辐射量。采用多层布线技术,利用图 8.19 中的元件 $L_0$ 和 $C_0$ 构成低通滤波器,以抑制谐波。参数值为:$L_0 = 2.2\mu H \pm 10\%$,$C_0 = 47pF \pm 2\%$。

接收电路所需的直流基准电压由 VMID 引脚通过 $R_1$ 和 $R_2$ 分压器接入 RX 引脚;为滤除干扰,VMID 引脚和地间接入电容 $C_4$;天线电感线圈和分压器间通过电容 $C_3$ 连接。这些元件的推荐值为:$R_1 = 10k\Omega \pm 5\%$,$R_2 = 820\Omega \pm 5\%$,$C_3 = 15pF \pm 2\%$,$C_4 = 100nF \pm 2\%$。

直接匹配天线应为低阻抗值,它和 MFRC530 芯片的连接应有较好的匹配。直接匹配天线的电路设计可以按下述步骤考虑。

① 天线等效电路

按图 8.19 可以得到图 8.23(a)所示的等效电路。$L_a$ 和 $L_b$ 是 $L_{Ant}$ 中心点接地后两部分的电感值,中心点接地是为了改善天线电路的 EMC 性能。$R_a$ 和 $R_b$ 分别是电感 $L_a$ 和 $L_b$ 的自身损耗电阻,$C_a$ 和 $C_b$ 是 $L_a$ 和 $L_b$ 的分布电容。但是该等效电路不宜作为计算、分析天线性能的电路模型,因为考虑 $L_a$ 和 $L_b$ 之间的互感会给分析带来很多不便。

图 8.23(b)所示的电路给出了 TX1 和 TX2 之间的等效电感值 $L_{Ant}$ 及 $R_{Ant}$ 和 $C_{Ant}$。

当天线电感线圈的形状、尺寸、设计计算电感量和应用环境确定后,便可制作天线电感线圈。对于制作的天线电感线圈,可以采用阻抗分析仪等测试仪器测量等效电路参数。在缺乏阻抗分析仪等测试仪器的情况下,也可采用计算的方法获得其初始值,在第 2 章中已经提供了一些相关

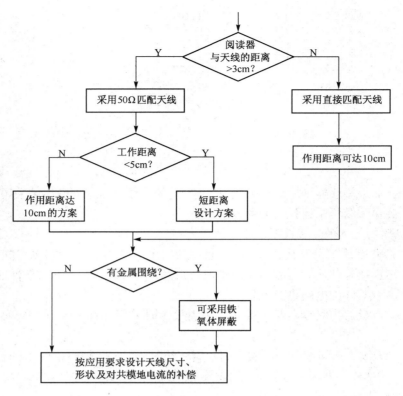

图 8.22　天线电路模式选择流程图

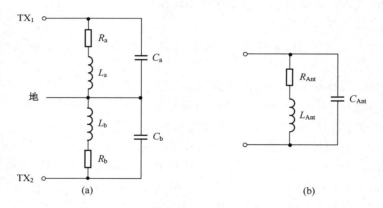

图 8.23　天线电感线圈的等效电路

的参考计算公式,但通过计算的方法还是很难获得精确结果的,并且会给天线电路的实际调试工作带来不少困难,所以需要在实际工作过程中修正此初始值。

下面给出一个较简洁的电感值估计公式,它既可用于线绕电感,也可用于印制电路板(PCB)电感的电感值估算

$$L = 2l\left(\ln\frac{l}{D} - K\right)N^{1.8}\,(\text{nH}) \tag{8.6}$$

式中,$l$ 为电感每圈的长度(cm);$D$ 为绕线的直径或 PCB 的线宽(cm);$K$ 为形状系数,圆形时 $K = 1.07$,方形时 $K = 1.47$;$N$ 为电感线圈的匝数。

在 13.56MHz,计算耗损电阻时不能忽略趋肤效应的影响。

② 品质因数 Q 的选择

测量(或计算)天线电感线圈的品质因数 Q 为 50～100,此值必须降低到一个能保证数据传输所需频带带宽的 Q 值,因此需要对品质因数进行修正。

带宽 BW、频率 $f_c$ 和品质因数 Q 的关系为

$$BW = f_c/Q \tag{8.7}$$

在 ISO/IEC 14443 标准中,数据传输速率为 106kbps,阅读器(PCD)向应答器(PICC)传送信息采用修正密勒码,其脉宽 $T_p = 3\mu s$(凹槽)。为保证数据传输所需的带宽,应满足

$$T_p BW \geqslant 1 \tag{8.8}$$

因此,综合上面两式的要求,便可得到天线线圈 $L_{Ant}$ 应具有的品质因数 Q 为

$$Q \geqslant f_c T_p \tag{8.9}$$

代入 $f_c = 13.56MHz$,$T_p = 3\mu s$,则 $Q \leqslant 40.7$。

考虑到温度漂移的影响,Q 取为 35,由此可以得到为保证所需 Q 值的外接电阻为

$$R_{EXT} = \frac{2\pi f_c L_{Ant}}{Q} - R_{Ant} = \frac{2\pi f_c L_{Ant}}{35} - R_{Ant} \tag{8.10}$$

③ 电路设计

直接匹配天线电感线圈需中心点,外接电阻 $R_{EXT}$ 也需要分成相等的两部分,因此直接匹配天线模式的电路如图 8.24 所示。电容 $C_1$、$C_{2a}$、$C_{2b}$ 的值与 $L_{Ant}$ 及环境的影响有关,其推荐值如表 8.24 所示(考虑 $L_{Ant}$ 的分布电容约为 15pF)。

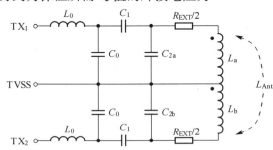

图 8.24　直接匹配天线模式的电路

表 8.24　直接匹配天线模式的推荐电容量

| $L_{Ant}(\mu H)$ | $C_1(pF)$ | $C_{2a}(pF)$ | $C_{2b}(pF)$ | $L_{Ant}(\mu H)$ | $C_1(pF)$ | $C_{2a}(pF)$ | $C_{2b}(pF)$ |
|---|---|---|---|---|---|---|---|
| 0.8 | 27 | 270 | 330 | 1.4 | 27 | 150 | 180 |
| 0.9 | 27 | 270 | 270 | 1.5 | 27 | 150 | 150 |
| 1.0 | 27 | 220 | 270 | 1.6 | 27 | 120//10 | 150 |
| 1.1 | 27 | 180//22 | 220 | 1.7 | 27 | 120 | 150 |
| 1.2 | 27 | 180 | 180//22 | 1.8 | 27 | 120 | 120 |
| 1.3 | 27 | 180 | 180 | | | | |

注:表中电容的精度为 ±2%,采用具有温度补偿的贴片陶瓷电容(NPO)。

(3) 50Ω 匹配天线模式的设计

① 全范围(作用距离为 10cm)情况

要达到 10cm 的全范围作用距离,必须采用 MFRC530 芯片的两个输出驱动器 TX1 和 TX2,此外还需要在传输线和天线之间正确设计匹配电路。全范围 50Ω 匹配天线模式的应用电路如图 8.25 所示,其 EMC 滤波器电路、接收电路的元件及其值与直接匹配天线模式相同。

在天线匹配电路中,$R_{EXT}$ 的计算同直接匹配天线模式,电容 $C_S$ 和 $C_P$ 用于将天线电感线圈的阻抗匹配到 50Ω,它们的值分别为

$$C_S = \frac{1}{\omega^2 L_{Ant}} \sqrt{\frac{R_{EXT} + R_{Ant}}{Z}} \tag{8.11}$$

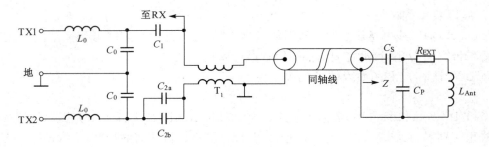

图 8.25　全范围 50Ω 匹配天线模式的应用电路

$$C_P = \frac{1}{\omega^2 L_{Ant}} - C_S = \frac{1}{\omega^2 L_{Ant}}\left(1 - \sqrt{\frac{R_{EXT} + R_{Ant}}{Z}}\right) \tag{8.12}$$

式中，$\omega$ 为角频率，$\omega = 2\pi f_c$，$f_c = 13.56\text{MHz}$；$Z$ 为匹配阻抗值 50Ω。$C_S$ 和 $C_P$ 采用具有温度补偿的贴片陶瓷电容（NPO）。$C_P$ 推荐由一个固定电容和一个微调电容（最大值为 $10\sim20\text{pF}$）并联组成。

MFRC530 芯片的输出端 TX1 和 TX2 是平衡方式，因此采用 1∶1 传输线变压器 $T_1$ 实现平衡到不平衡变换。电容 $C_1$ 和 $C_{2a}$ 采用 NPO 电容，$C_1 = 82\text{pF} \pm 2\%$，$C_{2a} = 69\text{pF} \pm 2\%$；电容 $C_{2b}$ 采用微调电容，容量为 $0\sim30\text{pF}$。

② 50Ω 短范围的应用设计

此时仅使用 MFRC530 芯片的输出端 TX1 或 TX2，电路如图 8.26 所示。图中，$C_{1a}$ 采用 NPO 电容，容量为 $69\text{pF} \pm 2\%$，$C_{1b}$ 采用 $0\sim30\text{pF}$ 的微调电容。

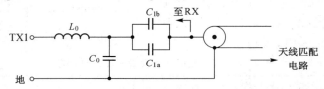

图 8.26　仅采用 TX1（或 TX2）的电路

（4）环境影响

环境影响主要应考虑下述问题。

① 金属物体的影响

如果在阅读器天线附近有一块金属板，那么由于电磁感应的原因，在金属板表面会产生涡流损耗，这会引起失谐并降低磁场强度，从而降低了作用距离并使通信出现传输错误。为降低金属板等物体的影响，采用铁氧体屏蔽技术是必要的。

为减小金属板等物体的影响，在阅读器天线周围，至少应在作用距离范围内没有金属物体。因此对于 10cm 作用距离的技术指标，应保证 10cm 以上距离内无金属物体存在。对于降低了作用距离和采用了铁氧体屏蔽技术的情况，应在 3cm 范围内无金属物体存在。

② 多天线的影响

一个好的发送天线也应该是一个好的接收天线，因此当多个阅读器天线工作在同一频率而又相距很近时，会产生众多不利的影响。当采用磁屏蔽时，对于 ISO/IEC 14443 标准的应用，阅读器天线之间的距离至少应为 30cm；如果没有采用磁屏蔽，那么天线之间的距离应大于 10 倍天线的半径。

③ 温度漂移的影响

温度变化将使电子元件的参数值产生漂移，因而会使调谐情况和 $Q$ 值发生变化，产生负面效应。因此，天线电路的元件应按前面介绍的原则选择，以保证精度和温漂的要求。

（5）天线的屏蔽与补偿技术

① 3 个有关的概念

电气屏蔽：电气屏蔽是隔离由天线线圈和阅读器的印制电路板（PCB）所产生的电场。

补偿：补偿用于降低共模地电流。

铁氧体屏蔽：当有金属物体靠近天线时，应采用铁氧体屏蔽，以降低金属物体产生的涡流效应的影响，从而保证有效的作用距离。应注意的是，铁氧体屏蔽技术的使用并不能在无金属物体的环境下增加作用距离。

② 电气屏蔽

在直接匹配天线中，电气屏蔽用于降低天线线圈自身产生的电场影响。图 8.27 所示为一个基于 4 层 PCB 的具有电气屏蔽性能的天线结构。在 4 层 PCB 的顶层和底层采用了地屏蔽环，该环是不闭合的。该屏蔽环提供了电气屏蔽性能，以保证能满足 EMC 指标。屏蔽环应在一点连接到电路系统的地端。电感线圈的中心点 $C$ 应接地。匹配电路的元件应紧靠于线圈，以避免产生附加的寄生电抗。

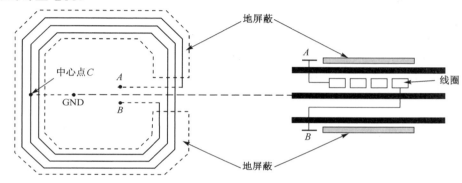

图 8.27　基于 4 层 PCB 的具有电气屏蔽性能的天线结构

在 $50\Omega$ 匹配天线中，为了在 PCB 上构建一个具有电场屏蔽能力的天线电感线圈，最少需要 4 层 PCB 结构，其顶部和底部为屏蔽层，且地环不能闭合。图 8.28 所示为采用双绞线时 $50\Omega$ 匹配天线的连接。

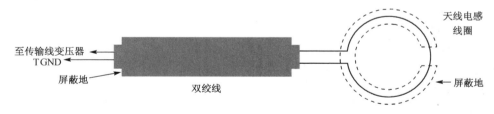

图 8.28　采用双绞线时 $50\Omega$ 匹配天线的连接

③ 补偿

如图 8.29 所示，可以采用一个附加的开路线圈段来补偿电感线圈匝间的杂散电容。由变压器原理可知，在开路线圈上感应电压是反相的，有效电感线圈部分与开路部分的杂散电容几乎相等，因而可以实现对共模地电流的补偿。

④ 铁氧体屏蔽

天线线圈、PCB 的屏蔽地层是金属物，而阅读器的座、罩也可能是金属制品，它们离天线线圈都较近，交变磁场在金属表面会产生涡流，这将引起功率损耗、电感量的降低和品质因数 $Q$ 的下降，从而造成作用距离下降。因此，必须采用铁氧体屏蔽技术来降低近距离金属制品的影响。

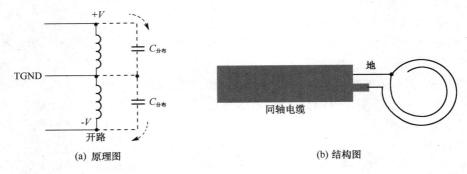

(a) 原理图          (b) 结构图

图 8.29　补偿的实现

铁氧体屏蔽的最佳尺寸应通过测试来寻找。铁氧体的长度通常为超过天线线圈约 5mm,如图 8.30 所示为不同长度的影响:图(a)为屏蔽不足,涡流较大;图(b)是过屏蔽情况,分布场的场强降低,这两种情况都导致作用距离的降低;图(c)为最佳情况,取得了场分布和铁氧体屏蔽之间的平衡。

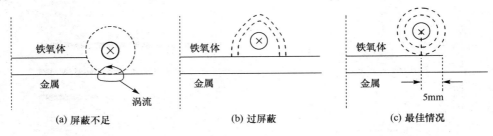

(a) 屏蔽不足          (b) 过屏蔽          (c) 最佳情况

图 8.30　铁氧体屏蔽

### 8.3.3　TRF7960 芯片

TRF7960 是 TI(德州仪器)公司推出的高频(13.56MHz)多标准 RFID 阅读器芯片,采用超小 32 引脚 QFN 封装,支持 ISO/IEC 14443 TYPE A/B、ISO/IEC 15693、ISO/IEC 18000－3 及 TI 公司的非接触支付商务与 Tag-It 应答器产品。TRF7960 可广泛应用于保安门禁系统、产品识别认证、非接触式付费系统和医疗系统的 RFID 阅读器设计。

**1. 主要特性**

TRF7960 芯片的主要特性体现在以下方面。

① 完全集成 OSI 模型第 3 层及其以下各层协议处理功能。

② 片内集成有独立的高 PSRR 电源,分别为模拟部分、数字部分和功率放大电路供电,具有很高的噪声隔离度,增加了阅读器的读/写距离,提高了工作稳定性。

③ 双输入架构的接收通道分别提供 AM 和 PM 解调,减少了通信空洞出现的可能性;接收端内置 RSSI 寄存器,便于 AM 和 PM 的解调。

④ 具有阅读器之间的防冲突功能。

⑤ 片内集成很多功能,降低了外部所需的元件数目及 PCB 面积。例如,外部只需要接一个 13.56MHz 晶体振荡器,就可以为微处理器(MCU)输出各种时钟频率:13.56MHz(RF)、6.78MHz(RF/2)、3.39MHz(RF/4),并且片内还集成了 LDO 给外部电路 MCU 供电,具有很高的 PSRR,输出电流为 20mA。

⑥ 为了便于使用,设置了很多灵活的功能。例如,可以将支持的 ISO 标准协议之一自动配

置为默认工作协议；片内有 12 个用户可编程寄存器，不仅发送通道有 AGC，而且接收通道的增益也可以选择，输出功率可编程选择为 100mW 或 200mW；ASK 的调制度可以在 8%～30%之间调整；接收通道内置了带通滤波器，用户可以自行设置其带通频率。

⑦ 工作电压可以在 2.7～5.5V 范围内选择。

⑧ 具有各种功率模式，功耗极低：休眠模式时，工作电流小于 $1\mu A$；待机模式时，工作电流仅为 $120\mu A$；启动时（仅接收信号），工作电流也只有 10mA。

⑨ 具有 8 位并行或串行 4 引脚 SPI 接口，用于与 MCU 传送数据；同时还有一个 12 字节 FIFO 寄存器，用于存取数据。

⑩ 采用 32 引脚 QFN 封装，面积仅为 5mm×5mm。

### 2. 引脚功能

TRF7960 芯片的引脚排列如图 8.31 所示，各引脚的功能见表 8.25。

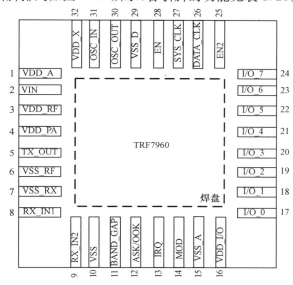

图 8.31　TRF7960 芯片的引脚排列

表 8.25　**TRF7960 芯片引脚的功能**

| 引脚号 | 引脚符号 | 类型 | 引脚功能 |
|---|---|---|---|
| 1 | VDD_A | 输出(O) | 模拟电路的内部稳压电源(2.7～3.4V) |
| 2 | VIN | 电源 | 外部输入电源(2.7～5.5V) |
| 3 | VDD_RF | O | 内部稳压电源(2.7～5V)，通常连接到 VDD_PA 端(引脚 4) |
| 4 | VDD_PA | 输入(I) | 功率放大器(PA)的电源，通常从外部连接到 VDD_RF 端(引脚 3) |
| 5 | TX_OUT | O | 射频(RF)输出端 |
| 6 | VSS_RF | 电源 | PA 的负极电源，通常接地 |
| 7 | VSS_RX | 电源 | 串行通信数据接收(RX)的负电源，通常接地 |
| 8 | RX_IN1 | I | RX 输入端，用来接收调幅信号 |
| 9 | RX_IN2 | I | RX 输入端，用来接收调相信号 |
| 10 | VSS | 电源 | 芯片基板接地 |
| 11 | BAND_GAP | O | 带隙电压(1.6V)，内部模拟参考电压，必须将交流旁路到地 |

| 引脚号 | 引脚符号 | 类型 | 引脚功能 |
|---|---|---|---|
| 12 | ASK/OOK | 双向性 | 也可以设置成提供接收模拟信号的输出(ANA_OUT) |
| | | | 直接模式,选择 ASK 或者 OOK 调制(0=ASK,1=OOK) |
| 13 | IRQ | O | 中断请求 |
| 14 | MOD | I | 直接模式,外部调制输入 |
| 15 | VSS_A | 电源 | 内部模拟电路的负电源,通常接地 |
| 16 | VDD_I/O | 电源 | I/O 通信电源(1.8~5.5V)。需要连接到 VIN 端进行 5V 的通信,连接到 VDD_X 端进行 3.3V 的通信,或者在 1.8~5.5V 之间的其他任意电压进行通信 |
| 17~21 | I/O_0~I/O_4 | 双向性 | I/O 并行通信引脚 |
| 22 | I/O_5 | 双向性 | I/O 并行通信引脚 |
| | | | 串行通信选通输出时钟 |
| | | | 直接模式下的数据块输出 |
| 23 | I/O_6 | 双向性 | I/O 并行通信引脚 |
| | | | 串行通信下的主设备输入,从设备输出(MISO) |
| | | | 直接模式 1 下的串行比特数据输出,或者直接模式 0 下的副载波信号 |
| 24 | I/O_7 | 双向性 | I/O 并行通信引脚 |
| | | | 串行通信下的主设备输出,从设备输入(MOSI) |
| 25 | EN2 | I | 脉冲使能端和省电模式选择端。在省电模式下支持 MCU 运行时,若 EN2 连接到 VIN 端,则 VDD_X 端有效。此引脚也可以从省电模式下进行脉冲唤醒 |
| 26 | DATA_CLK | I | MCU 进行串行和并行通信的时钟输入信号 |
| 27 | SYS_CLK | O | 当 EN=1,EN2 为任意电平时,为 MCU 提供时钟信号(3.39/6.78/13.56MHz) |
| | | | 当 EN=0,且 EN2=1 时,系统时钟则被设置成 60kHz |
| 28 | EN | I | 芯片使能输入端(若 EN=0,则芯片设为省电模式) |
| 29 | VSS_D | 电源 | 内部数字电路负电源,通常接地 |
| 30 | OSC_OUT | O | 晶体振荡器输出 |
| 31 | OSC_IN | I | 晶体振荡器输入 |
| 32 | VDD_X | O | 为外部 MCU 提供的内部稳压电源(2.7~3.4V) |
| | 焊盘 | | 接地 |

TRF7960 芯片共有 32 个引脚,下面详细介绍各引脚的功能。

(1)电源部分

TRF7960 芯片内与电源有关的引脚有 VIN、VDD_A、VDD_I/O、VDD_PA、VDD_RF、VDD_X、VSS、VSS_A、VSS_D、VSS_RF、VSS_RX,共 11 个。

VDD_RF、VDD_A 和 VDD_X 分别是 TRF7960 片内的 3 个电压调整器的外接滤波电容引脚,这 3 个电压调整器有共同的控制位,用于设定其输出电压的大小。通过对状态控制寄存器的控制位进行配置,还可以选择是工作在自动模式还是手动模式。

在 TRF7960 片内与 VDD_RF 引脚连接的是用于射频功率输出级的电压调整器,可以设定其输出电压为 5V 或 3V。当设定为 5V 时,输出电压可以在 4.3~5V 之间调整,每次步进

100mV,电流始终最大为 150mA。当设定为 3V 时,输出电压可以在 2.7~3.4V 之间调整,每次步进也是 100mV,电流始终最大为 100mA。

在 TRF7960 片内与 VDD_A 引脚连接的电压调整器用于供给片内模拟电路,同样可以设定其输出电压为 5V 或 3V。当设定为 5V 时,输出电压固定为 3.5V。当设定为 3V 时,输出电压可以在 2.7~3.4V 之间调整,每次步进也是 100mV。要注意的是,片内与 VDD_A 引脚连接的电压调整器和与 VDD_X 引脚连接的电压调整器,两者的设定是同时配置的,无法设定为不同的输出电压。

在 TRF7960 片内与 VDD_X 引脚连接的电压调整器用于供给片内数字 I/O 接口和其他外部系统元件。正如上面所介绍的那样,其设定与 VDD_A 完全一样。唯一不同的是,当设定为 5V 时,与 VDD_X 引脚连接的电压调整器的输出电压固定为 3.4V。

在 TRF7960 片内与 VDD_PA 引脚连接的是射频功率输出级,所以在片外要将 VDD_PA 与 VDD_RF 两引脚连接起来。

为了兼容数字 I/O 信号电平,TRF7960 提供独立的输入引脚 VDD_I/O,其输入电压范围为 1.8~5.5V 之间。VDD_I/O 引脚用于给 TRF7960 的 I/O 引脚 I/O_0~I/O_7、IRQ、SYS_CLK 和 DATA_CLK 引脚提供信号电平。一般情况下,将 VDD_I/O 与 VDD_X 引脚相连,这样 TRF7960 的片内数字信号电平就能和与 I/O 引脚相连的 MCU 信号电平相一致。

VIN、VDD_A、VDD_RF、VDD_X 这 4 个引脚除按照上述说明连接外,还要分别与一个 2.2$\mu$F 电容和一个 10nF 电容连接。两个电容并联,一端接引脚,一端接地。VSS、VSS_A、VSS_D、VSS_TX 和 VSS_RX 与电源的负极相连,所以,片外这些引脚都要一起接地。VSS_A 是片内模拟电路地,VSS_D 是片内数字电路地,VSS_TX 是片内射频输出级电路地,VSS_RX 是片内接收电路地。

(2)功率模式

TRF7960 共有 7 种功率模式,与其功率模式有关的引脚有 EN 和 EN2。通过这两个引脚上电平的高低及对芯片状态控制寄存器(地址 00h)内的 4 位控制位的配置,可以实现 7 种功率模式的切换。TRF7960 的主要使能输入引脚是 EN,任何电压范围从 1.8V 到最大与 VIN 引脚上的电压值相等的输入信号电平都被看作是有效的。当 EN 和 EN2 都为低电平时,只要 TRF7960 有电源正常供电,则 TRF7960 工作在休眠模式(Power Down),工作电流小于 1$\mu$A。只要当 EN 为高电平时,TRF7960 片内所有电压调整器和 13.56MHz 晶体振荡器开始工作,同时 SYS_CLK 引脚可以给外部 MCU 提供时钟频率。此时,根据芯片状态控制寄存器(地址 00h)内的 4 位控制位的值,可以使 TRF7960 工作在其他的 5 种功率模式。

TRF7960 的辅助使能输入引脚是 EN2,它有两个功能。当 EN 为低电平,EN2 为高电平时,TRF7960 片内与 VDD_X 引脚连接的电压调整器开始工作,SYS_CLK 引脚上可以输出 60kHz 的辅助时钟信号,此时 TRF7960 工作在待机模式(Standby),工作电流仅为 120$\mu$A。待机模式用于下面这种系统:由 MCU 控制 TRF7960,而 MCU 的工作电压和时钟频率分别由 TRF7960 的 VDD_X 和 SYS_CLK 引脚提供。当 TRF7960 处于待机模式时,MCU 的工作电压和时钟频率依然有效。EN2 的第 2 种功能是触发唤醒(Start-up)功能。当 EN 为低电平,EN2 出现高电平上升沿时,TRF7960 片内所有电压调整器和 13.56MHz 晶体振荡器开始启动,直至工作稳定,就如同 EN 上为高电平时的情形一样。如果向 EN 加高电平,TRF7960 就会保持这个状态稳定工作。如果在 SYS_CLK 引脚的输出从 60kHz 辅助时钟信号换成高频时钟信号后的 100$\mu$s 之内,EN 上仍为低电平,TRF7960 将返回休眠模式。

（3）接收器

TRF7960 有两个引脚(RX_IN1 和 RX_IN2)连接到片内的接收器。这两个引脚要与外部的滤波器相连,该滤波器能将 PM 调制信号转换成 AM 调制信号。这两个 RX 输入引脚被 TRF7960 片内的两个接收通道——主接收器和辅助接收器所复用。主接收器由 RF 检波器、放大器、带 AGC 的滤波器和 ADC 组成,最后输出数字信号至数字处理模块。主接收器还有 RSSI 测量模块,用来测量解调信号的强度。RSSI 即接收信号强度指示器(Received Signal Strength Indicator)。RSSI 寄存器会锁存接收信号的峰值,当数据包接收完之后,就可以读取 RSSI 寄存器(地址 0Fh)内的值,由此可以知道解调信号的强度。TRF7960 每次发送完数据后,RSSI 寄存器内的值就会被清零。这样,每次有新的电子标签响应时,RSSI 内的值都会被更新。辅助接收器最主要的功能是测量解调信号的强度并用于和主接收器进行比较。辅助接收器同样由 RF 检波器、放大器、带 AGC 的滤波器、ADC 和 RSSI 模块组成。TRF7960 默认的设定是:RX_IN1 接片内主接收器,RX_IN2 接片内辅助接收器。当 RSSI 检测到电子标签的响应后,两个输入引脚上的信号强度将会分别被测量并存储在 RSSI 寄存器。控制系统会读取 RSSI 寄存器内的值,并切换至最强的那个输入引脚。内部滤波器的带通频率可以根据 ISO 控制寄存器(地址 01h)内对通信标准的选择自动配置,也可以通过改写 RX 特殊设置寄存器(地址 0Ah)内的值对带通频率进行精调。

TRF7960 片内的接收器还有兼容 3 种标准协议的解码、校验和移除 SOF,EOF,并重组数据的功能。处理完的数据通过一个 12 字节 FIFO 寄存器传输给外部 MCU。

（4）中断请求 IRQ

TRF7960 通过 IRQ 引脚来向外部 MCU 发出中断请求脉冲。以下几种情况发生时, TRF7960 会发出中断请求。当数据接收或发送结束后,TRF7960 会通过 IRQ 引脚向外部 MCU 发送中断请求命令。如果接收数据包超过 8 字节,或者 FIFO 寄存器内的数据超过总容量的 75% 时,也会向外部 MCU 发送中断请求命令,请求清除 FIFO 寄存器内的数据。当检测到接收数据格式错误、奇偶校验或 CRC 校验出错误时,同样会向外部 MCU 发出中断请求脉冲。上述这些情况通过 IRQ 状态寄存器(地址 0Ch)内的数据位表示出来。

（5）晶体振荡器

TRF7960 有两个引脚:OSC_IN 和 OSC_OUT,用于连接外部的 13.56MHz 晶体,为射频输出产生频率,并给 TRF7960 和外部 MCU 提供时钟信号。

（6）发送器

TRF7960 只有一个引脚:TX_OUT 连接到片内的发送器。当 TRF7960 设置为 5V 工作时,发射功率可以选择为半功率 100mW(20dBm)或者全功率 200mW(23dBm)。当半功率工作时,输出阻抗为 8Ω;当全功率工作时,输出阻抗为 4Ω。当 TRF7960 设置为 3V 工作时,发射功率可以选择为半功率 33mW(15dBm)或者全功率 70mW(18dBm)。通过芯片状态控制寄存器(地址 00h)的 B4 位,可以设置其发射功率。TX_OUT 引脚输出的射频信号,要经过频率调整、相位调整、VSWR 调整、谐波抑制电路到天线匹配电路。其中,谐波抑制电容最大不要超过 27pF,一般典型值为 10pF。

（7）直接模式

与直接模式有关的引脚有 MOD、I/O_6、I/O_5、ASK/OOK。TRF7960 的直接模式有两种: mode 0 和 mode 1。使用 mode 0 时,TRF7960 只开启模拟前端功能,不对信号进行编/解码操作。此时,由 MOD 引脚来控制片内的调制器,由 I/O_6 引脚输出数字化后的副载波包络信号。使用 mode 1 时,TRF7960 还完成信号的编/解码,但不对数据进行校验和封装打包。同样,由

MOD 引脚来控制片内的调制器,由 I/O_6 引脚输出串行的解码信号,由 I/O_5 引脚输出参考时钟信号。由此可以看出,这两种直接模式是为那些不想使用 ISO 标准协议规定的编/解码和数据帧格式的用户设置的。由于本阅读器芯片要兼容 3 种 ISO 标准协议,所以很少用到这两种直接模式,而将 MOD 引脚通过一个 1kΩ 电阻接地,I/O_6 和 I/O_5 用于 SPI 数据传输。

(8) 开机预置

当 TRF7960 接通电源并且 EN 为高电平后,TRF7960 被默认预置在 ISO15693 标准、单副载波 ASK 调制、高速数据速率、"4 中选 1"编码模式下工作。与传输协议有关的寄存器(地址 02h 到 0Bh)会自动地被最优化设置成合适的协议参数。

(9) 通信接口

TRF7960 与外部 MCU 的通信有两种方式:SPI 接口与 8 位并行接口。

SPI 接口可以分为 SPI with SS(Slave Select) 和 SPI without SS(Slave Select)。当使用 SPI 通信方式时,MCU 作为主设备,而 TRF7960 作为从设备。SPI with SS 方式是 MCU 与多个外部设备相连时,SS 作为各个外部设备与 MCU 之间进行 SPI 数据通信时的片选信号,而阅读器只有一片 TRF7960 与 MCU 进行 SPI 通信连接。

SPI without SS 方式的连接方法是:I/O_0 和 I/O_1 接 VSS,即接地,I/O_2 接 VDD,即接 VDD_X 引脚,I/O_6 作为 MISO,I/O_7 作为 MOSI。另外,加上 IRQ 引脚作为中断请求信号,DATA_CLK 引脚作为参考时钟信号,EN 引脚作为片选信号,与 MCU 上相应的引脚相连。

(10) 其他

除上面提到的部分引脚功能及连接方式外,还有 BAND_GAP 引脚,即内部模拟参考电压,要与并联的两个电容连接,其中一个电容 2.2μF,另一个电容 10nF,电容另一端接地。ASK/OOK 引脚,用于直接模式下选择 ASK 还是 OOK 调制方式,也可用于接收到的模拟信号的直接输出。要注意的是,TRF7960 芯片底部散热板也要接地。

### 3. 内部结构与工作原理

TRF7960 芯片的内部结构如图 8.32 所示。

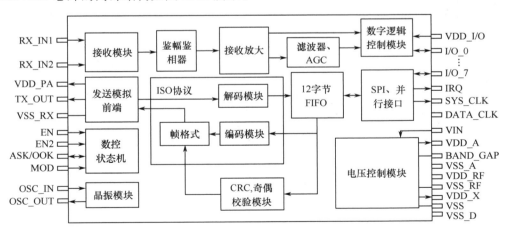

图 8.32　TRF7960 芯片的内部结构

TRF7960 芯片功能强大,正常工作之前需要根据芯片的功率模式、性能要求等对其进行合理配置。TRF7960 在 3.3V 和 5V 的供电条件下均可正常工作。出于对功耗的考虑,采用 3.3V 供电,同时在板级留出 5V 供电的接口供选择。TRF7960 与 MCU 的通信有并行和 SPI 两种方式。并口通信占用 I/O 资源较多,MCU 中 SPI 的速率完全可以支持 ISO/IEC 14443 协议中读/

写器与智能卡之间的通信,所以选用 TRF7960 中的 4 线制 SPI 与 MCU 通信更加合理。TRF7960 由引脚 EN 和 EN2 使能信号及状态寄存器配合控制,可在 7 种不同功率模式下工作。根据应用的需要,由 MCU 控制使能信号,当 TRF7960 与智能卡交互时,工作在激活模式下,交互完毕时,通过 EN 信号直接关闭 TRF7960 芯片,以节省能量。在系统中,MCU 由自己的晶体提供时钟源,也采用独立的电源供电,因此 13.56MHz 的片外晶体仅供 TRF7960 产生载波,TRF7960 不向 MCU 提供时钟,也不对 MCU 供电。在 TRF7960 与智能卡交互时,发送数据需要经过打包、编码、调制 3 个过程才能加载至电磁波上发出;从天线上接收到的数据也需要经过解调、解码、解包校验 3 个过程才能传给 MCU 供上层分析。其中编/解码、打包校验工作既可以由固件完成,也可由硬件完成。如图 8.33 所示,TRF7960 芯片提供了 ISO 协议编/解码模块和打包校验模块,用户可通过选择不同的工作模式来划分软/硬件完成的任务。

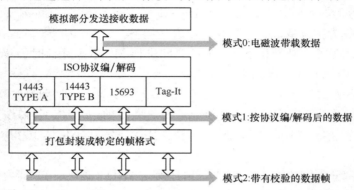

图 8.33　TRF7960 芯片的工作模式与通信层次

#### 4. 内部寄存器

TRF7960 工作于 13.56MHz 高频段,能够兼容多种技术标准的射频前端集成芯片。通过编程,可以设置片内的寄存器使之适用于近耦合和疏耦合等一系列 RFID 阅读器。另外,针对阅读器工作时的各种参数,如调制度、数据传输速率等,TRF7960 内置了各种控制寄存器。可以按照工作时的标准,直接对其进行存取操作,对各种参数进行精确调整,以实现 ISO/IEC 15693、ISO/IEC 14443 TYPE A 和 ISO/IEC 14443 TYPE B 这 3 种标准协议的兼容。

TRF7960 内部寄存器的详细说明见表 8.26。

表 8.26　**TRF7960 内部寄存器的详细说明**

| 地址 | 寄存器 | 读/写方式 |
|---|---|---|
| | 主控制寄存器 | |
| 0x00 | 芯片状态控制寄存器 | R/W |
| 0x01 | ISO 协议控制寄存器 | R/W |
| | 协议设置寄存器 | |
| 0x02 | ISO/IEC 14443 TYPE B 发送项 | R/W |
| 0x03 | ISO/IEC 14443 TYPE A 高速率 | R/W |
| 0x04 | 发送定时器设置 EPC 协议(高字节) | R/W |
| 0x05 | 发送定时器设置 EPC 协议(低字节) | R/W |
| 0x06 | 发送脉冲长度控制 | R/W |
| 0x07 | 接收无响应控制 | R/W |
| 0x08 | 接收等待时间 | R/W |

| 地址 | 寄存器 | 读/写方式 |
|---|---|---|
| 0x09 | 调节器和 SYS_CLK 控制 | R/W |
| 状态寄存器 | | |
| 0x0C | IRQ 中断状态 | R |
| 0x0D | 中断屏蔽寄存器 | R |
| 0x0E | 冲撞位置点 | R |
| 0x0F | RSSI 及晶体振荡器状态 | R |
| FIFO 寄存器 | | |
| 0x1C | FIFO 状态 | R |
| 0x0D/0x0E | 发送长度控制 | R/W |
| 0x0F | FIFO 缓存寄存器 | R/W |

## 5. 应用

TRF7960 的典型应用电路如图 8.34 所示。在 MCU 和阅读器之间的通信可以通过并行或 SPI 接口实现。发送和接收功能使用 TRF7960 内部具有 12 字节 FIFO 寄存器的编码器和解码器。对于直接发送和接收功能来说,编/解码器可以被旁路,这样 MCU 就可以实时处理数据。使用 5V 电压工作,天线负载 50Ω 时,可编程选择输出功率 100mW（20dBm）或 200mW（23dBm）,并且可以进行 ASK 或 OOK 调制。

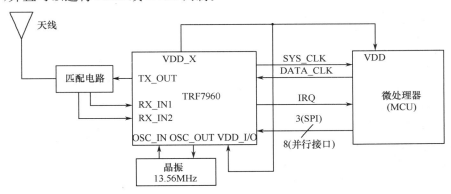

图 8.34　TRF7960 的典型应用电路

# 本 章 小 结

H4006 是无源电感耦合式应答器芯片,存储容量为 64 位,信息传输方式采用负载调制,基带编码为密勒码,数据传输速率为 26.484kbps(也可为其他速率,但需要预先选定),片内含谐振回路的谐振电容和滤波电路的滤波电容,外接电感为 1.4μH,可用于身份识别和工业生产领域。

MCRF355/360 芯片是具有 154 位存储器的应答器芯片,采用接触式编程,编程后为只读方式。该芯片具有防碰撞能力,数据传输采用曼彻斯特码,数据时钟频率为 70kHz。MCRF360 具有 100pF 的片内谐振电容。

MIFARE 技术符合 ISO/IEC 14443 TYPE A 标准,DESFire EV1 芯片具有双接口和安全防护等多种功能。SmartMX2 P60 系列中 P60D080 和 P60D144 双接口芯片,支持小天线尺寸等。

MFRC530 是支持 ISO/IEC 14443 TYPE A 标准的阅读器芯片;TRF7960 支持 ISO/IEC

14443 TYPE A/B、ISO/IEC 15693、ISO/IEC 18000—3 及 TI 公司的非接触支付商务与 Tag-It 应答器产品系列标准。

　　天线设计是 13.56MHz RFID 技术的关键技术之一,本章介绍了基于 MFRC530 芯片的直接匹配天线和 50Ω 匹配天线的设计方法。当采用直接匹配天线时(MFRC530 芯片驱动输出端与天线距离不大于 3cm),使用 MFRC530 的两个驱动输出,电感线圈需有中心点,外接电阻 $R_{\text{EXT}}$ 要分为相等的两部分,$R_{\text{EXT}}$ 用于保证通信带宽所需的 $Q$ 值。50Ω 匹配天线设计(MFRC530 芯片驱动输出端与天线距离大于 3cm)分为全范围(作用距离为 10cm)和短范围(作用距离小于 5cm)两种情况。由于芯片输出端离天线距离较远,需要采用一段传输线,天线应通过天线匹配电路与传输线特性阻抗匹配。在全范围情况,需要使用 MFRC530 两个驱动器(差动方式),因此需要采用 1∶1 传输线变压器实现平衡至不平衡变换。在短范围情况,仅需要使用 MFRC530 芯片的一个驱动器,工作于单端方式。EMC 滤波、天线的屏蔽和补偿技术在天线设计中十分重要。当有金属物体很靠近天线时,应采用铁氧体屏蔽,增加一个附加的开路线圈段可以补偿电感线圈匝间的杂散电容。

　　本章通过这些内容展示了 13.56MHz RFID 系统设计的基本方法,希望读者通过这些示例,能够掌握 13.56MHz RFID 系统设计的技术要领。

# 习　题　8

8.1　H4006 芯片基带信号采用密勒码,为什么要在两次信息传输之间插入 9 位非密勒码的空隙位?

8.2　分析图 8.2 的 CRC 码生成原理。

8.3　MCRF355/360 芯片的防碰撞技术采用什么方法? 试对其性能进行分析。

8.4　简述 MIFARE DESFire EV1 芯片的特性及应用?

8.5　请回答下列有关 MCRF530 芯片的问题:

(1) 该芯片支持 RFID 的哪个标准? 它是什么功能的芯片?

(2) 芯片的内部寄存器是如何划分的?

(3) 如果要控制接收系统的电压增益系数为 30dB,应对哪个寄存器进行设置? 如何设置?

(4) 在 EEPROM 中密钥是如何存放的? 认证是如何实现的?

(5) 如何使用 IRQ 引脚产生所需的中断信号?

(6) 如何实现软电源下拉?

(7) 说明采用 3 根地址线寻址寄存器的方法。

(8) 为实现防碰撞功能,应设置、检测哪些寄存器位?

8.6　选择阅读器耦合电感线圈的 $Q$ 值时应考虑哪些因素?

8.7　如果在源和天线之间使用了传输线,天线和传输线之间应该加接什么电路? 达到什么目的?

8.8　解释图 8.25 中传输线变压器 $T_1$ 的作用。

8.9　电气屏蔽和铁氧体屏蔽有什么不同?

8.10　在电感线圈天线中补偿起什么作用? 如何实现?

# 第 9 章  微波 RFID 技术

**内容提要:** 微波 RFID 技术是目前 RFID 技术中最活跃、最受关注和发展最为迅速的领域。本章以天线和芯片技术为核心,对微波 RFID 技术进行较深入的讨论。

在介绍电磁场、远区场和基本振子天线理论的基础上,对天线的主要电性能参数、常用的偶极子天线、八木天线、微带天线、非频变天线(等角螺旋天线、阿基米德螺旋天线、对数周期天线)和天线阵等进行了较详细的分析并给出了工程设计方法。

微波 RFID 芯片可分为有源和无源芯片两大类,本章对此分别进行了介绍。无源芯片的信息传送基于反向散射调制,XRA00 是一种无源 UHF 集成芯片,通过对其电路组成、工作原理的介绍,加深对微波无源 RFID 芯片技术的理解。同时,还给出了基于单片机和无线数据传输芯片的有源 RFID 应答器的设计方法。

在微波频段,应答器的印制是一项新技术,导电油墨的应用为印制应答器内置天线提供了新工艺和新方法。

**知识要点:** 远区场的概念,天线的电性能参数(如效率、输入阻抗、方向图、方向系数、极化、增益、工作频带宽度、有效面积等),常用天线的原理与设计(包括对称振子天线、八木天线、微带天线、非频变天线、天线阵等),反射调制原理和作用,XRA00 芯片的工作原理,有源应答器的设计,导电油墨的特点和应用。

**教学建议:** 本章建议学时为 6～8 学时。

# 9.1  概  述

## 9.1.1  与高频、低频 RFID 技术的比较

微波 RFID 技术是目前 RFID 技术中最活跃的技术领域之一,RFID 技术中微波频段通常所用的频率是 433MHz,860～960MHz,2.45GHz 和 5.8GHz。微波频段的 RFID 技术与高频(HF)、低频(LF)的 RFID 技术相比,在下述方面有较大差异。

(1)工作距离

与 HF 和 LF 的应答器相比,工作在微波频段的应答器(也称为电子标签或标签)应具有较远的读/写距离,通常大于 1m。为获得更远的读/写距离,有源(带电池)应答器也得到了广泛的应用。由于有较远的读/写距离,RFID 技术在物流、供应链管理、高速公路收费、门禁等领域获得了广泛的应用。

(2)阅读器和应答器的耦合方式

在微波频段,阅读器和应答器的耦合多采用反向散射方式而不是电感耦合方式,在带有电池的主动式应答器中还采用了无线通信的多种通信模式。

(3)天线

在微波频段,应答器的天线尺寸较小,天线的小型化和微型化设计成为保证应答器技术性能的重点和难点,出现了很多天线设计制造的新技术。

（4）防碰撞

在微波频段，由于工作距离较远，所以在一个阅读器的有效工作范围内，可能同时出现的应答器的数量就会增加，因此必须有较快的、有效的处理碰撞的能力。此外，在一些应用中会出现密集阅读器的情况，因此阅读器之间的相互干扰问题也需要有较好的对策。

（5）应答器功能

应答器除存储识别数据外，还可能会集成传感器，如温度传感器、应力传感器等。在对温度敏感的物品（如生鲜食品、药品、生物制品）运输过程中，将 RFID 温度检测器放入物品包装或货箱中，就可以实现基于 RFID 的物品温度检测。

在微波频段，应答器的一种重要应用是作为商品射频标签。为了维护客户的隐私权，在这类应用的应答器中还具有自毁功能，可通过阅读器发出的 Kill 命令来实现。

### 9.1.2　标准概况

#### 1. ISO/IEC 空中接口标准

在微波频段，空中接口标准采用 ISO/IEC 18000 标准，其中：ISO/IEC 18000—7 是 433MHz 标准，ISO/IEC 18000—6 是 860～930MHz 标准，ISO/IEC 18000—4 是 2.45GHz 标准。

#### 2. 行业标准

（1）EPCglobal

行业标准的典型代表是由国际物品编码协会（EAN）和美国统一代码委员会（UCC）联合成立的全球电子产品代码中心 EPCglobal 所建立的 EPC 物联网标准。它包括 EPC 编码、EPC Class 1 Gen 2 电子标签（应答器）、网络技术、信息服务等有关规范，由于其应用广泛，本书将在第 10 章详细介绍 EPC 系统的有关问题。

（2）UIC（Ubiquitous ID Center）

日本的 UIC（泛在 ID 中心）组织于 2003 年 3 月成立，其制定的 UIC 标准由泛在识别码（Ucode）、信息系统服务器、泛在通信器和 Ucode 解析服务器 4 部分组成。UIC 已获得微软、索尼、三菱、日立、东芝、夏普、富士通、理光等多家公司的支持。

Ucode 采用 128 位记录信息，并可以以 128 位为单元进一步扩展至 256，384 或 512 位。Ucode 可兼容多种编码，包括 UPC、ISBN（出版物的标准条形码）、IPv6 地址，甚至电话号码等。Ucode 标签具有多种形式，包括条形码、RFID 标签和有源芯片等。

信息系统服务器存储并提供与 Ucode 相关的各种信息。

泛在通信器由 RFID 标签、阅读器和无线广域通信设备等构成，用来把读到的 Ucode 送至 Ucode 解析服务器，并从信息系统服务器获得有关信息。

Ucode 解析服务器确定与 Ucode 相关的信息存放在哪个信息系统服务器上。

## 9.2　天线技术基础

天线的作用是将发送器送来的高频电流变换为无线电波并传送到空间，或将空间传来的无线电波转变为能接收的高频电流，因此天线是一种能量转换器件，而且天线一般都是可逆的，即同一个天线既可用作接收天线，也可用作发射天线。

天线技术对于 RFID 系统十分重要，第 2 章对电感耦合方式的线圈天线进行了较多介绍，本节主要针对微波频段的天线技术进行讨论。

### 9.2.1 基本元的辐射

天线可分割为无限多个基本元,基本元上载有交变的电流和磁流。基本元上的电(磁)流的振幅、相位和方向均假设是相同的。某一具体天线可由这些基本元按一定的结构形式拼接而成。各基本元上的电(磁)流的振幅、相位和方向可能是不相同的,具体的分布形式由天线的几何形状、尺寸及激励条件而定。掌握基本元的辐射特性后,可按电磁场的叠加原理,考虑各基本元上电流的振幅、相位和方向在空间的分布,从而得出各类天线的辐射特性。

基本元可分为 3 类:电流元、磁流元和面元。电流元上载有交变电流,称为电基本振子。磁流元上载有交变磁流,称为磁基本振子。根据电磁场对偶性原理,磁基本振子的辐射场可以从电基本振子的辐射场对应地得出。

#### 1. 电基本振子

图 9.1 所示为在球坐标原点沿 $z$ 轴放置电基本振子时的情况。电基本振子是一段载有高频电流的细导线,其长度 $l$ 远小于工作波长 $\lambda$,沿振子各点电流的振幅和相位均相同(等幅同相分布),其电流幅度为 $I$,那么在各向同性、理想均匀的无限大自由空间中场的表达式为

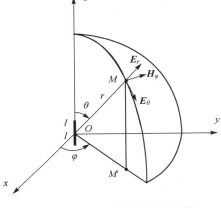

$$
\begin{cases}
\boldsymbol{E}_r = \dfrac{\eta Il}{2\pi r^2}\left(1+\dfrac{1}{\mathrm{j}Kr}\right)\cos\theta \mathrm{e}^{-\mathrm{j}Kr} \\[2mm]
\boldsymbol{E}_\theta = \mathrm{j}\eta\,\dfrac{KIl}{4\pi r}\left(1+\dfrac{1}{\mathrm{j}Kr}-\dfrac{1}{K^2r^2}\right)\sin\theta \mathrm{e}^{-\mathrm{j}Kr} \\[2mm]
\boldsymbol{E}_\varphi = 0 \\[2mm]
\boldsymbol{H}_r = \boldsymbol{H}_\theta = 0 \\[2mm]
\boldsymbol{H}_\varphi = \mathrm{j}\,\dfrac{KIl}{4\pi r}\left(1+\dfrac{1}{\mathrm{j}Kr}\right)\sin\theta \mathrm{e}^{-\mathrm{j}Kr}
\end{cases}
\tag{9.1}
$$

图 9.1 球坐标系下的电基本振子

式中,$r$ 为球坐标原点至观察点 $M$ 的距离,$\theta$ 为线段 $OM$ 与振子轴($z$ 轴)之间的夹角,$\varphi$ 为 $OM$ 在 $xOy$ 平面上的投影 $OM'$ 与 $x$ 轴间的夹角,$K=2\pi/\lambda$ 称为空间中的波数,$\eta=\sqrt{\mu/\varepsilon}$($\mu$ 为磁导率,$\varepsilon$ 为介电常数)称为波阻抗,下标 $r,\theta,\varphi$ 表示球坐标系中各分量。

式(9.1)中,电场强度 $\boldsymbol{E}$ 的单位是 V/m,磁场强度 $\boldsymbol{H}$ 的单位是 A/m。从式中可见,电场仅有 $\boldsymbol{E}_r$ 和 $\boldsymbol{E}_\theta$ 分量,磁场仅有 $\boldsymbol{H}_\varphi$ 分量,电场和磁场是相互垂直的。

电基本振子的场可分为近区场、远区场和中间区 3 个区域来讨论。

(1)近区场

近区场指 $Kr\ll1$($r\ll\lambda/(2\pi)$)的区域,在此区域,$(Kr)^{-1}$ 项相对于 $(Kr)^{-2}$ 项可忽略,并可认为 $\mathrm{e}^{-\mathrm{j}Kr}\approx1$,这样可将式(9.1)简化为(在简化中引入了 $K^2=\omega^2\varepsilon\mu$,$\eta=\sqrt{\mu/\varepsilon}$)

$$
\begin{cases}
\boldsymbol{E}_r = -\mathrm{j}\,\dfrac{Il}{4\pi r^3}\,\dfrac{2}{\varepsilon\omega}\cos\theta \\[2mm]
\boldsymbol{E}_\theta = -\mathrm{j}\,\dfrac{Il}{4\pi r^3}\,\dfrac{1}{\varepsilon\omega}\sin\theta \\[2mm]
\boldsymbol{H}_\varphi = \dfrac{Il}{4\pi r^2}\sin\theta \\[2mm]
\boldsymbol{H}_r = \boldsymbol{H}_\theta = \boldsymbol{E}_\varphi = 0
\end{cases}
\tag{9.2}
$$

由式(9.2)可知,在近区场:① 场随距离 $r$ 的增大而迅速减小;② 电场滞后于磁场 $90°$,这表

征流过单位面积的电磁波功率(功率密度)的复坡印廷矢量 $S$(坡印廷矢量 $S=E\times H^*/2$,$H^*$ 为磁场强度 $H$ 的共轭)为虚数。它表明,电磁能量在源和场之间来回振荡,没有能量向外辐射,这种场称为感应场。

在近距离的 RFID 系统中,应答器处于阅读器线圈天线的近区场内,这是一个感应场。

(2) 远区场

远区场指 $Kr\gg1(r\gg\lambda/(2\pi))$ 的区域。此时,式(9.1)中的 $(Kr)^{-2}$ 项相对于 $(Kr)^{-1}$ 项可以忽略,故远区场可表示为

$$
\begin{cases}
\boldsymbol{E}_\theta=\mathrm{j}\dfrac{\eta Il}{2\lambda r}\sin\theta\mathrm{e}^{-\mathrm{j}Kr} \\[2mm]
\boldsymbol{H}_\varphi=\mathrm{j}\dfrac{Il}{2\lambda r}\sin\theta\mathrm{e}^{-\mathrm{j}Kr} \\[2mm]
\boldsymbol{E}_r=\boldsymbol{H}_r=\boldsymbol{H}_\theta=\boldsymbol{E}_\varphi=0
\end{cases}
\tag{9.3}
$$

由式(9.3)可知,远区场具有如下性质。

① 仅有 $\boldsymbol{E}_\theta$ 和 $\boldsymbol{H}_\varphi$ 两个分量,两者相互垂直并与 $r$ 方向垂直。

② $\boldsymbol{E}_\theta$ 和 $\boldsymbol{H}_\varphi$ 两者在时间上同相,其复坡印廷矢量为实数,为有功功率且指向 $r$ 增加的方向上。

③ $\boldsymbol{E}_\theta$ 和 $\boldsymbol{H}_\varphi$ 的比值 $\eta$ 是一个实数,具有阻抗的量纲。因为 $\boldsymbol{E}_\theta$ 和 $\boldsymbol{H}_\varphi$ 的比值为常数,故只需要讨论两者之一就可以得到另一个。

④ 电基本振子在远区场是一沿着径向向外传播的横电磁波。电磁能量离开场源向空间辐射不再返回,这种场称为辐射场。然而,在不同 $\theta$ 方向上,辐射强度不同,其强度系数为 $\sin\theta$。

⑤ 对于电基本振子,与振子轴垂直($\theta=90°$)的平面和磁场矢量平行,该平面称为 $H$ 面;包含振子轴的平面($\varphi=$ 常数)和电场矢量平行,该平面称为 $E$ 面。

在微波频段工作的 RFID 系统中,其应答器通常都处于远区场。由式(9.2)和式(9.3)可见,波长短的射频信号产生的远区场较波长长的射频信号产生的远区场要强,但其近区场却相对较弱。

(3) 中间区

介于远区场和近区场之间的区域,称为中间区。中间区的感应场与辐射场相差不大,分析时都应考虑它们的影响。由于中间区的情况在 RFID 系统中不常见,所以不再讨论。

**2. 磁基本振子**

(1) 对偶性原理

如果描述物理现象的方程具有相同的数学形式,则其解也将具有相同的数学形式,此相同数学形式的方程称为对偶性方程。在对偶性方程中,对应位置的量称为对偶量,得到一个方程的解就可写出另一个方程的解。这一原理称为对偶性原理,又称为二重性原理。

(2) 磁基本振子的辐射

假设磁基本振子置于点源,流过该基本振子的磁流为 $I_\mathrm{M}$,已知电基本振子辐射的磁场强度为

$$
\boldsymbol{H}_\varphi=\mathrm{j}\frac{1}{2\pi\lambda}Il\sin\theta\mathrm{e}^{-\mathrm{j}Kr}
\tag{9.4}
$$

那么根据对偶量置换可得到磁基本振子辐射的电场强度为

$$
\boldsymbol{E}_\varphi=-\mathrm{j}\frac{1}{2\pi\lambda}I_\mathrm{M}l\sin\theta\mathrm{e}^{-\mathrm{j}Kr}
\tag{9.5}
$$

## 9.2.2 天线的电参数

天线的电参数主要有效率、输入阻抗、方向性、极化、增益、工作频带宽度等,发射天线与接收

天线变换能量的物理过程不同,但同一天线用作收、发时的电参数在数值上是相同的,收、发天线具有互易性。作为接收天线,除具有与发射天线相同的电参数外,有效面积和噪声温度也是其重要指标。

**1. 发射天线的电参数**

（1）效率

设进入天线的功率为 $P_{in}$,天线辐射的功率为 $P_{out}$,则天线的效率为

$$\eta_A = \frac{P_{out}}{P_{in}} = \frac{P_{out}}{P_{out} + P_d} \tag{9.6}$$

式中,$P_d$ 为损耗功率,它由天线的铜耗、介质损耗等造成。在微波频段,由于天线的尺寸可以做得很大,辐射能力强,所以效率也高。

（2）输入阻抗

天线的输入阻抗是在天线输入端(馈电点)所呈现的阻抗,定义为天线输入端的电压与电流之比。通常天线的输入阻抗是复数,表示为

$$Z_{Ain} = R_{Ain} + jX_{Ain} \tag{9.7}$$

式中,$R_{Ain}$ 为天线的输入电阻,$X_{Ain}$ 为天线的输入电抗。

天线的输入阻抗直接决定了和馈线系统之间的匹配状态,对功率的有效传输有很大的影响。天线的输入阻抗取决于天线本身的结构与尺寸、工作频率及天线附近物体的影响等,其值一般采用近似数值计算和工程实验确定。

（3）方向性

在离天线相同距离的不同方向上,天线辐射场的相对值与空间方向的关系,称为天线的方向性。将方向性用图形描绘出来,称为方向图。

天线的远区场可以表示为

$$\boldsymbol{E}(r,\theta,\varphi) = \boldsymbol{E}(r,I) f(\theta,\varphi) e^{-jKr} \tag{9.8}$$

式中,$f(\theta,\varphi)$ 为方向函数,它与 $r$、$I$ 无关。用此函数绘出的图形称为天线的方向图。若令空间方向图的最大值等于1,则此方向图称为归一化方向图,相应的函数称为归一化方向函数,用 $F(\theta,\varphi)$ 表示为

$$F(\theta,\varphi) = \frac{|\boldsymbol{E}(\theta,\varphi)|}{|\boldsymbol{E}_{max}|} = \frac{f(\theta,\varphi)}{f_{max}} \tag{9.9}$$

式中,$\boldsymbol{E}_{max}$ 是最大辐射方向上的电场强度,$\boldsymbol{E}(\theta,\varphi)$ 为同一距离处在 $(\theta,\varphi)$ 方向上的电场强度。

因此,电基本振子的归一化方向函数为

$$F(\theta,\varphi) = \sin\theta \tag{9.10}$$

对于任一天线,在大多数情况下,其 $E$ 面或 $H$ 面的方向图为花瓣状,故方向图又称为波瓣图。最大辐射方向所在的波瓣称为主瓣,其他的波瓣称为副瓣或旁瓣,如图 9.2 所示。

主瓣宽度可分为零功率波瓣宽度 $2\theta_0$ 和半功率波瓣宽度 $2\theta_{0.5}$（或 $2\theta_{3dB}$）,半功率点为场强最大值的 0.707 倍处。主瓣宽度表示能量辐射集中的程度,副瓣则希望越小越好。副瓣最大值与主瓣最大值之比称为副瓣电平 FSLL,表示为

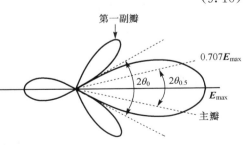

图 9.2　主瓣与副瓣

$$\mathrm{FSLL} = 20\log_2\left(\frac{|\boldsymbol{E}_2|}{|\boldsymbol{E}_1|}\right) \tag{9.11}$$

式中,下标 1 和下标 2 分别表示主瓣和副瓣的最大值。

(4) 方向系数

方向系数从数值上描述天线的方向性,表示为

$$D = \frac{S_{\max}}{S_0} \quad (P_{\mathrm{out}} \text{相同}) \tag{9.12}$$

式中,$S_0$ 为无方向性天线(点源)的辐射功率密度,$S_{\max}$ 为天线在最大辐射方向上辐射的功率密度。

式(9.12)经变换后(从略)可得到

$$D = \frac{4\pi}{\int_0^{2\pi}\int_0^{\pi}|F(\theta,\varphi)|^2\sin\theta\mathrm{d}\theta\mathrm{d}\varphi} \tag{9.13}$$

对于电基本振子,代入 $F(\theta,\varphi)=\sin\theta$,可求得 $D=1.5$,这可以说是实际天线方向系数的最低值了。对于某些强方向性天线,$D$ 可达几万甚至更高,$D$ 也可以用分贝(dB)表示。

(5) 极化

极化是天线重要的电参数。发射天线的极化是指在最大辐射方向上辐射电波的极化,其定义为在最大辐射方向上电场矢量端点运动的轨迹。极化可分为线极化(水平极化和垂直极化)、圆极化和椭圆极化。线极化时电场矢量沿直线往返运动,往返运动方向是垂直的称为垂直极化,往返运动方向是水平的称为水平极化。如果电场矢量的长度恒定而绕圆旋转,这就是圆极化。设波朝观察者方向行进,电场矢量按顺时针方向旋转的是左旋圆极化(左极化),按逆时针方向旋转的是右旋圆极化(右极化)。椭圆极化是电场矢量长度变化且旋转,轨迹为椭圆。在椭圆极化中,若电场矢量长度变化而不旋转,这就是线极化;若长度恒定且旋转,这就是圆极化。

电(磁)基本振子和对称振子等为线极化天线。若将两个尺寸相同,激励电流的幅度相同但相位相差 90° 的电或磁基本振子正交放置,则构成圆极化天线。任何一个线极化可分解为两个振幅相等、旋向相反的圆极化;任何一个圆极化都可以分解为两个振幅相等、相位差为 90° 的线极化;任何一个椭圆极化都可分解为两个振幅不等、旋向相反的圆极化。

若接收天线与空间传来电磁波的极化形式一致,则称为极化匹配;否则称为极化失配。

(6) 增益

① 增益系数的定义

增益系数定义为:在相同输入功率条件下,天线在最大辐射方向上某点产生的功率密度 $S_1$ 与理想点源(效率为 100%)在同一点产生的功率密度 $S_0$ 之比,表示为

$$G = \frac{S_1}{S_0} \quad (P_{\mathrm{in}} \text{相同}) \tag{9.14}$$

增益系数还可以定义为:在某方向某点产生相等电场强度的条件下,理想点源输入功率 $P_{\mathrm{in0}}$ 和某天线输入功率 $P_{\mathrm{in1}}$ 之比,即

$$G = \frac{P_{\mathrm{in0}}}{P_{\mathrm{in1}}} \tag{9.15}$$

② 增益系数和方向系数的关系

增益系数 $G$ 和方向系数 $D$ 的关系为

$$G = \eta_{\mathrm{A}}D \tag{9.16}$$

当天线效率 $\eta_{\mathrm{A}}=1$ 时,天线的增益系数就是该天线的方向系数。$G$ 和 $D$ 的不同点是,$G$ 是以输入功率为参考点的,$D$ 是以辐射功率为参考点的。

③ 绝对增益和相对增益

有的厂家在给出天线增益系数时,以常用的线天线半波振子(偶极子天线)作为对比标准,而不以点源作为对比标准。以点源作为对比标准的增益系数,称为绝对增益;采用其他天线作为对比标准时的增益系数,称为相对增益。

半波振子的 $D=1.64$,采用其作为对比标准时,所获得的增益系数 $G'$ 和绝对增益 $G$ 之间的关系为

$$G'=\frac{G}{1.64}$$

或

$$G'(\mathrm{dB})=G(\mathrm{dB})-2.15(\mathrm{dB}) \tag{9.17}$$

(7) 工作频带宽度

天线的电参数都和频率有关,当频率变化时,天线的电参数会产生变化。因此,根据天线的应用要求,规定天线电参数容许的变化范围。当工作频率变化时,天线电参数不超过允许值的频率范围,称为天线的工作频带宽度,简称为天线的带宽。

在许多应用中,天线必须在一个宽的频率范围内有效工作。一个具有宽频带的天线称为宽带天线。计算天线相对带宽的方法有两种。

一是定义为带宽与中心频率的百分比,即

$$百分比带宽=\frac{f_{\mathrm{H}}-f_{\mathrm{L}}}{f_{\mathrm{c}}}\times100\% \tag{9.18}$$

式中,$f_{\mathrm{H}}$ 和 $f_{\mathrm{L}}$ 分别为能获得满意性能的高、低频率,$f_{\mathrm{c}}$ 为中心频率(通常为设计频率)。

二是定义为 $f_{\mathrm{H}}$ 和 $f_{\mathrm{L}}$ 的比值,即

$$比值带宽=\frac{f_{\mathrm{H}}}{f_{\mathrm{L}}} \tag{9.19}$$

通常,窄带天线的带宽用百分比表示,宽带天线的带宽用比值表示。如果在一个倍频程内,某种天线的阻抗和方向图没有显著的改变,则将其归类于宽带天线。

**2. 接收天线的电参数**

除与发射天线相同的电参数外,接收天线还应考虑下述参数。

(1) 有效面积

有效面积用于表示接收天线接收空间中电磁波的能力。设天线最大接收方向对准来波方向,天线与负载完全匹配且无损耗,此时天线的输出功率为 $P_0$。设想此功率被一块与来波方向垂直的面所接收,此面积称为接收天线的有效接收面积,用 $A_{\mathrm{e}}$ 表示。显然,$A_{\mathrm{e}}$ 和方向系数 $D$ 及来波波长 $\lambda$ 有关,其相互关系可表示为

$$A_{\mathrm{e}}=\frac{\lambda^2}{4\pi}D \tag{9.20}$$

对于电基本振子,$D=1.5$,$A_{\mathrm{e}}\approx0.119\lambda^2$;对于半波振子,$D=1.64$,$A_{\mathrm{e}}\approx0.131\lambda^2$。

(2) 接收天线的噪声温度 $T_{\mathrm{A}}$

不同波源发出的能量被天线获取后,在天线的输入端以噪声温度的形式呈现,它反映了天线传输到接收通道的噪声功率的大小。

假设天线与接收通道间的馈线是无损耗且匹配的,接收天线的噪声温度为 $T_{\mathrm{A}}$,接收通道本身具有的噪声温度为 $T_{\mathrm{r}}$(由接收通道电路元件上的热噪声等引起),则接收通道输入端的等效噪声功率为

$$P_{\mathrm{R}}=k(T_{\mathrm{A}}+T_{\mathrm{r}})\mathrm{BW} \tag{9.21}$$

式中,$k$ 为玻尔兹曼常数,BW 为带宽(Hz),$T_{\mathrm{A}}$ 和 $T_{\mathrm{r}}$ 为热力学温度(K)。

（3）干扰和干扰抑制

从天线窜入的外部干扰主要有：① 频率相近的其他源的干扰；② 各种电气设备产生的电磁干扰；③ 来自天空的电磁干扰。

为抑制这些干扰，通常采用的措施是：① 频率选择性，利用选频电路的选择性选择一定带宽的信号；② 方向选择性，利用天线的方向性，如果天线方向图中有可控制方向的零点，则可以根据干扰的来向调整天线，抑制强干扰的影响。

# 9.3 RFID 系统常用天线

## 9.3.1 对称振子天线

### 1. 对称振子天线的辐射场与方向图

对称振子天线由两段同样粗细、等长度的直导线构成，在中间的两个端点之间馈电，结构如图 9.3 所示。振子的边长为 $l$，直径为 $2a$，沿 $z$ 轴放置。对称振子天线又称为偶极子天线。

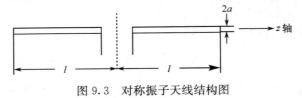

图 9.3　对称振子天线结构图

对称振子天线的辐射场可以认为是由许多小段基本振子的辐射场叠加而成的。对称振子天线的辐射场只有 $E_\theta$ 分量，为线极化波。在对称振子直径 $2a \ll \lambda$（$\lambda$ 为波长）时，$E_\theta$ 的大小为

$$|E_\theta| = \left| \frac{60 I_m}{r} \times \frac{\cos(\beta l \cos\theta) - \cos(\beta l)}{\sin\theta} \right| \tag{9.22}$$

式中，$r$ 为到天线源的距离，对称振子天线的辐射场强 $E_\theta$ 和 $r$ 成反比。无限细的对称振子（$l \gg a$）上的电流分布按正弦规律呈驻波分布，振子的终端电流为节点，当长度变化 $\lambda/2$ 时，电流方向反向，$I_m$ 为驻波波腹电流，$\beta$ 为振子上的电流传输相移常数，$E_\theta$ 和 $I_m$、$\beta l$ 有关。此外，$E_\theta$ 还和 $\theta$ 有关，具有方向性，对称振子的方向性函数为

$$f(\theta, \varphi) = \left| \frac{\cos(\beta l \cos\theta) - \cos(\beta l)}{\sin\theta} \right| \tag{9.23}$$

从式（9.23）可见，对称振子天线的方向性函数仅与 $\theta$ 有关，而与 $\varphi$ 无关。因此，对称振子天线在 $H$ 面的方向图是一个圆，与振子的电长度 $l/\lambda$ 无关；而对称振子天线在 $E$ 面的方向图随 $l/\lambda$ 和 $\theta$ 改变。

图 9.4 所示为不同长度的对称振子天线在含振子轴的平面（$E$ 面）内的归一化方向图。对称振子天线的方向图的情况是：当 $l = \lambda/2$ 或 $\lambda/4$ 时，方向图都是 ∞ 字型，没有副瓣；当 $l = 3\lambda/4$ 时，不仅出现副瓣，而且最大辐射方向不在垂直于振子轴的平面内；当 $l = \lambda$ 时，在垂直于振子轴的平面内完全没有辐射。在实际应用中不希望出现副瓣，故常采用 $l = \lambda/4$ 和 $l = \lambda/2$ 的对称振子天线，前者天线总长度为半波长，也称为半波振子天线，而后者称为全波振子天线。

### 2. 对称振子天线的辐射功率

辐射功率 $P_{out}$ 是指以天线为中心，在远区场的球面上单位时间内通过的能量，表示为

$$P_{out} = \oint \frac{|E|^2}{120\pi} dS \tag{9.24}$$

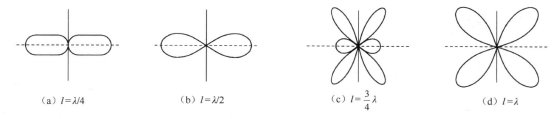

| (a) $l=\lambda/4$ | (b) $l=\lambda/2$ | (c) $l=\dfrac{3}{4}\lambda$ | (d) $l=\lambda$ |

图 9.4    不同长度的对称振子天线在 $E$ 面内的归一化方向图

辐射功率 $P_{out}$ 可以用等效的辐射电阻 $R_{out}$ 表征，即假设天线的辐射功率被辐射电阻所吸收，因此有

$$P_{out}=\frac{1}{2}I_m^2 R_{out} \tag{9.25}$$

式中，$I_m$ 为驻波波腹电流。

$R_{out}$ 可以通过式(9.24)、式(9.25)和式(9.22)计算获得，但在工程设计时，往往通过查找 $l/\lambda$ 和 $R_{out}$ 关系曲线获得(本书从略)。例如，当 $l=\lambda/4$ 时，可查得 $R_{out}=73\Omega$。

**3. 对称振子天线的输入阻抗**

严格求解对称振子天线的输入阻抗是很困难的，工程上常采用等效传输线法近似计算，或者根据输入阻抗和 $l/\lambda$ 的计算曲线查得。

(1) 对称振子天线的等效特征阻抗 $Z_e$

当采用对称振子天线的平均特性阻抗作为等效特征阻抗时，等效特征阻抗表示为

$$Z_e = \frac{1}{l}\int_0^l 120\ln\left(\frac{2Z}{a}\right)dZ = 120\left[\ln\left(\frac{2l}{a}\right)-1\right] \tag{9.26}$$

式中，$a$ 为振子导线的半径，$l$ 为其长度。

(2) 对称振子天线的波长缩短系数 $\delta$

由于损耗的存在，振子上的波长小于自由空间波长，这种现象称为波长缩短现象，两波长之比称为波长缩短系数 $\delta$。

波长缩短现象与振子导线的粗细有关，波长缩短系数 $\delta$ 在工程上可表示为

$$\delta=1+\frac{0.025}{\ln(Ka)} \tag{9.27}$$

式中，$K=2\pi/\lambda$。从上式可见，由于 $a/\lambda\ll1$，所以导线越粗($a$ 越大)，波长缩短现象越明显。在工程上，为保证对称振子天线的性能，应对波长缩短现象的策略是将振子长度 $l$ 适当缩短。

(3) 对称振子天线的输入阻抗 $Z_{Ain}$

对称振子天线的输入阻抗 $Z_{Ain}$ 和等效特征阻抗 $Z_e$ 及 $l/\lambda$ 有关。对于它们之间的关系，在工程中采用以 $Z_e$ 为参变量的 $Z_{Ain}=f(l/\lambda)$ 关系曲线(本书从略)来表示。通过分析该关系曲线，可得到下面两个重要结论。①$Z_e$ 越大，$Z_{Ain}$ 的变化也越大，所以要加宽工作频带，必须减小 $Z_e$；而减小 $Z_e$，就必须加大振子的半径 $a$，但 $a$ 的增加又会使波长缩短现象明显。②当振子长度为略小于 $\lambda/4$ 的整数倍(考虑了损耗引起的缩短现象)时，$Z_{Ain}$ 中的电抗分量等于零，因此半波振子获得了广泛的应用。

**4. 半波对称振子的主要性能参数**

半波对称振子由于无副瓣、天线输入阻抗的电抗分量为零等特点，获得了较多应用。半波对称振子的方向系数 $D=1.64$，方向函数 $f(\theta)=\cos\left(\frac{\pi}{2}\cos\theta\right)/\sin\theta$；它的方向图在 $E$ 面为∞字型，在 $H$ 面为一个圆；辐射电阻 $R_{out}=73\Omega$，$Z_{Ain}=R_{Ain}\approx R_{out}/\sin^2(\beta l)$，$\beta$ 为相移常数。

### 9.3.2 微带天线

#### 1. 结构

微带天线由一块厚度远小于波长的介质板(称为介质基片)和覆盖在其上、下两个面上的金属片构成。其中,下面完全覆盖介质基片的金属片称为接地板;上面的金属片如果尺寸可以和波长相比拟,则称为辐射元;如果上面的金属是长窄带,就构成了微带传输线。微带天线可用微带传输线馈电,也可以用同轴线馈电。

微带天线的形式灵活多样,如图 9.5 所示。按结构特征来分,包括:微带贴片天线,导体贴片通常是规则形状的面积单元,如矩形、圆形或圆环薄片等;微带振子天线,它是一个窄长的条状薄片振子(偶极子);微带线形天线,它利用微带线的某种形变(如弯曲、直角弯头等)来形成辐射;微带缝隙天线,它利用开在接地板上的缝隙,由介质基片另一侧的微带线或其他馈线对其馈电。

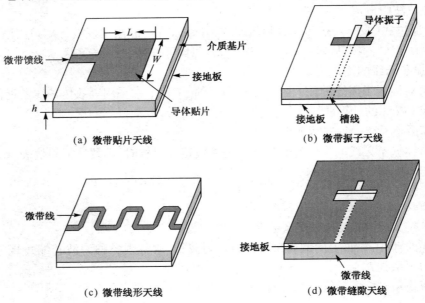

(a) 微带贴片天线　　　(b) 微带振子天线

(c) 微带线形天线　　　(d) 微带缝隙天线

图 9.5　微带天线的形式

各种形式的微带天线可构成微带阵列天线,以适应不同的方向性要求。此外,微带天线还具有性能多样化的优点。例如,采用多贴片等方法,容易实现双频带、双极化等多功能,利用不同的馈电方式可方便地获得圆极化等。

#### 2. 半波矩形微带贴片天线的设计

半波矩形贴片微带天线是一种常用的微带天线,如图 9.5(a)所示。天线的长度为 $L$,宽度为 $W$,介质基片的厚度为 $h(h \ll \lambda, \lambda$ 为波长),相对介电常数为 $\varepsilon_r$。

矩形贴片常常工作于靠近谐振处,以获得实数输入阻抗。微带天线属于谐振天线一类,其工作频带宽度较窄。

(1) 天线长度的设计

天线的长度 $L$ 可表示为

$$L = \frac{\lambda}{2\sqrt{\varepsilon_e}} \tag{9.28}$$

式中,$\varepsilon_e$ 为有效介电常数,表示为

$$\varepsilon_e = \frac{1+\varepsilon_r}{2} + \frac{\varepsilon_r - 1}{2}\left(1 + \frac{12W}{h}\right)^{-1/2} \tag{9.29}$$

由式(9.28)和式(9.29)可见,长度 $L$ 类似于半波振子的波长缩短现象,长度的减少量取决于 $\varepsilon_r$、$h$ 和 $W$,因此半波矩形微带贴片的长度略小于介质基片中的半波长。

在工程中,半波矩形微带贴片天线的长度 $L$ 可近似写为

$$L \approx 0.49 \frac{\lambda}{\sqrt{\varepsilon_r}} \tag{9.30}$$

（2）天线宽度的设计

半波矩形微带贴片天线的输入阻抗 $Z_{Ain}$（谐振时电抗为零）和宽度 $W$ 有关,$Z_{Ain}$ 的近似表达式为

$$Z_{Ain} = 90 \frac{\varepsilon_r^2}{\varepsilon_r - 1}\left(\frac{L}{W}\right)^2 \quad (\Omega) \tag{9.31}$$

因此,加宽贴片可以降低输入阻抗（电阻）。例如,当 $\varepsilon_r = 2.2$,$W/L = 2.7$ 时,可得到 $Z_{Ain} = 50\Omega$。

半波矩形微带贴片天线的带宽可由下面的经验公式求得

$$BW = 3.77 \frac{\varepsilon_r - 1}{\varepsilon_r^2} \frac{W}{L} \frac{h}{\lambda} \quad \left(\frac{h}{\lambda} \ll 1\right) \tag{9.32}$$

由式(9.32)可见,在 $\varepsilon_r$,$L$,$W$ 已确定的情况下,带宽明显地取决于介质基片的厚度 $h$。

半波矩形微带贴片天线的方向图比较宽,其最大值方向垂直于天线平面。在略去介质基片的影响、贴片和接地板间的边缘效应（缝隙的宽度）的情况下,主平面方向图的表达式为

$$F_E(\theta) = \cos\left(\frac{\beta l}{2}\sin\theta\right) \quad (\varphi = 0°) \tag{9.33}$$

$$F_H(\theta) = \cos\theta \frac{\sin\left(\frac{\beta l}{2}\sin\theta\right)}{\frac{\beta W}{2}\sin\theta} \quad (\varphi = 90°) \tag{9.34}$$

式中,$\beta$ 为相位常数,下标 $E$ 和 $H$ 分别表示 $E$ 面和 $H$ 面。

【例 9.1】 半波方形微带贴片天线的设计示例。在 $\varepsilon_r = 2.35$、厚度 $h = 0.114cm$ 的介质基片上,设计一个方形半波贴片天线,谐振频率为 3.03GHz（$\lambda = 9.9cm$）。

**解**:设计步骤如下。

由式(9.30)可得

$$L = W = 0.49 \frac{\lambda}{\sqrt{\varepsilon_r}} = 0.49 \times \frac{9.9}{\sqrt{2.35}} = 3.16cm$$

由式(9.31)可得

$$Z_{Ain} = 90 \frac{\varepsilon_r^2}{\varepsilon_r - 1}\left(\frac{L}{W}\right)^2 = 90 \times \frac{2.35^2}{2.35 - 1} = 368\Omega$$

按式(9.33)和式(9.34)计算出的方向图如图 9.6 所示。上述设计数据和实测结果吻合得较好。

### 3. 圆形微带贴片天线的设计

圆形微带贴片天线的有效半径 $a_e$ 可表示为

$$a_e = \frac{J_{mn}\lambda}{2\pi\sqrt{\varepsilon_r}} \tag{9.35}$$

式中,$J_{mn}$ 为 $n$ 阶贝塞尔函数的第 $m$ 个零点。当 $n = 1$,$m = 1$ 时,$J_{11} = 1.84118$。$a_e$ 和实际半径 $a$ 的关系为

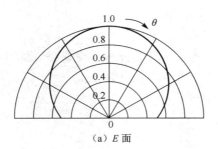

(a) E 面

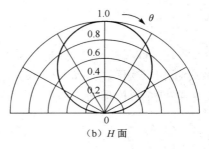

(b) H 面

图 9.6　方形微带贴片天线的方向图

$$a_e = a \left\{ 1 + \frac{2h}{\pi a \varepsilon_r} \left[ \ln \left( \frac{\pi a}{2h} \right) + 1.77 \right] \right\}^{1/2} \tag{9.36}$$

式中，$h$ 为厚度。

### 9.3.3　天线阵

两个以上的单元天线，按一定方式排列起来构成的辐射系统称为天线阵。排列要求每个单元天线应该结构相同、尺寸相同、取向相同，即具有相同的方向函数，符合此条件的天线元称为相同元或相似元。阵列的形式可根据需要排成直线阵、平面阵、曲面阵、立体空间阵等。采用天线阵可以增强天线的方向性，提高天线性能，因而天线阵在 RFID 及其他很多领域获得了广泛的应用。

#### 1. 折合振子

最简单的折合振子是二元折合振子，如图 9.7 所示。二元折合振子由两个放得很近、两端点连接在一起的两个振子构成，在其中的一个振子的中间馈电。折合振子两端点为电流节点，它相当于两个半波振子并联。

图 9.7　二元折合振子

折合振子的输入电阻 $R_A = R_1 + R_2$，$R_1$ 和 $R_2$ 分别是两个振子的输入电阻。$R_1 = R_{11} + R_{12}$，$R_2 = R_{22} + R_{21}$，$R_{11}$ 和 $R_{22}$ 是自电阻，$R_{12}$ 和 $R_{21}$ 是互电阻。假设两个振子相同，故 $R_{11} = R_{22}$，$R_{12} = R_{21}$，又因为两个振子相距很近，故可认为 $R_{11} \approx R_{12}$，所以 $R_A \approx 4R_{11}$。半波振子的 $R_{11}$ 就是它的辐射电阻 $R_{out}$（73Ω），故 $R_A \approx 300\Omega$。

折合振子因为其电流分布和单元振子相同，故其方向特性和单元振子完全相同。此外，折合振子还具有较宽的工作频带宽度。

#### 2. 引向天线（八木天线）

在天线阵中如果仅有少量阵元是直接馈电的，那么天线阵的馈电网络就可以大为简化。这样的天线阵称为寄生阵。非直接激励的阵元（称为寄生元）通过近场耦合从有源阵元处获得激励。引向天线属于这种天线，引向天线又称为八木天线。

引向天线的结构如图 9.8 所示，它由一个有源振子（通常是半波振子，如单元 1）、一个反射器（通常是稍长于半波振子的无源振子，如单元 0）和若干个引向器（如单元 2~$N$）组成。只要适当调整振子的长度和它们之间的距离，就可以获得较尖锐的单向辐射特性。

引向天线的特点是增益为低到中等，输入阻抗为实数，频带窄。

图 9.8　引向天线的结构

### 3. 微带阵

微带(天线)阵的优点是馈电网络可以与辐射元一同制作,并且可将发送和接收电路集成在一起。

微带阵在固定波束的应用中很普遍。如图9.9所示为一个平面微带阵与馈电网络的示意图,该微带阵由4个半波矩形微带贴片天线组成。在固定波束应用中,阵元间隔 $d$ 应小于自由空间波长 $\lambda$,以避免产生副瓣,而且还应该大于 $\lambda/2$ 以保证馈线有足够空间和获得高增益。

每个阵元的长度 $L=0.49\lambda/\sqrt{\varepsilon_r}$,根据预期的输入阻抗 $Z_A$ 可由式(9.31)求得微带阵元的宽度 $W$。

馈线网络的设计如下步骤:

① 设 $Z_A=200\Omega$,则 $Z_{01}=200\Omega$,$Z_B=100\Omega$,$Z_D=100\Omega$,$Z_{02}=100\Omega$;

② 阵中心 C 的阻抗 $Z_C=50\Omega$;

③ 设 $Z_{03}$ 为 $\lambda/4$ 变换器,$Z_{04}$ 为 $100\Omega$,则 $Z_{03}=\sqrt{Z_C Z_{04}}=\sqrt{50\times100}\approx70\Omega$。

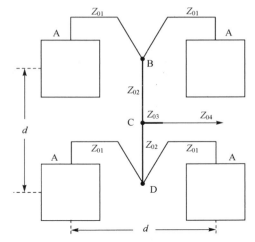

图 9.9　平面微带阵(四阵元)与馈电网络

## 9.3.4　非频变天线

### 1. 宽带天线的基本概念

在 RFID 系统中,为适应宽频段应用,需要采用宽带天线。在宽带天线中,具有 10∶1 或更宽带宽的天线称为非频变天线。螺旋天线和对数周期天线都属于非频变天线。

非频变天线获得宽带性能的下述特征值得关注:①突出角度而不是长度,如螺旋天线;②自补结构易于非频变;③采用粗导体,增加谐振天线的线径可增加带宽。在理想情况下,非频变天线应体现以上3种特性,但在不少情况下并不需要严格具备所有这些特征。

非频变天线的大部分辐射发生在天线宽度为半波长或周长为一个波长的部分,称为有效作用区。当频率下降时,有效作用区移向天线尺度较大的部分,该部分的天线宽度为半波长。角度条件和粗导体特征产生了能在频率变化时调整电流区域的结构。

### 2. 等角螺旋天线

等角螺旋天线的表达式为

$$r=r_0 e^{a\varphi} \tag{9.37}$$

式中,$r_0$ 为 $\varphi=0$ 时的矢径;$a$ 为常数,用于控制螺旋的张率。$r_0=0.311\text{cm}$ 和 $a=0.221$ 的右旋等角螺旋曲线如图9.10所示,左旋等角螺旋曲线可用负的 $a$ 值或简单地将图9.10的螺旋结构翻转过来得到。用等角螺旋曲线建立的天线称为平面等角螺旋天线,如图9.11所示。

从图9.11可见,天线的两金属臂之间的缝隙是同一形状,它们之间互相补偿构成自补结构。对自补结构的研究指出,自补结构的阻抗值为

$$Z_{金属}=Z_{缝隙}=\frac{\eta}{2}=60\pi=188.5\Omega \tag{9.38}$$

式中,$\eta$ 为自由空间的特性阻抗,$\eta\approx120\pi\Omega$。也就是说,自补结构天线的阻抗具有纯阻性,且与频率无关。

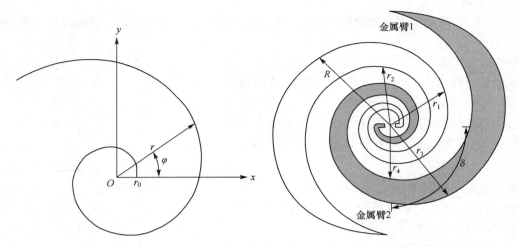

图 9.10　右旋等角螺旋曲线　　　　　图 9.11　平面等角螺旋天线

图 9.11 中的几个参数值可以按下面公式计算。$r_1$ 所指的螺旋线正好是图 9.10 所示的螺旋曲线,即 $r_1 = r_0 \mathrm{e}^{a\varphi}$。$r_2$ 所指的螺旋线是相同的螺旋曲线,但转过了一个角度 $\delta$,因此 $r_2 = r_0 \mathrm{e}^{a(\varphi-\delta)}$。天线的另一半具有对称的结构,因此 $r_3 = r_0 \mathrm{e}^{a(\varphi-\pi)}$,$r_4 = r_0 \mathrm{e}^{a(\varphi-\pi-\delta)}$。图 9.11 所示的结构是自补的,所以 $\delta = \pi/2$。

实验发现,采用一圈半的螺旋线结构为最佳。因此在图 9.11 中,最大半径为 $R = r(\varphi = 3\pi) = r_0 \mathrm{e}^{a(3\pi)}$。若取 $a = 0.221$,则 $R = 8.03 r_0$,这对应于 $\lambda_\mathrm{L}/4$,$\lambda_\mathrm{L}$ 是该平面等角螺旋天线的频带的下限频率对应的波长。在馈电点,$r = r(\varphi = 0) = r_0 \mathrm{e}^0 = r_0$,这对应于 $\lambda_\mathrm{H}/4$,$\lambda_\mathrm{H}$ 是上限频率对应的波长。因此,带宽 $\lambda_\mathrm{H}/\lambda_\mathrm{L}$ 可达 8∶1。8∶1 的带宽仅是典型值,实际可获得约 40∶1 的带宽。

自补平面等角螺旋天线的最大辐射方向垂直于天线平面,设天线平面的法线方向为方向图中 $\theta = 0°$,该天线的方向图近似为 $\cos\theta$,半功率波束宽度约为 90°。在 $\theta \leqslant 70°$ 的锥角范围内,场的极化接近于圆极化,极化方向取决于螺旋张开的方向。

### 3. 阿基米德螺旋天线

平面螺旋天线的另一种形式是图 9.12 所示的阿基米德螺旋天线。图中两个螺旋线的方程为

$$r = r_0 \varphi \tag{9.39}$$

和

$$r = r_0(\varphi - \pi) \tag{9.40}$$

该天线在点 $F_1$ 和 $F_2$ 以 180° 相位差馈电,两臂上的电流是反向的。在天线的馈电点与有效作用区之间,电流产生的场在远区场互相抵消。在有效作用区,由于相移的作用,不同臂上的邻近点是同相的,使得辐射增强。有效作用区的范围是在 $r = \lambda/(2\pi)$ 的螺旋线部分,有效作用区随频率在天线上移动。由于螺旋线的几何结构是平滑的,所以当频率下降时,有效作用区移向螺旋线的偏外部分,使电性能保持不变。

阿基米德螺旋天线在垂直于螺旋所在平面的方向图有宽波束和圆极化特性。

### 4. 锥形等角螺旋天线

平面螺旋天线的辐射方向图是双向的,很多应用需要一个单方向的波束。对于阿基米德螺旋天线,可在天线面的一侧加一个圆柱形金属反射腔体,形成背腔式阿基米德螺旋天线,以获得单向的方向图。

锥形等角螺旋天线是一种非平面形式的螺旋天线,它可以产生单个波束,不需要背腔。锥形

等角螺旋天线的表达式为

$$r = e^{(a\sin\theta_h)\varphi} \qquad (9.41)$$

式中，$\theta_h$ 为圆锥轴心（$z$ 轴）与圆锥面间的夹角（圆锥半张角），如图 9.13 所示。当 $\theta_h = 90°$时，锥形等角螺旋天线就是平面螺旋天线。

锥形等角螺旋天线具有单一的主波束，其方向为与锥形等角螺旋天线锥顶相反的方向。

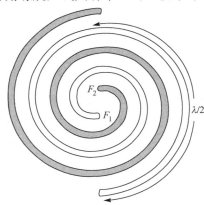

图 9.12　阿基米德螺旋天线

图 9.13　锥形等角螺旋天线

### 5. 对数周期天线

天线的性能（如阻抗和辐射特性）是以频率的对数形式为周期的天线称为对数周期天线。由于这种天线的性能在工作频带中的变化很小，所以对数周期天线通常被认为是非频变天线。

（1）梯齿型和导线型对数周期天线

图 9.14 所示为梯齿型对数周期天线，它采用金属片结构，适合于较短波长。但在较低频率（如米波或短波），金属片结构可能变得相当不实际。如图 9.15 所示为楔型和锯齿型导线型对数周期天线，在导线型天线中细导线形成金属片天线边缘的形状。

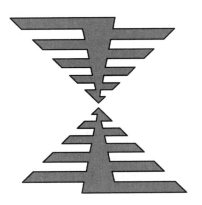

图 9.14　梯齿型对数周期天线

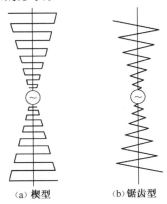

（a）楔型　　　　（b）锯齿型

图 9.15　导线型对数周期天线

（2）对数周期振子阵

对数周期振子阵（LPDA）是一个串联馈电的平行导线振子阵，这些振子在顶点的馈电点向外的长度连续增加，相邻单元间的互连馈线是交叉的，如图 9.16 所示。对数周期振子阵又称为对数周期偶极子天线。

LPDA 也有一个有效作用区，该区里几个接近半波长的振子上的电流比其他辐射源上的电流大得多。可简单地将 LPDA 的工作看成与引向天线是相似的。辐射最强的振子（有最大电

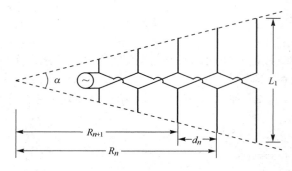

图 9.16    对数周期振子阵

流)后面的较长振子的作用类似于反射器,而在其前面较短振子的作用类似于引向器。

当工作频率改变时,有效工作区向天线不同的方向移动。工作频带的上、下限近似由最长振子和最短振子为半波谐振的频率确定。由于有效作用区不是仅限于某一个振子,所以常在天线阵的两端增加一些数量的振子,以保证整个频带上的性能。

由图 9.16 可知,角度 $\alpha$ 约束了振子的长度。LPDA 的比例因子 $\tau$ 表示为

$$\tau = \frac{R_{n+1}}{R_n} < 1 \tag{9.42}$$

在图 9.16 所示的情况下,很容易得到有关尺寸间的关系,即

$$\tau = \frac{R_{n+1}}{R_n} = \frac{L_{n+1}}{L_n} = \frac{d_{n+1}}{d_n} \tag{9.43}$$

LPDA 的主要设计参数为工作频率(上、下限频率或波长)、比例因子 $\tau$ 和间隔因子 $\sigma = d_n/(2L_n)$。LPDA 的设计步骤如下:

① 根据最低工作频率确定最长振子的长度,即 $L_1 = \lambda_L/2$,$\lambda_L$ 为最低工作频率的波长;

② 根据上限工作频率(波长为 $\lambda_H$)计算最短振子的长度 $L_n$,即 $L_n = \lambda_H/2$;

③ 计算 LPDA 各单元的长度,直至达到刚刚小于 $L_n$ 的单元长度,计算式为 $L_{n+1} = \tau L_n$,计算时从 $L_n = L_1$ 开始;

④ 计算阵元间距 $d_n$,计算式为

$$d_n = 2\sigma L_n \tag{9.44}$$

⑤ 在 LPDA 两端可增加适当数量的单元,以改善频带边缘性能。

### 9.3.5    口径天线

口径天线具有一个物理口径(开放的),传播的电磁波可以通过它流通。图 9.17 所示的喇叭天线和反射器天线是口径天线的典型代表。口径天线的特点是:口径通常是一维或多维的,长达几个波长;方向图具有窄主瓣,因而具有高增益;对一个固定的物理口径尺寸,方向图主瓣随频率的提高而变窄;中等带宽。

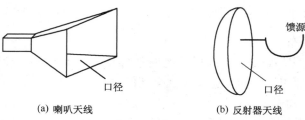

(a) 喇叭天线                    (b) 反射器天线

图 9.17    口径天线

### 1. 喇叭天线

常见的喇叭天线有矩形喇叭天线和圆锥喇叭天线。矩形喇叭天线的结构有 3 种,如图 9.18 所示。这些喇叭由矩形波导馈电,其宽边为水平取向。对激励主模的波导,$E$ 面是竖直的,$H$ 面是水平的。如果喇叭采用将宽边扩展而波导窄边不变,那么就是 $H$ 面扇形喇叭天线;如果喇叭仅在 $E$ 面扩展尺寸,那么就是 $E$ 面扇形喇叭天线;如果两面都扩展,那么就是角锥喇叭天线。

喇叭天线在 1GHz 及以上的微波频率范围是很常用的天线。喇叭天线提供高增益、低电压驻波比、中等带宽,在实践中较易构建并可较好地达到理论设计值。喇叭天线的一个重要应用是用作反射器天线的馈源。

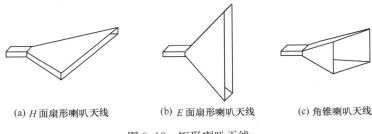

(a) $H$ 面扇形喇叭天线    (b) $E$ 面扇形喇叭天线    (c) 角锥喇叭天线

图 9.18　矩形喇叭天线

### 2. 反射器天线

最简单的反射器天线由尺度远大于一个波长的反射表面和一个很小的馈电天线组成。最常见的反射器天线的形式是抛物面反射器天线。通常,馈源位于抛物面焦点,其主瓣峰指向抛物面反射器中心。馈源采用某种喇叭天线,对于较低一些的频率可采用简单的振子馈源。如图 9.19 所示,抛物面反射器用于反射入射波:所有从焦点 $O$ 发出的射线从反射器反射后与口径平面垂直,反射后的射线平行于反射器轴($z$ 轴);所有从焦点到反射器再到口径平面的路径长度相等且等于 $2F$($F$ 为焦距)。

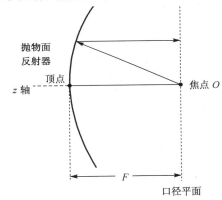

图 9.19　抛物面反射器

抛物面反射器是一个带宽很宽的天线。带宽的低频端由反射器的尺度决定。在带宽的高频端,性能受限于反射器表面的光洁度,表面变形必须远小于一个波长。在实际工作中,反射器天线的带宽通常受限于馈源天线的带宽,而非反射器本身。因此,通常称馈源为初级天线,反射器为次级天线。

反射器的形状除抛物面外,还有抛物柱面、球面、抛物环等,这些形状的反射器天线也广泛应用在有关工程领域。

# 9.4　微波应答器

## 9.4.1　微波应答器的工作原理

### 1. 基本电路组成

微波应答器的基本电路组成和其他频段的 RFID 应答器相同,如图 9.20 所示。它的特点是工作频率高、作用距离远,因而在能量获取和信息传送的方式上有所不同。

微波应答器的能量获取方式有:①仅从射频能量获得,此时应答器不带电池;②应答器带有附加电池,但仅提供芯片运转能量,通信能量仍通过射频获得;③所带电池提供芯片运转和通信所需的能量。

利用电池提供通信所需能量的应答器,其信息传输可采用通信技术的多种通信方式主动发送信息。而通信能量靠阅读器传送来的射频能量的应答器,其信息传输采用基于反向散射原理的反射调制。

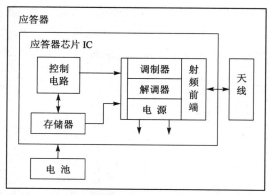

图 9.20 微波应答器的基本电路组成

### 2. 射频能量获取

应答器通过接收天线获取阅读器天线辐射的射频能量。天线用于接收时,接收功率 $P_r$ 与来波的功率密度 $S_i$、天线的有效接收面积 $A_e$ 的关系为

$$P_r = S_i A_e \qquad (9.45)$$

代入式(9.20)可得接收功率与波长 $\lambda$、方向系数 $D$ 的关系为

$$P_r = S_i \frac{\lambda^2}{4\pi} D \qquad (9.46)$$

考虑到应答器芯片的输入阻抗(可认为是天线的负载阻抗 $Z_L$),接收天线的等效电路如图 9.21 所示。图中,$V_r$ 是接收电动势;$Z_{Ain} = R_{Ain} + X_{Ain}$ 是天线的阻抗;$Z_L = R_L + jX_L$ 是应答器芯片的输入阻抗,即天线的负载阻抗。

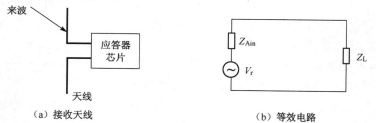

（a）接收天线 　　　　　　　　　　　　（b）等效电路

图 9.21 接收天线及其等效电路

根据功率传输的原理,当 $Z_L$ 和 $Z_{Ain}$ 共轭匹配时,负载上可获得最大的接收功率。当天线的阻抗为纯阻时,$Z_L$ 匹配的条件是 $X_L = 0$,$R_L = R_{Ain}$。在设计应答器的天线和馈线时,满足阻抗匹配条件是提高 RFID 系统性能的重要技术措施。

### 3. 基于反向散射原理的应答器的数据传输原理

（1）反向散射

当电磁波从发送天线向周围空间辐射时,如果遇到目标,到达目标的能量部分被目标吸收,另一部分能量以不同的强度散射到各个方向上,其中反向散射到发射天线的一小部分能量被发送天线接收,这种现象称为反向散射。

雷达利用反向散射测量目标的距离、方向和飞行速度,RFID 技术利用反向散射将应答器的数据传输到阅读器。

（2）散射横截面

散射横截面 $\sigma$ 是一个反映目标反射电磁波能力的量,它和目标大小、形状、材料、表面结构及发射电磁波的波长、极化方向等有关。

由散射横截面 $\sigma$ 和波长 $\lambda$ 的关系,可将反射目标分为 3 类:①瑞利范围,指尺寸小于半波长的目标,其 $\sigma$ 和 $\lambda^4$ 成反比,因此尺寸小于 $0.1\lambda$ 的目标的反射影响可以忽略;②谐振范围,目标尺寸和波长 $\lambda$ 相当,目标的 $\sigma$ 具有谐振特性;③光学范围,波长小于目标尺寸,此时只有目标的几何形状和位置对 $\sigma$ 有影响。

（3）基于反向散射的应答器数据传输

在 RFID 技术中,当采用反向散射原理实现应答器数据向阅读器传送时,应答器的散射横截面 $\sigma$ 的情况属于第 2 类。

设阅读器发送天线在应答器处产生的功率密度为 $S_i$,应答器天线的反射功率为 $P_2$,则 $P_2$ 和应答器天线的散射横截面 $\sigma$ 有关,即

$$P_2 = S_i\sigma \tag{9.47}$$

$P_2$ 的一部分返回至阅读器发送天线并被发送天线接收,设发送天线接收到的反射波功率为 $P_1'$,表示为

$$P_1' = \alpha P_2 = \alpha S_i\sigma \tag{9.48}$$

式中,$\alpha$ 为衰耗因子（$\alpha < 1$）,$\alpha$ 和阅读器与应答器间的距离、发送天线的有效接收面积等有关。

若 $\alpha$ 和 $S_i$ 恒定,则由式(9.48)可以看出,$P_1'$ 和 $\sigma$ 成正比。因此,应答器可以采用负载调制的方法改变 $\sigma$,使 $P_1'$ 的幅度改变,从而实现对射频的幅度调制。

应答器改变 $\sigma$ 的反射调制原理如图 9.22 所示。假定应答器芯片的输入阻抗和天线阻抗匹配,并且天线阻抗的电抗分量为 0,因此图中仅给出天线电阻 $R_A$ 和应答器芯片的输入电阻 $R_L$。

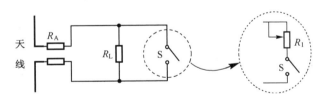

图 9.22 反射调制原理示意图

图 9.22 中,开关 S 由应答器存储数据的二进制基带信号控制。当 S 断开时,天线处于负载匹配状态,此时辐射场的功率被吸收,反射最小,即 $\sigma = \sigma_{min}$。当 S 闭合时,天线负载被短路,此时为全反射,即 $\sigma = \sigma_{max}$,$\sigma_{max}$ 取决于应答器天线的有效接收面积 $A_e$,即

$$\sigma_{max} = A_e = \frac{\lambda^2 D}{4\pi} \tag{9.49}$$

从上面分析可见,当 $\alpha$ 和 $S_i$ 恒定时,应答器的反射调制在发送天线处接收到的信号是一个调幅波,调幅度的控制可通过加一个电阻 $R_1$ 和开关 S 串联实现,如图 9.22 中的虚线部分。

## 9.4.2　无源应答器芯片 XRAG2

无源微波应答器芯片产品很多,下面以意法半导体(ST)公司的 XRAG2 芯片为例介绍它的工作原理和应用技术,以加深对微波频段 RFID 技术的理解。

## 1. 主要特点

XRAG2 芯片是工作在 UHF 频段的无源 RFID 应答器集成电路芯片,功能全、功耗低。该芯片具有以下特点:① 符合 EPCglobal Class 1 规范(详见 10.3.1 节);② 工作频率范围为 860～960MHz,覆盖了北美、欧洲及其他地区和国家的频率使用规范;③ 接收信号是异步脉宽调制(PWM)的 90%SSB-ASK、DSB-ASK 或 PR-ASK 调制信号(数据传输速率最高达 128kbps),应答信号为 FM0 和密勒码反射调制信号(数据传输速率最高达 640kbps);④ 432 位存储器,有两种配置可供选择(见图 9.23 和图 9.24):3 组存储器(64 位 TID,304 位 EPC 代码,64 位备用)和 4 组存储器(128 位用户,64 位 TID,176 位 EPC 代码,64 位备用);⑤ 具有读取、编程和擦除功能;⑥ 安全机制包括密码防篡改保护和 Kill 命令,Kill 命令具有防碰撞功能,支持现场禁用应答器,使数据永远不能再被访问;⑦ 典型编程时间为 0.1s;⑧ 可循环擦写 1 万次以上,数据可保存 40 年以上;⑨ 在有 10 个以上的阅读器环境中,XRAG2 能够在密集阅读模式下工作,即阅读器发射和应答器应答使用不同的边带,从而最大限度地降低信号干扰。

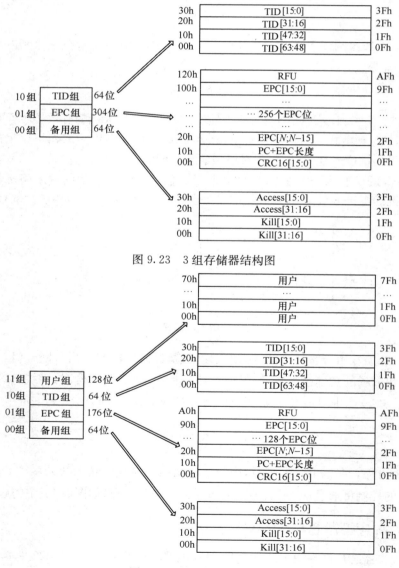

图 9.23　3 组存储器结构图

图 9.24　4 组存储器结构图

当连接到天线,XRAG2 所需的工作能量来自 RFID 阅读器,接收的数据由接收器进行 DSB-ASK、SSB-ASK 或 PR-ASK 解调,发送的数据根据天线反射率变化,并使用 FM0 编码或 Miller 编码生成(由阅读器选择)。

阅读器和 XRAG2 之间的通信采用半双工传输方式,这就意味着反向散射时 XRAG2 不能解码阅读器的命令。其数据转移速率是通过本地的 UHF 频率规则定义的。

阅读器和 XRAG2 之间的通信通过以下操作完成:

● 通过阅读器的 UFH 操作激活 XRAG2;

● 由阅读器传输命令;

● 由 XRAG2 传输响应。

这种技术称为阅读器先讲方式 RFT(Reader Talk First)。

XRAG2 是专为需要自动检测的增程型应用程序而设计的。XRAG2 提供了一个快速、灵活的防碰撞协议。XRAG2 的 EEPROM 存储器可以读取和写入,如果需要,用户可以现场编程 EPC 代码和用户存储区。

## 2. **XRAG2 存储器**

XRAG2 有 432 位存储空间,由用户选择的 EPC 代码决定 3 组或 4 组存储器。每个组都由 16 位字组成,阅读器通过 16 个字能读取部分或全部存储器。用 Write 命令一次能写 16 个字,BlockWrite 命令允许阅读器一次写 4 个字,BlockErase 命令允许阅读器一次擦除多个字。

存储器组的数目和结构取决于 EPC 代码的大小,存储在协议控制(PC)字的前 5 位中。

(1)应答器识别结构

64 位 TID 内容是由 ST 公司根据 ISO/IEC 18000 和 ISO/IEC 15963 标准写入的。XRAG2 能传送 ISO TID 和 EPC TID,图 9.25 和图 9.26 为不同情况的 TID 结构。

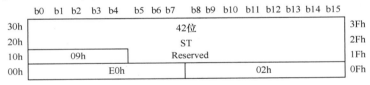

图 9.25 ISO TID 结构图

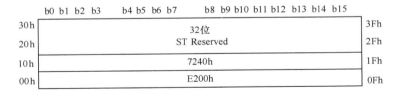

图 9.26 EPC TID 结构图

(2)初始状态

XRAG2 的初始状态如下:

● 备用存储器通过 Access、Kill 命令置为 00000000H;

● 协议控制字编程为 3000H(96 位长的 EPC 代码);

● 除 PC 字外,EPC 均为 00H;

● TID 编程和锁定见图 9.25 和图 9.26 的 TID 结构;

● 用户组均为 00H。

图 9.27　XRAG2 芯片
的基本结构框图

### 3. **XRAG2 命令表**

XRAG2 芯片的基本结构框图如图 9.27 所示,其中 AC0 和 AC1 为天线连接点。和天线连接后,XRAG2 芯片便可从阅读器天线辐射的射频能量中获得工作所需能量,从而被激活。

在识别过程中,被激活的应答器接收来自阅读器的命令,并根据接收到的命令进行应答。因此,XRAG2 芯片构成的 RFID 系统的工作方式属于阅读器先讲方式。在 EPCglobal Class1 规范中,XRAG2 提供了选择、盘存和访问 3 个命令集,具体命令略。

### 4. 工作频率和温度

XRAG2 的 RF 接口和电压倍增器将阅读器的射频能量转换成直流电能量,供 XRAG2 工作使用。XRAG2 的工作频率范围在 860~960MHz。当连接到天线时,工作频率由天线的调谐频率和带宽决定,工作温度由天线的材料性能决定。工作温度范围见表 9.1。

表 9.1　XRAG2 的工作温度范围

| 参数 | 符号 | 最小值 | 最大值 | 单位 |
|---|---|---|---|---|
| 工作温度 | $t_{op}$ | −20 | 55 | ℃ |

### 5. 阅读器到应答器的规则

阅读器能够通过 DSB-ASK,SSB-ASK 或 PR-ASK 调制射频载波信号,从而与应答器进行通信。图 9.28 所示为阅读器到应答器的 RF 包络。

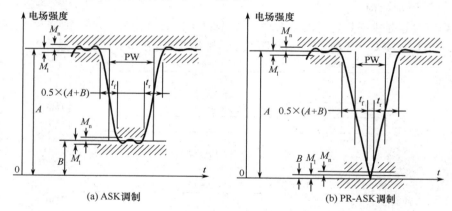

图 9.28　阅读器到应答器的 RF 包络

### 6. 应答器到阅读器的规则

在应答帧期间,根据编码格式和数据传输速率,应答器反向散射数据由阅读器执行启动盘存周期的 Query 命令决定。通过调制天线的反射系数,应答器将反向散射数据传送至阅读器。

（1）应答器到阅读器的数据编码

① 应答器到阅读器的 FM0 编码

应答器到阅读器的 FM0 调制,是在执行启动盘存周期的 Query 命令期间,通过阅读器设置副载波参数($M$)为 1 来选择的。如图 9.29 所示。

② 应答器到阅读器 FM0 数据传输速率

EPCglobal Class 1 规范中,应答器提供了所有的 FM0 反相散射调制数据传输速率:

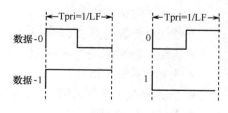

图 9.29　FM0 编码

$$40\text{kbps} \leqslant \text{LF} \leqslant 640\text{kbps}$$

③ 应答器到阅读器密勒调制副载波编码

应答器到阅读器的密勒副载波调制,是在执行启动盘存周期的 Query 命令期间,通过阅读器设置副载波参数 $M$ 为 2,4,8 来选择的。图 9.30 分别是密勒副载波调制参数 $M=2,4,8$ 的情况。

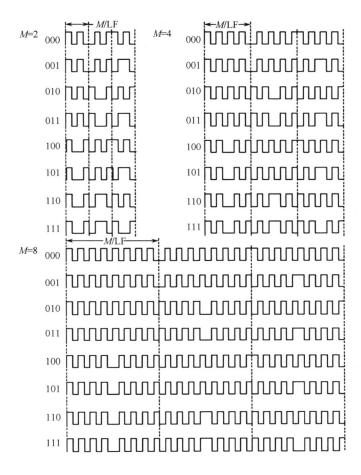

图 9.30　应答器到阅读器的密勒副载波编码

④ 应答器到阅读器密勒副载波调制前同步码

FM0 基带调制,应答器支持两种密勒副载波调制前同步码格式。图 9.31 是根据启动盘存周期的 Query 命令,设置 TRext 参数值来确定密勒前同步码格式。

⑤ 应答器到阅读器的密勒副载波调制

图 9.32 是不同情况下的密勒副载波调制序列。

(2) 应答器到阅读器的密勒副载波调制数据传输速率

EPCglobal Class 1 规范中,应答器提供了所有的密勒副载波调制数据传输速率:

$$20\text{kbps} \leqslant 密勒_{(M=2)} \leqslant 320\text{kbps}$$
$$10\text{kbps} \leqslant 密勒_{(M=4)} \leqslant 160\text{kbps}$$
$$5\text{kbps} \leqslant 密勒_{(M=8)} \leqslant 80\text{kbps}$$

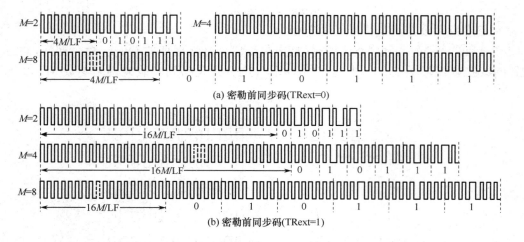

(a) 密勒前同步码(TRext=0)

(b) 密勒前同步码(TRext=1)

图 9.31　应答器到阅读器的密勒前同步序列

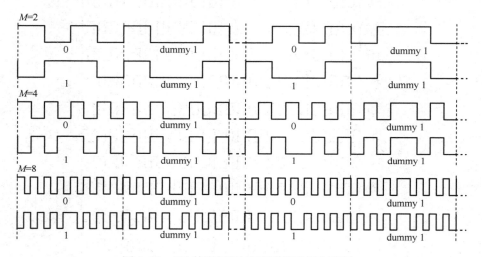

图 9.32　不同情况下的密勒副载波调制序列

### 7. 应答器到阅读器的通信时长

应答器遵从 EPCglobal Class 1 规范中应答器到阅读器或阅读器到应答器的链路时序要求。表 9.2 为应答器到阅读器的链路频率和方差,表 9.3 为应答器到阅读器的数据传输速率。

表 9.2　应答器到阅读器的链路频率和方差

| 分 频 比 | 方差(TRcal)/μs | 链路频率 LF/kHz |
|---|---|---|
| 64/3 | 33.3 | 640 |
| | 33.3<TRcal<66.7 | 320<LF<640 |
| | 66.7 | 320 |
| | 66.7<TRcal<83.3 | 256<LF<320 |
| | 83.3 | 256 |
| | 83.3<TRcal≤133.3 | 160≤LF<256 |
| | 133.3<TRcal≤200 | 107≤LF<160 |
| | 200<TRcal≤225 | 95≤LF<107 |

| 分 频 比 | 方差(TRcal)/μs | 链路频率 LF/kHz |
|---|---|---|
| 8 | 17.2≤TRcal<25 | 320<TRcal≤465 |
|  | 25 | 320 |
|  | 25<TRcal<31.25 | 256<LF<320 |
|  | 31.25 | 256 |
|  | 31.25<TRcal<50 | 160<LF<256 |
|  | 50 | 160 |
|  | 50<TRcal≤75 | 107≤LF<160 |
|  | 75<TRcal≤200 | 40≤LF<160 |

表 9.3　应答器到阅读器的数据传输速率

| 每个符号副载波周期数($M$) | 调制类型 | 数据传输速率/kbps |
|---|---|---|
| 1 | FM0 基带调制 | LF |
| 2 | 密勒副载波调制 | LF/2 |
| 4 | 密勒副载波调制 | LF/4 |
| 8 | 密勒副载波调制 | LF/8 |

8. **XRAG2 芯片的输入阻抗**

XRAG2 提供了标准的输入阻抗,测量的等效输入阻抗与外部天线的电阻和电容有关。

XRAG2 芯片从 AC0 和 AC1 引脚看进去的输入阻抗有两种形式表示:串联型($R_S+jX_S$)和并联型($R_P//C_P$)。温度为 25℃,内部电压 $V_{DD}=1.45$V 时,载波频率为 915MHz,$R_S=10Ω$,$X_S=-245Ω$。

## 9.4.3　主动式应答器设计

主动式应答器带有电池并提供通信所需能量。在工作距离较远时,常采用主动式应答器。下面以一种 433MHz、采用单片机和无线数据传输芯片的主动式应答器为例介绍主动式应答器设计的要点。

### 1. 设计要求

在设计主动式应答器时,应考虑下述设计要求。

(1)低成本

应答器具有较大的使用量,应答器的价格直接影响到系统整体造价的高低。虽然主动式应答器相比被动式应答器具有识别距离远、识别速度快、防碰撞性能好等优势,但如果价格差别较大,也会成为推广应用中的障碍。

(2)低功耗

由于主动式应答器采用电池供电,为延长电池使用寿命,系统对低功耗性能要求严格。

(3)长距离及距离调整

无线电射频在自由空间的传输距离和发射功率、天线性能有关,因此为保证距离,应答器要具有一定的功率发射能力,要做到可进行距离调整,应具有功率可调的能力。

(4)遵守有关国际、国家标准规范

在设计中应考虑空中接口通信参数规范、电磁兼容(EMC)规范、数据存储格式规范等方面的要求,必须遵守有关国际、国家标准的规定。

## 2. 基于 MSP430F2012 和 IA4421 的主动式应答器

一种 433MHz 的主动式应答器电路如图 9.33 所示。该应答器由 MSP430F2012 单片机、IA4421 无线数据传输芯片、CR2032 电池和少量外围器件构成。

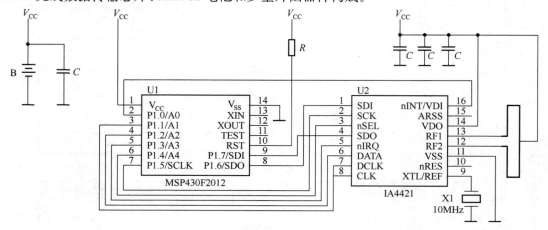

图 9.33　应答器电路图

（1）MSP430F2012 单片机

MSP430 是美国 TI 公司的一款超低功耗单片机系列。MSP430F2012 CPU 采用 16 位精简指令集，集成了 16 个通用寄存器和常数发生器，极大地提高了代码的执行效率。内部锁相环（PLL）电路可以节省一般单片机必需的外部晶体振荡器。内建电源电压监测/欠压复位模块（BOR）省去了外部复位电路。此外，它还具有 $0.5\mu A$ 的保持模式待机电流和 $250\mu A/MIPS$ 的运行功耗，是低功耗的单片机。

（2）IA4421 无线数据传输芯片

IA4421 芯片具有 $-109dBm$ 的接收灵敏度和最大 8dBm 的射频信号输出功率，室内传输距离接近 120m，室外开阔地实测传输距离达 450m。在无线系统中，总增益每增加（或减少）6dB，传输距离大约加长一倍（或缩短一半）。IA4421 芯片的信号输出功率具有 $0，-3，-6，-9，-12，-15，-18，-21dBm$ 共 8 级可调，配合 $0，-6，-14，-20$ 可调的接收端增益，可实现应答器工作距离在较大范围内多级可调。

IA4421 芯片内部集成有高频功率放大器、低噪声放大器、I/O 转换混频器、基带滤波器、I/O 解调器等，需要外围元件很少，仅需要一个 10MHz 晶体振荡器和几个退耦电容。差分天线接口可直接连接制作在印制电路板（PCB）上的微带天线。IA4421 芯片的低功耗待机模式的电流消耗仅为 $0.3\mu A$。

（3）电池供电

选用单节 CR2032 纽扣式锂锰电池，该电池标称电压为 3V，容量为 200mAh，建议间歇放电电流 <15mA。CR2032 具有每年低于 1% 的内在超低漏电及十分平坦的放电曲线，这两项特性对延长电池使用寿命十分有利。为防止发射状态较大的电流造成电池电压瞬态降低，使用较大容量的电容与电池并联。

（4）低功耗设计

除了选择低功耗器件，在低功耗设计方面还要设计优化合理的运行时序，在保证应答器功能的前提下，使电路在大多数时间处于待机休眠状态，工作时予以唤醒。

（5）通信协议

在通信协议方面遵守 ISO/IEC 18000—7 标准。当阅读器的读取范围内有多个应答器存在时，应制定相应的防碰撞机制加以解决。

## 9.4.4 应答器的印制技术

RFID 应答器天线制造常用的方法有蚀刻法、电镀法和直接印刷法，这都属于天线的印制技术。蚀刻法和电镀法因其成本高，操作工艺复杂，成品制作时间长，资源利用率低下，环境污染严重等缺点渐渐被直接印刷法取代。应答器芯片和天线需要通过印制技术附着在纸、聚乙烯（PE）、聚对苯二甲酸乙二醇酯（PET）甚至纺织品等材料上，构成应答器的芯片层，进而制成不干胶贴纸、纸卡、吊标或其他各种形式的应答器。由于应答器芯片不能承受印刷机的压力，所以除喷墨印刷外，一般采用先印刷面层，再与芯片层复合、模切的工艺。

### 1. 印制方法

印刷技术主要有丝网印制（网印）、凹印、凸印和喷墨印刷，目前印制方法以网印为首选。在应答器的印制中，要使用导电油墨。配合导电油墨较好的丝网是镍箔穿孔网，网孔呈六角形，也可用电解成形法制成圆形孔。整个网面平整匀薄，能极大地提高印迹的稳定性和精密性，能分辨 0.1mm 的电路线间隔，定位精度可达 0.01mm。

### 2. 导电油墨

导电油墨是一种特种油墨，它是在 UV 油墨（在紫外线照射下，发生交联聚合反应，瞬间固化成膜的油墨）、柔版水性油墨或特殊胶印油墨中加入导电载体，使油墨具有导电性。

在印制中主要采用碳浆、银浆等导电油墨。碳浆油墨是一种液体型热固油墨，成膜固化后具有保护铜箔和传导电流的作用，具有良好的导电性。此外，它具有不易氧化、性能稳定、耐酸碱侵蚀、耐磨损等特点。银浆油墨是由超细银粉和热塑性树脂为主体组成的一种液体型油墨，在 PET、PVC（聚氯乙烯）、PE 片材上均可使用，具有极强的附着力和遮盖力，可低温固化，具有可控导电性和低阻值。另外，还可将具有导电性的纳米级炭黑加入油墨制成导电油墨，也可将导电油墨中金属粉（如银粉）制成纳米级银粉来制造导电油墨。这种导电油墨不仅印刷的膜层薄而且均匀光滑，性能优良。

在应答器的制造中，导电油墨主要用于印制天线。

### 3. 网印制作应答器天线的优点

应答器由芯片、天线和底材 3 部分组成。目前芯片和底材的性能、价格基本上比较稳定，因而各种制作方法的优势只能体现在优化天线的制作工序及降低制作成本上。

采用某种方法制作的天线至少应符合 3 个标准：①天线应具有良好的电性能；②天线和芯片的连接安装便利；③能进行批量、低成本的生产。

天线的网印制作方法较之传统的蚀刻法、电镀法具有下述优点。

（1）成本低

采用网印导电油墨的方法制作天线的一个显著优点是成本低。低成本特性体现在制作工序与印制耗材两个方面。

网印设备的投资比铜蚀刻设备便宜，网印过程中不需要因环保要求而追加额外的投资，故生产设备的维护成本比铜蚀刻方法低。在材料成本上，导电油墨比蚀刻金属的价格低；而在材料耗用量上，蚀刻过程要消耗大量金属。导电油墨印制天线或电路的速度快、效率高，因而成本也低。

（2）操作容易

网印技术操作容易，作为一种加法制作技术，较之减法制作技术（如蚀刻法）来说是一种控制容易、一步到位的工艺过程。

（3）"绿色"环保

网印技术采用导电油墨直接在底材上进行印刷，无须使用化学试剂，因而具有绿色环保的优点。

（4）底材选择灵活多样

网印技术能够将导电油墨印刷在几乎所有的承印材料上，因此，底材的选择也就更加灵活、多样。相比之下，铜蚀刻技术只能采用具有高度抗腐蚀性的底材，而这些底材的价格会贵得多。

（5）应答器的样式丰富，稳定性与可靠性好

采用网印技术能够允许天线具有多种设计样式，能够印刷出多种样式的天线。因而，制作出的应答器样式丰富，允许贴在具有不同表面形状、不同曲率、角度的物体表面。此外，印制的导电油墨天线能够经受住更高的外部机械压力。

# 本 章 小 结

天线和芯片是微波 RFID 技术的核心。在微波频段，应答器通常处于阅读器发送射频的远区场。无源应答器从接收到的射频能量中获取能量，并采用反射调制的方法向阅读器传输存储的数据。有源应答器能使工作距离更远。在有源主动式应答器中，通信所需的能量由电池提供，通信方式在遵守协议规范的基础上更为多样。

天线是一种能量转换器件，天线的小型化和微型化设计是保证应答器性能的关键技术之一，其制作方法目前主要是采用导电油墨印制的网印技术。天线的主要电性能参数包括效率、输入阻抗、方向图、方向系数、极化、增益、带宽、有效面积等，天线阻抗和应答器芯片输入阻抗的匹配是保证应答器性能的重点问题。

RFID 技术常用的天线有对称振子天线、引向天线、微带天线、天线阵等。为了适应宽频带工作，在 RFID 技术中，螺旋天线、对数周期天线等非频变天线获得了重视。

XRAG2 芯片是一款支持 EPC 编码，工作在 860～960MHz 频段，符合 EPCglobal Class 1 规范的应答器芯片。XRAG2 芯片接收阅读器发送的信号，接收信号是异步脉宽调制（PWM）脉冲编码的 90%SSB-ASK、DSB-ASK 或 PR-ASK 调制信号（最大数据传输速率为 128kbps），其应答为 FM0 和密勒反射调制信号（最大数据传输速率为 640kbps）。XRAG2 芯片具有防碰撞能力，还具有接收到 Kill 命令的自毁功能，以保护客户的隐私。

可以采用单片机和无线数据传输芯片为核心来设计主动式应答器。在主动式应答器的设计中，应注意低功耗和通信协议等多方面的问题。

# 习 题 9

9.1 天线的方向系数和增益系数有什么关系？

9.2 什么是极化？极化匹配有什么意义？

9.3 一个尺寸为 $L=W=4.02\text{cm}$ 的方形微带贴片印刷在厚为 $0.159\text{cm}$，$\varepsilon_r=2.55$ 的介质基片上，试求出谐振频率、边缘馈电的谐振输入阻抗和带宽。

9.4 设计一个工作频带为 450～900MHz 的等角螺旋天线。

9.5 计算图 9.16 所示的对数周期振子天线的振子长度和间距。设工作频带为 $200\sim600\mathrm{MHz}$，$\tau=0.917$，$\sigma=0.169$。

9.6 什么是天线阵？上网查找有关应答器资料，给出采用天线阵技术的应答器一例，并和图 9.9 所示的四阵元天线阵进行比较。

9.7 在主动式应答器设计中，应考虑哪些主要问题？试设计一个主动式应答器，工作频率为 $5.8\mathrm{GHz}$。

9.8 反射调制和天线性能有什么关系？

9.9 简述 XRAG2 芯片的主要特点。

9.10 什么是导电油墨？采用导电油墨印制天线有什么优点？

# 第 10 章　EPC 与物联网

**内容提要**：本章介绍条形码、EPC 编码和物联网的技术基础。在介绍全球贸易项目代码（GTIN）、系列货运包装箱代码（SSCC—18）等条形码的编码方法及应用的基础上，对由 EPCglobal 发布的 EPC 编码，以及在 EPC 编码的基础上形成的物联网进行了论述。最后介绍物联网中的 Savant，ONS，EPCIS 和实体置标语言（PML）的概念。

**知识要点**：条形码，GTIN，SSCC—18，EPC 编码，EPC 标签，EPC Class，EPC Gen 2；Savant，ONS，EPCIS，PML，物联网，EPC 系统及应用。

**教学建议**：本章以 RFID 系统的网络应用为主线，读者最好能具有一定的计算机网络的基础知识。本章建议学时为 4～6 学时。

## 10.1　EPC 的产生和 EPC 系统

20 世纪 70 年代，商品条形码的出现引发了商业的第一次革命。目前，基于 RFID 技术的电子产品编码（Electronic Product Code，EPC）技术，给商品的识别、存储、流通、销售等各个环节带来了巨大的变革。

### 10.1.1　EPC 的产生和发展

#### 1. EPC 的产生和 EPC 组织机构

伴随着经济全球化的进程，方便、快速、准确地识别、跟踪（也称为追踪、溯源）和管理单个物品的需求应运而生，条形码已不能满足这一需求。与此同时，计算机技术、RFID 技术、Internet 和无线通信技术的飞速发展，使得直至单个物品的识别、跟踪和管理成为可能。为推进 RFID 技术应用的发展，1999 年美国麻省理工学院成立了 Auto-ID 中心，进行 RFID 技术的研发，通过创建 RFID 标准并利用网络技术，形成 EPC 系统，为建设全球物联网而努力。

EPC 统一了对全球物品的编码方法，直到编码至单个物品。EPC 规定了将此编码以数字信息的形式存储于附着在物品上的应答器（在 EPC 中常称为标签）中。阅读器通过无线空中接口读取标签中的 EPC 编码，并经计算机网络传送至信息控制中心，进行相应的数据处理、存储、显示和交互。

EPC 系统技术复杂，涉及 EPC 编码的管理和分配、RFID 技术的规范和标准、网络系统的构架、软件的系统集成、信息处理标准和规范等众多领域。因此，为管理 EPC，国际物品编码协会（EAN）和美国统一代码委员会（UCC）在 2003 年 11 月成立了全球电子产品代码中心 EPCglobal。与此同时，位于美国（麻省理工学院）、英国、日本、中国、澳大利亚和瑞士的 6 个 Auto-ID 中心更名为 Auto-ID Lab（实验室）。EPC 的组织机构如图 10.1 所示。EPCglobal 通过各国的编码组织管理和推动当地的 EPC 工作，各国编码组织的主要作用是管理 EPC 系统成员的加入和标准化工作，在当地推广 EPC 系统、提供技术支持和培训 EPC 系统用户。

#### 2. EPC 的应用前景

信息化是 21 世纪各行业的重要发展趋势，电子商务、电子政务、远程医疗、远程教育等基于网络技术的应用发展迅速，EPC 旨在构造一个全球统一标识的物品信息系统，它在超市、仓储、

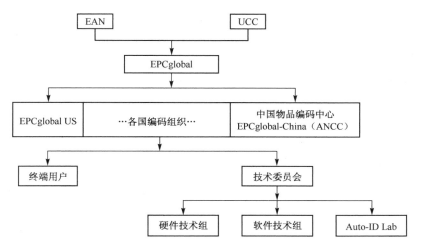

图 10.1　EPCglobal 的组织机构

货运、交通、溯源跟踪、防伪防盗等众多领域中将获得广泛的应用。

EPCglobal 为 EPC 的发展提供了组织和技术的保证,它在加强研发、编码组织、标准建立、网络管理、市场开发、技术推广等众多方面保证了 EPC 系统的建立、维护和运营。

## 10.1.2　EPC 系统的组成

EPC 系统是在 Internet 的基础上,利用 RFID、EPC 编码、数据通信等技术,构造的一个覆盖全球万事万物的物联网(Internet of Things)。通过 Internet,全球的计算机可以进行互连,实现信息资源共享、协同工作的目标。而在 RFID 和 Internet 的基础上,物联网可以将数量更为庞大的物品建立起信息连接,为商业、物流、仓储、生产等领域提供信息化的先进管理理念和手段。

### 1. EPC 系统的结构

EPC 系统的目标是为每个物品建立全球的、开放的标识标准。EPC 系统的组成如图 10.2 所示。

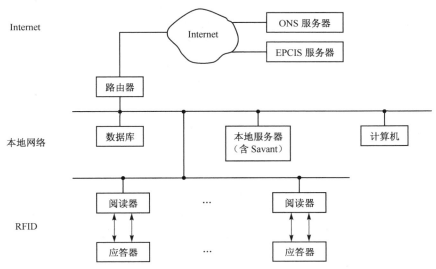

图 10.2　EPC 系统组成

EPC 系统由应答器、阅读器、Savant(专家软件、中间件)服务器、对象名称解析(ONS)服务器、EPCIS(EPC 信息服务)服务器与网络组成。

应答器装载有 EPC 编码,附着在物品上,也称为标签(本章后面称为 EPC 标签或标签)。阅读器用于读或读/写标签,并能连接到本地网络中。Savant 是连接阅读器和应用程序的软件,也称为中间件,它是物联网中的核心技术,可认为是该网络的神经系统,故称为 Savant。对象名称解析服务(ONS)的作用类似于 Internet 中的域名解析服务(DNS),它给 Savant 指明了存储产品有关信息的 EPCIS 服务器。系统中 EPC 信息描述采用实体置标语言(PML),PML 是在可扩展置标语言(XML)的基础上发展而成、用于描述有关物品信息的一种计算机语言。

阅读器从标签中读取 EPC 编码,Savant 处理和管理由阅读器读取的一连串 EPC 编码,将 EPC 编码提供的指针传送给 ONS 服务器,ONS 服务器告知 Savant 保存该物品匹配信息的 EPCIS 服务器,保存该物品匹配信息的文件可由 Savant 复制,从而获得该物品的匹配信息。

### 2. EPC 系统的特点

EPC 系统的主要特点如下。

① 采用 EPC 编码方法,可以识别物品到单个物品。

② 具有开放的体系结构,可以将企业的内联网(Intranet)、RFID 和 Internet 有机地结合起来,避免了系统的复杂性,提高了资源的利用率。

③ EPC 系统是一个着眼于全球的系统,因此众多规范和标准的统一是一项重要的工作。

④ EPC 是一个大系统,目前仍需要较多的投入,对于低价值的识别对象,必须考虑由此引入的成本。随着技术的进步和成本的降低,低价值识别对象进入 EPC 系统将成为现实。

# 10.2 EPC 编码

## 10.2.1 条形码及应用

### 1. 全球贸易项目代码(GTIN)

全球贸易项目代码(GTIN)是为全球贸易提供唯一标识的一种代码(或称为数据结构),它是 EAN 和 UCC 的统一代码,用于对贸易项目进行编码和符号表示,能够实现产品零售、进货、存货管理、自动补货、销售分析和其他业务运作的自动化。

GTIN 是唯一的、无含义的、多行业的、全球认可的代码。GTIN 有 4 种编码结构:EAN·UCC—13(EAN13)、EAN·UCC—8(EAN8)、UCC—12 和 EAN·UCC—14。前 3 种结构通过补零可以表示成 14 位数字的代码结构(见表 10.1),用于零售商品;EAN·UCC—14 用于箱包装商品。

在 EAN·UCC—14 中:$N_1$ 为指示符,赋值为 1~9,其中 1~8 用于定量的非零售商品,9 用于变量的非零售商品,最简单的方法是按顺序分配指示符,即将 1,2,…分别分配给非零售商品的不同级别的包装组合;$N_2$~$N_{13}$ 是箱内含商品的 EAN·UCC 商品码,若内含为 EAN·UCC—13 码,则去除 EAN·UCC—13 的检验码;$N_{14}$ 为检验码。

表 10.1 GTIN 的代码结构

| 代码类型 | $N_1$ | $N_2$ | $N_3$ | $N_4$ | $N_5$ | $N_6$ | $N_7$ | $N_8$ | $N_9$ | $N_{10}$ | $N_{11}$ | $N_{12}$ | $N_{13}$ | $N_{14}$ |
|---|---|---|---|---|---|---|---|---|---|---|---|---|---|---|
| EAN·UCC—13 | 0 | $N_1$ | $N_2$ | $N_3$ | $N_4$ | $N_5$ | $N_6$ | $N_7$ | $N_8$ | $N_9$ | $N_{10}$ | $N_{11}$ | $N_{12}$ | $N_{13}$ |
| EAN·UCC—8 | 0 | 0 | 0 | 0 | 0 | 0 | $N_1$ | $N_2$ | $N_3$ | $N_4$ | $N_5$ | $N_6$ | $N_7$ | $N_8$ |
| UCC—12 | 0 | 0 | $N_1$ | $N_2$ | $N_3$ | $N_4$ | $N_5$ | $N_6$ | $N_7$ | $N_8$ | $N_9$ | $N_{10}$ | $N_{11}$ | $N_{12}$ |
| EAN·UCC—14 | $N_1$ | $N_2$ | $N_3$ | $N_4$ | $N_5$ | $N_6$ | $N_7$ | $N_8$ | $N_9$ | $N_{10}$ | $N_{11}$ | $N_{12}$ | $N_{13}$ | $N_{14}$ |

## 2. 条形码在零售商品上的使用

零售商品的标识代码主要采用 EAN·UCC—13,EAN·UCC—8 和 UCC—12。在我国,通常情况下选用 13 位数字代码结构的 EAN·UCC—13,出口到北美地区时才申请 UCC—12。

(1) EAN·UCC—13

EAN·UCC—13 标准版原印码的结构见表 10.2,由厂商识别代码、商品项目代码和检验码 3 部分组成。

表 10.2　EAN·UCC—13 标准版原印码的编码结构

| 结构种类 | 厂商识别代码 | 商品项目代码 | 检验码 |
|---|---|---|---|
| 结构 1 | $X_1 X_2 X_3 X_4 X_5 X_6 X_7$ | $X_8 X_9 X_{10} X_{11} X_{12}$ | $X_{13}$ |
| 结构 2 | $X_1 X_2 X_3 X_4 X_5 X_6 X_7 X_8$ | $X_9 X_{10} X_{11} X_{12}$ | $X_{13}$ |

厂商识别代码用于对厂商的唯一标识,是 EAN 编码组织在 EAN 分配的前缀码的基础上分配给厂商的代码,前缀码(3 位)由 EAN 组织统一管理和分配。当前缀码为 690,691 时采用结构 1;前缀码为 692,693 时采用结构 2;左起 3 位前缀码 690～693 是 EAN 分配给中国物品编码中心的前缀码。厂商识别代码由中国物品编码中心统一向申请厂商分配。

商品项目代码可由厂商自行编码,但必须符合唯一性、永久性和无含义等原则。唯一性是指对同一商品必须编制相同商品项目代码,对不同商品其商品项目代码必须不同,即一个商品项目只有一个代码,一个代码只标识一个商品项目。如果商品的重量、包装、规格、颜色、形状等不同,则应赋给不同的商品项目代码。永久性是指商品项目代码一经分配,就不再更改,并且是永久的。无含义是指采用无含义的顺序码,以保证代码有足够的容量。

检验码用于检验厂商识别代码、商品项目代码的正确性。

(2) EAN·UCC—8

EAN·UCC—8 的编码结构见表 10.3,它由 8 位组成,左 3 位是 EAN 分配的前缀码,接着 4 位是分配给厂商的特定商品代码,最后一位是检验码。EAN·UCC—8 又称为缩短版编码。

表 10.3　EAN·UCC—8 的编码结构

| 结　构 | $X_1 X_2 X_3$ | $X_4 X_5 X_6 X_7$ | $X_8$ |
|---|---|---|---|
| 含　义 | 前缀码 | 特定商品代码 | 检验码 |

(3) EAN·UCC—13 和 EAN·UCC—8

EAN·UCC—13 和 EAN·UCC—8 的条形码图如图 10.3 所示。这些条形码用于零售业,是指在零售端采用 POS 机扫描结算的商品,如一瓶洗发水、一盒牙膏等。

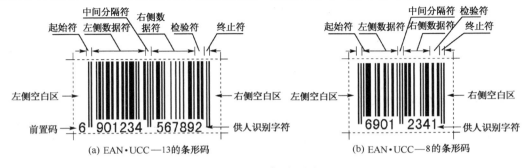

(a) EAN·UCC—13的条形码　　　　(b) EAN·UCC—8的条形码

图 10.3　条形码图

## 3. 商品条形码在非零售商品上的使用

非零售商品指不通过 POS 机扫描结算的用于配送、仓储或批发操作的商品。

单个包装的非零售商品主要是指独立包装但又不适合通过零售端 POS 机扫描结算的商品项目,如独立包装的冰箱、洗衣机等。其标识代码可采用 EAN·UCC−13,EAN·UCC−8 或 UCC−12。

对于含有多个包装等级的非零售商品,即要标识的货物内含有多个包装等级,如装有 24 条香烟的一整箱烟,或装有 6 箱烟的托盘等,其标识代码可采用 EAN·UCC−14,EAN·UCC−13 或 UCC−12。

图 10.4 所示为一种不同包装等级的商品的编码方案。

EAN·UCC−13: 6901234000047
(a) 单品

EAN·UCC−13: 6901234000054
EAN·UCC−14: 16901234000044
(b) 6 个单品的箱

EAN·UCC−13: 6901234000041
EAN·UCC−14: 16901234000061
(c) 24 箱的一个托盘

图 10.4　不同包装等级的商品的编码方案

条形码符可以采用 EAN·UCC,ITF14 或 EAN·UCC 128(EAN128)条形码。图 10.5 所示为 ITF14 条形码,它的编码为 EAN·UCC−13 补零并去检验符的 14 位码。

图 10.5　ITF14 条形码的结构

EAN·UCC 128 条形码可以标识带有附加属性信息的商品,图 10.6 所示为一个表示非零售商品的标识代码、有效期和批号的 EAN·UCC 128 条形码。

图 10.6　UCC·EAN 128 条形码标识的非零售商品

### 4. 商品条形码在物流单元上的使用

物流单元条形码是为了便于运输或仓储而建立的临时性组合包装,在供应链中需要对其进行个体的跟踪与管理。通过扫描每个物流单元上的条形码标签,实现物流与相关信息流的链接,可分别追踪每个物流单元的实物移动。

物流单元的编码采用系列货运包装箱代码(SSCC−18)进行标识。一个含有 40 箱饮料的托盘(每箱 12 盒装)或一箱有不同颜色、尺寸的 12 件裙子和 20 件夹克的组合包装等都可以视为一个物流单元。

（1）SSCC－18 代码

系列货运包装箱代码(SSCC－18)是对每个物流单元的唯一标识,其代码结构见表10.4。

表 10.4 SSCC－18 代码结构

| 应用标识符 | 扩 展 位 | 厂商识别代码和参考代码 | 检 验 位 |
|---|---|---|---|
| 00 | $N_1$ | $N_2 \sim N_{17}$ | $N_{18}$ |

① 应用标识符:为 00 表示后跟系列货运包装箱代码。

② 扩展位:表示包装类型,用于增加 SSCC 的容量,由建立 SSCC 的厂商分配,$N_1$ 的取值范围为 0～9。

③ 厂商识别代码:同零售商品。

④ 参考代码:厂商分配的一个连续号。

⑤ 检验位:按一定的计算方法进行检验。

（2）条形码的选择

物流单元的条形码符号通常采用 EAN·UCC 128 条形码,图10.7所示为表示 SSCC 的 EAN·UCC 128 条形码示例。

图 10.7 表示 SSCC 的<br/>UCC·EAN 128 条形码

（3）物流标签的制作

物流标签是物流过程中用于表示物流单元有关信息的条形码标签,每个物流单元都要有自己唯一的 SSCC。在实际应用中,一般不事先把包括 SSCC 在内的条形码印在物流单元包装上。比较合理的方法是,在物流单元确定时制作标签并贴在物流单元上面。

## 10.2.2 EPC 编码的类型及性能

### 1. EPC 编码的类型

目前,EPC 编码有 64 位、96 位和 256 位 3 种。EPC 编码由版本号、域名管理、对象分类和序列号 4 个字段组成。版本号字段标识 EPC 的版本号,它给出 EPC 编码的长度;域名管理字段标识相关的生产厂商信息;对象分类字段编码物品精确类型;序列号用于编码出唯一物品。表 10.5 所示为编码类型及各字段的编码长度。

表 10.5 EPC 编码类型及各字段的编码长度(位)

| 编 码 类 型 | | 版 本 号 | 域 名 管 理 | 对 象 分 类 | 序 列 号 |
|---|---|---|---|---|---|
| EPC－64 | TYPE I | 2 | 21 | 17 | 24 |
| | TYPE II | 2 | 15 | 13 | 34 |
| | TYPE III | 2 | 26 | 13 | 23 |
| EPC－96 | TYPE I | 8 | 28 | 24 | 36 |
| EPC－256 | TYPE I | 8 | 32 | 56 | 160 |
| | TYPE II | 8 | 64 | 56 | 128 |
| | TYPE III | 8 | 128 | 56 | 64 |

例如,EPC－96 TYPE I 的 EPC 码 01 0000A89 00016F 000169DC0(以十六进制数表示):01H 为版本号(8 位);0000A89H 为域名管理(28 位);00016FH 为对象分类(24 位),这个字段能容纳足够多的物流单元;000169DC0H(36 位)为序列号。

### 2. EPC 编码的性能

（1）唯一性

EPC 编码具有足够的编码容量和组织保证,因此可以保证对某个物品实现唯一编码。例如,EPC－96 中 28 位域名管理字段可容纳约 2.68 亿家制造商(远远超出了 EAN·UCC－13 容纳的约 100 万制造商),每家制造商可以有 $2^{24}$ 种不同类型的产品,每种产品可以有 $2^{36}$ 个单品。

（2）简单性

EPC 编码简单且能实现物品的唯一标识，不包含物品的其他相关信息，如重量、尺寸、有效期等，这些附加信息需要通过有关数据库获取。

（3）可扩展性

EPC 编码考虑到未来的发展，提供了充足的备用空间，具有可扩展性。EPC 编码目前建议采用 96 位或 64 位，256 位可以满足未来的使用。这和 IP 地址中的 IPv4 向 IPv6 过渡相似。

（4）安全性

安全性问题日益受到关注，EPC 编码和加密、认证技术相结合，可以使 EPC 系统获得很好的安全性能。

### 10.2.3　EPC 编码与条形码的关系

现行的 GTIN 条形码体系在世界各国已普遍应用，而且在产品识别和物流领域起到了重要作用。正因为如此，EPC 编码体系在技术突破与结构创新的同时，将 GTIN 的编码结构整合到 EPC 编码结构中，实现了对 GTIN 编码的兼容，保证了全球统一标识系统（EAN·UCC）的连续性。EPC 编码和条形码有一定的对应关系，EPC 编码和 GTIN 与 SSCC 编码之间可以通过一定的规则进行相互转换，因而保证了条形码向 EPC 编码的过渡。

从应用上来讲，EPC 与条形码各有特点，在很多领域可以联合运用。例如，EPC 系统所应用的 RFID 技术目前在提高阅读正确率和迅速发现漏读对象上还尚有不足，条形码技术可以成为解决这些问题的必要补充；此外，现有的企业资源管理系统（ERP）多为基于条形码技术的信息采集，转换为 EPC 信息采集尚需一个过程。因此，在一定范围和一定时间段内，基于 RFID 的 EPC 和条形码技术之间仍会有一个共存互补的阶段。

# 10.3　EPC 标签和阅读器

### 10.3.1　EPC 标签与 EPC Gen 2

在物品识别中，沿用商业、物流行业的习惯，RFID 应答器称为电子标签或标签。

#### 1. 标签的分类

标签的分类有多种方式，下面给出一些主要的分类方法。

（1）按标签的工作频率划分

低频标签：工作频率在 135kHz 以下。

高频标签：工作频率为 13.56MHz。

微波标签：工作频率为 UHF 频段（433MHz、860～960MHz 和 2.45GHz）及 5.8GHz，24.5GHz。

（2）按工作距离划分

远程标签：工作距离通常大于 1m。

近程标签：工作距离在 10cm～1m 之间。

贴近型标签：工作距离在 10cm 以下。

（3）按工作方式划分

主动式标签：用自身的射频能量主动发送数据给阅读器的标签，它一定自带电源。

被动式标签：在阅读器发出询问命令后进入通信状态的标签。被动式标签的通信能量从阅读器通过射频获得。被动式标签可自带电源也可不自带电源。含电源的标签，其所带电源仅为标签运转提供能量,也称为半被动式标签。

（4）按自身是否带电源划分

无源标签:标签中不带电池,其寿命长但工作距离较近。

有源标签:自带电池的标签,存在定期更换电池的问题,电池的寿命是重要的性能指标。

（5）按读/写能力划分

只读标签:标签的内容在识别过程中只能读出不能写入的标签。它又可分为只读标签（ROM 型）、一次性编程只读标签（应用前一次性编程写入,识别过程中不可改写）和可重复编程只读标签（可多次写入但识别过程中不可改写）。

读/写标签:标签的内容在识别过程中既可读出也可写入的标签。

### 2. EPC 标签

（1）EPC 标签的特征

EPC 标签中存储的唯一信息是 EPC 编码,EPC 标签通常是被动式标签,其空中接口采用 EPC 空中接口或 ISO/IEC 18000 标准,标签的存储器、天线、有无自带电池等规范正在完善中。

（2）EPC 标签的功能级别

EPC 标签的功能级别目前可分为 5 类（功能级别标准尚未确定）。

Class 0　Class 0 类的标签必须具有以下功能:

● 必须包含 EPC 编码、自毁代码和 CRC 码;

● 可以读但不能写;

● 可以自毁,自毁后标签不可被识读。

Class 1　它是无源、反向散射式标签。具有标签标识（TID）、加密、自毁等特征,自毁可通过 Kill 命令实现。Class 1 标签具有可一次写入的用户存储器。

Class 2　Class 2 标签是性能更高的标签,除应具有 Class 1 标签的特征外,还可具有扩展的 TID、认证的访问控制、可改写的用户存储器及规定的附加特性等更强功能。

Class 3　它是半被动式反向散射标签,除具有 Class 2 的特性外,标签带有电池。此外,标签还集成有传感器电路。

Class 4　这是一种主动式标签,除具有 Class 3 的性能外,还具有标签一标签通信和构建特殊的多跳移动无线网络（Ad-hoc）的功能。

（3）标签产品

表 10.6 所示为一些 EPC 标签产品的型号和性能参数。目前,EPC 标签主要工作在 UHF 和 HF 频段。

表 10.6　一些 EPC 芯片标签的性能参数

| 型　号 | 存储容量 | 符合标准 | 工作距离 |
|---|---|---|---|
| JX－05XX | 64 位 ID<br>216B 用户存储空间 | ISO/IEC 18000－6 | ≤10m<br>（取决于所用天线） |
| RX－UHF－00C01<br>（TI 公司） | 96 位 EPC,存储空间用户可编程,<br>32 位生产厂商预编程（TID 存储） | EPC UHF Gen 2 | 4～10m<br>天线尺寸:<br>88.9mm×25.4mm |
| UCODE EPC Gen 2 SL3 ICS10<br>（Philips 公司） | 512 位片上存储:96 位 EPC 代码,<br>32 位TID,128 位用户可编程存储空间,32 位密码,32 位自毁命令 | EPC UHF Gen 2 | 7m |

### 3. Class 与 Gen(代)的概念

EPC 的 Gen 和 EPC 的 Class 是两个不同的概念。Class 描述的是标签的基本功能,例如标签里面存储器的情况或有无电池。Gen 是指标签规范的主要版本号。通常所说的第二代 EPC,实际上是第二代 EPC Class 1,这表明它是规范的第二个主要版本,针对拥有一次写入内存的标签。

EPC Class 的目的是为了提供一种模块化结构,涵盖一系列众多的可能类型的标签功能。例如,电池供电型标签的通信协议应与无电池型标签的通信协议相同,只是增加了支持电池的必要命令,这就保持了协议的简单化。如果电池供电型标签上的电池出现故障或者失效,标签就完全类似于没有电池的标签,对最终用户来说,它仍具有一些实用功能。

### 4. EPC Gen 2

目前,EPC Gen 2 是指符合"EPC Radio-Frequency Identity Protocols/Class 1 Generation-2 UHF/RFID/Protocol for Communications at 860～960MHz"规范的标签。EPC Gen 2 规范长达 94 页,详细描述了第二代 RFID 标签和阅读器之间的通信。下面介绍规范的要点。

(1)主要内容

① RFID 系统必须能够在 860～960MHz 间的任何频率上通信。为符合不同地区的无线电管理法规,阅读器应能够使用这个范围内的任何频率进行工作。

② 给出了双边带幅移键控(DSB-ASK)、单边带幅移键控(SSB-ASK)和反相幅移键控(PR-ASK)3 种不同的调制方案,阅读器应可提供选择。

③ 具有 80kbps、160kbps、320kbps 和 640kbps 4 种数据传输速率,阅读器决定使用哪种数据传输速率。速率高有利于提高标签的读取速度,但可能会导致可靠性下降。

④ 可最多支持 256 位的 EPC 编码(第一代最多支持 96 位)。

⑤ 支持密集阅读器模式(Dense Reader Mode)。密集阅读器模式旨在避免阅读器对标签响应的干扰,其办法是保留合法无线电频率范围中的某些小部分供标签使用。因为标签在通信时信号强度比阅读器弱得多,所以采用该办法有助于标签在有多个阅读器于近距离使用的情形下正常工作。密集阅读器模式是第二代标准的新特性,但对阅读器生产厂商这部分不是强制性的。

(2)EPC Gen 2 的特点

① EPC Gen 2 是一个开放的标准

EPCglobal 批准的 Class1 Gen 2 UHF 标准对 EPCglobal 成员和签定了 EPCglobal IP 协议的单位免收专利费,允许这些厂商着手生产基于该标准的产品(如标签和阅读器)。这意味着更多的技术提供商可以据此标准在不交纳专利费的情况下生产符合供应商、制造商和终端用户需要的产品,也减少了终端用户部署 RFID 系统的费用,可以吸引更多的用户采用 RFID 技术。同时,人们也可以从多种渠道获得标签,进一步促进了标签价格的降低。

② EPC Gen 2 是一个多协议的标准

EPC Gen 2 的空中接口协议综合了 ISO/IEC 18000—6 中 TYPE A 模式和 TYPE B 模式的特点及长处,并进行了一系列有效的修正和扩充,其中物理层数据编码、调制方式、防碰撞算法等一些关键技术有了改进,性能有了很大提高。

EPC Gen 2 的基本通信协议采用了"多方菜单"的方法。例如,多种调制方案提供了不同的方法来实现同一功能,即接收来自标签的数据。协议还提供了许多可选命令和特定厂商的定制命令。要做到与协议完全兼容,标签必须提供全部菜单。阅读器只要确定在某种通信环境下标签应使用哪种调制方法和数据传输速率,就能从这些选项中进行挑选。阅读器的动态选择,为适应具体的应用环境提供了便利。

③ EPC Gen 2 是一个发展中的标准

由于厂商相互竞争,而用户在降低成本、增加功能方面要求更高,EPC Gen 2 有望在 RFID 市场引发新的创新浪潮。例如,密集阅读器模式并不能解决多阅读器在近距离工作时可能产生的每个问题,因为在最终用户场地的非 RFID 设备(无线电话、无线局域网、工业设备等)会部分或全部抵消密集阅读器模式的潜在好处(因为它们不可能遵守为了确保密集阅读器模式发挥功效所需的信道化方案);此外,密集阅读器模式是 EPC Gen 2 中的非强制性部分,只要有一个非密集阅读器模式的 RFID 阅读器存在,也会淹没标签的响应信号,抵消密集阅读器模式的好处。因此,需要有更好的方案来解决这一问题。

EPC 标准开发小组正在进行第三代标签的开发工作,第三代标签将会进一步推进 RFID 技术应用的发展。

## 10.3.2 EPC 阅读器

### 1. 功能和特性

EPC 阅读器是 EPC 标签和计算机网络之间的纽带,它将 EPC 标签中的 EPC 编码通过射频读入后转换成为可在网络中传输的数据,因此,EPC 阅读器应具有下述功能和特性。

（1）空中接口功能

为读/写 EPC 标签的数据,阅读器必须具有和所读/写 EPC 标签相同的空中接口协议。在某些情况下,阅读器可能还需要支持多个频段的多种协议。

（2）阅读器防碰撞

EPC 系统需要多个阅读器,相邻阅读器之间可能会产生干扰,阅读器间的干扰称为阅读器碰撞。阅读器碰撞会引起读/写错误和读/写盲区,因此必须采取防碰撞措施来减小或消除阅读器碰撞的影响。例如,在 UHF 频段采取跳频(FHSS)措施等。

（3）与计算机网络的连接

EPC 阅读器必须具有和计算机网络连接的功能,如和以太网的连接。EPC 阅读器应能够像通常的网络设备(如服务器、路由器等)一样,成为网络的一个独立站点,它和网络的连接不需要经过另一台计算机作为中介。

### 2. EPC 阅读器的结构

EPC 阅读器的基本组成框图如图 10.8 所示,它由空中接口电路、天线、网络接口、控制器、存储显示电路、时钟电路和电源电路等组成。

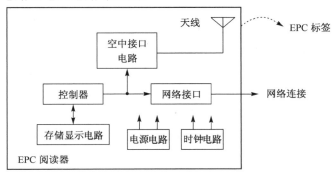

图 10.8　EPC 阅读器的基本组成框图

空中接口电路包括收、发两个通道,包含编码、调制、解调、解码等功能,射频功率由天线辐射,并接收从标签返回的信息。空中接口电路是阅读器和标签之间交换信息的纽带。

控制器可以采用微控制器(MCU)或数字信号处理器(DSP)。由于 DSP 提供了强大的数字信号处理和接口控制功能,应用灵活性强,所以 DSP 是 EPC 阅读器中控制器的首选器件。

网络接口应支持以太网、无线局域网(IEEE 802.11x)等网络连接方式,这也是 EPC 阅读器的重要特点。

# 10.4　EPC 系统网络技术

EPC 系统网络技术是 EPC 系统的重要组成部分,主要完成信息传输和管理功能。

## 10.4.1　中间件(Savant)

### 1. Savant 的作用

每个物品都加上 RFID 标签之后,在物品的生产、运输和销售过程中,解码器将不断收到一连串的 EPC 编码。整个过程中最为重要,同时也是最困难的环节就是传送和管理这些数据。人们于是开发了一种称为 Savant 的软件技术,相当于 EPC 系统的神经系统。

Savant 作为一种软件,擅长处理海量咨询并灵活过滤数据。在 EPC 系统里,阅读器将收集到的 EPC 编码传送给 Savant,依据这些数据,Savant 向各处的 ONS 服务器提出询问,由 ONS 服务器寻找对应该 EPC 编码的产品资料地址,再回复给 Savant。由此 Savant 可以找到物品资料并传递给相关单位的数据库或供应链应用系统。

Savant 的主要目的是管理和传输资料,防止企业和公用网络的超载,具体归纳为以下几个方面。

(1) 资料校对

处于网络边际的 Savant,直接与阅读器进行信息交流,它们会进行资料校对。并非每个标签每次都会被读到,而且一个标签的资料可能被误读,Savant 能够利用算法校正这些错误。

(2) 阅读器间协调

如果从两个有重叠区域的阅读器读取信息,它们可能读取了同一个标签的资料,产生了相同多余的 EPC 编码,Savant 的一个任务就是分析已取读的资料并且删除这些冗余的产品代码。

(3) 资料传送

在一个层次上,Savant 必须决定什么样的资料需要在供应链上向上或向下传送。例如,冷藏工厂的 Savant 可能只需要传送它所存储的商品温度资料就可以了。

(4) 资料存储

Savant 的另一个任务就是维护存储的资料。Savant 能够实时地取得商品的 EPC 编码并且将资料存储,以便其他企业管理的应用程序有权访问这些资料,并保证资料库不会超负荷运转。

(5) 任务管理

无论 Savant 在层次结构中所处的等级是什么,所有的 Savant 都有一套独具特色的任务管理系统,这个系统使得它们可以实现用户自己定义的任务来进行资料管理和监控。例如,一个商店的 Savant 可以通过编写程序实现一些功能,当货架上的产品降低到一定水平时,就会给仓库管理员发出报警。

### 2. Savant 的结构框架

Savant 的结构框架如图 10.9 所示,由程序模块集成器、阅读器接口、应用程序接口等部分组成。

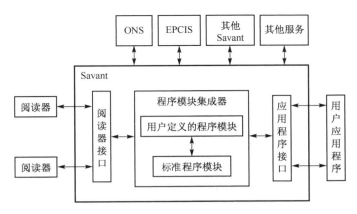

图 10.9　Savant 的结构框架

（1）程序模块集成器

程序模块集成器由多个程序模块组成。程序模块有两种：标准程序模块和用户定义的程序模块。用户定义的程序模块由用户或第三方生产厂商定义。标准程序模块由 EPCglobal 技术标准委员会定义，它又可分为必备标准程序模块和可选标准程序模块。

必备标准程序模块用于 Savant 的所有应用实例中，如事件管理系统（EMS）、实时内存数据结构（RIED）和任务管理系统（TMS）。EMS 用于读取阅读器的数据，对数据进行过滤，不同格式的转换、协同及传输，将处理后的数据写入 RIED 或数据库。RIED 是一个优化的数据库，为满足 Savant 在网络中的数据传输速率而设立，它提供与数据库相同的数据接口，但访问速度比数据库快得多。TMS 类似于操作系统的任务管理器，它把外部应用程序定制的任务转换为 Savant 可执行的程序，写入任务进度表，使 Savant 具有多任务执行功能。TMS 支持的任务有 3 种类型：一次性任务、循环任务和永久任务。

可选择标准程序模块由用户根据应用确定，它可包含在一些具体应用实例中或排除在其外。

（2）阅读器接口

阅读器接口提供与阅读器的连接方法，并采用相应的通信协议，如 RS-422/485、以太网、无线网络、USB 等。无线网络标准主要有 IEEE 802.11 系列（其中包括 802.11a/b/g 等标准）、蓝牙（Bluetooth）、红外和通用无线分组业务（GPRS）等。阅读器接口可以多种数据接口方式实现数据多通道传输。

（3）应用程序接口

应用程序接口是程序模块和应用程序的接口。应用程序很多，包括企业资源管理（ERP）、供应链管理（SCM）等系统的多个功能模块，如仓库管理系统（WMS）、订单管理系统（OMS）、物流管理系统（LMS）、资产管理系统（AMS）、运输管理与实时监控系统（TMS）、数据仓库等。

在现今激烈的市场竞争中，快速、准确、实时的信息获取与处理将成为企业获得竞争优势的关键。RFID 技术通过对企业各种资源信息和能力状态数据的实时收集与反馈，为决策层提供了及时准确的信息，通过应用程序接口和 ERP 软件连接，使企业的 ERP 业务流程的柔性化与实时化获得明显的改善。

（4）程序模块之间的接口

Savant 内的程序模块之间的交互可以用它们自己定义的 API（应用程序接口）函数实现。

（5）网络访问接口

EPC 系统是一个全球性的物品标识和跟踪系统，EPC 编码仅是产品电子代码，进一步还需要将此代码匹配到相关的商品信息上。因此，除本地功能外，还需要通过互联网或者 VPN 专线的远程服务模式与相关的信息资源服务器连接,如 ONS、EPCIS、其他 Savant 和其他服务(指程序模块集成器中具体的程序模块所需要的其他服务)等。

## 10.4.2　实体置标语言(PML)

PML(Physical Markup Language)由可扩展置标语言(XML)发展而来。电子产品编码(EPC)识别单品,但是所有关于产品的有用信息都用 PML 书写。PML 将成为描述所有自然物体、过程和环境的统一标准。

PML 是一个标准词汇集,用于表述和传递 EPC 相关信息,是阅读器、Savant、EPCIS 服务器、应用程序、ONS 服务器之间相互通信的共同语言,如图 10.10 所示。因此,PML 是一种相互交换数据和通信的格式,与实际如何存储数据无关,它名为实体置标语言,但它本身不是产品描述标记语言。

(1) PML 的设计

PML 的设计尽可能使用现有的计算机语言,并使用了一些信息标记,如时间戳、属性等。

PML 的核心(PML 核)详细定义了约束、文档结构及内容,并可使用现有的工具来创建、修改和发布。

PML 简单、灵活、多样,它是开放的,并且是人们可阅读的。PML 独立于传输协议和数据存储格式,并且不需要其所有者的认证或处理工具。

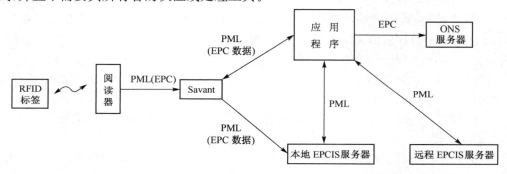

图 10.10　PML 作为相互通信的通用语言

(2) PML 核

PML 核用来描述由 EPC 系统感应器(Sensors)(包括阅读器和传感器等)采集到的数据。一个 PML 文档的例子如图 10.11所示,这是 RFID 阅读器在其阅读范围内探测到的一个 Class 2 标签的 PML 文档。

下面简要说明该 PML 文档中的主要内容。

① <p>和</p>

在文档中,PML 元素位于一个开始标签(注意,这里的标签不是 RFID 中的标签)和一个结束标签之间,如<pmlcore:Observation>和</pmlcore:Observation>等。

② <pmlcore:Tag> <pmluid:ID>urn:epc:1.2.24.400</pmluid:ID>

指 RFID 标签中的 EPC 编码,其版本号为1,"域名管理．对象分类．序列号"为 2.24.400,由相应 EPC 编码的二进制数转换成的十进制数。URN(语句中的 urn)为统一资源名称(Uniform Resource Name),指明资源名称为 EPC。在 Internet 中,URL(Uniform Resource Location)称为统一资源定位地址,此外还有一个 URI(Uniform Resource Identifier,统一资源标识符),URI 包含 URL 和 URN。

```
<pmlcore: Sensor>
    <pmluid:ID>urn:epc:1.4.16.36</pmluid:ID>
    <pmlcore:Observation>
        <pmlcore:DateTime>2002-11-06T13:04:34-06:00</pmlcore:DateTime>
            <pmlcore:Tag><pmluid:ID>urn:epc:1.2.24.400</pmluid:ID>
                <pmlcore:Data>
                    <pmlcore:XML>
                        <EEPROM xmlns="http://sensor.example.org/">
                        <FamilyCode>12</FamilyCode>
                        <ApplicationIdentifier>123</ApplicationIdentifier>
                        <Block1>FFA0456F</Block1>
                        <Block2>00000000</Block2>
                        </EEPROM>
                    </pmlcore:XML>
                </pmlcore:Data>
            </pmlcore:Tag>
    </pmlcore:Observation>
</pmlcore:Sensor>
```

图 10.11　PML 文档示例

③ 文档中有层次关系,注意相应信息标记所属的层次。

## 10.4.3　对象名称解析服务(ONS)和 EPC 信息服务(EPCIS)

### 1. 对象名称解析服务(ONS)

在 EPC 系统中,需要将 EPC 编码与相应的商品信息匹配,而相应的商品信息存储在对应的 EPCIS 服务器中。ONS 提供与 EPC 编码对应的 EPCIS 服务器的地址,其作用类似于 Internet 中的域名解析服务。

阅读器将读到的 EPC 编码通过本地局域网上传至本地服务器,由本地服务器所安装的 Savant 软件对这些信息进行集中处理。然后,由本地服务器通过本地 ONS 或通过路由器到达远程 ONS 服务器(见图 10.2),查找所需 EPC 编码对应的 EPCIS 服务器地址,本地服务器就可以和找到的 EPCIS 服务器进行通信了。

本地网络中应有存取信息速度较快的 ONS 缓冲存储器,而不必每次都需要通过 Internet 或 VPN 专线的远程服务模式来获取 ONS。

ONS 系统的构架图 10.12 所示,解析的过程说明如下。

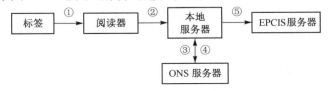

图 10.12　ONS 系统的构架图

① 阅读器读取 EPC 标签,以二进制格式获取 EPC 编码

(01 00000000000000000000010 00000000000011000 0000000000000001100010000)

这是一个 64 位的 EPC 编码。

② 阅读器将所采集到的 EPC 编码传送到本地服务器

(01 0000000000000 00000010 00000000000011000 0000000000000001100010000)

③ 本地服务器将 EPC 编码转变成 URN 格式(将二进制数转化为十进制数)

urn:epc:1.2.24.400

④ ONS 将 URN 转变为域名格式,其方法为:

清除 urn:epc　　　　得到　　　1.2.24.400

清除 EPC 序列号　　得到　　　1.2.24

颠倒数列　　　　　　　得到　　24.2.1

添加".onsroot.org"得到　　24.2.1.onsroot.org

ONS生成并提取正确的URL(该过程可能会需要远程ONS服务器),并将此URL送至本地服务器。

⑤ 本地服务器通过已获取的URL和所需的EPCIS服务器连接。

**2. EPC信息服务(EPCIS)**

(1) EPC信息服务——网络数据库

EPC信息服务是作为网络数据库来实现的,EPC被用作数据库的查询指针,EPCIS服务器提供信息查询的接口,可与已有的数据库、应用程序及信息系统相连。EPCIS有两种数据流方式:一是阅读器发送原始数据至EPCIS服务器以供存储,二是应用程序发送查询至EPCIS服务器以获取信息。

(2) 通过EPCIS能访问到的数据类型

① 具有时间戳的历史数据,包括:

● 所读应答器的观测记录;

● 传感器的测量数据;

● 位置或箱包的标志;

● EPC和相关阅读器的ID。

② 属性数据(通常为静态数据),包括:

● 制造日期、有效期等序列的属性数据;

● 重量、几何尺寸等产品类别的属性数据。

(3) 将EPCIS服务器中的数据转换为有用信息

通过EPCIS服务器中的EPC编码、阅读器ID和时间戳数据,结合其他的属性数据,可以把它们转换为有用信息。

例如,对于问题"最近的尺码为4的红色运动衫在哪里?",有关处理过程如下。

① 对语意解析。"最近的"是指最短距离还是最近的时间? 假定这里确定为最近1小时内的最近距离的地方。

② 查询本地EPCIS服务器的所有EPC的表项。

静态属性(来自产品的数据)　　　Color= Red　　　;颜色为红色

　　　　　　　　　　　　　　　　Size= 4　　　　　;尺码为4

动态属性(来自库存/销售数据)　　In Stock= Yes　　;有库存

　　　　　　　　　　　　　　　　Already Sold= No　;没有售完

从而获得有关EPC的信息{e}表列,即

　　list of EPCs,{e}

③ 在list of EPCs,{e}中,选择1小时内见到过所需对象的阅读器。

　　SELECT *  from Reader_data Where tagEPC= e

　　AND Timestamp> (Now? 3600)

找出阅读器表列

　　list of Readers,{r}

④ 由阅读器位置数据,得到上述每个阅读器的当前位置坐标$(x, y, z)$,即

　　(x,y,z) for Each Reader r

⑤ 从每个阅读器位置$(x, y, z)$计算至参考点(即询问者目前所处位置)的距离。

⑥ 找出最近的阅读器,从该阅读器位置换算物品的位置,提供给询问者可理解的获取该物

品的位置信息。

如果问题更复杂,可能需要综合多个 EPCIS 服务器的信息。

# 10.5 物联网——基于 EPC 的网络技术

## 10.5.1 中国物联网的发展现状

目前我国的商品制造量和出口量都非常巨大,如果采用国外的识别体系和技术规范,则必须使用其中央数据库和解析服务器等相关设施,我国企业的商业秘密就无从保护,给国家信息安全及经济情报造成安全隐患。另一方面,如果电子标签采用国外的标准,我国数百亿美元的电子标签产业中最关键的核心部分(编码规则、传输协议、中央数据库等)规范只能随之来制定,我国物流业的发展战略将依附于国外。

物联网的建设在我国日益受到重视,制定我国自主知识产权的标准体系和网络系统的呼声越来越强烈。2006 年 6 月 9 日由中华人民共和国科技部等十五部委联合编写的《中国射频识别(RFID)技术政策白皮书》发布,对 RFID 产业化和应用方面的关键技术进行了探讨,为中国 RFID 技术与互联网、通信等技术相结合,应用于物流制造业的发展指明了道路。

## 10.5.2 物联网的将来

EPC 的广泛应用可以提高整个供应链和生产作业管理水平,在自动仓储库存管理、产品物流跟踪、供应链自动管理、产品装配和生产管理、产品防伪等多个方面起到非常重要的作用,对于企业提高自身竞争力具有非常重要的意义。

零售业应用 EPC,一方面可以提高订单供品率,增加产品可获取性;另一方面,也能一定程度地降低成本。

制造业应用 EPC,一方面将减少滞销和脱销,从而带来企业收入的增加;另一方面,可以降低配送成本,提高劳动生产效率,同时降低产品退货率,减少配送与运输成本。

运输业应用方面,EPC 可用于资产的管理、追踪和维护,提高企业资产利用率。

有效防伪方面,由于消费者可以通过商品标签在网上查到有关商品的几乎全部信息,因此假冒产品将变得更加困难。这一技术对高值物品尤其有利。

军事领域方面,一些国家已经开始在军需物资上使用该技术,以加强物资的管理、盘点和查询工作。

EPC 广泛有效的应用和物联网的建立,将给消费产业的流通带来革命性的效率,具有不可估量的发展潜力和价值,因此 EPC 技术的发展和应用的推广受到很多发达国家和地区的关注。

## 10.5.3 影响 EPC 系统发展的因素

EPC 有着独特的技术优势和广阔的前景,能给我们带来巨大的便利,但是,推广和使用 EPC 的道路并非一帆风顺。EPC 系统能否广泛应用,主要面临以下几个方面的挑战。

### 1. 硬件实施成本

EPC 系统需要 IT 系统与读/写器等硬件设施,投资庞大。EPC 普及的瓶颈之一就是标签价格居高不下。除了 EPC 标签,EPC 读/写器也是一笔巨大的开支,广大中小企业只能望而却步。此外,业务流程改造所导致的直接或间接费用也不容忽视。

### 2. 系统复杂性

EPC 系统运用到的关键技术是 RFID 技术,而 RFID 技术的支持技术十分复杂。将销售系统与 ERP 和仓库管理系统(WMS)结合起来,实现整个供应链的自动化管理,需要一套功能强大的软件系统的支持。所有这些技术与系统都必须实现无缝连接,这对系统集成是一个极大的挑战。

### 3. 标准问题

RFID 标准方面,由于各国无线电频段用途的分配存在一定的差异,RFID 系统可能面临频率资源的限制。这种情况将需要设计更多种类的标签和读/写器,从而导致更高的成本。

### 4. 安全和隐私问题

标签和阅读器构成的无线数据采集区域可能存在的安全威胁包括标签的伪造、对标签的非法接入和篡改、通过空中无线接口的窃听、获取标签的有关信息及对标签进行跟踪和监控。

## 10.6 EPC 框架下的 RFID 应用实例

EPC 在物流、供应链管理中起到十分重要的作用,下面以某物流公司和某制造商共同实施的 RFID-EPC 系统为例,介绍 EPC 在供应链管理中现阶段的应用。

### 1. RFID-EPC 系统的建设目的

某制造商是洗涤剂类产品的制造商,某物流公司是某百货集团下属的一家物流企业,该项目使物流公司能可视化地从供应链上游制造企业得到以单品为单位的及时信息服务,并进一步实现对供应链下游的销售商乃至最终消费者建立起动态的单品信息服务。通过新技术的应用,以期扩大供应链管理"一体化"服务的功能环节与深度,优化企业内部的业务流程,提高管理决策效率,降低相关成本,提高整体供应链的效率与竞争力。

### 2. 系统业务流程

(1) 制造商产品下线及出库流程

制造商作为一家供货企业,从产品下线开始,结合制造商自己的管理信息系统(MIS),完成产品下线、仓库入库及管理等流程,然后根据收到的百货集团的销售订单,安排产品出库,并将有关产品信息传送至物流公司的信息系统。

制造商的产品下线与出库流程如图 10.13 所示,具体流程如下。

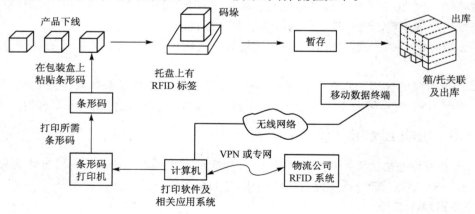

图 10.13 产品下线与出库流程

① 输出条形码。基于产品编码规则,在制造商的机房内由专门的管理人员打印输出货箱条形码(如 SSCC 条形码)。

② 粘贴货箱标签。产品下线装箱的同时,依序将条形码标签贴于包装箱上。

③ 装入托盘。码垛机取出托盘后，依条形码号的次序在每个托盘上叠放 40 个货品包装箱。在托盘上事先已装好 RFID 标签(PVC 材料、卡片装、采用粘贴方式安装在托盘上)。

④ 出库采集、信息保存与传输。利用具有 RFID 和条形码双重阅读功能的阅读器(移动数据终端)，扫描条形码化的出库单(录入出库单号)，扫描托盘上箱包货品的条形码，读入托盘的 RFID 数据，形成托盘与其上货品条形码号的唯一对应关联。通过无线网络，移动数据终端将采集到的出库信息传送到计算机。计算机将有关数据保存并通过虚拟专用网(VPN)或专网将有关信息传送至物流公司的信息系统。

（2）物流公司入库流程

物流公司入库流程如图 10.14 所示，流程如下。

① 入库前的人工验货。首先由工作人员对到达的箱包进行人工检验，区分正常到货的托盘及有破碎、要退货箱包的托盘。对滤出的不合格品要重新进行处理。

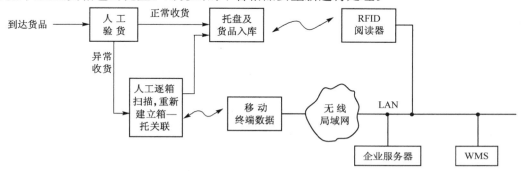

图 10.14　物流公司入库流程

② 过滤不合格品后，重新建立货品箱包与托盘的关联。即扫描重建后托盘的 RFID 数据和其上的箱包的条形码，建立起箱—托关联，并通过无线局域网将此关联信息送至仓库管理系统(WMS)。WMS 的目标是提高仓库管理的质量和效率、降低库存成本，根据仓库量控制库存和采购。WMS 的功能包括采购申请、物品收发与报废、库存管理、往来单位管理、部门及人员管理等。仓储在整个供应链中起着至关重要的作用，如果不能保证正确的进货、库存、控制和发货，将会导致管理费用的增加，服务质量难以得到保证，从而影响企业的竞争力。

③ 入库操作。通过 RFID 阅读器，对托盘的 RFID 数据进行读取，提供给 WMS 进行存储、处理，形成入库信息。

④ WMS 根据入库信息生成入库单。

（3）物流公司出库流程

① 生成 WMS 系统的出货单，启动出库核对程序。

② WMS 收到出库单后，依据库存信息表内的托盘与货品箱包的关联，修改原有库存信息表内的单品数据，达到出入库平衡，完成货品的出库操作。

**3. 系统架构与软件模块**

（1）系统架构

系统架构如图 10.15 所示，系统信息部分集成了 SQL 服务器、IS 服务器、WMS 及 Web Portal(门户网站)功能，并通过网络将制造商、物流公司联系在一起，实现了供应链上下端的一体化。

（2）软件模块

该 RFID-EPC 系统的软件模块如图 10.16 所示。

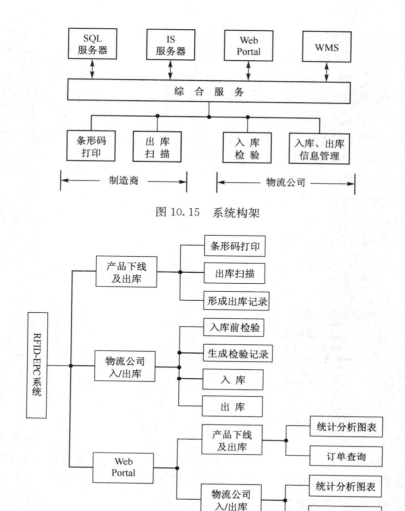

图 10.15　系统构架

图 10.16　软件模块

#### 4.系统特点和效果

系统可快速、实时、自动地采集物品周转信息,简化业务操作,提高数据采集的效率与准确性。由于现场采用 RFID 标签,货物入库的相关信息数据录入至后台的时间大为缩短,这有利于 WMS 系统在最短的时间内作出相关资源的分配指示,从而使得现场的货物处理效率和货架、货位资源的利用率得到更大程度的提高。

系统在下述方面取得了显著的效果。

① 实现同批次商品同质管理到单品信息的全面跟踪。

② 托盘 RFID 标签的使用,使得针对托盘在入/出库、配送等环节的监控更加清晰,有利于托盘本身的资产管理。托盘与托盘上所承载的箱包的关联与现场作业同步,在商品入/出库、配送交接的同时,托盘也进行入/出库、配送交换,RFID 使得相关信息的确认更加实时准确。

③ 通过挖掘、分析所采集的业务信息,提供多样化的报表展现,如货品在物流公司的停留时间统计、物品运输异常、当前库存状况统计等。

④ 实现对现有的 WMS 系统、MIS 系统的对接,实现了物流管理一体化的解决需求。

⑤ 提供了基于 Web 的 Web Portal 功能。Web Portal 是构建企业对企业(B2B)、企业对客户(B2C)和企业对雇员(B2E)的门户网站的应用基础构架。门户网站向用户提供访问基于 Web 的

各种资源的单一入口。用户通过门户网站能够访问的资源包括各种数据、信息、基于 Web 的服务和应用等。系统为整个流程采集到的数据提供多样化的报表展现,通过 Internet 可以随时查询。

⑥ 架构 EPC 网络环境,支持与外部环境基于标准的对接。EPC 标准及 EPCIS 的应用,通过规范标准的大容量的物流信息,使供应链上相关企业有了信息数据的统一格式,信息之间可实现"透明化"的交换。

⑦ 系统将 RFID 标签和条形码技术结合,为过渡到全 RFID 的 EPC 系统打下了很好的基础。

# 本 章 小 结

EPC 系统是在互联网的基础上,利用 RFID、无线数据通信、计算机软件和中间件等先进技术构造的一个世界性范围的物联网。

EPC 技术是在 EAN 与 UCC 的 EPCglobal 的统一管理和规划下推进的技术。EPC 编码有 64 位、96 位和 256 位 3 种,它和 GTIN、SSCC 等条形码技术有一定的关联但又有很大不同。EPC 编码具有唯一性、简单性、可扩展性等重要性能。EPC 编码和加密、认证技术相结合,可获得较好的安全性。EPC 编码并未给出物品的各种具体描述,它作为一个指针,可以在 EPC 系统的信息服务软件中获得物品的具体相关信息。

EPC 系统由 RFID 标签、阅读器、中间件(Savant)、ONS 服务器、EPCIS 服务器及用户的应用程序、网络构架、Internet 等组成,是一个构造复杂的网络信息系统。

EPC 标签存储的唯一信息是 EPC 编码,EPC 标签通常是被动式标签,空中接口采用 EPC-global 和 ISO/IEC 18000 标准。EPC 标签的功能级别目前可分为 Class 0,Class 1,Class 2,Class 3,Class 4 五类。EPC Class 1 Gen 2 的工作频率为 860～960MHz,是一个开放的多协议标准,具有很好的柔性和优良性能。

EPC 阅读器是 EPC 标签和 EPC 系统之间的纽带。EPC 阅读器在空中接口方面应通过智能多天线端口的集成来实现对不同工作频率的切换,解决电磁波的吸收、反射问题和防碰撞问题,通过对标签的多制式兼容实现多制式标签的读/写。EPC 阅读器在网络接口方面应尽量满足数据信息的多传输通道功能的要求。

EPC 在物流、供应链管理中起着重要作用,本章给出了一个制造商和物流公司之间供应链管理的实例,由此可以窥见 EPC 系统在提高企业竞争力方面的巨大作用。尽管 EPC 的应用前景十分诱人,但在成本、个人隐私、安全等方面仍有许多待解决的问题。

# 习 题 10

10.1 给出 EPC 系统的组成架构,简述各部分的主要作用。

10.2 EPC 系统的建设目标是什么?

10.3 简述全球贸易项目代码(GTIN)的特点及其 4 种编码结构。

10.4 EAN·UCC 128 条形码、EAN·UCC-13 条形码、ITF14 条形码之间有什么关联和不同?

10.5 EPC 编码有哪几种形式? EPC 编码的作用是什么?

10.6 解释术语 EPC Class(类)和 EPC Gen(代)。

10.7 给出 EPC 中间件(Savant)的结构,说明有关组成模块的功能。

10.8 什么是对象名称解析服务(ONS)? 说明其完成的任务。

10.9 什么是 PML? 为什么需要 PML?

10.10 什么是 EPCIS? 它在 EPC 系统中起什么作用?

# 参 考 文 献

[1] Klaus Finkenzeller. 射频识别(RFID)技术(第 2 版)[M]. 北京:电子工业出版社,2001.

[2] 王爱英. 智能卡技术[M]. 北京:清华大学出版社,2000.

[3] 张肃文,陆兆熊. 高频电子线路(第 3 版)[M]. 北京:高等教育出版社,1997.

[4] 谢嘉奎,江月清. 电子线路(非线性部分)[M]. 北京:高等教育出版社,1996.

[5] 胡长阳. D 类和 E 类开关模式功率放大器[M]. 北京:高等教育出版社,1985.

[6] 王毓银. 脉冲与数字电路(第 2 版)[M]. 北京:高等教育出版社,1994.

[7] 闻懋生,张传生. 信息传输基础[M]. 西安:西安交通大学出版社,1993.

[8] 王新稳,李萍. 微波技术与天线[M]. 北京:电子工业出版社,2003.

[9] 刘金艳,冯全源. 无线射频识别多标签防碰撞算法综述[J]. 计算机集成制造系统,2014,20 (2):442~448.

[10] 武岳山. EPC C1G2 进入 ISO18000—6C 的进程——更新的 ISO/IEC 18000—6 国际标准 [J]. 中国自动识别技术,2007,1(4):38~43.

[11] 陈柯,何婷婷. 射频识别(RFID)系统架构技术兼顾计量精度和定制灵活性[J]. 国外电子测量技术,2014,22(4):12~14.

[12] 黎立. EPC 系统中的中间件研究[D]. 电子科技大学博士论文,2006.

[13] ISO/IEC JTC 1/SC 17[S]. ISO/IEC 14443. Identification cards-Contactless integrated circuit(s) cards-Proximity cards.

[14] ISO/IEC JTC 1/SC 17 N 1355[S]. ISO/IEC 15693. Identification cards-Contactless integrated circuit(s) cards -Vicinity cards.

[15] ISO/IEC JTC 1/SC 31/WG 4/SG 3[S]. ISO/IEC 18000—6. Information Technology-Radio Frequency Identification (RFID) for Item Management-Part 6:Parameters for air interface communications at 860~930MHz.

[16] ISO/IEC JTC 1/SC 31/WG 4[S]. ISO/IEC 18000—7. Information Technology-Radio Frequency Identification (RFID) for Item Management-Air interface,Part 7:Parameters for an active RFID air interface communications at 433MHz.